科技部科技基础性工作专项资助
项目名称：青藏高原低涡、切变线年鉴的研编
项目编号：2006FY220300
中国气象局成都高原气象研究所基本科研业务费专项资助
项目名称：2015年高原低涡年鉴的研编
项目编号：BROP201606

# 青藏高原低涡 切变线年鉴 2015

中国气象局成都高原气象研究所
中国气象学会高原气象学委员会 编著
主　编：彭　广
副主编：李跃清　郁淑华
编　委：彭　骏　徐会明　肖递祥　罗　清　向朔育

科学出版社
北　京

## 内 容 简 介

青藏高原低涡、切变线是影响我国灾害性天气的重要天气系统。本书根据对2015年高原低涡、切变线的系统分析，得出该年高原低涡、切变线的编号，名称，日期对照表，概况，影响简表，影响地区分布表，中心位置资料表及活动路径图，高原低涡、切变线移出高原的影响系统；计算得出该年影响降水的各次高原低涡、切变线过程的总降水量图、总降水日数图。

本书可供气象、水文、水利、农业、林业、环保、航空、军事、地质、国土、民政、高原山地等方面的科技人员参考，也可作为相关专业教师、研究生、本科生的基本资料。

**审图号**：GS(2009)1573号

**图书在版编目(CIP)数据**

青藏高原低涡切变线年鉴. 2015 / 中国气象局成都高原气象研究所，中国气象学会高原气象学委员会编著. —北京：科学出版社，2016.12

ISBN 978-7-03-051224-6

Ⅰ. ①青… Ⅱ. ①中… ②中… Ⅲ. ①青藏高原－灾害性天气－天气分析－2015－年鉴 Ⅳ. ①P44-54

中国版本图书馆CIP数据核字(2016)第321295号

责任编辑：罗 吉

责任校对：刘小梅 / 责任印制：肖 兴

科 学 出 版 社 出版

北京东黄城根北街16号

邮政编码：100717

http://www.sciencep.com

北京盛通印刷股份有限公司 印刷

科学出版社编务公司排版制作

科学出版社发行 各地新华书店经销

*

2017年1月第 一 版 开本：A4 (880 × 1230)

2017年1月第一次印刷 印张：16 3/4

字数：570 000

**定价：598.00元**

(如有印装质量问题，我社负责调换)

# 前言

高原低涡、切变线是青藏高原上生成的特有的天气系统，其发生、发展和移动的过程中，常常伴随有暴雨、洪涝等气象灾害。我国夏季多发暴雨洪涝、泥石流滑坡灾害，在很大程度上与高原低涡、切变线东移出青藏高原密切相关。高原低涡、切变线的活动不仅影响青藏高原地区，而且还东移影响我国青藏高原以东下游广大地区。高原低涡、切变线是影响我国的主要灾害性天气系统之一。

新中国成立以来，随着青藏高原观测站网的建立，卫星资料的应用，以及我国第一、第二次青藏高原大气科学试验的开展，关于高原低涡、切变线的科研工作也取得了一定的成绩，使我国高原低涡、切变线的科学研究、业务预报水平不断提高，为防灾减灾、公共安全做出了很大的贡献。

为了进一步适应农业、工业、国防和科学技术现代化的需要，满足广大气象台（站）及科研、教学、国防、经济建设等部门的要求，更好地掌握高原低涡、切变线的活动规律，系统地认识高原低涡、切变线发生、发展的基本特征，提高科学研究水平和预报技术能力，做好主要气象灾害的防御工作，为此，在国家科技部的支持下，由中国气象局成都高原气象研究所负责，四川省气象台参加，组织人员，开展了青藏高原低涡、切变线年鉴的研编工作。

经过项目组的共同努力，以及有关省、市、自治区气象局的大力协助，高原低涡、切变线年鉴顺利完成。并且，它的整编出版，将为我国青藏高原低涡、切变线研究和应用提供基础性保障，推动我国灾害性天气研究与业务的深入发展，发挥对国家经济繁荣、社会进步、公共安全的气象支撑作用。

本年鉴由中国气象局成都高原气象研究所、中国气象学会高原气象学委员会完成。

本册《青藏高原低涡、切变线年鉴（2015）》的内容主要包括高原低涡、切变线概况、路径、东移出青藏高原的影响系统以及高原低涡、切变线引起的降水等资料图表。

# Foreword

The Tibetan Plateau Vortex (TPV) and Shear Line (SL) are unique weather systems generated over the Qinghai-Xizang Plateau. The rain storms, floods and other meteorological disasters usually occur during the generation, development and movement of the TPV. In China, the regular happening mud-rock flow and land-slip disaster in summer has close relationship with the TPV which moved out of the Plateau. The movements of the TPV and SL not only influence the Qinghai-Xizang Plateau region, but also influence the east vast region of the Plateau. The TPV and SL are two of the most disastrous weather systems that influence China.

After the foundation of P.R.China, the researches on TPV and SL and the operational prediction works have gotten obvious achievements along with the establishment of the observatory station net, the applying of the satellite data, and the development of the first and the second Tibetan Plateau experiment of atmospheric sciences. All these have great contributions to preventing and reducing the happening of the weather disaster and to the public safety.

In order to satisty the modernization demands of the agriculture, industry, national defence and scientific technology, and to meet the requirements of the vast meteorological stations, colleges, national defence administrations and economic bureaus, the Chengdu Institute of Plateau Meteorology did the researches on the yearbook of vortex and shear over Qinghai-Xizang Plateau under the support from the Ministry of Science and Technology of P.R.China. Also,this task is achieved with the helps from the researchers in Sichuan Provincial Meteorology Station. This task improves the understanding of the characteristics of the moving TPV and SL, get thorough recognition of the generation and development of TPV and SL, and improve abilities of the research works and operational predictions to prevent the meteorological disasters.

With the research group's efforts and the great support from related meteorological bureaus of provinces, autonomous region and cities, the *TPV and SL Yearbook* completed successfully. The yearbook offers a basic summary to TPV and SL research works, improves the catastrophic weather research and operational prediction.Also, it is useful to the economy glory, advance of society and public safety.

The *TPV and SL Yearbook 2015* is accomplished by Institute of Plateau Meteorology, CMA, Chengdu and Plateau Meteorology Committee of Chinese Meteolological Society.

The *TPV and SL Yearbook 2015* is mainly composed of figures and charts of survey, tracks, weather systems that move out of the Plateau Vortex and influenced rainfall of TPV and SL.

# 说　明

本年鉴主要整编青藏高原上生成的低涡、切变线的位置、路径及青藏高原低涡、切变线引起的降水量、降水日数等基本资料。分为两大部分，即高原低涡和高原切变线。

高原低涡指500hPa等压面上反映的生成于青藏高原，有闭合等高线的低压或有三个站风向呈气旋式环流的低涡。

高原切变线指500hPa等压面上反映在青藏高原上，温度梯度小、三站风向对吹的辐合线或二站风向对吹的辐合线长度大于5个经（纬）距。

冬半年指1~4月和11~12月，夏半年指5~10月。

本年鉴所用时间一律为北京时间。

## 高原低涡

### ● 高原低涡概况

高原低涡移出高原是指低涡中心移出海拔≥3000m的青藏高原区域。

高原低涡编号是以字母“C”开头，按年份的后两位数与当年低涡顺序两位数组成。

高原低涡移出几率指某月移出高原的高原低涡个数与该年高原低涡个数之比。

高原低涡月移出率指某月移出高原的高原低涡个数与该年移出高原的高原低涡个数之比。

高原东（西）部低涡移出几率指某月移出高原的高原东（西）部低涡个数与该年高原东（西）部低涡个数之比。

高原东（西）部低涡月移出率指某月移出高原的高原东（西）部低涡个数与该年移出高原的高原东（西）部低涡个数之比。

高原东、西部低涡指低涡中心位置分别在92.5°E东、西。

高原低涡中心位势高度最小值频率分布指按各时次低涡500hPa等压面上位势高度（单位为位势什米）最小值统计的频率分布。

### ● 高原低涡编号、名称、日期对照表

高原低涡出现日期以“月.日”表示。

### ● 高原低涡路径图

高原低涡出现日期以“月.日”表示。

### ● 高原低涡中心位置资料表

“中心强度”指在500hPa等压面上低涡中心位势高度，单位为位势什米。

### ● 高原低涡纪要表

“生成点”指高原低涡活动路径的起始点，因资料所限，故此点不一定是真正的源地。

高原低涡活动的生成点、移出高原的地点，一般精确到县、市。

“转向”指路径总的趋向由偏东方向移动转为偏西方向移动。

“内折向”指高原低涡在青藏高原区域内转向；“外转向”指高原低涡在青藏高原区域以东转向。

### ● 高原低涡降水

高原低涡和其他天气系统共同造成的降水，仍列入整编。

“总降水量图”指一次高原低涡活动过程中在我国引起的降水总量分布图。一般按0.1mm、10mm、25mm、50mm、100mm等级，以色标示出，绘出降水区外廓线，一般标注其最大的总降水量数值。

“总降水量图”中高原低涡出现日期以“月.日”表示。

“总降水日数图”指一次高原低涡活动过程中在我国引起的降水总量≥0.1mm的降水日数区域分布图。

# 高原切变线

## ● 高原切变线概况

高原切变线移出高原是指切变线中点移出海拔高度≥3000m的青藏高原区域。

高原切变线编号是以字母“S”开头，按年份的后两位数与当年切变线顺序两位数组成。

高原切变线移出几率指某月移出高原的高原切变线个数与该年高原切变线个数之比。

高原切变线月移出率指某月移出高原的高原切变线个数与该年移出高原的高原切变线个数之比。

高原东（西）部切变线移出几率指某月移出高原的高原东（西）部切变线个数与该年高原东（西）部切变线个数之比。

高原东（西）部切变线月移出率指某月移出高原的高原东（西）部切变线个数与该年移出高原的高原东（西）部切变线个数之比。

高原东、西部切变线指切变线中点位置分别在92.5°E东、西。

高原切变线两侧最大风速频率分布指按各时次分别在切变线附近的南、北侧最大风速统计的频率分布。

## ● 高原切变线编号、名称、日期对照表

高原切变线出现日期以“月.日”表示。

## ● 高原切变线路径图

高原切变线出现日期以“月.日”表示。

## ● 高原切变线位置资料表

高原切变线位置一般以起点、中点、终点的经/纬度位置表示。

“拐点”指高原切变线上东、西或北、南二段的切线的夹角≥30°的切变线上弯曲点。

## ● 高原切变线纪要表

“生成位置”指高原切变线活动路径的起始位置，因资料所限，故此位置不一定是真正的源地。

高原切变线活动的生成位置、移出高原的位置，一般精确到县、市。

“移向”以高原切变线中点连线的趋向。“多次折向”指路径出现在两次以上由偏东方向移动转为偏西方向移动。

“内向反”指高原切变线在青藏高原区域内由偏东方向移动转为偏西方向移动。

“外向反”指高原切变线在青藏高原区域以东由偏东方向移动转为偏西方向移动。

## ● 高原切变线降水

高原切变线和其他天气系统共同造成的降水，仍列入整编。

“总降水量图”指一次高原切变线过程中在我国引起的降水总量分布图。一般按0.1mm、10mm、25mm、50mm、100mm等级，以色标示出，绘出降水区外廓线，一般标注其最大的总降水量数值。

“总降水量图”中高原切变线出现日期以“月.日时”表示。

“总降水日数图”指一次高原切变线过程中在我国引起的降水总量≥0.1mm的降水日数区域分布图。

# 目录 Contents

# 目　录
# Contents

# 目 录
# Contents

## 第二部分 高原切变线

# 目　录
# Contents

# 第一部分 高原低涡

# Tibetan Plateau Vortex

# 2015年<br>高原低涡概况

2015年发生在青藏高原上的低涡共有55个，其中在青藏高原东部生成的低涡共有32个，在青藏高原西部生成的低涡共有23个（表1～表3）。

2015年初生成高原低涡出现在1月上旬，最后一个高原低涡生成在12月下旬（表1）。从月季分布看，主要集中在4月、6月和8月，约占58%（表1）。移出高原的高原低涡也主要集中在4月和6月，约占67%（表4）。本年度除了3月以外各月均有高原低涡生成，且各月生成高原低涡的个数差异大，具体见表1。

2015年青藏高原低涡源地大多数在青藏高原东部。移出高原的青藏高原低涡共有6个，其中5个高原低涡生成于青藏高原东部（表4～表6）。移出高原的地点主要集中在甘肃、四川、陕西和云南，其中甘肃、陕西和云南各1个，四川3个（表7）。

本年度高原低涡中心位势高度最小值以576～587位势什米的频率最多，约占74%（表8）。夏半年，高原低涡中心位势高度最小值以576～587位势什米的频率最多，约占96%（表9）。冬半年，高原低涡中心位势高度最小值在564～567、572～579位势什米内，约占71%（表10）。

全年除影响青藏高原外对我国其余地区有影响的高原低涡共有34个。其中10个高原低涡造成过程的降雨量在50mm以上，造成过程降水量在100mm以上的高原低涡有3个，它们是C1530、C1533、C1535分别在重庆铜梁、四川泸县、重庆永川，造成过程降水量分别为189.6mm、130.6mm、118.1mm，降水日数分别为

1天、1天、2天。2015年对我国降水影响较大的高原低涡主要是C1533、C1535低涡，其中C1535高原低涡持续时间长，引起的降水是影响我国省份最多、范围最广的一次过程。8月5日08时在高原西部改则生成的C1535高原低涡，中心位势高度为584位势什米，低涡形成后向东南移，中心强度增强,6日20时达582位势什米。以后，低涡转东北移，低涡减弱，7日08时之后低涡转向东南移，7日20时，低涡移入甘肃，中心强度减弱为584位势什米。8日08时，低涡转为东移，中心强度为583位势什米，之后减弱消失。受其影响，四川、重庆和贵州等部分地区降了暴雨，降雨日数为1～2天，西藏、青海、宁夏、陕西和甘肃等部分地区降了中到大雨，降雨日数为1～3天。7月14日08时生成在高原东部道孚的C1533高原低涡，是2015年对我国长江上游地区降水影响最大的高原低涡。低涡形成初期中心位势高度为583位势什米，高原低涡形成后向东北移，14日20时移出高原到四川万源，中心强度增强为581位势什米，之后减弱消失。受其影响，四川、重庆和湖北等部分地区降了暴雨到大暴雨，在四川盆地有两个100mm以上的大暴雨中心，降雨日数1天。西藏、青海、甘肃和陕西等部分地区降了小到中雨，降雨日数为1天。

8月17日08时生成在高原西部安多的C1539高原低涡，是2015年对我国青藏高原地区降水影响最大的高原低涡，低涡形成初期中心位势高度为584位势什米，高原低涡形成后向东移，17日20时后低涡转为西移，中心强度增强为582位势什米，18日08时低涡在青海境内少动，中心强度保持不变，18日20时后，低涡转为向东南移，中心减弱为585位势什米，19日20时，低涡移到高原东南部，后减弱消失。受其影响西藏、青海、四川部分地区降了大雨到大暴雨，降雨日数1～3天，西藏有一个50mm以上的大暴雨中心，降雨日数为2天。

表1 高原低涡出现次数

| 年＼月 | 1 | 2 | 3 | 4 | 5 | 6 | 7 | 8 | 9 | 10 | 11 | 12 | 合计 |
|---|---|---|---|---|---|---|---|---|---|---|---|---|---|
| 2015 | 3 | 2 | 0 | 9 | 4 | 12 | 4 | 11 | 2 | 3 | 1 | 4 | 55 |
| 几率 / % | 5.45 | 3.64 | 0.00 | 16.36 | 7.27 | 21.82 | 7.27 | 20.00 | 3.64 | 5.45 | 1.82 | 7.27 | 99.99 |

表2 高原东部低涡出现次数

| 年＼月 | 1 | 2 | 3 | 4 | 5 | 6 | 7 | 8 | 9 | 10 | 11 | 12 | 合计 |
|---|---|---|---|---|---|---|---|---|---|---|---|---|---|
| 2015 | 2 | 0 | 0 | 6 | 2 | 7 | 4 | 7 | 1 | 0 | 1 | 2 | 32 |
| 几率 / % | 6.25 | 0.00 | 0.00 | 18.75 | 6.25 | 21.88 | 12.50 | 21.88 | 3.12 | 0.00 | 3.12 | 6.25 | 100 |

表3 高原西部低涡出现次数

| 年＼月 | 1 | 2 | 3 | 4 | 5 | 6 | 7 | 8 | 9 | 10 | 11 | 12 | 合计 |
|---|---|---|---|---|---|---|---|---|---|---|---|---|---|
| 2015 | 1 | 2 | 0 | 3 | 2 | 5 | 0 | 4 | 1 | 3 | 0 | 2 | 23 |
| 几率 / % | 4.35 | 8.70 | 0.00 | 13.04 | 8.70 | 21.73 | 0.00 | 17.39 | 4.35 | 13.04 | 0.00 | 8.70 | 100 |

## 表4 高原低涡移出高原次数

| 年＼月 | 1 | 2 | 3 | 4 | 5 | 6 | 7 | 8 | 9 | 10 | 11 | 12 | 合计 |
|---|---|---|---|---|---|---|---|---|---|---|---|---|---|
| 2015 | 1 | 0 | 0 | 2 | 0 | 2 | 1 | 0 | 0 | 0 | 0 | 0 | 6 |
| 移出几率 / % | 1.82 | 0.00 | 0.00 | 3.64 | 0.00 | 3.64 | 1.82 | 0.00 | 0.00 | 0.00 | 0.00 | 0.00 | 10.92 |
| 月移出率 / % | 16.67 | 0.00 | 0.00 | 33.33 | 0.00 | 33.33 | 16.67 | 0.00 | 0.00 | 0.00 | 0.00 | 0.00 | 100 |

## 表5 高原东部低涡移出高原次数

| 年＼月 | 1 | 2 | 3 | 4 | 5 | 6 | 7 | 8 | 9 | 10 | 11 | 12 | 合计 |
|---|---|---|---|---|---|---|---|---|---|---|---|---|---|
| 2015 | 1 | 0 | 0 | 1 | 0 | 2 | 1 | 0 | 0 | 0 | 0 | 0 | 5 |
| 移出几率 / % | 3.13 | 0.00 | 0.00 | 3.13 | 0.00 | 6.25 | 3.13 | 0.00 | 0.00 | 0.00 | 0.00 | 0.00 | 15.64 |
| 月移出率 / % | 20.00 | 0.00 | 0.00 | 20.00 | 0.00 | 40.00 | 20.00 | 0.00 | 0.00 | 0.00 | 0.00 | 0.00 | 100 |

## 表6 高原西部低涡移出高原次数

| 年＼月 | 1 | 2 | 3 | 4 | 5 | 6 | 7 | 8 | 9 | 10 | 11 | 12 | 合计 |
|---|---|---|---|---|---|---|---|---|---|---|---|---|---|
| 2015 | 0 | 0 | 0 | 1 | 0 | 0 | 0 | 0 | 0 | 0 | 0 | 0 | 1 |
| 移出几率 / % | 0.00 | 0.00 | 0.00 | 4.35 | 0.00 | 0.00 | 0.00 | 0.00 | 0.00 | 0.00 | 0.00 | 0.00 | 4.35 |
| 月移出率 / % | 0.00 | 0.00 | 0.00 | 100.00 | 0.00 | 0.00 | 0.00 | 0.00 | 0.00 | 0.00 | 0.00 | 0.00 | 100 |

## 表7 高原低涡移出高原的地区分布

| 地区<br>年 | 青海 | 甘肃 | 宁夏 | 四川 | 陕西 | 重庆 | 贵州 | 云南 | 内蒙古 | 合计 |
|---|---|---|---|---|---|---|---|---|---|---|
| 2015 | | 1 | | 3 | 1 | | | 1 | | 6 |
| 出高原率 / % | | 16.67 | | 50.00 | 16.67 | | | 16.66 | | 100 |

## 表8 高原低涡中心位势高度最小值频率分布

| 中心位势高度<br>/ 位势什米 | 587<br>\|<br>584 | 583<br>\|<br>580 | 579<br>\|<br>576 | 575<br>\|<br>572 | 571<br>\|<br>568 | 567<br>\|<br>564 | 563<br>\|<br>560 | 559<br>\|<br>556 | 555<br>\|<br>552 | 551<br>\|<br>548 | 合计 |
|---|---|---|---|---|---|---|---|---|---|---|---|
| 2015年 / % | 21.67 | 30.00 | 22.50 | 10.83 | 4.17 | 6.67 | 3.33 | 0.83 | | | 100 |

## 表9 夏半年高原低涡中心位势高度最小值频率分布

| 中心位势高度<br>/ 位势什米 | 587<br>\|<br>584 | 583<br>\|<br>580 | 579<br>\|<br>576 | 575<br>\|<br>572 | 571<br>\|<br>568 | 567<br>\|<br>564 | 563<br>\|<br>560 | 559<br>\|<br>556 | 555<br>\|<br>552 | 551<br>\|<br>548 | 合计 |
|---|---|---|---|---|---|---|---|---|---|---|---|
| 2015年 / % | 30.59 | 42.35 | 23.53 | 3.53 | | | | | | | 100 |

## 表10 冬半年高原低涡中心位势高度最小值频率分布

| 中心位势高度<br>/ 位势什米 | 587<br>\|<br>584 | 583<br>\|<br>580 | 579<br>\|<br>576 | 575<br>\|<br>572 | 571<br>\|<br>568 | 567<br>\|<br>564 | 563<br>\|<br>560 | 559<br>\|<br>556 | 555<br>\|<br>552 | 551<br>\|<br>548 | 合计 |
|---|---|---|---|---|---|---|---|---|---|---|---|
| 2015年 / % | | | 20.00 | 28.57 | 14.29 | 22.86 | 11.42 | 2.86 | | | 100 |

## 高原低涡纪要表

| 序号 | 编号 | 名称 | 起止日期(月.日) | 中心最小位势高度/位势什米 | 发现点经纬度 | 移出高原的地点 | 移出高原的时间 | 移出高原中心位势高度/位势什米 | 路径趋向 | 影响低涡移出高原的天气系统 |
|---|---|---|---|---|---|---|---|---|---|---|
| 1 | C1501 | 石渠, Shiqu | 1.5 | 560 | 32.8°N,99.5°E | | | | 东北行 | |
| 2 | C1502 | 改则, Gaize | 1.7～1.8 | 563 | 32.9°N,86.7°E | | | | 东南行 | |
| 3 | C1503 | 稻城, Daocheng | 1.10～1.11 | 567 | 29.2°N ,100.9°E | 昭通 | $1.11^{08}$ | 567 | 东南行移出高原 | 西风槽 |
| 4 | C1504 | 南木林, Nanmulin | 2.11 | 572 | 29.7°N ,88.5°E | | | | 原地生消 | |
| 5 | C1505 | 拉萨, Lasa | 2.13 | 564 | 29.5°N ,92.0°E | | | | 原地生消 | |
| 6 | C1506 | 沱沱河, Tuouohe | 4.5 | 563 | 35.0°N ,91.2°E | | | | 东行 | |
| 7 | C1507 | 班玛, Banma | 4.6 | 570 | 33.0°N ,100.0°E | | | | 原地生消 | |
| 8 | C1508 | 沱沱河, Tuouohe | 4.8～4.9 | 570 | 33.5°N ,92.4°E | 都江堰 | $4.9^{20}$ | 572 | 东南行移出高原 | 切变线 |
| 9 | C1509 | 安多, Anduo | 4.9 | 570 | 33.2°N ,91.4°E | | | | 东行 | |
| 10 | C1510 | 石渠, Shiqu | 4.21 | 574 | 33.0°N ,99.0°E | | | | 原地生消 | |
| 11 | C1511 | 曲麻莱, Qumalai | 4.22～4.23 | 574 | 34.4°N ,96.0°E | 天水 | $4.23^{20}$ | 576 | 东南行转东北行移出高原 | 西风槽 |
| 12 | C1512 | 囊谦, Nangqian | 4.26～4.28 | 578 | 31.9°N ,95.0°E | | | | 西南行转东北行再转东南行 | |

## 高原低涡纪要表（续-1）

| 序号 | 编号 | 名称 | 起止日期(月.日) | 中心最小位势高度/位势什米 | 发现点经纬度 | 移出高原的地点 | 移出高原的时间 | 移出高原中心位势高度/位势什米 | 路径趋向 | 影响低涡移出高原的天气系统 |
|---|---|---|---|---|---|---|---|---|---|---|
| 13 | C1513 | 曲麻莱, Qumalai | 4.27～4.28 | 577 | 35.3°N ,94.6°E | | | | 东南行 | |
| 14 | C1514 | 曲麻莱, Qumalai | 4.29 | 572 | 34.4°N ,94.6°E | | | | 原地生消 | |
| 15 | C1515 | 囊谦, Nangqian | 5.17～5.19 | 576 | 32.3°N ,96.4°E | | | | 东行 | |
| 16 | C1516 | 刚察, Gangcha | 5.20 | 576 | 37.3°N ,101.1°E | | | | 原地生消 | |
| 17 | C1517 | 安多, Anduo | 5.20 | 579 | 33.2°N ,91.3°E | | | | 原地生消 | |
| 18 | C1518 | 改则, Gaize | 5.23～5.24 | 576 | 32.6°N ,86.2°E | | | | 东行转东北行 | |
| 19 | C1519 | 托勒, Tuole | 6.2 | 576 | 38.4°N ,99.0°E | | | | 原地生消 | |
| 20 | C1520 | 贡觉, Gongjue | 6.8 | 581 | 31.2°N ,98.2°E | 彭州 | $6.8^{20}$ | 581 | 东行移出高原 | 切变线 |
| 21 | C1521 | 狮泉河, Shiquanhe | 6.9 | 578 | 33.0°N ,81.3°E | | | | 原地生消 | |
| 22 | C1522 | 嘉黎, Jiali | 6.9 | 582 | 30.6°N ,93.0°E | | | | 原地生消 | |
| 23 | C1523 | 改则, Gaize | 6.10～6.11 | 579 | 32.7°N ,83.5°E | | | | 渐东北行 | |
| 24 | C1524 | 改则, Gaize | 6.12～6.13 | 575 | 31.1°N ,85.2°E | | | | 东北行 | |

高原低涡纪要表（续-2）

| 序号 | 编号 | 名称 | 起止日期(月.日) | 中心最小位势高度/位势什米 | 发现点经纬度 | 移出高原的地点 | 移出高原的时间 | 移出高原中心位势高度/位势什米 | 路径趋向 | 影响低涡移出高原的天气系统 |
|---|---|---|---|---|---|---|---|---|---|---|
| 25 | C1525 | 曲麻莱, Qumalai | 6.15～6.16 | 575 | 34.9°N, 95.9°E | 洛川 | $6.16^{20}$ | 578 | 东北行转东南行移出高原 | 切变线 |
| 26 | C1526 | 兴海, Xinghai | 6.17 | 580 | 35.6°N, 99.6°E | | | | 原地生消 | |
| 27 | C1527 | 改则, Gaize | 6.18～6.19 | 579 | 33.5°N, 86.9°E | | | | 东北行 | |
| 28 | C1528 | 玛多, Maduo | 6.22 | 576 | 35.2°N, 96.8°E | | | | 西行 | |
| 29 | C1529 | 改则, Gaize | 6.29～7.1 | 583 | 33.5°N, 84.8°E | | | | 西北行 | |
| 30 | C1530 | 新龙, Xinlong | 6.30 | 585 | 33.0°N, 101.5°E | | | | 东南行 | |
| 31 | C1531 | 石渠, Shiqu | 7.1 | 582 | 33.2°N, 98.6°E | | | | 东北行 | |
| 32 | C1532 | 托勒, Tuole | 7.7 | 580 | 38.6°N, 98.8°E | | | | 原地生消 | |
| 33 | C1533 | 道孚, Daofu | 7.14 | 581 | 30.6°N, 100.8°E | 万源 | $7.14^{20}$ | 581 | 东北行移出高原 | 西风槽 |
| 34 | C1534 | 杂多, Zaduo | 7.20 | 584 | 33.0°N, 94.4°E | | | | 原地生消 | |
| 35 | C1535 | 改则, Gaize | 8.5～8.8 | 582 | 34.1°N, 86.0°E | | | | 东南行转东北行转东南行 | |
| 36 | C1536 | 九龙, Jiulong | 8.9～8.10 | 584 | 29.0°N, 101.6°E | | | | 少动后转西南行 | |

## 高原低涡纪要表（续-3）

| 序号 | 编号 | 名称 | 起止日期(月.日) | 中心最小位势高度/位势什米 | 发现点经纬度 | 移出高原的地点 | 移出高原的时间 | 移出高原中心位势高度/位势什米 | 路径趋向 | 影响低涡移出高原的天气系统 |
|---|---|---|---|---|---|---|---|---|---|---|
| 37 | C1537 | 安多,<br>Anduo | 8.14 | 584 | 33.0°N, 91.7°E | | | | 原地生消 | |
| 38 | C1538 | 马尔康,<br>Maerkang | 8.16 | 585 | 32.1°N, 102.3°E | | | | 原地生消 | |
| 39 | C1539 | 安多,<br>Anduo | 8.17～8.19 | 582 | 33.2°N, 89.8°E | | | | 渐东南行 | |
| 40 | C1540 | 石渠,<br>Shiqu | 8.18 | 583 | 32.9°N, 99.2°E | | | | 原地生消 | |
| 41 | C1541 | 九龙,<br>Jiulong | 8.22 | 584 | 29.4°N, 101.4°E | | | | 原地生消 | |
| 42 | C1542 | 果洛,<br>Guoluo | 8.23～8.24 | 580 | 34.4°N, 94.7°E | | | | 东南行 | |
| 43 | C1543 | 班戈,<br>Bange | 8.27～8.29 | 583 | 32.2°N, 89.0°E | | | | 东北行转东南行 | |
| 44 | C1544 | 白玉,<br>Baiyu | 8.28～8.29 | 584 | 31.2°N, 98.9°E | | | | 东南行转西南行 | |
| 45 | C1545 | 石渠,<br>Shiqu | 8.30～8.31 | 583 | 32.6°N, 98.0°E | | | | 东行后少动 | |
| 46 | C1546 | 大柴旦,<br>Dachaidan | 9.1 | 579 | 38.0°N, 96.2°E | | | | 原地生消 | |
| 47 | C1547 | 五道梁,<br>Wudaoliang | 9.2 | 580 | 35.0°N, 91.3°E | | | | 原地生消 | |
| 48 | C1548 | 改则,<br>Gaize | 10.4 | 582 | 33.4°N, 84.5°E | | | | 东行 | |

## 高原低涡纪要表（续-4）

| 序号 | 编号 | 名称 | 起止日期（月.日） | 中心最小位势高度/位势什米 | 发现点经纬度 | 移出高原的地点 | 移出高原的时间 | 移出高原中心位势高度/位势什米 | 路径趋向 | 影响低涡移出高原的天气系统 |
|---|---|---|---|---|---|---|---|---|---|---|
| 49 | C1549 | 沱沱河，Tuotuohe | 10.16~10.17 | 579 | 34.3°N, 90.3°E | | | | 东南行转东北行 | |
| 50 | C1550 | 安多，Anduo | 10.23 | 576 | 32.6°N, 90.6°E | | | | 原地生消 | |
| 51 | C1551 | 曲麻莱，Qumalai | 11.27 | 568 | 34.5°N, 95.2°E | | | | 原地生消 | |
| 52 | C1552 | 当雄，Dangxiong | 12.3 | 572 | 30.6°N, 91.0°E | | | | 东行 | |
| 53 | C1553 | 安多，Anduo | 12.18 | 556 | 33. 8°N, 91.6°E | | | | 原地生消 | |
| 54 | C1554 | 索县，Suoxian | 12.24~12.25 | 564 | 32.0°N, 94.6°E | | | | 南行 | |
| 55 | C1555 | 沱沱河，Tuotuohe | 12.31 | 567 | 33.1°N, 93.1°E | | | | 原地生消 | |

## 高原低涡对我国影响简表

| 序号 | 编号 | 简述活动的情况 | 高原低涡对我国的影响 | | | |
|---|---|---|---|---|---|---|
| | | | 项目 | 时间（月.日） | 概况 | 极值 |
| 1 | C1501 | 高原东部东北行 | 降水 | 1.5 | 西藏东北部，青海东、南部，甘肃南部和四川北部地区降水量为0.1～12mm，降水日数为1天 | 青海河南 11.2mm（1天） |
| 2 | C1502 | 高原西部东南行 | 降水 | 1.7～1.8 | 西藏中部地区降雨量为0.1～6mm，降雨日数为1～2天 | 西藏拉萨 5.5mm（1天） |
| 3 | C1503 | 高原东南部东南行移出高原 | 降水 | 1.10～1.11 | 西藏东部，四川东、南、西南部，重庆西部，贵州西、北部和云南北半部地区降雨量为0.1～33mm，降雨日数为1～2天 | 云南腾冲 35.4mm（1天） |
| 4 | C1504 | 高原南部原地生消 | 无 | 2.11 | 无降水 | 无 |
| 5 | C1505 | 高原南部原地生消 | 降水 | 2.13 | 西藏南部地区降雨量为0.1～19mm，降雨日数为1天 | 西藏拉萨 18.4mm（1天） |
| 6 | C1506 | 高原中部东行 | 降水 | 4.5 | 青海中、东、南部和甘肃中部、四川西北部个别地区降雨量为0.1～12mm，降雨日数为1天 | 青海玛多 11.3mm（1天） |
| 7 | C1507 | 高原东部原地生消 | 降水 | 4.6 | 西藏东北部，青海南、东南部，甘肃西南部和四川北部地区降雨量为0.1～14mm，降雨日数为1天 | 四川红原 13.5mm（1天） |
| 8 | C1508 | 高原中部东南行移出高原 | 降水 | 4.8～4.9 | 西藏东北部、青海南部和四川中、西北部地区降雨量为0.1～27mm，降雨日数为1～2天 | 西藏波密 31.2mm（1天） |
| 9 | C1509 | 高原中部东行 | 降水 | 4.9 | 西藏东北部、青海南部和四川西北部地区降雨量为0.1～32mm，降雨日数为1天 | 西藏波密 31.2mm（1天） |
| 10 | C1510 | 高原东部原地生消 | 降水 | 4.21 | 西藏东北部，青海西南、南部和四川西北部地区降雨量为0.1～10mm，降雨日数为1天 | 青海清水河 9.3mm（1天） |

## 高原低涡对我国影响简表（续-1）

| 序号 | 编号 | 简述活动的情况 | 高原低涡对我国的影响 | | | |
|---|---|---|---|---|---|---|
| | | | 项目 | 时间(月.日) | 概况 | 极值 |
| 11 | C1511 | 高原东部东南行转东北行移出高原 | 降水 | 4.22～4.23 | 西藏东、北部，青海东北、东、东南、南、西南部，四川西北部地区和甘肃南部个别地区降雨量为0.1～15mm，降雨日数为1～2天 | 青海同德 14.1mm（1天） |
| 12 | C1512 | 高原东南部西南行转东北行再转东南行 | 降水 | 4.26～4.28 | 西藏东北、中、南部，青海东南部个别地区，四川西、南部，贵州西北部和云南东北部地区降雨量为0.1～37mm，降雨日数为1～3天 | 贵州纳雍 36.6mm（1天） |
| 13 | C1513 | 高原北部东南行 | 降水 | 4.27～4.28 | 西藏东北部、青海中部个别地区和四川西北部地区降雨量为0.1～9mm，降雨日数为1～2天 | 西藏丁青 8.0mm（1天） |
| 14 | C1514 | 高原中部原地生消 | 降水 | 4.29 | 西藏中、北部，青海南、中、东部和四川西北部地区降雨量为0.1～8mm，降雨日数为1天 | 西藏申扎 7.2mm（1天） |
| 15 | C1515 | 高原东南部东行 | 降水 | 5.17～5.19 | 西藏东半部，青海南、东南部，甘肃西南部和四川中、西、北部地区降雨量为0.1～55mm，降雨日数为1～3天。其中，西藏有成片降雨量大于25mm的降雨区，降雨日数为2～3天 | 西藏波密 54.1mm（2天） |
| 16 | C1516 | 高原东北部原地生消 | 降水 | 5.20 | 西藏东北部，青海东半部，甘肃中部、南半部，内蒙西南部个别地区，宁夏大部，陕西西南部和四川中、北、东北、西北部地区降雨量为0.1～25mm，降雨日数为1天 | 宁夏中卫 24.2mm（1天） |
| 17 | C1517 | 高原中部原地生消 | 降水 | 5.20 | 西藏中、南部和青海西部地区降雨量为0.1～3mm，降雨日数为1天 | 西藏嘉黎 2.4mm（1天） |
| 18 | C1518 | 高原西部东行转东北行 | 降水 | 5.23～5.24 | 西藏东半部，青海南、东、东南部，甘肃西南部，和四川中、北、西北部地区降雨量为0.1～32mm，降雨日数为1～2天 | 西藏嘉黎 31.9mm（2天） |
| 19 | C1519 | 高原东北部原地生消 | 降水 | 6.2 | 青海东、东北部，甘肃西南、中部和内蒙古西南部个别地区降雨量为0.1～16mm，降雨日数为1天 | 青海达日 15.6mm（1天） |

## 高原低涡对我国影响简表（续-2）

| 序号 | 编号 | 简述活动的情况 | 高原低涡对我国的影响 | | | |
|---|---|---|---|---|---|---|
| | | | 项目 | 时间（月.日） | 概　况 | 极值 |
| 20 | C1520 | 高原东南部东行移出高原 | 降水 | 6.8 | 西藏东部，青海、甘肃南部，重庆西南部和四川大部地区降雨量为0.1~38mm，降雨日数为1天 | 西藏波密 37.9mm（1天） |
| 21 | C1521 | 高原西部原地生消 | 无 | 6.9 | 无降水 | 无 |
| 22 | C1522 | 高原南部原地生消 | 降水 | 6.9 | 西藏南、中、东北部和青海南部地区降雨量为0.1～45mm，降雨日数为1天 | 西藏林芝 44.2mm（1天） |
| 23 | C1523 | 高原西部渐东北行 | 降水 | 6.10～6.11 | 西藏南、中、东北部，青海南、东南部和四川西、北部地区降雨量为0.1～10mm，降雨日数为1～2天 | 西藏浪卡子 9.5mm（1天） |
| 24 | C1524 | 高原西南部东北行 | 降水 | 6.12～6.13 | 西藏南、中、东北部，青海北、东、中、东南、南部和四川西北、北部地区降雨量为0.1～28mm，降雨日数为1～2天 | 西藏拉萨 28.0mm（1天） |
| 25 | C1525 | 高原东部东北行转东南行移出高原 | 降水 | 6.15～6.16 | 西藏东、北部，青海东半部、中、西南部，甘肃西、南部，陕西南半部，山西西南部，河南西部，湖北西北部和四川北部地区降雨量为0.1～28mm，降雨日数为1～2天 | 陕西紫阳 27.9mm（1天） |
| 26 | C1526 | 高原东北部原地生消 | 降水 | 6.17 | 青海东、东南部,甘肃西南部和四川北部地区降雨量为0.1～40mm，降雨日数为1天 | 四川松潘 39.5mm（1天） |
| 27 | C1527 | 高原西部东北行 | 降水 | 6.18～6.19 | 西藏东北、北部，青海东半部、中、西南部，甘肃中、南部，陕西西南部和四川北、西北部地区降雨量为0.1～29mm，降雨日数为1～2天 | 青海大通 28.9mm（1天） |
| 28 | C1528 | 高原东北部西行 | 降水 | 6.22 | 青海东半部、中、西南部，甘肃、宁夏南半部，陕西西南部和四川北部地区降雨量为0.1～26mm，降雨日数为1天 | 甘肃陇西 25.3mm（1天） |
| 29 | C1529 | 高原西部西北行 | 降水 | 6.29～7.1 | 西藏西部个别地区，新疆南部和青海西北、西部地区降雨量为0.1～10mm，降雨日数为1~2天 | 青海治多 10.0mm（1天） |

## 高原低涡对我国影响简表（续-3）

| 序号 | 编号 | 简述活动的情况 | 高原低涡对我国的影响 | | | |
|---|---|---|---|---|---|---|
| | | | 项目 | 时间（月.日） | 概况 | 极值 |
| 30 | C1530 | 高原东部东南行 | 降水 | 6.30 | 西藏东北部，青海南、东南部，甘肃西南部个别地区，重庆西、西南部和四川大部地区降雨量为0.1～190mm，降雨日数为1天。其中，四川和重庆有成片降雨量大于25mm的降雨区，降雨日数为1天 | 重庆铜梁 189.6mm（1天） |
| 31 | C1531 | 高原东部东北行 | 降水 | 7.1 | 西藏东部，青海南、东部，甘肃西、南部和四川西、北、中部地区降雨量为0.1～36mm，降雨日数为1天 | 西藏芒康 36.0mm（1天） |
| 32 | C1532 | 高原东北部原地生消 | 降水 | 7.7 | 青海东、东北部和甘肃北、南部地区降雨量为0.1～14mm，降雨日数1天 | 青海托勒 16.3mm（1天） |
| 33 | C1533 | 高原东南部东北行移出高原 | 降水 | 7.14 | 西藏东部，青海东南部，甘肃、陕西南部，湖北西部，重庆、四川大部和贵州北部、云南东北部个别地区降雨量为0.1～135mm，降雨日数为1天。其中，四川和重庆有成片降雨量大于50mm的降雨区，降雨日数为1天 | 四川泸县 130.6mm（1天） |
| 34 | C1534 | 高原中部原地生消 | 降水 | 7.20 | 西藏东北、南部，青海南部地区和四川西北部个别地区降雨量为0.1～15mm，降雨日数为1天 | 西藏错那 14.2mm（1天） |
| 35 | C1535 | 高原西部东南行转东北行转东南行 | 降水 | 8.5～8.8 | 西藏、青海南、东半部，甘肃中、南半部，宁夏南部，陕西西南部，重庆西半部，贵州、云南北部和四川地区降雨量为0.1～120mm，降雨日数为1～3天。其中，四川、重庆和贵州有成片降雨量大于50mm的降雨区，降雨日数为1～2天 | 重庆永川 118.0mm（2天） |
| 36 | C1536 | 高原东南部少动后转西南行 | 降水 | 8.9～8.10 | 西藏东部、四川大部、重庆西部、贵州西北部和云南西、北部地区降雨量为0.1～95mm，降雨日数为1～2天。其中，四川、云南有成片降雨量大于25mm的降雨区，降雨日数为1～2天 | 四川攀枝花市仁和区 93.1mm（2天） |
| 37 | C1537 | 高原中部原地生消 | 降水 | 8.14 | 西藏中部地区降雨量为0.1～32mm，降雨日数为1天 | 西藏嘉黎 31.6mm（1天） |

## 高原低涡对我国影响简表（续-4）

| 序号 | 编号 | 简述活动的情况 | 高原低涡对我国的影响 | | | |
|---|---|---|---|---|---|---|
| | | | 项目 | 时间（月.日） | 概况 | 极值 |
| 38 | C1538 | 高原东南部原地生消 | 降水 | 8.16 | 西藏东部，青海、甘肃南部，陕西西南部，重庆北半部，湖北西南部个别地区和四川大部地区降雨量为0.1～90mm，降雨日数为1天。其中四川有成片降雨量大于25mm的降雨区，降雨日数为1天 | 四川高坪 89.1mm（1天） |
| 39 | C1539 | 高原中部渐东南行 | 降水 | 8.17～8.19 | 西藏南、东半部，青海南、东南、东部，甘肃西南部和四川中、西、西北部地区降雨量为0.1～100mm，降雨日数为1～3天。其中西藏和四川有成片降雨量大于25mm的降雨区，降雨日数为1～3天 | 西藏波密 96.5mm（2天） |
| 40 | C1540 | 高原东部原地生消 | 降水 | 8.18 | 西藏东北部、青海东南部、甘肃西南部和四川北、西北部地区降雨量为0.1～28mm，降雨日数为1天 | 四川新龙 27.9mm（1天） |
| 41 | C1541 | 高原东南部原地生消 | 降水 | 8.22 | 西藏东部，甘肃南部个别地区，四川西、北、西南部和云南西北部地区降雨量为0.1～55mm，降雨日数为1天 | 云南贡山 52.8mm（1天） |
| 42 | C1542 | 高原中部东南行 | 降水 | 8.23～8.24 | 西藏东北部，青海南、东南部，甘肃南部，重庆西部和四川中、西、北、西南部地区降雨量为0.1～65mm，降雨日数为1–2天 | 四川沐川 62.8mm（1天） |
| 43 | C1543 | 高原南部东北行转东南行 | 降水 | 8.27～8.29 | 西藏南、中、东北部，青海南、西南部和四川西北部地区降雨量为0.1～35mm，降雨日数为1～3天 | 四川巴塘 34.6mm（1天） |
| 44 | C1544 | 高原东南部东南行转西南行 | 降水 | 8.28～8.29 | 西藏东、东北部，青海西南部，云南西北部和四川中、西北、西、西南部地区降雨量为0.1～70mm，降雨日数为1～2天。其中西藏，四川和云南有成片降雨量大于25mm的降雨区，降雨日数为1～2天 | 云南华坪 69.7mm（1天） |
| 45 | C1545 | 高原东部东行后少动 | 降水 | 8.30～8.31 | 西藏东北部，青海东南、南、西南部和四川西、中、西北部地区降雨量为0.1～34mm，降雨日数为1～2天 | 四川雅江 33.1mm（2天） |

## 高原低涡对我国影响简表（续-5）

| 序号 | 编号 | 简述活动的情况 | 高原低涡对我国的影响 | | | |
|---|---|---|---|---|---|---|
| | | | 项目 | 时间（月.日） | 概　况 | 极值 |
| 46 | C1546 | 高原东北部原地生消 | 降水 | 9.1 | 青海中、北部和甘肃西北部地区降雨量为0.1～17mm，降雨日数为1天 | 青海茫崖16.1mm（1天） |
| 47 | C1547 | 高原中部原地生消 | 降水 | 9.2 | 西藏东北部和青海西北、西南部地区降雨量为0.1～11mm，降雨日数为1天 | 西藏索县10.3mm（1天） |
| 48 | C1548 | 高原西部东行 | 降水 | 10.4 | 西藏北部和青海西南部地区降雨量为0.1～1mm，降雨日数为1天 | 西藏安多0.6mm（1天） |
| 49 | C1549 | 高原中部东南行转东北行 | 降水 | 10.16～10.17 | 西藏中、东北、南部，青海东南、南、西南部，甘肃西南部和四川中、北、西北部地区降雨量为0.1～31mm，降雨日数为1～2天 | 四川名山30.8mm（1天） |
| 50 | C1550 | 高原中部原地生消 | 降水 | 10.23 | 西藏北部地区降雨量为0.1～2mm，降雨日数为1天 | 西藏安多1.3mm（1天） |
| 51 | C1551 | 高原东部原地生消 | 降水 | 11.27 | 青海西部、东南部个别地区出现微量降雨，降雨日数为1天 | 青海五道梁和甘德0.0mm（1天） |
| 52 | C1552 | 高原南部东行 | 降水 | 12.3 | 西藏南、东北部地区降雨量为0.1～8mm，降雨日数为1天 | 西藏嘉黎7.4mm（1天） |
| 53 | C1553 | 高原中部原地生消 | 降水 | 12.18 | 西藏北部和青海西部个别地区降雨量为0.1～2mm，降雨日数为1天 | 西藏比如1.2mm（1天） |
| 54 | C1554 | 高原东南部南行 | 降水 | 12.24～12.25 | 西藏中部、青海西部个别地区，西藏东北部，青海南部和四川西北部地区降雨量为0.1～1mm，降雨日数为1天 | 青海班玛0.7mm（1天） |
| 55 | C1555 | 高原中部原地生消 | 降水 | 12.31 | 西藏中、东部地区降雨量为0.1～1mm，降雨日数为1天 | 西藏波密0.2mm（1天） |

2015年高原低涡编号、名称、日期对照表

| 未移出高原的高原东部涡 | 未移出高原的高原西部涡 | 移出高原的高原低涡 |
|---|---|---|
| ① C1501石渠，Shiqu | ② C1502改则，Gaize | ③ C1503稻城，Daocheng |
| 1.5 | 1.7~1.8 | 1.10~1.11 |
| ⑦ C1507班玛，Banma | ④ C1504南木林，Nanmulin | ⑧ C1508沱沱河，Tuotuohe |
| 4.6 | 2.11 | 4.8~4.9 |
| ⑩ C1510石渠，Shiqu | ⑤ C1505拉萨，Lasa | ⑪ C1511曲麻莱，Qumalai |
| 4.21 | 2.13 | 4.22~4.23 |
| ⑫ C1512囊谦，Nangqian | ⑥ C1506沱沱河，Tuotuohe | ⑳ C1520贡觉，Gongjue |
| 4.26~4.28 | 4.5 | 6.8 |
| ⑬ C1513曲麻莱，Qumalai | ⑨ C1509安多，Anduo | ㉕ C1525曲麻莱，Qumalai |
| 4.27~4.28 | 4.9 | 6.15~6.16 |
| ⑭ C1514曲麻莱，Qumalai | ⑰ C1517安多，Anduo | ㉝ C1533道孚，Daofu |
| 4.29 | 5.20 | 7.14 |
| ⑮ C1515囊谦，Nangqian | ⑱ C1518改则，Gaize | |
| 5.17~5.19 | 5.23~5.24 | |
| ⑯ C1516刚察，Gangcha | ㉑ C1521狮泉河，Shiquanhe | |
| 5.20 | 6.9 | |
| ⑲ C1519托勒，Tuole | ㉓ C1523改则，Gaize | |
| 6.2 | 6.10~6.11 | |

## 2015年高原低涡编号、名称、日期对照表（续1）

| 未移出高原的高原东部涡 | |
|---|---|
| ㉒ C1522嘉黎，Jiali | ㊵ C1540石渠，Shiqu |
| 6.9 | 8.18 |
| ㉖ C1526兴海，Xinghai | ㊶ C1541九龙,Jiulong |
| 6.17 | 8.22 |
| ㉘ C1528玛多，Maduo | ㊷ C1542果洛，Guoluo |
| 6.22 | 8.23~8.24 |
| ㉚ C1530新龙，Xinlong | ㊹ C1544白玉，Baiyu |
| 6.30 | 8.28~8.29 |
| ㉛ C1531石渠，Shiqu | ㊺ C1545石渠，Shiqu |
| 7.1 | 8.30~8.31 |
| ㉜ C1532托勒，Tuole | ㊻ C1546大柴旦，Dachaidan |
| 7.7 | 9.1 |
| ㉞ C1534杂多，Zaduo | 51 C1551曲麻莱，Qumalai |
| 7.20 | 11.27 |
| ㊱ C1536九龙,Jiulong | 54 C1554索县，Suoxian |
| 8.9~8.10 | 12.24~12.25 |
| ㊳ C1538马尔康，Maerkang | 55 C1555沱沱河，Tuotuohe |
| 8.16 | 12.31 |

## 2015年高原低涡编号、名称、日期对照表（续2）

| 未移出高原的高原西部涡 | |
|---|---|
| ㉔ C1524改则，Gaize | ㊼ C1547五道梁，Wudaoliang |
| 6.12~6.13 | 9.2 |
| ㉗ C1527改则，Gaize | ㊽ C1548改则，Gaize |
| 6.18~6.19 | 10.4 |
| ㉙ C1529改则，Gaize | ㊾ C1549沱沱河，Tuotuohe |
| 6.29~7.1 | 10.16~10.17 |
| ㉟ C1535改则，Gaize | ㊿ C1550安多，Anduo |
| 8.5~8.8 | 10.23 |
| ㊲ C1537安多，Anduo | 52 C1552当雄，Dangxiong |
| 8.14 | 12.3 |
| ㊴ C1539安多，Anduo | 53 C1553安多，Anduo |
| 8.17~8.19 | 12.18 |
| ㊸ C1543班戈，Bange | |
| 8.27~8.29 | |

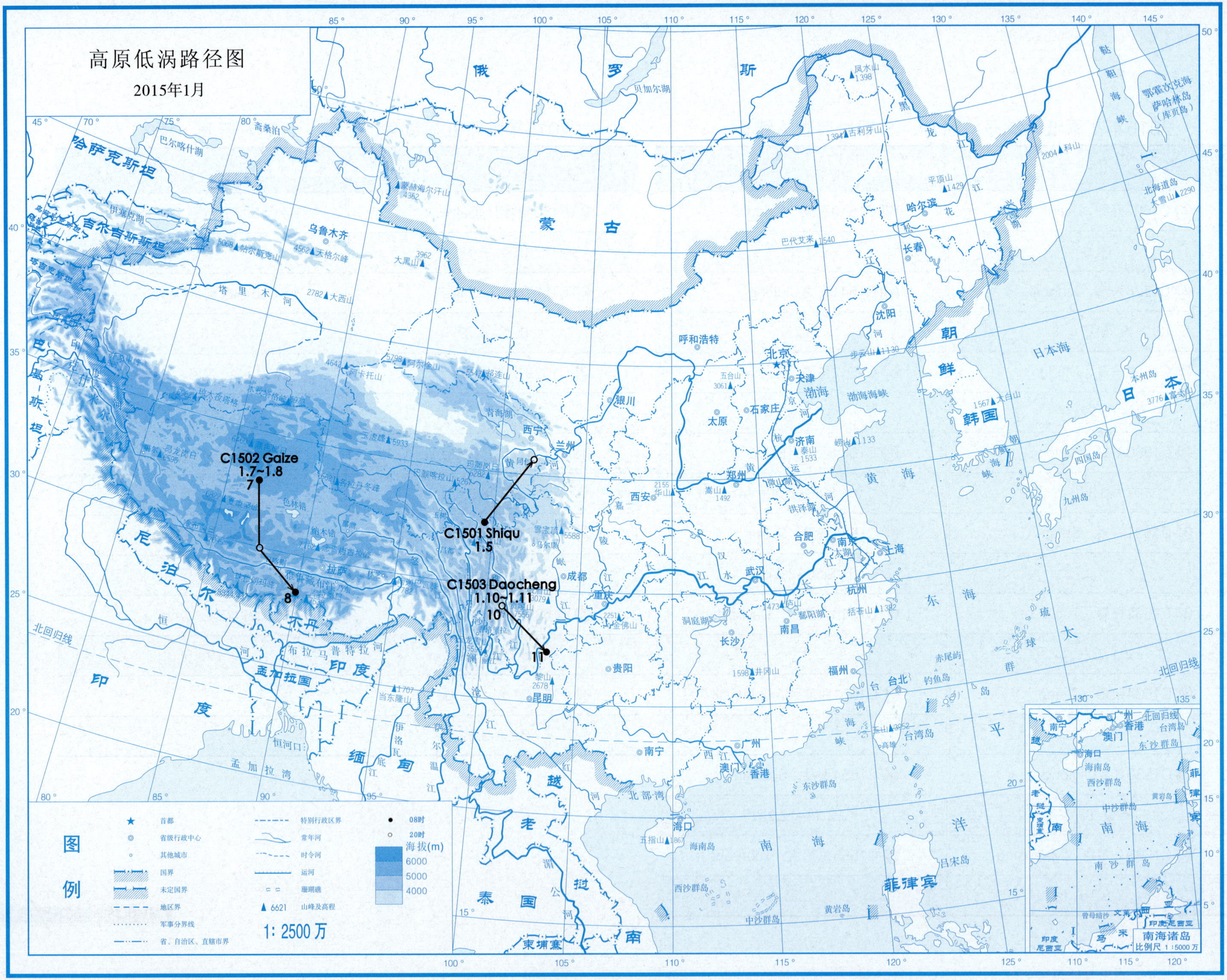
高原低涡路径图
2015年1月
C1502 Gaize
1.7~1.8
7
8
C1501 Shiqu
1.5
C1503 Daocheng
1.10~1.11
10
11
图例
首都
省级行政中心
其他城市
国界
未定国界
地区界
军事分界线
省、自治区、直辖市界
特别行政区界
常年河
时令河
运河
珊瑚礁
山峰及高程
08时
20时
海拔(m)
6000
5000
4000
1: 2500 万
南海诸岛
比例尺 1:5000 万

# 高原低涡路径图

2015年2月

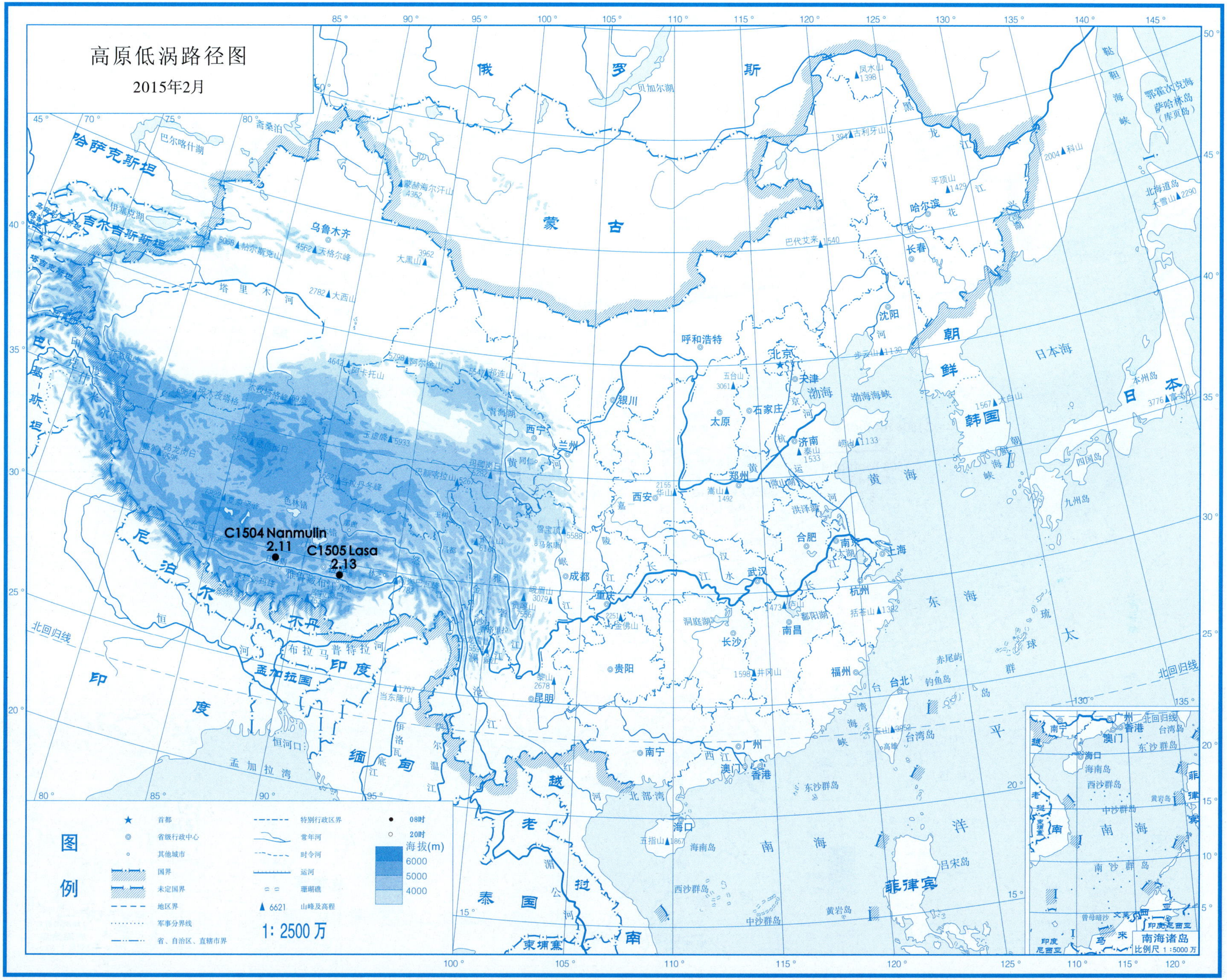

# 高原低涡路径图

2015年4月(1)

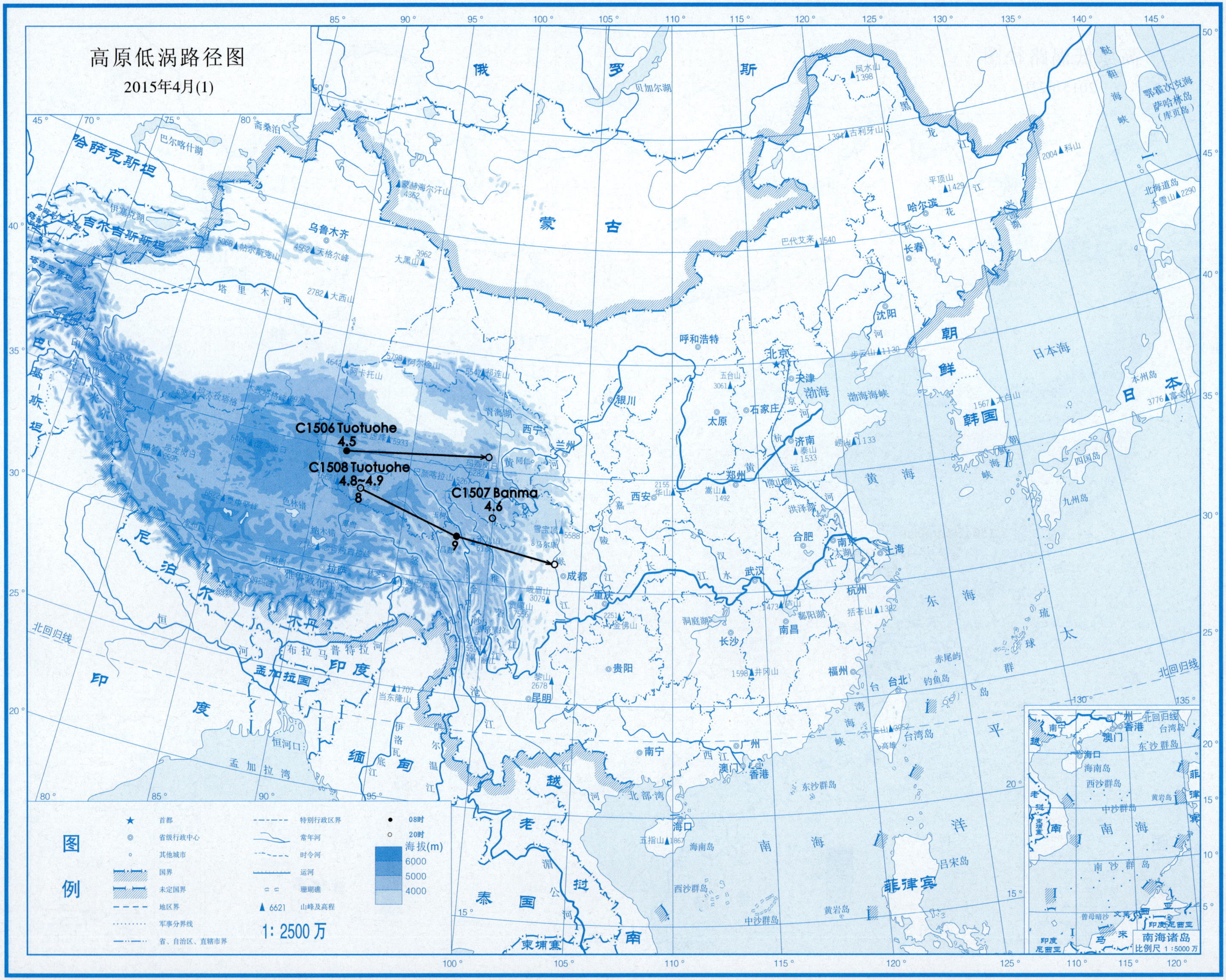

# 高原低涡路径图

2015年4月(2)

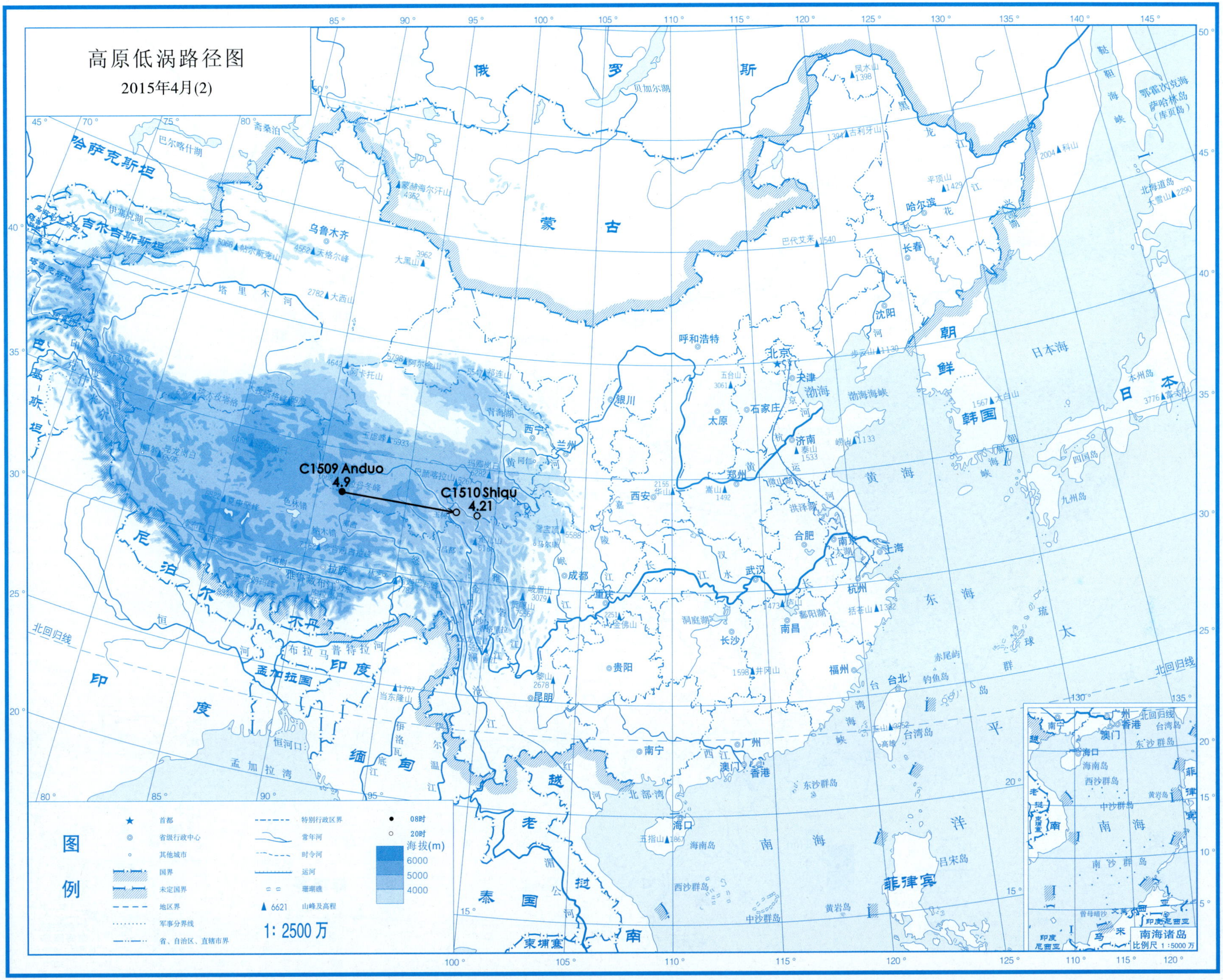

# 高原低涡路径图

2015年4月(3)

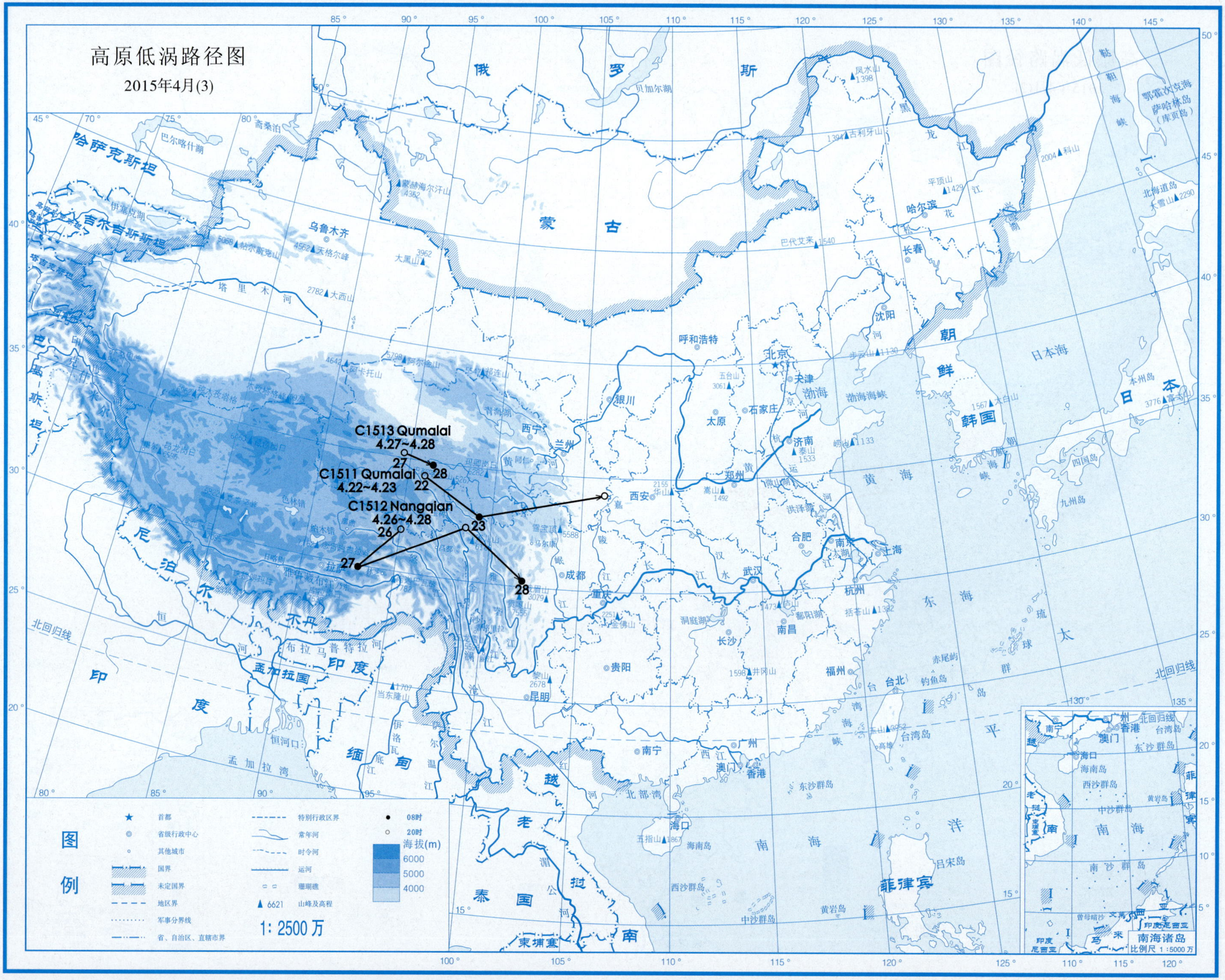

# 高原低涡路径图

2015年4月(4)

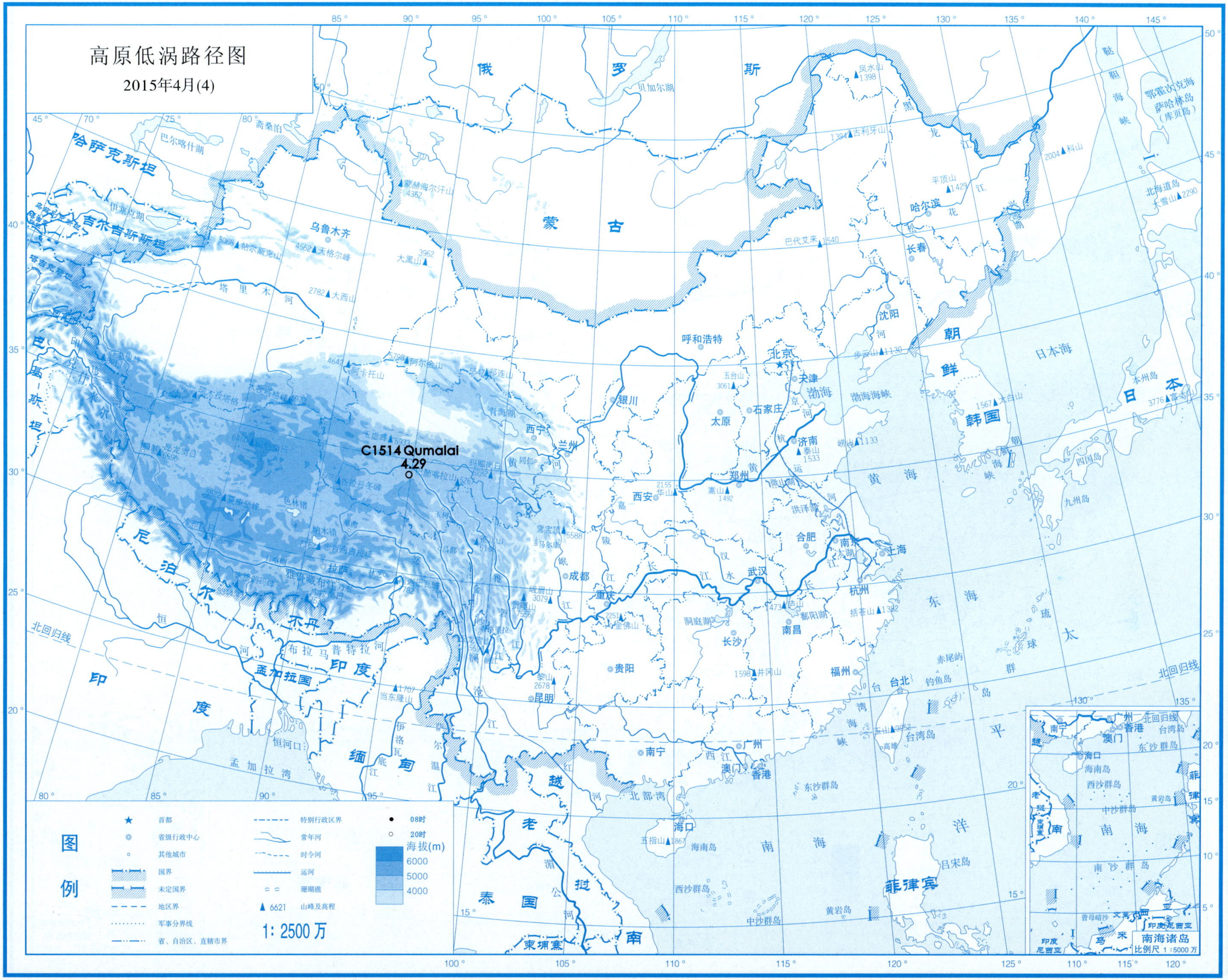

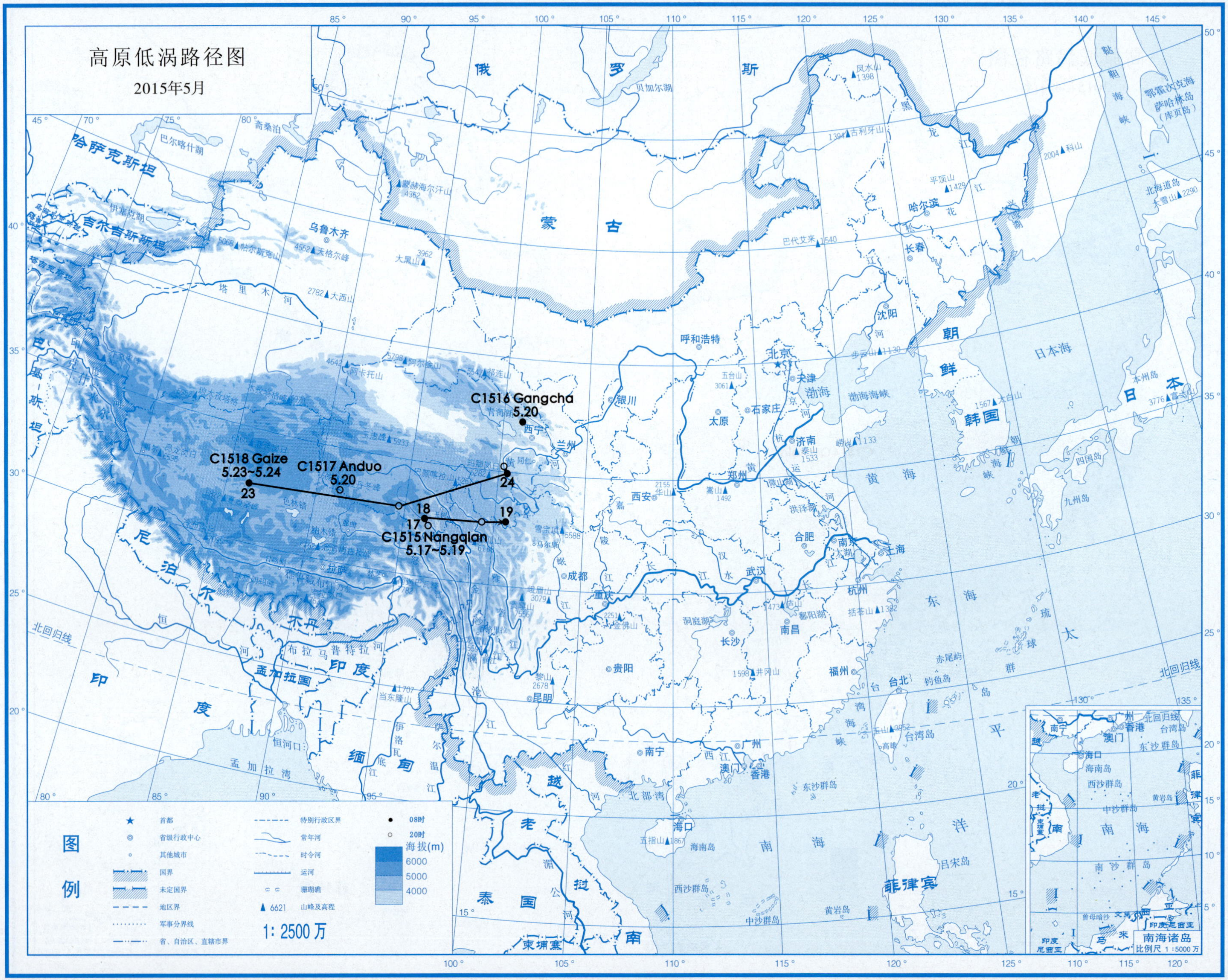

高原低涡路径图
2015年5月
C1516 Gangcha
5.20
C1517 Anduo
5.20
C1518 Gaize
5.23~5.24
C1515 Nangqian
5.17~5.19
23
24
18
17
19
图例
首都
省级行政中心
其他城市
国界
未定国界
地区界
军事分界线
省、自治区、直辖市界
特别行政区界
常年河
时令河
运河
珊瑚礁
6621 山峰及高程
08时
20时
海拔(m)
6000
5000
4000
1:2500万
南海诸岛
比例尺 1:5000万

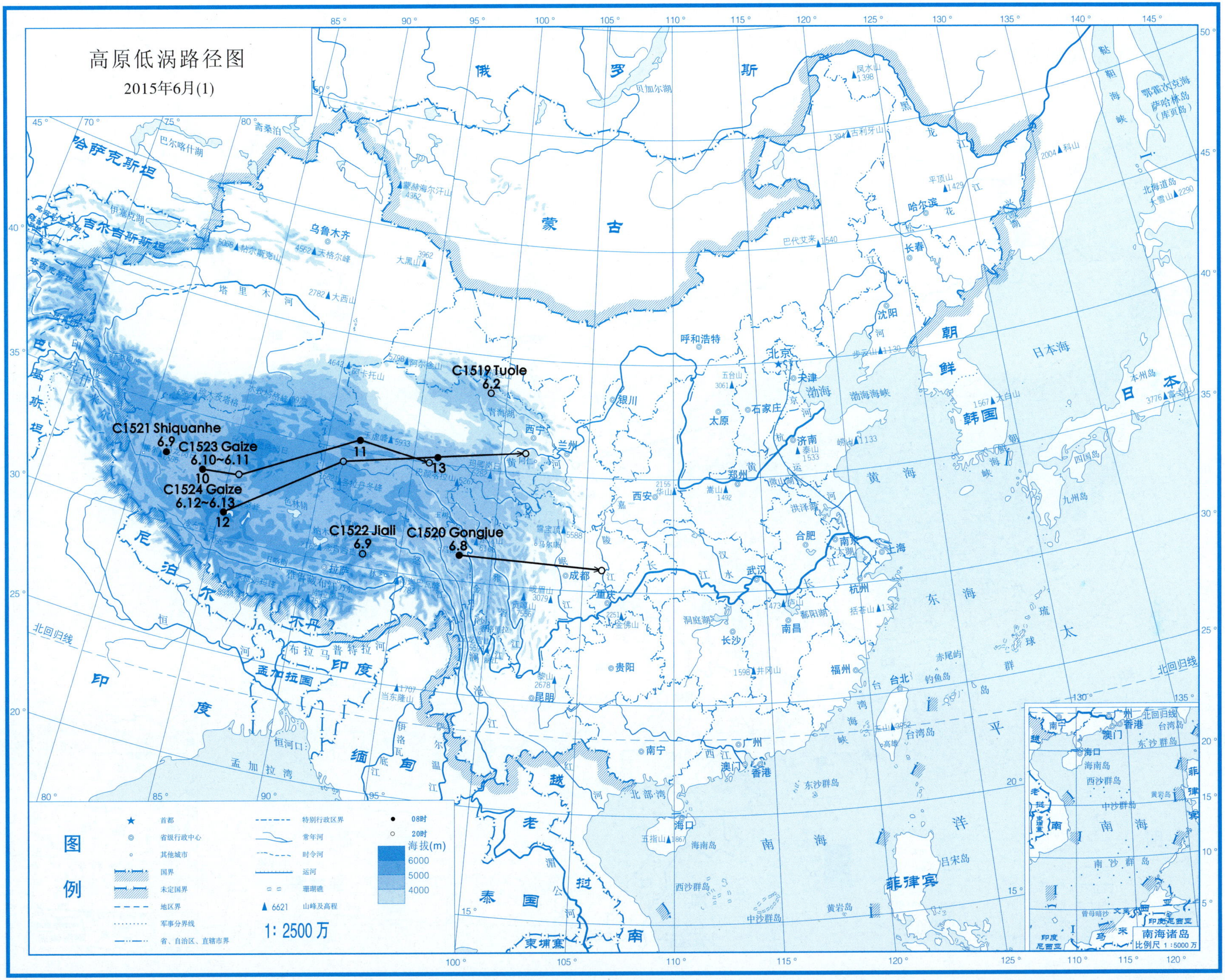
高原低涡路径图
2015年6月(1)
C1519 Tuole
6.2
C1520 Gongjue
6.8
C1521 Shiquanhe
6.9
C1522 Jiali
6.9
C1523 Gaize
6.10~6.11
C1524 Gaize
6.12~6.13
10
11
12
13
图例
首都
省级行政中心
其他城市
国界
未定国界
地区界
军事分界线
省、自治区、直辖市界
特别行政区界
常年河
时令河
运河
珊瑚礁
6621 山峰及高程
1: 2500 万
08时
20时
海拔(m)
6000
5000
4000
南海诸岛
比例尺 1:5000 万

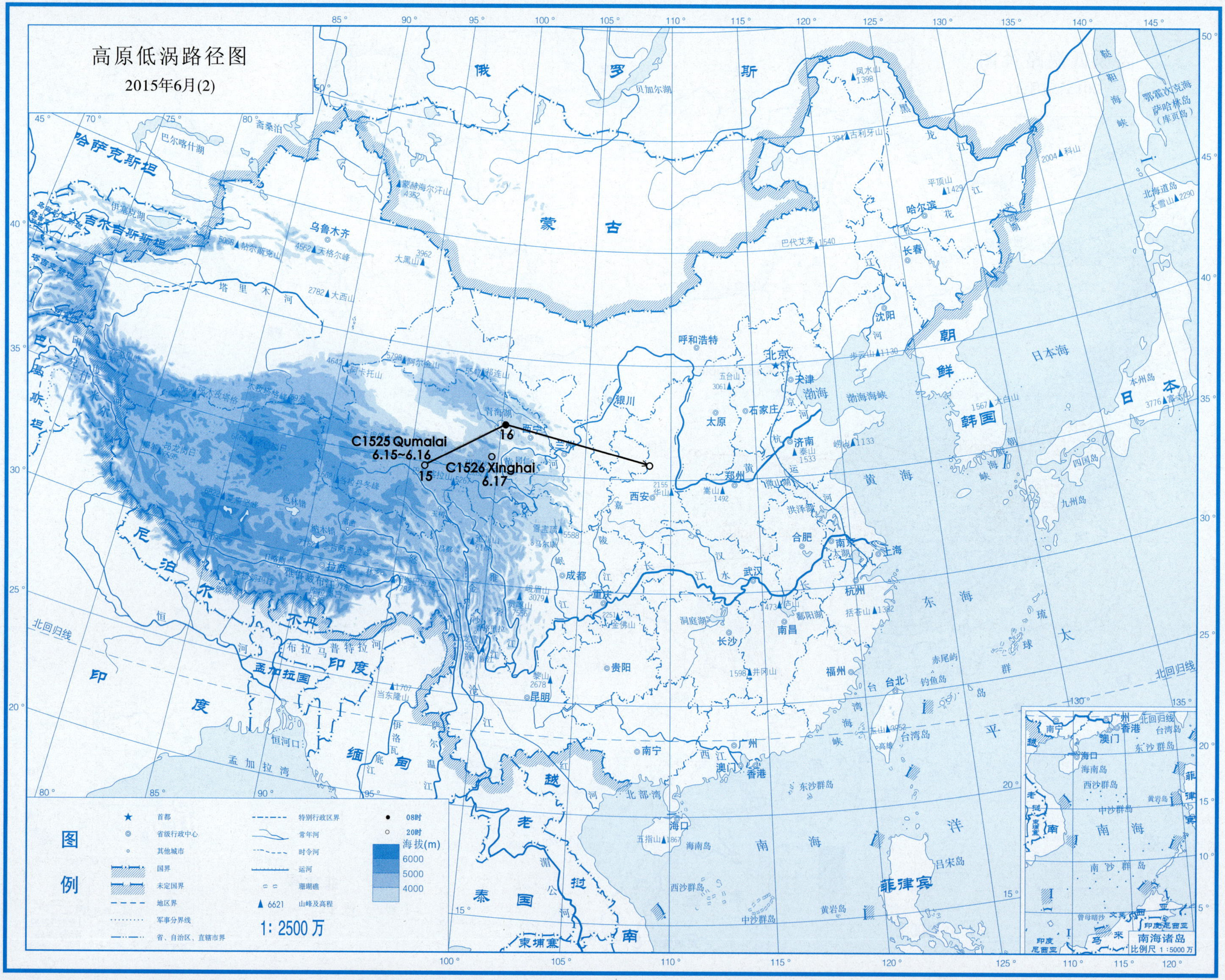
高原低涡路径图
2015年6月(2)
C1525 Qumalai
6.15~6.16
15
16
C1526 Xinghai
6.17
图例
首都
省级行政中心
其他城市
国界
未定国界
地区界
军事分界线
省、自治区、直辖市界
特别行政区界
常年河
时令河
运河
珊瑚礁
6621 山峰及高程
08时
20时
海拔(m)
6000
5000
4000
1: 2500万
南海诸岛
比例尺 1:5000万

# 高原低涡路径图

2015年6月(3)

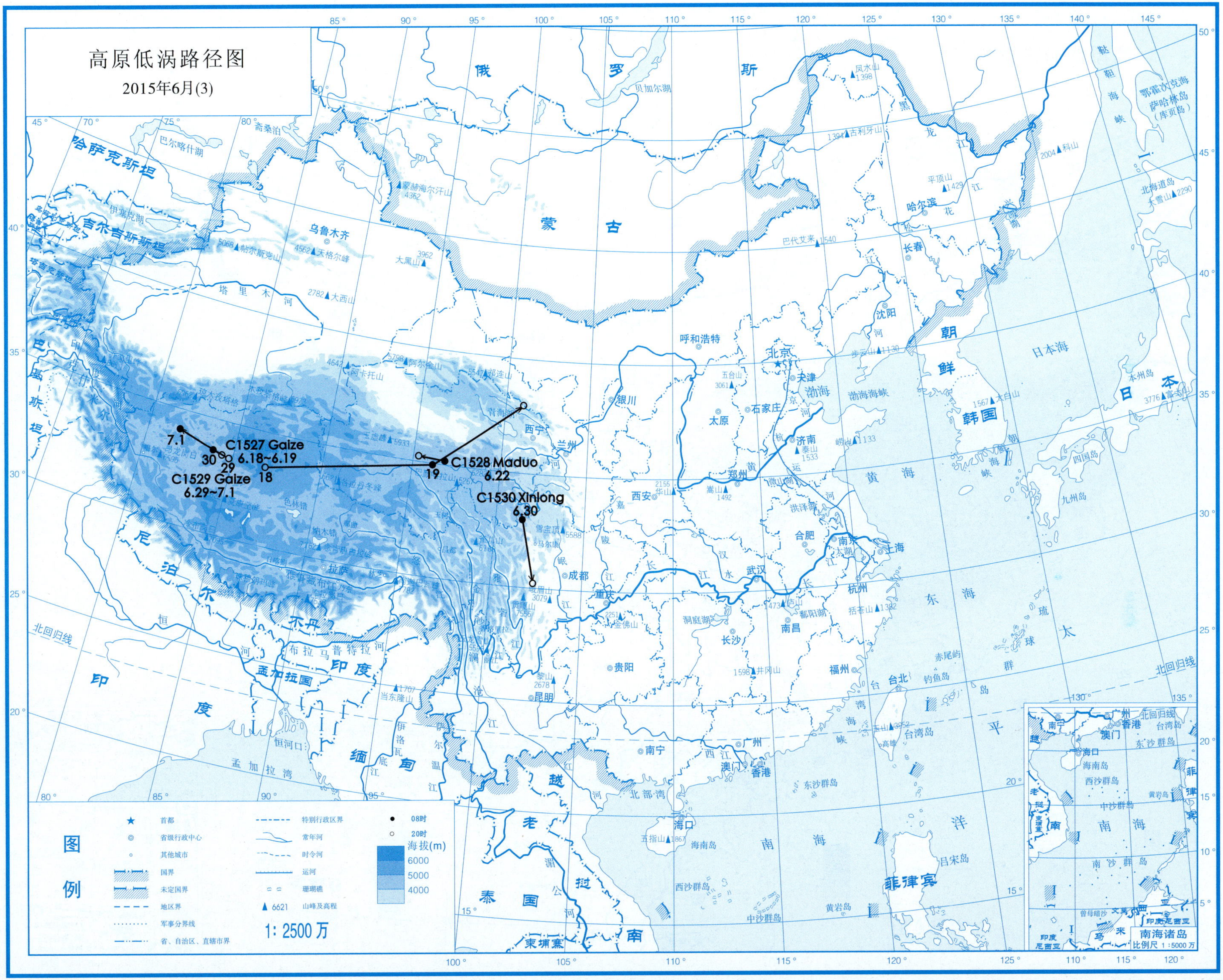

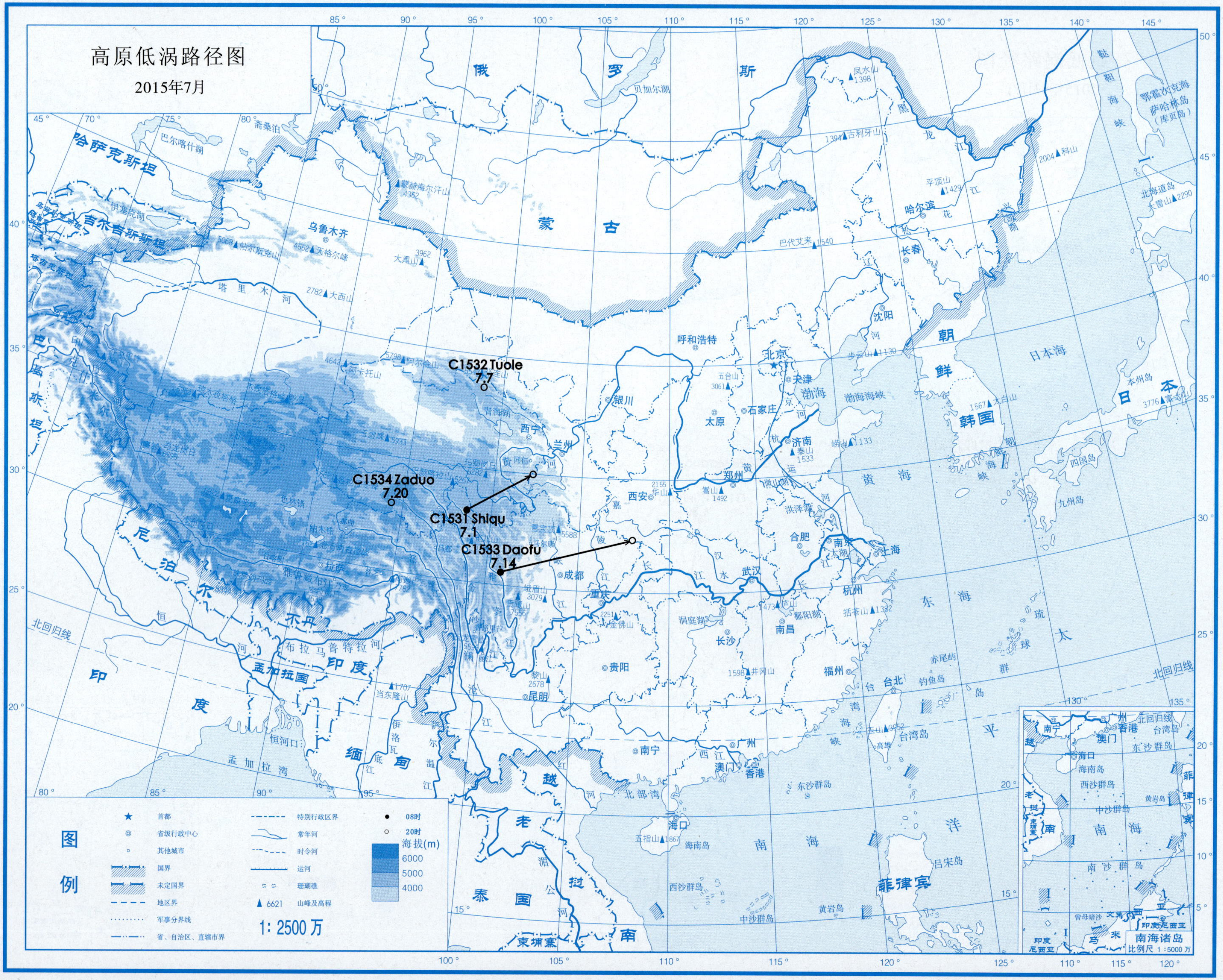


高原低涡路径图
2015年7月

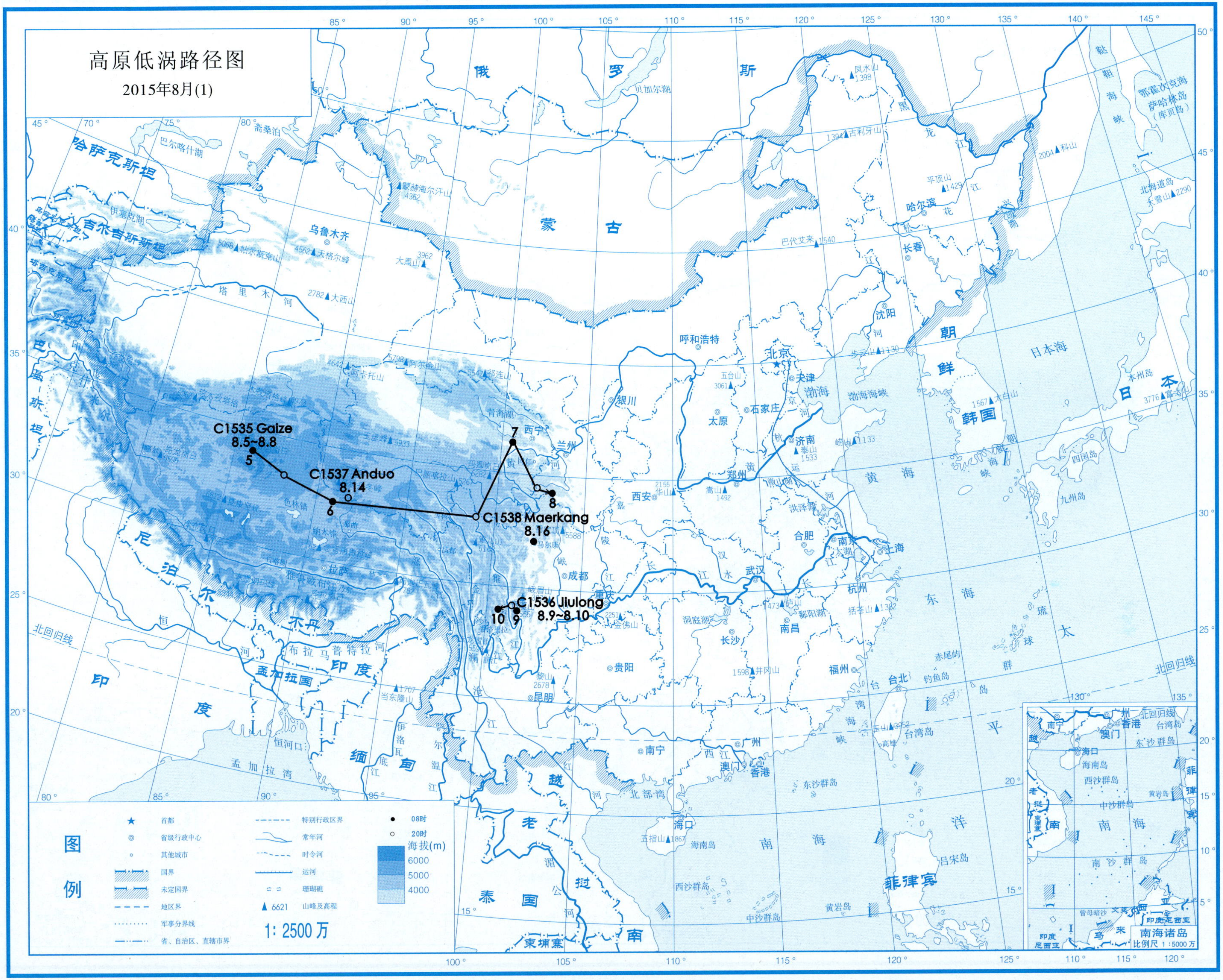
高原低涡路径图
2015年8月(1)
C1535 Gaize
8.5~8.8
C1537 Anduo
8.14
C1538 Maerkang
8.16
C1536 Jiulong
8.9~8.10
图例
首都
省级行政中心
其他城市
国界
未定国界
地区界
军事分界线
省、自治区、直辖市界
特别行政区界
常年河
时令河
运河
珊瑚礁
山峰及高程
08时
20时
海拔(m)
6000
5000
4000
1: 2500 万
南海诸岛
比例尺 1：5000 万

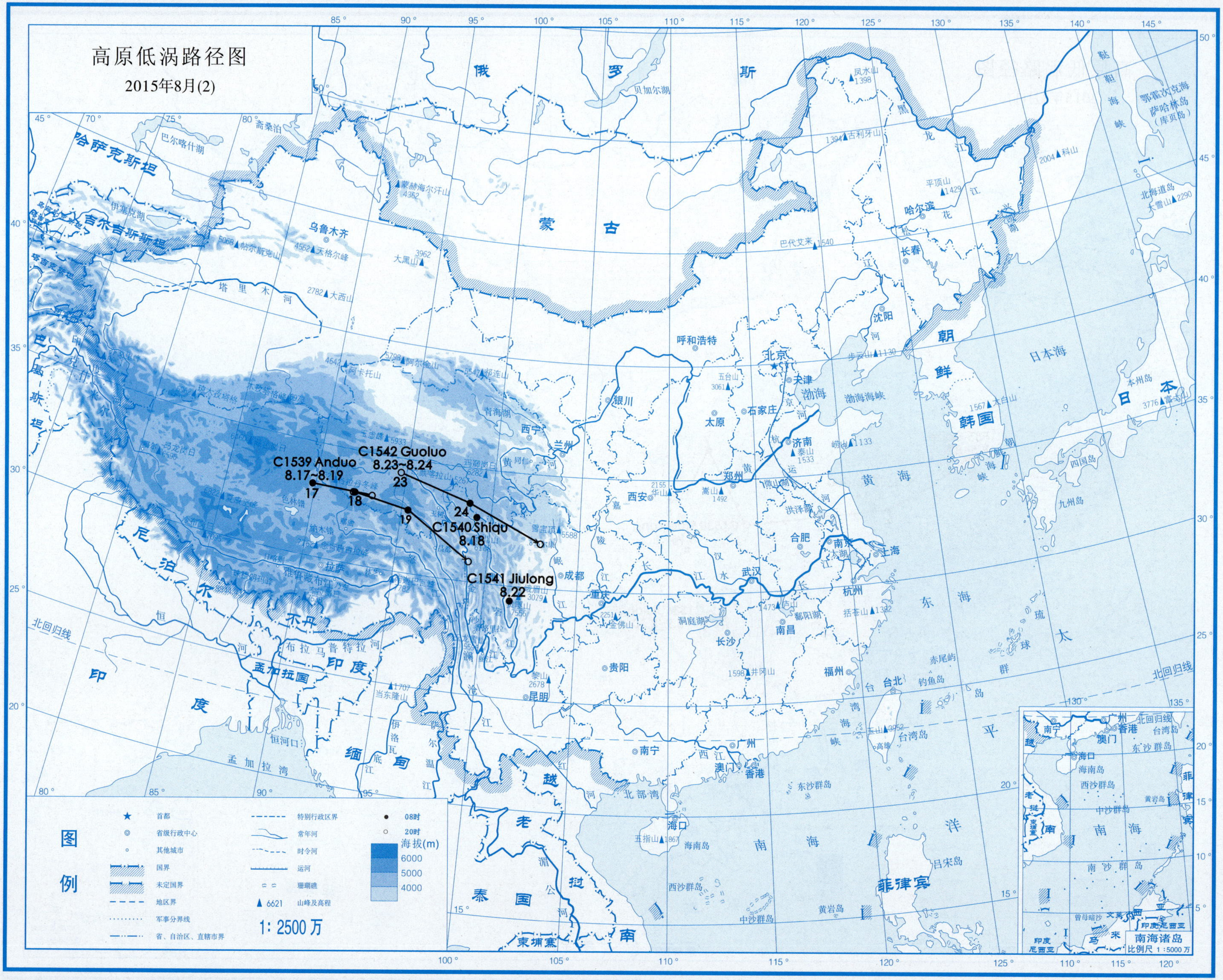
高原低涡路径图
2015年8月(2)
C1539 Anduo
8.17~8.19
C1542 Guoluo
8.23~8.24
C1540 Shiqu
8.18
C1541 Jiulong
8.22
17
18
19
23
24
图例
首都
省级行政中心
其他城市
国界
未定国界
地区界
军事分界线
省、自治区、直辖市界
特别行政区界
常年河
时令河
运河
珊瑚礁
6621 山峰及高程
08时
20时
海拔(m)
6000
5000
4000
1:2500万
南海诸岛
比例尺 1:5000万

# 高原低涡路径图

2015年8月(3)

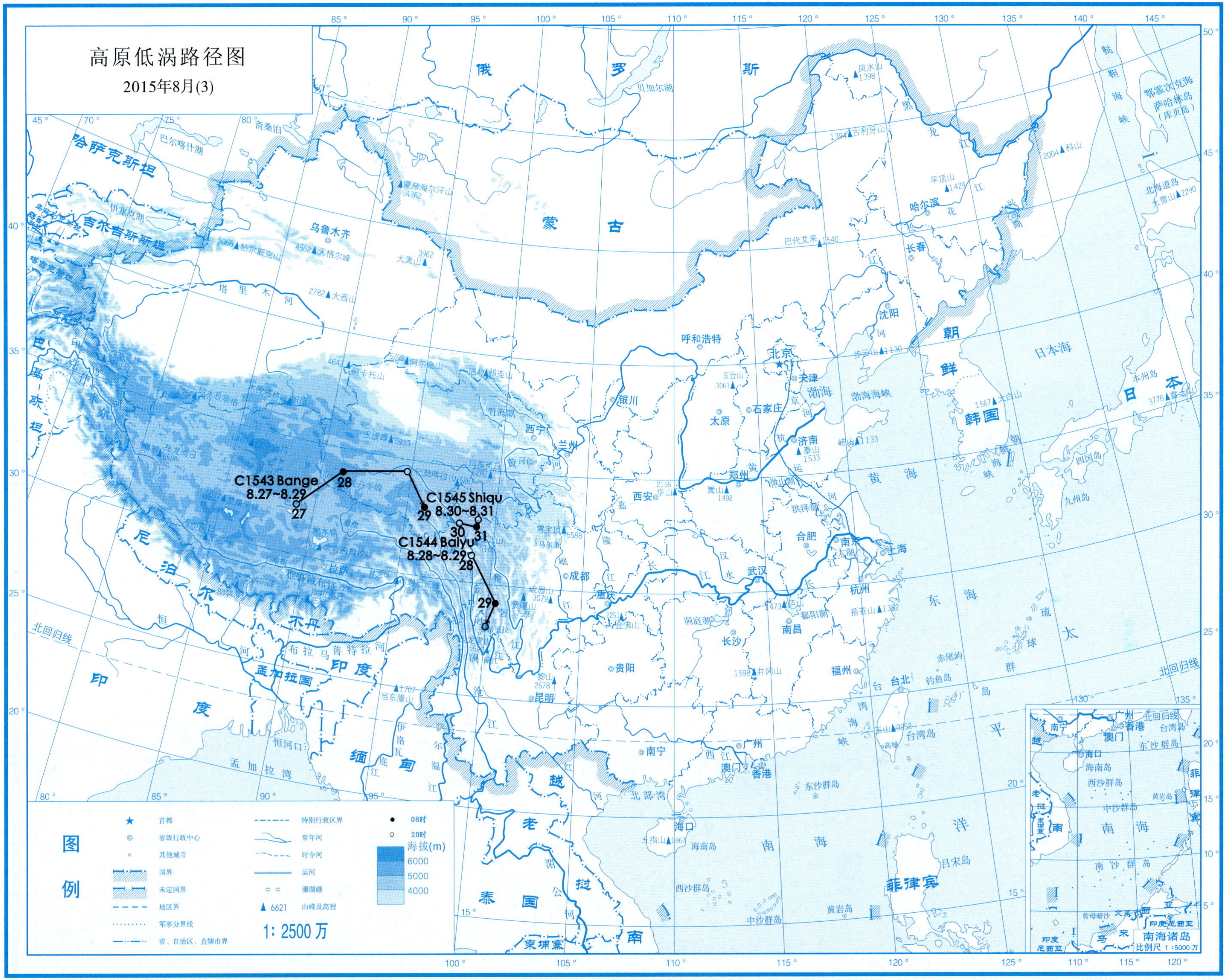

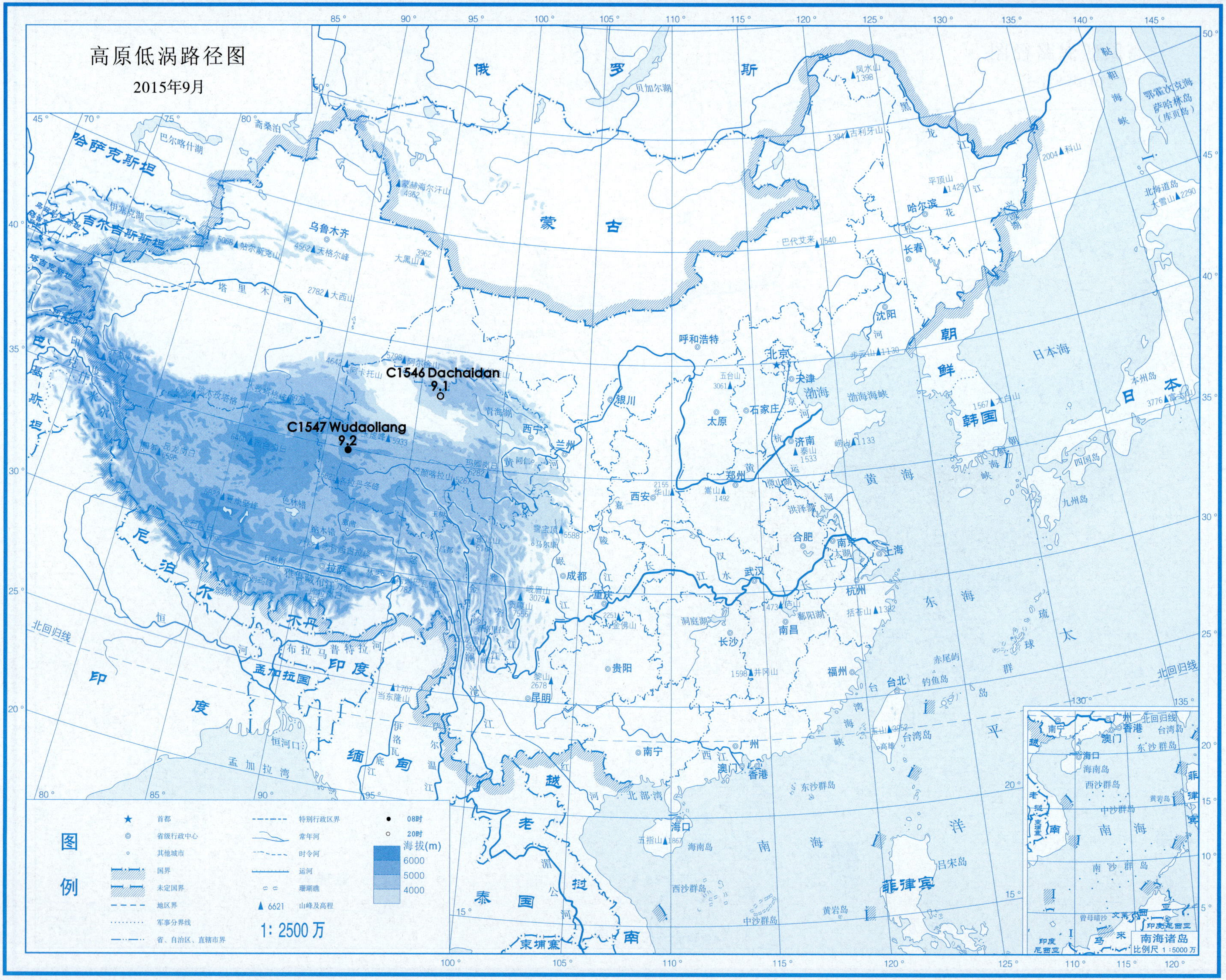
高原低涡路径图
2015年9月
C1546 Dachaidan
9.1
C1547 Wudaoliang
9.2
俄　罗　斯
蒙　古
哈萨克斯坦
吉尔吉斯斯坦
巴基斯坦
尼泊尔
不丹
印度
孟加拉国
缅甸
老挝
越南
泰国
柬埔寨
朝鲜
韩国
日本
菲律宾
乌鲁木齐
西宁
兰州
银川
呼和浩特
北京
天津
石家庄
太原
济南
郑州
西安
成都
重庆
拉萨
武汉
合肥
南京
上海
杭州
南昌
长沙
贵阳
昆明
南宁
广州
福州
台北
香港
澳门
海口
哈尔滨
长春
沈阳
渤海
黄海
东海
南海
日本海
太平洋
北回归线
南海诸岛
比例尺 1：5000 万
图例
首都
省级行政中心
其他城市
国界
未定国界
地区界
军事分界线
省、自治区、直辖市界
特别行政区界
常年河
时令河
运河
珊瑚礁
山峰及高程
08时
20时
海拔(m)
6000
5000
4000
1：2500 万

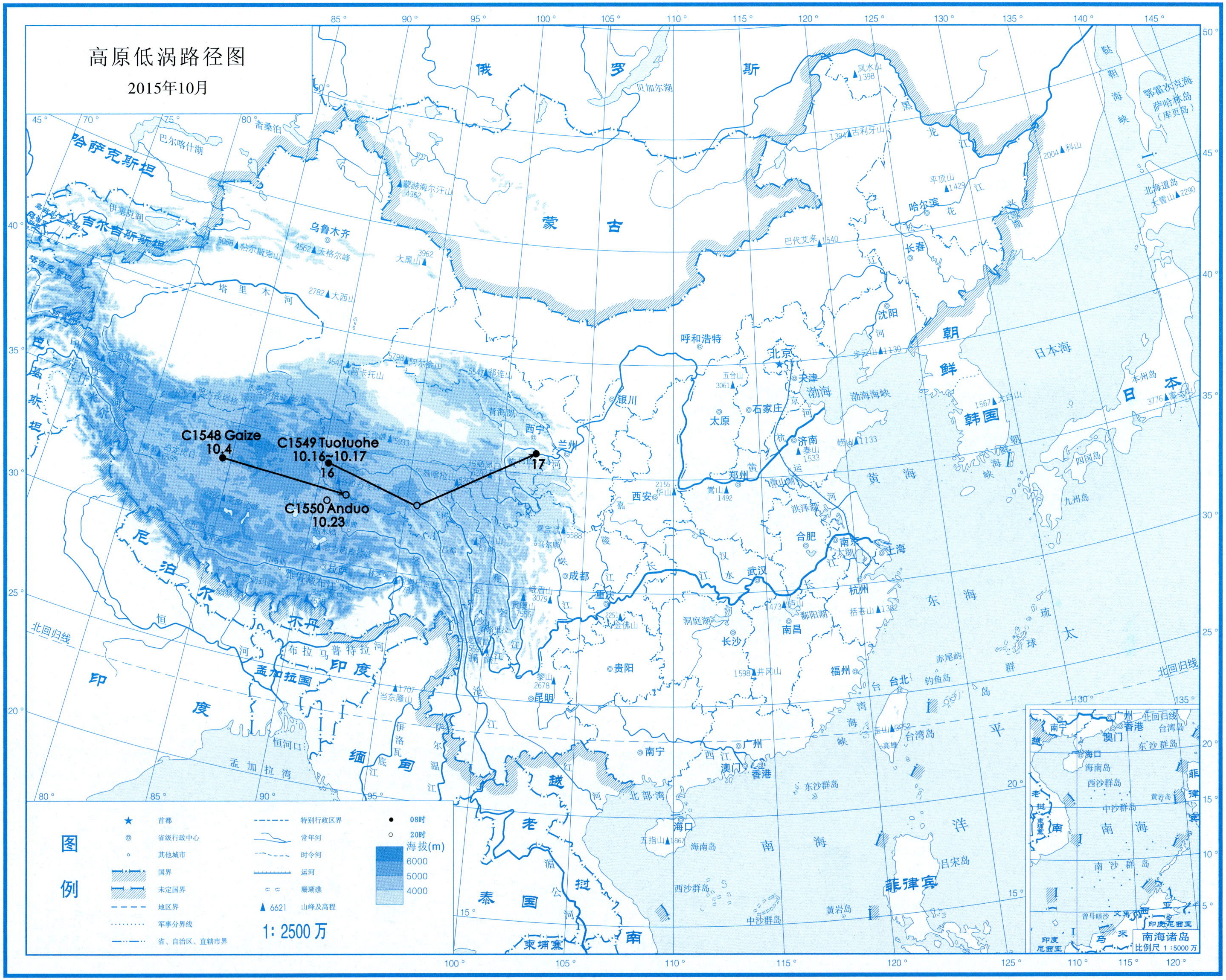

高原低涡路径图
2015年10月
C1548 Gaize
10.4
C1549 Tuotuohe
10.16~10.17
16
17
C1550 Anduo
10.23
图例
首都
省级行政中心
其他城市
国界
未定国界
地区界
军事分界线
省、自治区、直辖市界
特别行政区界
常年河
时令河
运河
珊瑚礁
6621 山峰及高程
08时
20时
海拔(m)
6000
5000
4000
1:2500万
南海诸岛
比例尺 1:5000万

# 高原低涡路径图

2015年11月

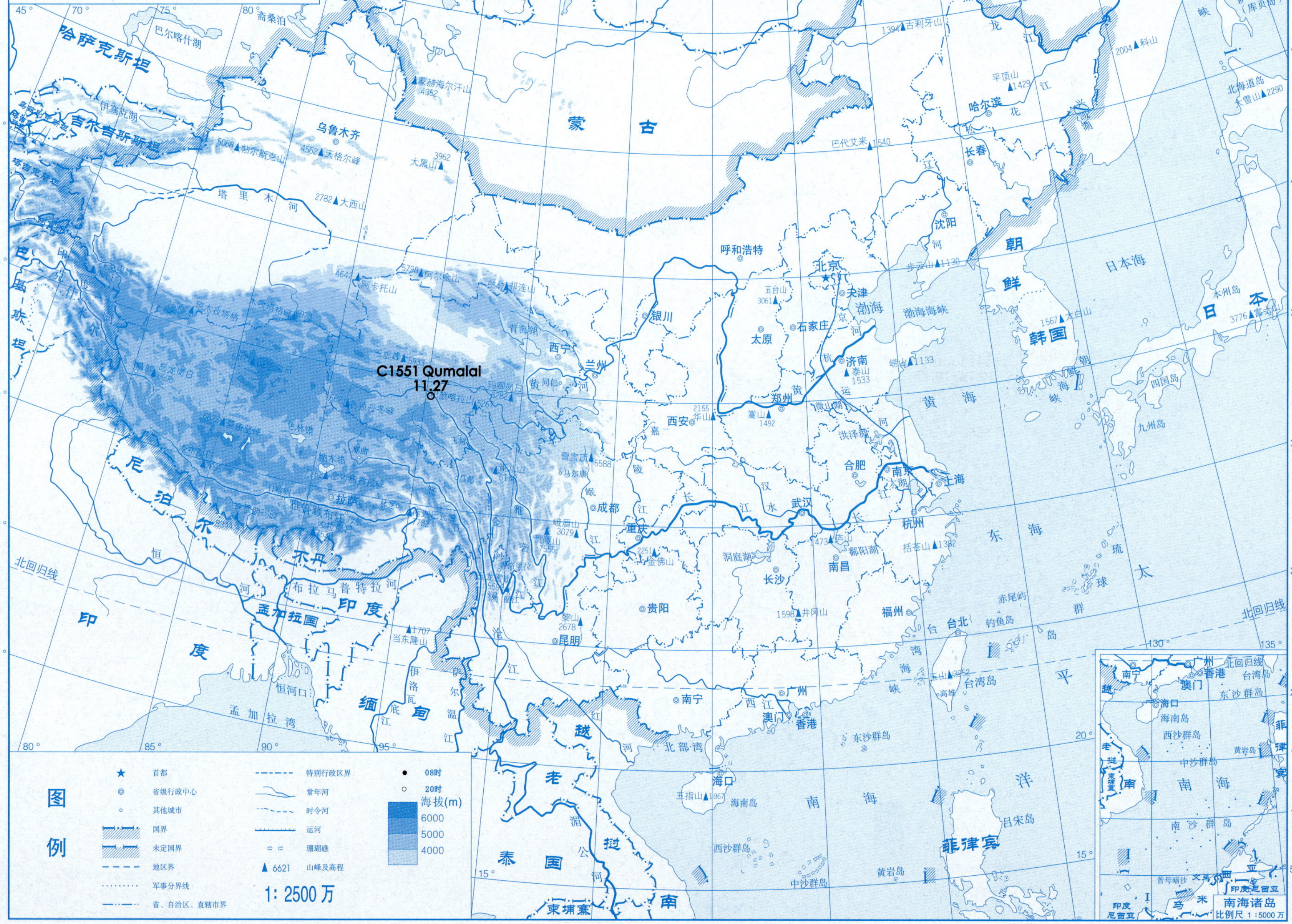

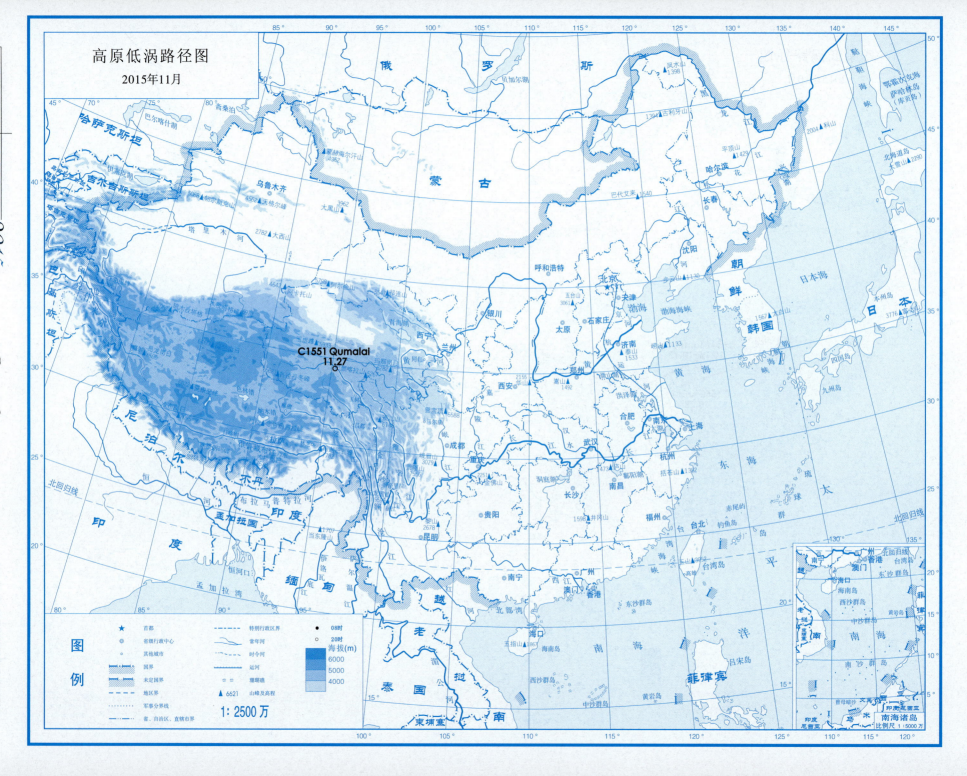

# 高原低涡路径图

2015年12月

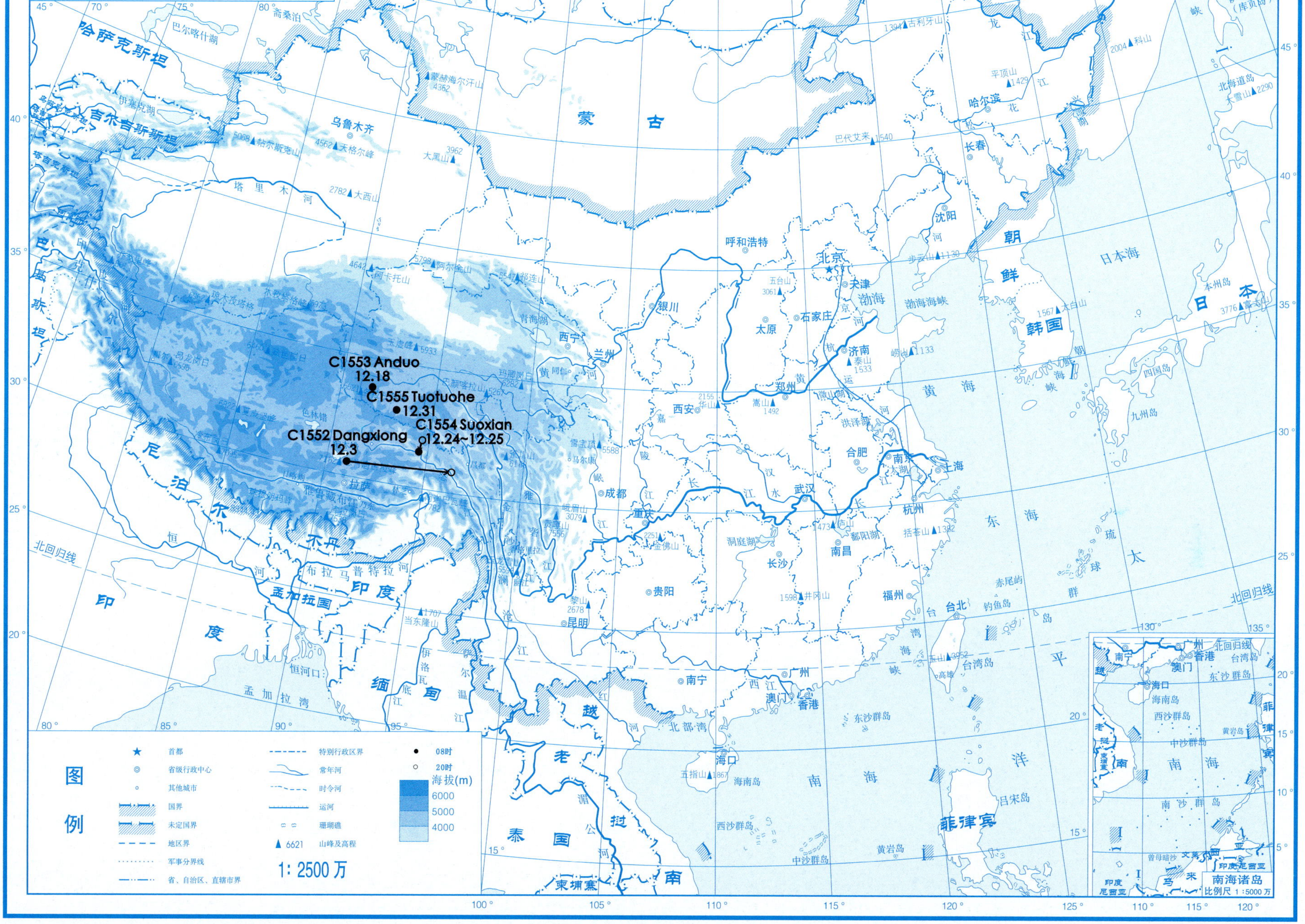

# 青 藏 高 原 低 涡 降 水 资 料

# 总降水量图

1月5日

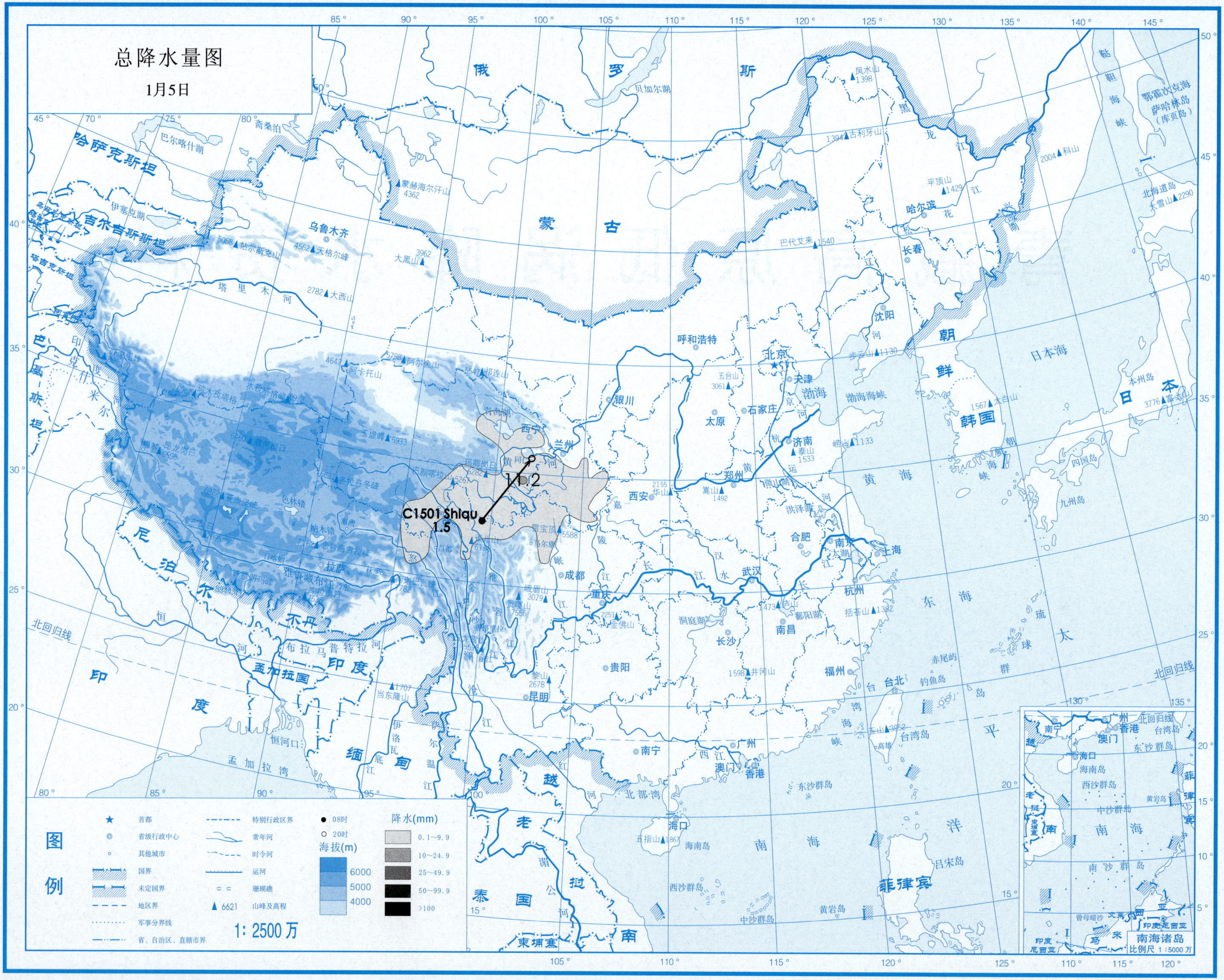
俄 罗 斯
蒙 古
哈萨克斯坦
吉尔吉斯斯坦
塔吉克斯坦
巴基斯坦
尼 泊 尔
不丹
印 度
孟加拉国
缅 甸
越
老
泰 国
柬埔寨
朝 鲜
韩国
日 本
菲律宾
C1501 Shiqu
1.5
1.2
乌鲁木齐
呼和浩特
北京
天津
石家庄
太原
济南
郑州
西安
兰州
西宁
银川
成都
重庆
武汉
合肥
南京
上海
杭州
南昌
长沙
贵阳
昆明
南宁
广州
福州
台北
香港
澳门
海口
沈阳
长春
哈尔滨
黄 海
东 海
南 海
渤海
日本海
太 平 洋
北回归线
图 例
首都
省级行政中心
其他城市
国界
未定国界
地区界
军事分界线
省、自治区、直辖市界
特别行政区界
常年河
时令河
运河
珊瑚礁
6621 山峰及高程
08时
20时
海拔(m)
6000
5000
4000
降水(mm)
0.1~9.9
10~24.9
25~49.9
50~99.9
>100
1: 2500万
南海诸岛
比例尺 1:5000万

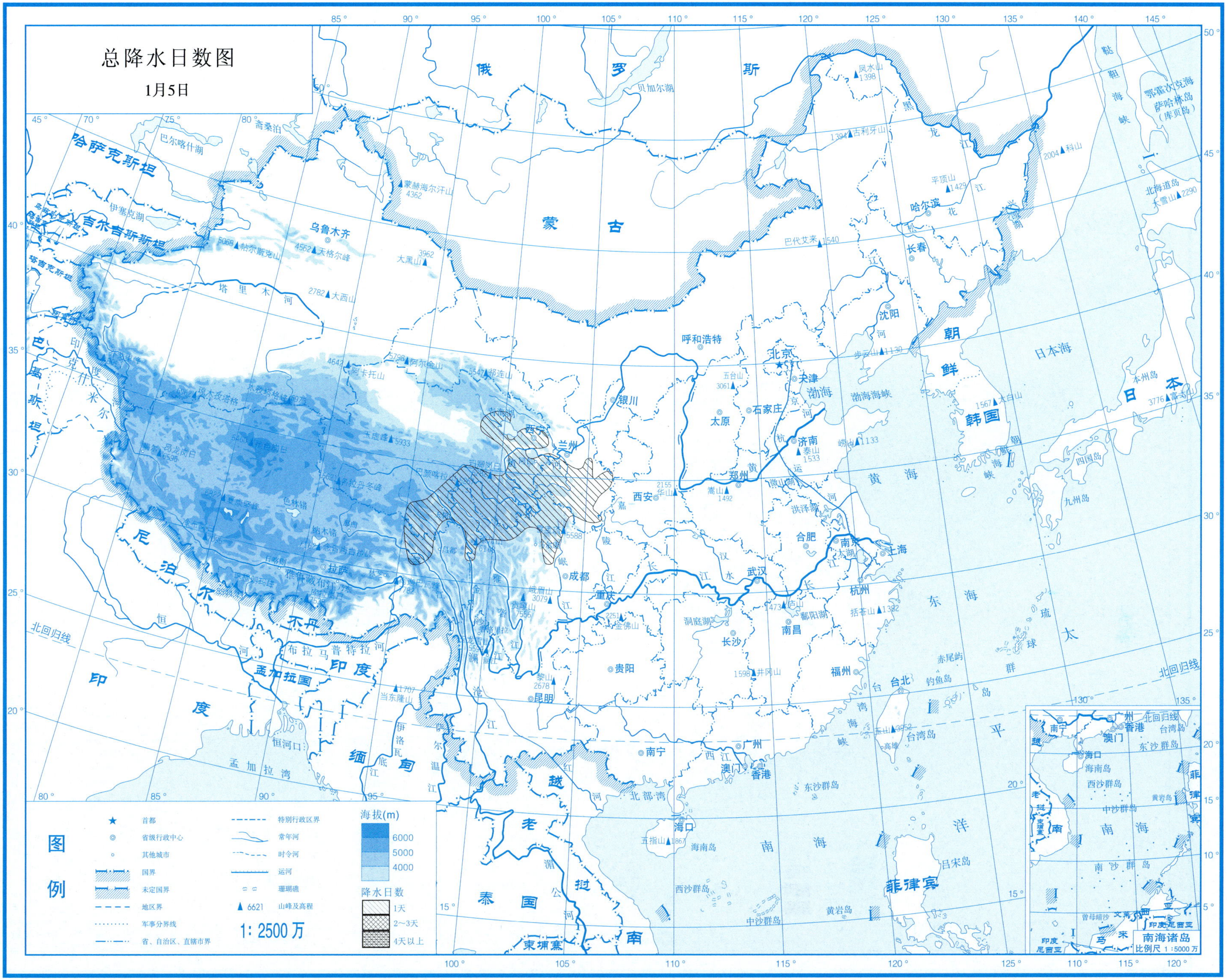
总降水日数图
1月5日
图例
首都
省级行政中心
其他城市
国界
未定国界
地区界
军事分界线
省、自治区、直辖市界
特别行政区界
常年河
时令河
运河
珊瑚礁
6621 山峰及高程
1: 2500万
海拔(m)
6000
5000
4000
降水日数
1天
2~3天
4天以上
俄罗斯
蒙古
哈萨克斯坦
吉尔吉斯斯坦
塔吉克斯坦
巴基斯坦
印度
尼泊尔
不丹
孟加拉国
缅甸
老挝
泰国
越南
柬埔寨
朝鲜
韩国
日本
菲律宾
北京
天津
石家庄
太原
呼和浩特
沈阳
长春
哈尔滨
济南
郑州
西安
银川
西宁
兰州
乌鲁木齐
拉萨
成都
重庆
贵阳
昆明
南宁
广州
香港
澳门
海口
长沙
武汉
南昌
合肥
南京
上海
杭州
福州
台北
日本海
渤海
黄海
东海
南海
太平洋
孟加拉湾
北部湾
北回归线
南海诸岛
比例尺 1:5000万

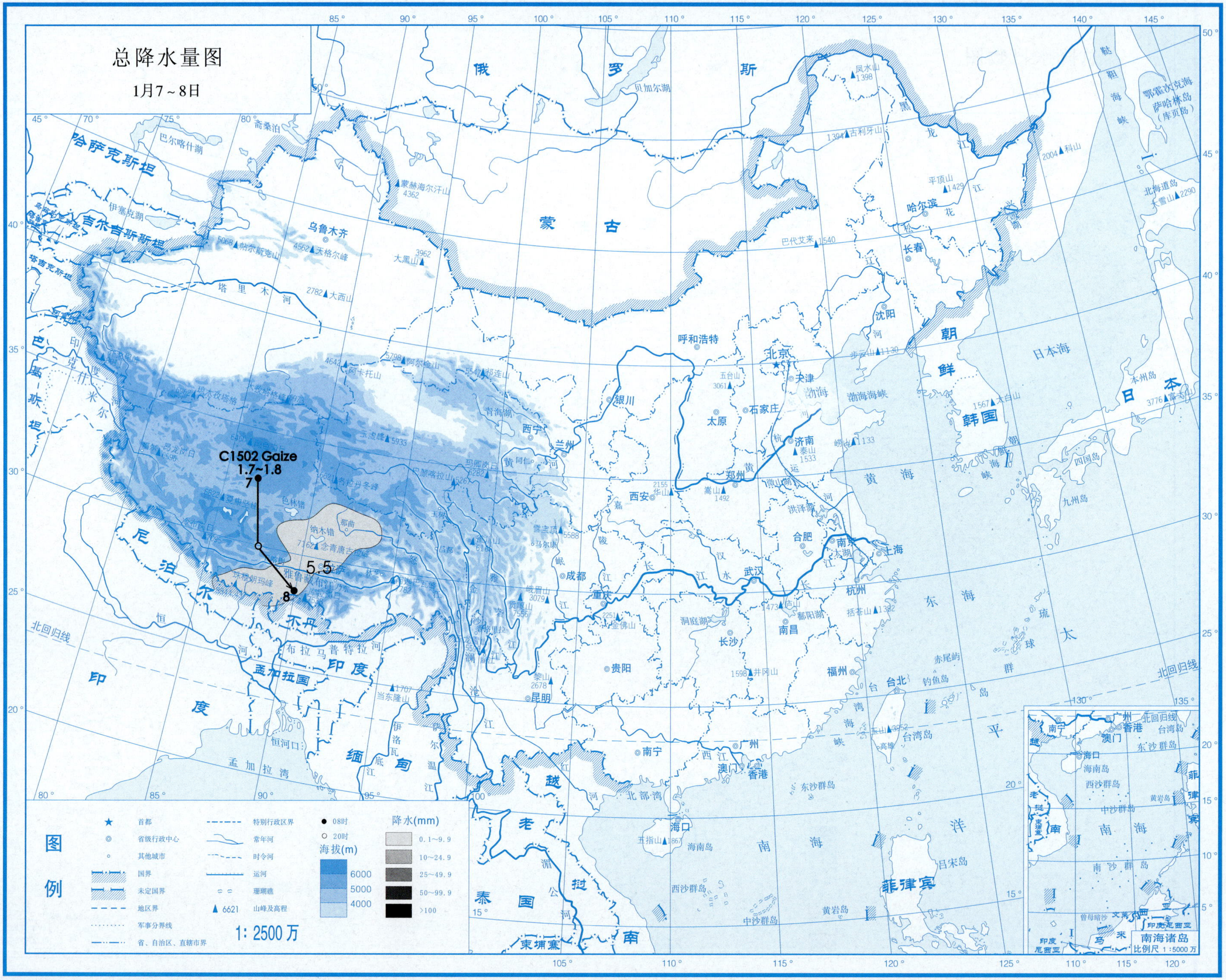
总降水量图
1月7~8日
C1502 Gaize
1.7~1.8
7
8
5.5
俄 罗 斯
蒙 古
哈萨克斯坦
吉尔吉斯斯坦
塔吉克斯坦
巴基斯坦
尼 泊 尔
不丹
孟加拉国
印 度
缅 甸
老 挝
泰 国
越 南
柬埔寨
菲律宾
朝 鲜
韩国
日 本
日本海
黄 海
东 海
南 海
孟 加 拉 湾
北回归线
北京
天津
呼和浩特
石家庄
太原
济南
郑州
西安
银川
兰州
西宁
乌鲁木齐
成都
重庆
武汉
合肥
南京
上海
杭州
南昌
长沙
贵阳
昆明
南宁
广州
福州
台北
海口
香港
澳门
沈阳
长春
哈尔滨
图 例
首都
省级行政中心
其他城市
国界
未定国界
地区界
军事分界线
省、自治区、直辖市界
特别行政区界
常年河
时令河
运河
珊瑚礁
山峰及高程
08时
20时
海拔(m)
6000
5000
4000
降水(mm)
0.1~9.9
10~24.9
25~49.9
50~99.9
>100
1: 2500 万
南海诸岛
比例尺 1:5000 万

# 总降水日数图

1月7～8日

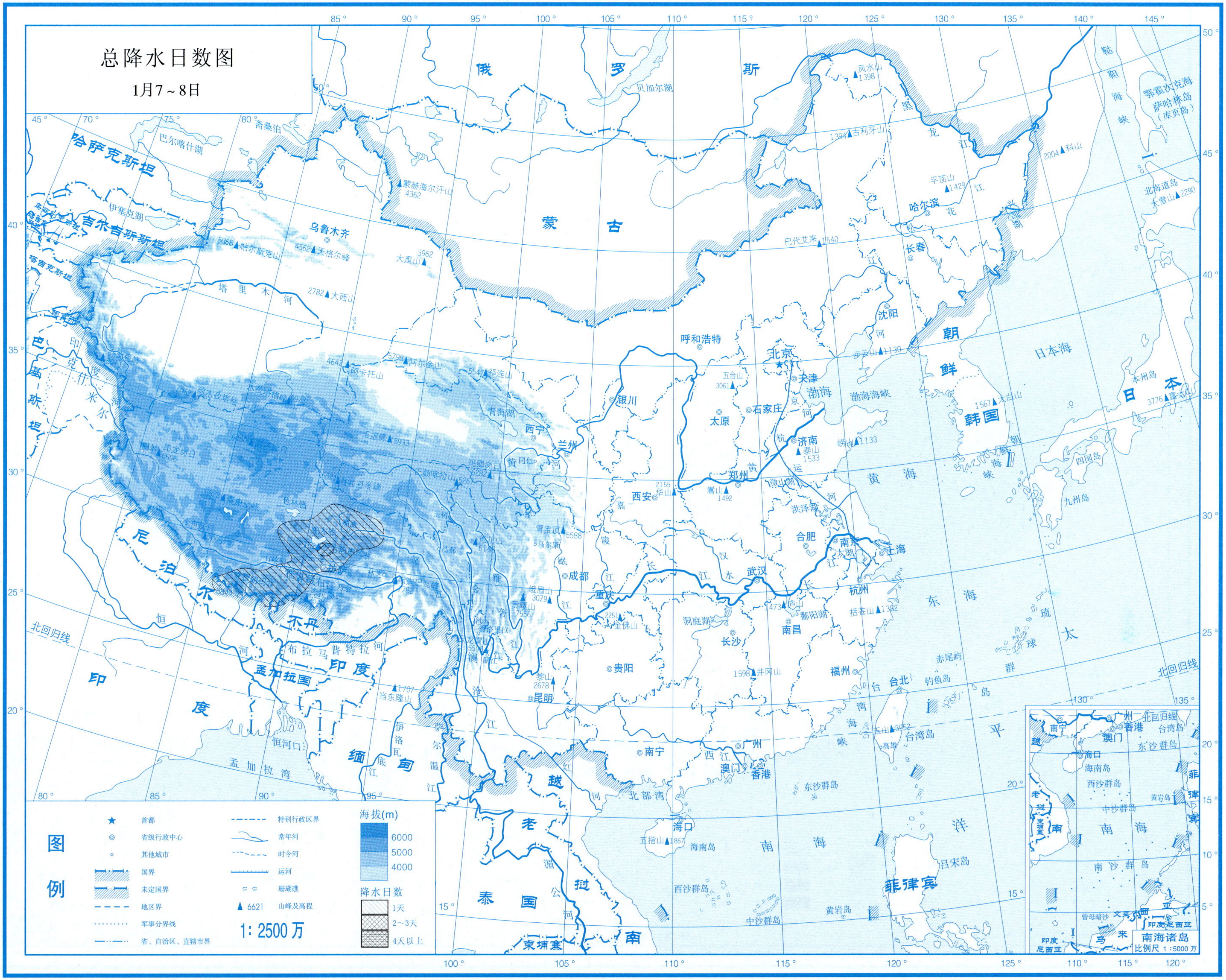

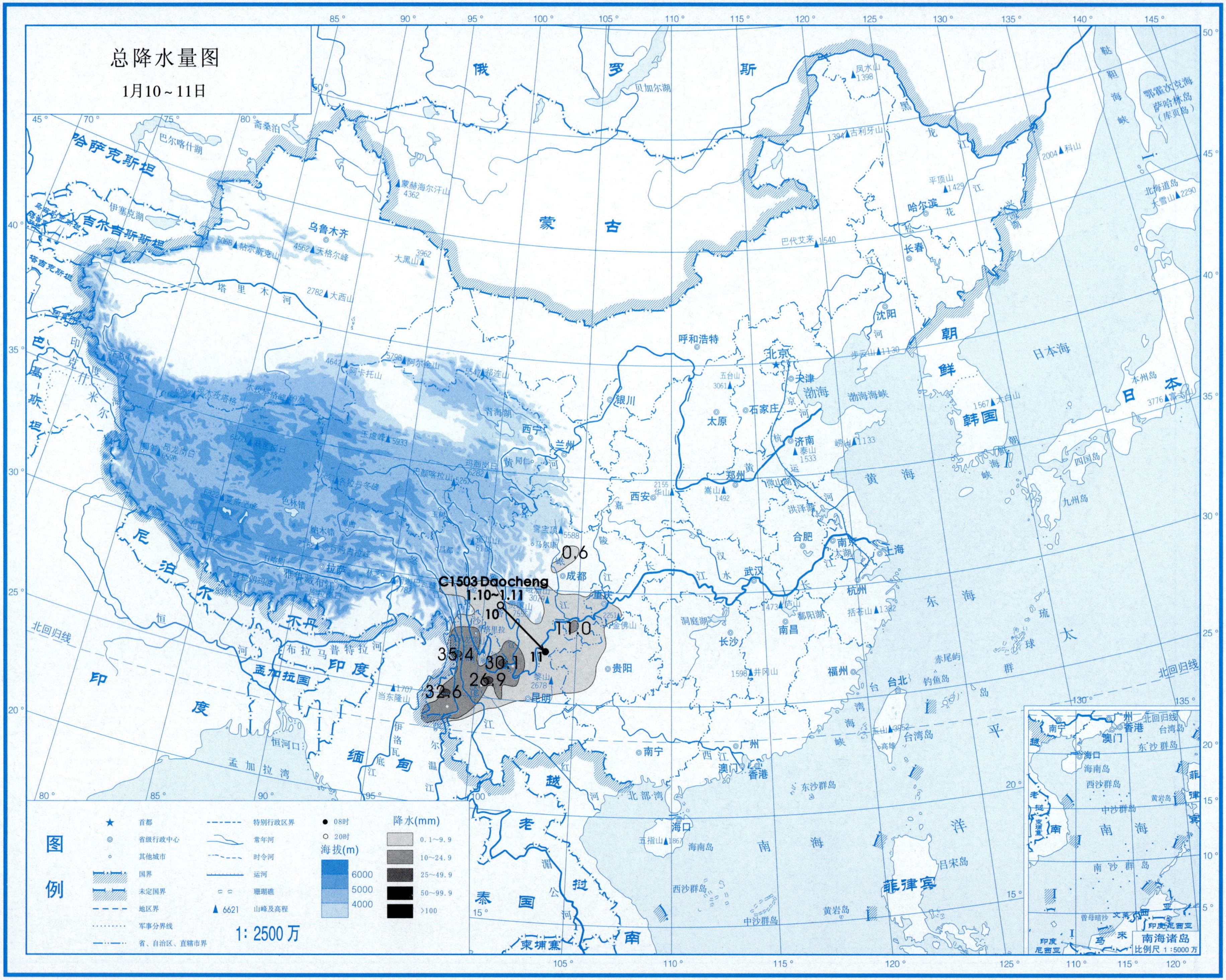
总降水量图
1月10～11日
C1503 Daocheng
1.10~1.11
10
11
0.6
11.0
35.4
30.1
26.9
32.6
图例
首都
省级行政中心
其他城市
国界
未定国界
地区界
军事分界线
省、自治区、直辖市界
特别行政区界
常年河
时令河
运河
珊瑚礁
6621 山峰及高程
08时
20时
海拔(m)
6000
5000
4000
降水(mm)
0.1～9.9
10～24.9
25～49.9
50～99.9
>100
1: 2500万
南海诸岛
比例尺 1:5000万

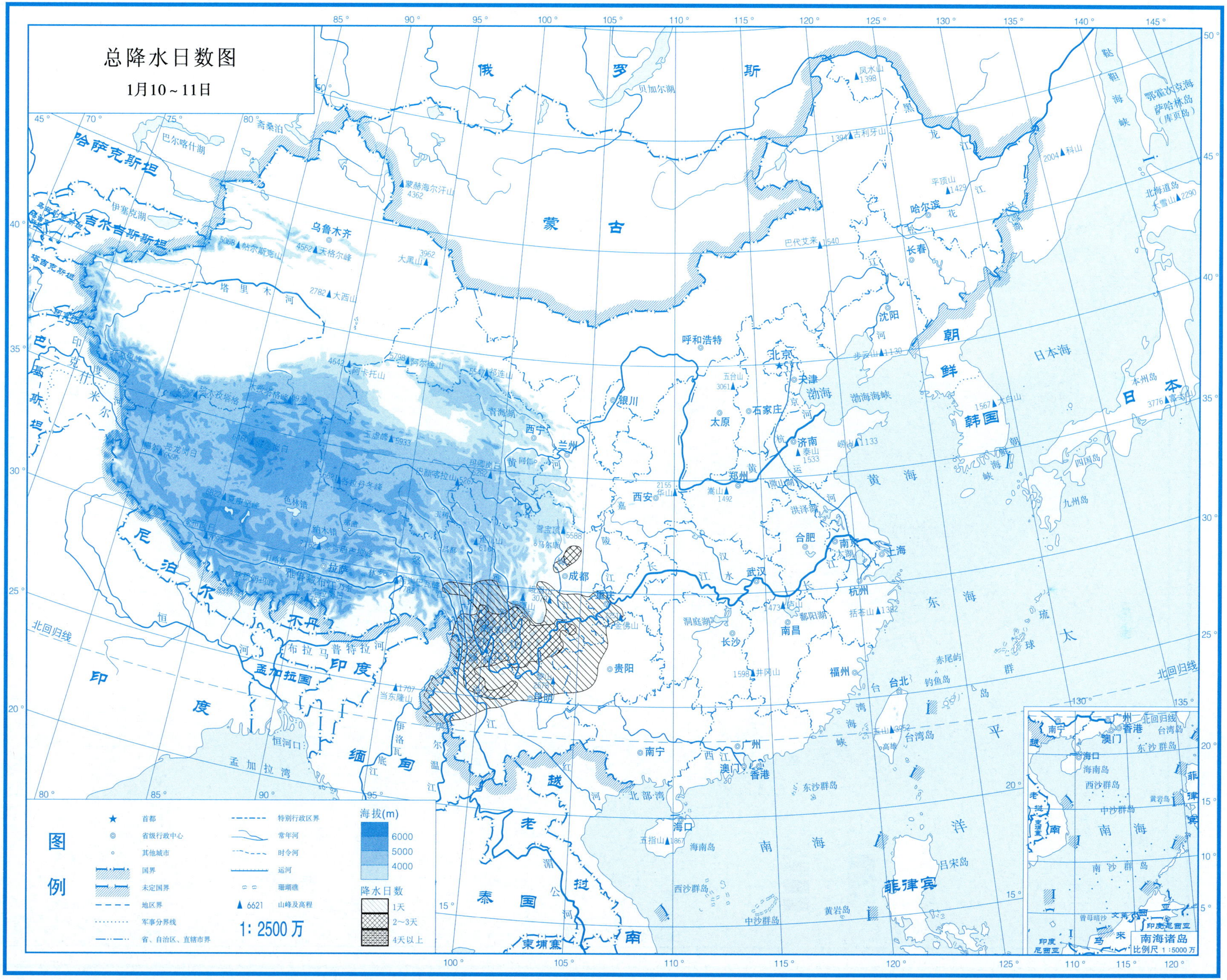
总降水日数图
1月10～11日
图例
首都
省级行政中心
其他城市
国界
未定国界
地区界
军事分界线
省、自治区、直辖市界
特别行政区界
常年河
时令河
运河
珊瑚礁
6621 山峰及高程
1: 2500 万
海拔(m)
6000
5000
4000
降水日数
1天
2～3天
4天以上
南海诸岛
比例尺 1:5000 万

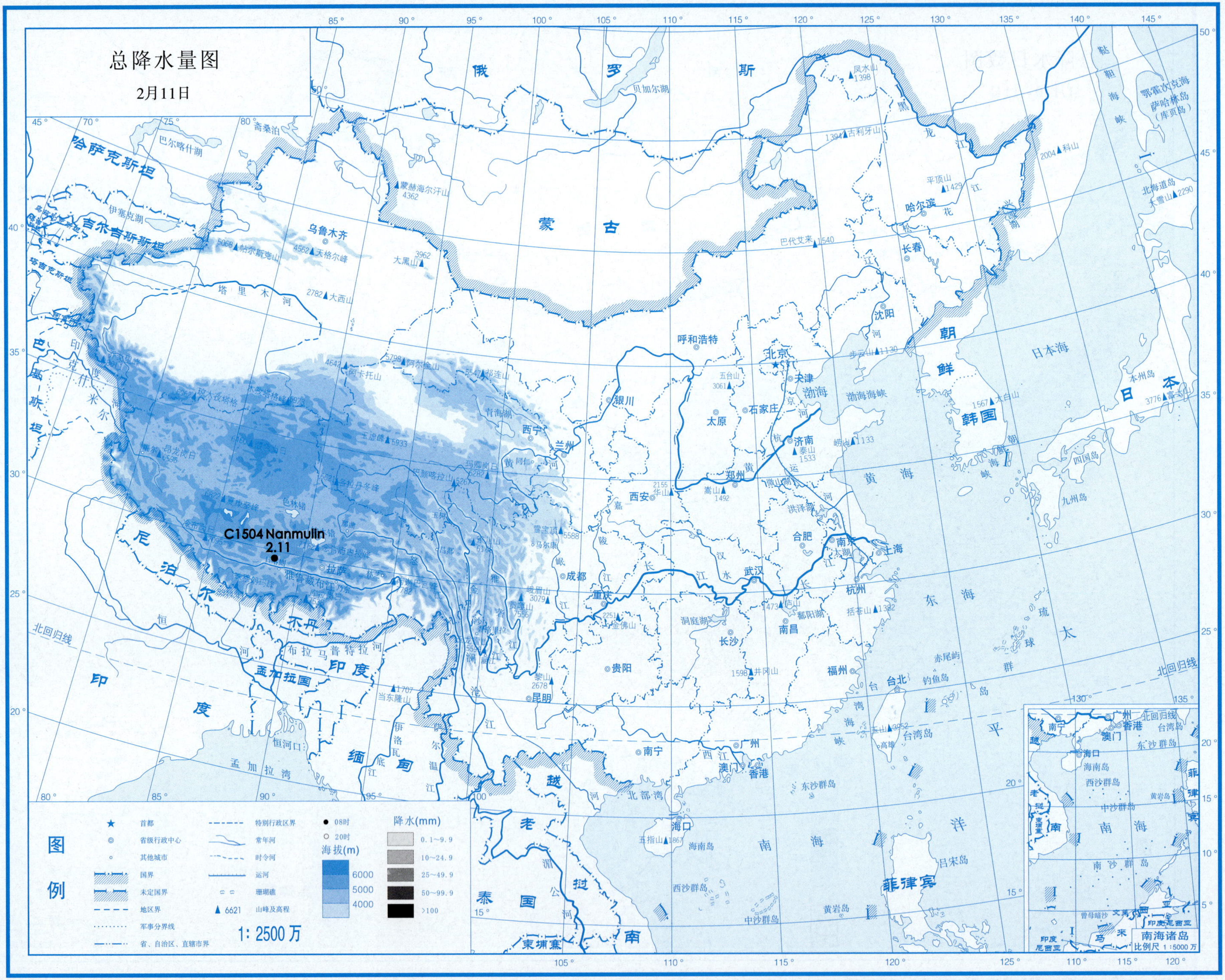
总降水量图
2月11日
C1504 Nanmulin
2.11
图例
首都
省级行政中心
其他城市
国界
未定国界
地区界
军事分界线
省、自治区、直辖市界
特别行政区界
常年河
时令河
运河
珊瑚礁
6621 山峰及高程
● 08时
○ 20时
海拔(m)
6000
5000
4000
降水(mm)
0.1~9.9
10~24.9
25~49.9
50~99.9
>100
1: 2500 万
南海诸岛
比例尺 1:5000 万

# 总降水日数图

2月11日

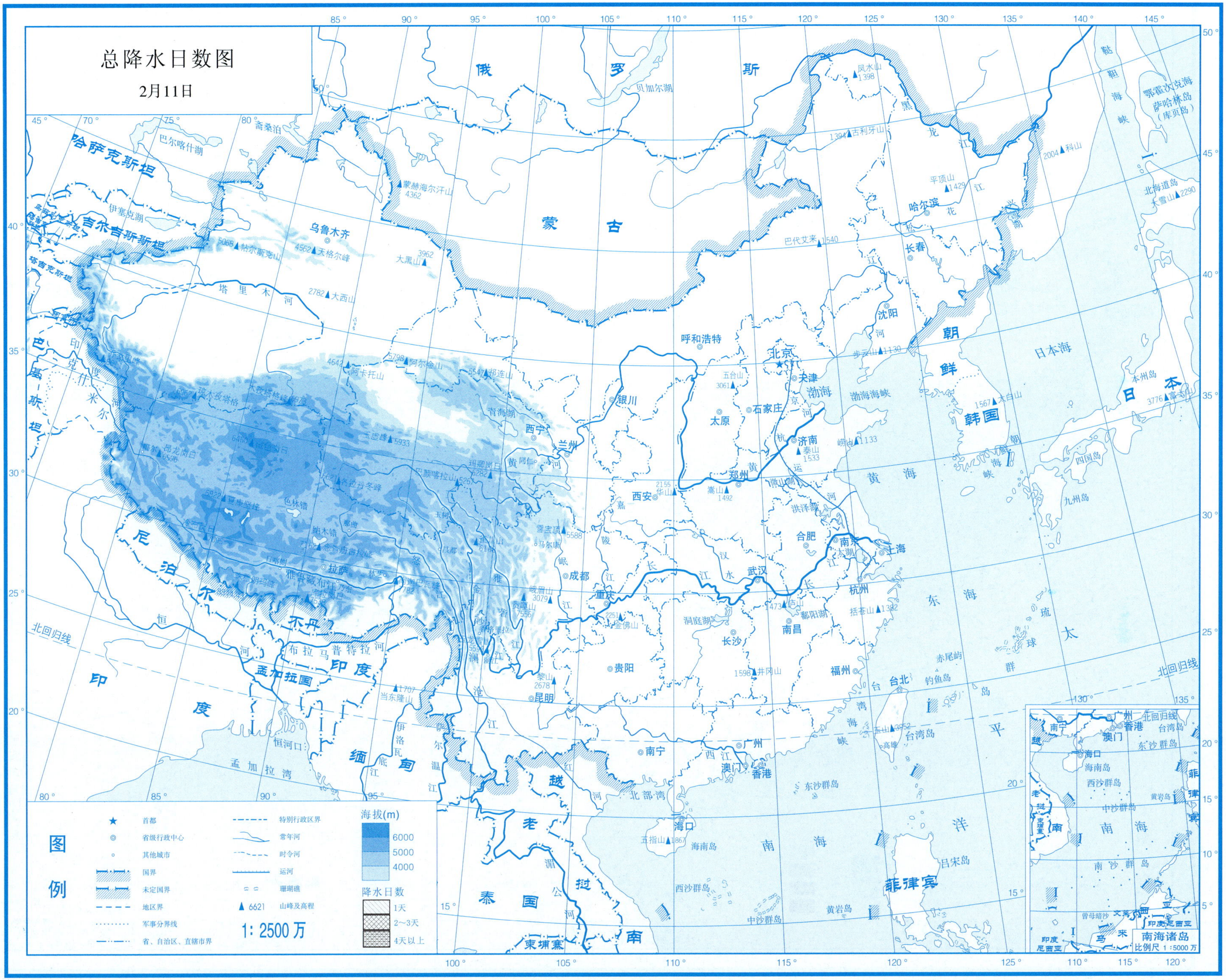

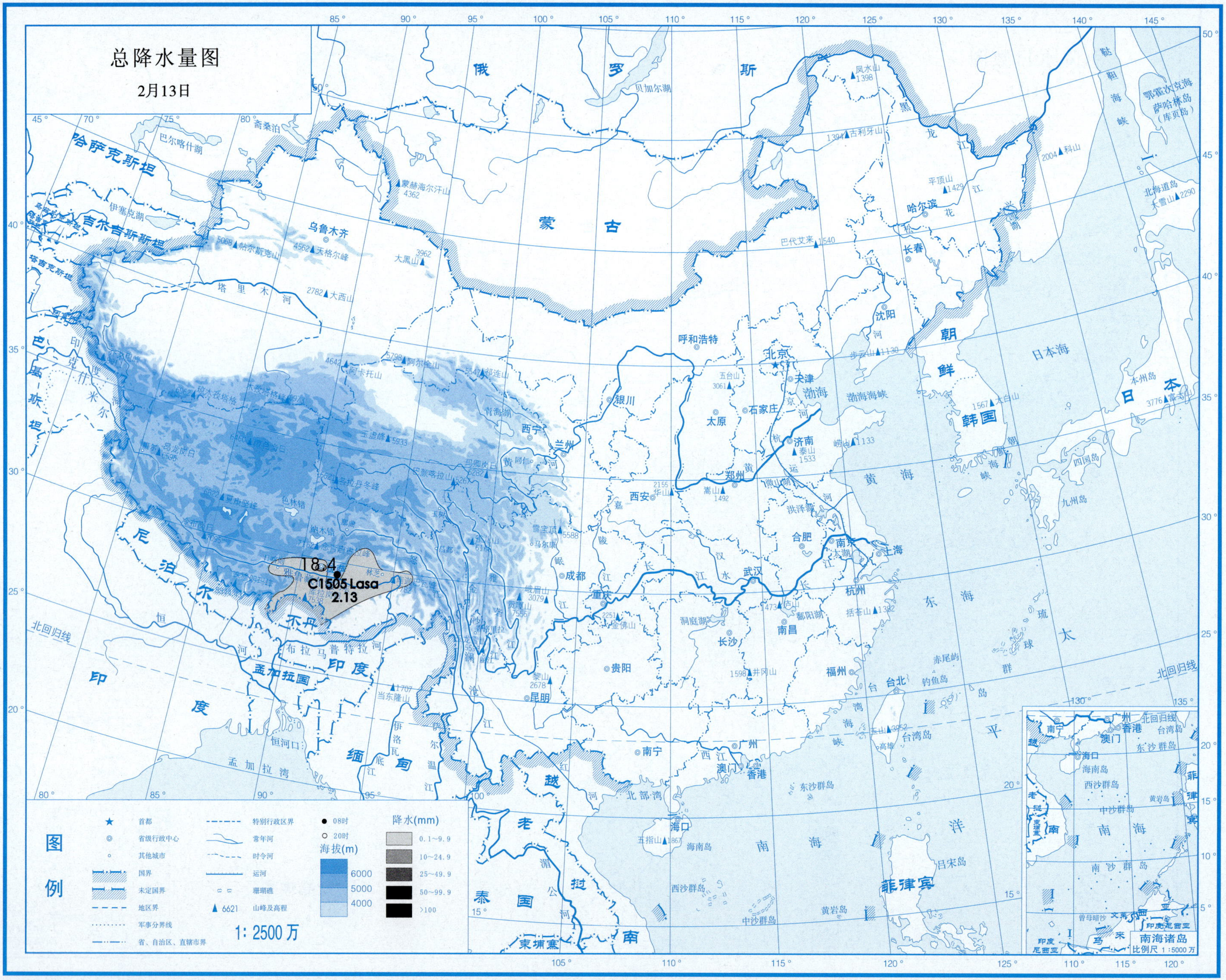
总降水量图
2月13日
18.4
C1505 Lasa
2.13
图例
首都
省级行政中心
其他城市
国界
未定国界
地区界
军事分界线
省、自治区、直辖市界
特别行政区界
常年河
时令河
运河
珊瑚礁
6621 山峰及高程
08时
20时
降水(mm)
0.1~9.9
10~24.9
25~49.9
50~99.9
>100
海拔(m)
6000
5000
4000
1: 2500 万
南海诸岛
比例尺 1 : 5000 万

# 总降水日数图

2月13日

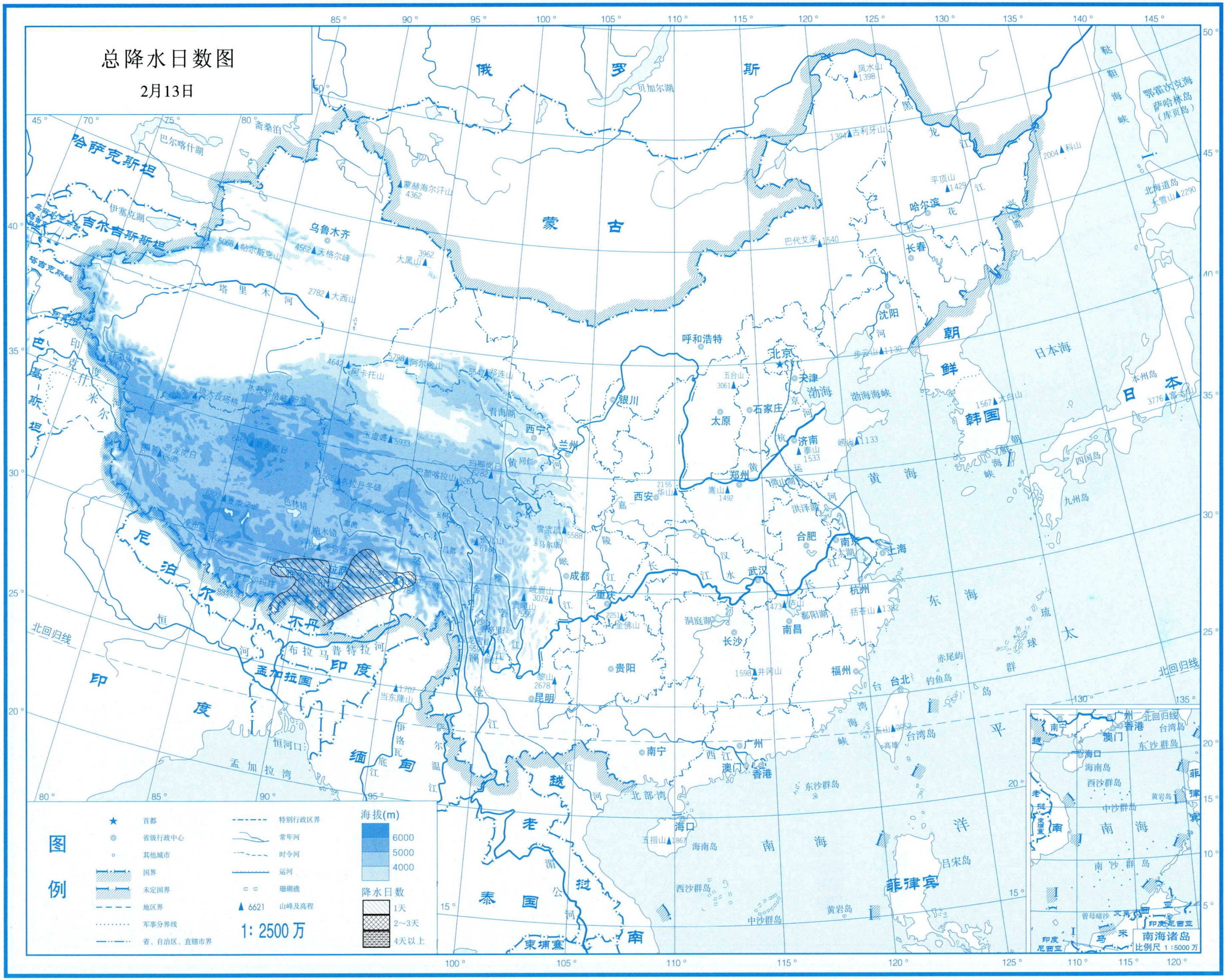

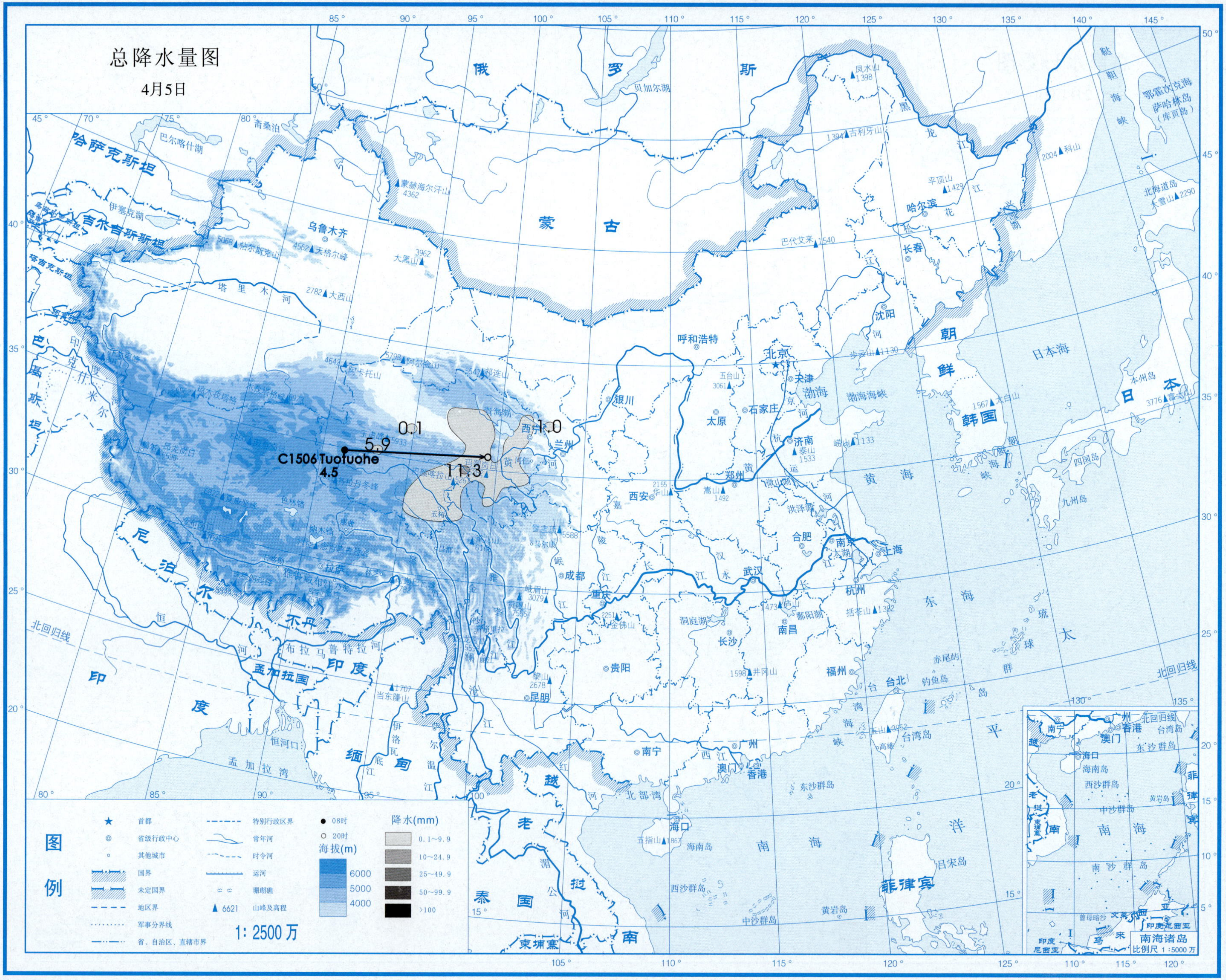
总降水量图
4月5日
0.1
1.0
5.9
11.3
C1506 Tuotuohe
4.5
俄 罗 斯
蒙 古
哈萨克斯坦
吉尔吉斯斯坦
塔吉克斯坦
巴基斯坦
尼 泊 尔
不丹
印 度
孟加拉国
缅 甸
越
老 挝
泰 国
柬埔寨
朝 鲜
韩国
日 本
菲律宾
日本海
黄 海
东 海
南 海
太 平 洋
孟加拉湾
北回归线
图例
首都
省级行政中心
其他城市
国界
未定国界
地区界
军事分界线
省、自治区、直辖市界
特别行政区界
常年河
时令河
运河
珊瑚礁
山峰及高程
08时
20时
海拔(m)
6000
5000
4000
降水(mm)
0.1~9.9
10~24.9
25~49.9
50~99.9
>100
1: 2500万
南海诸岛
比例尺 1:5000万

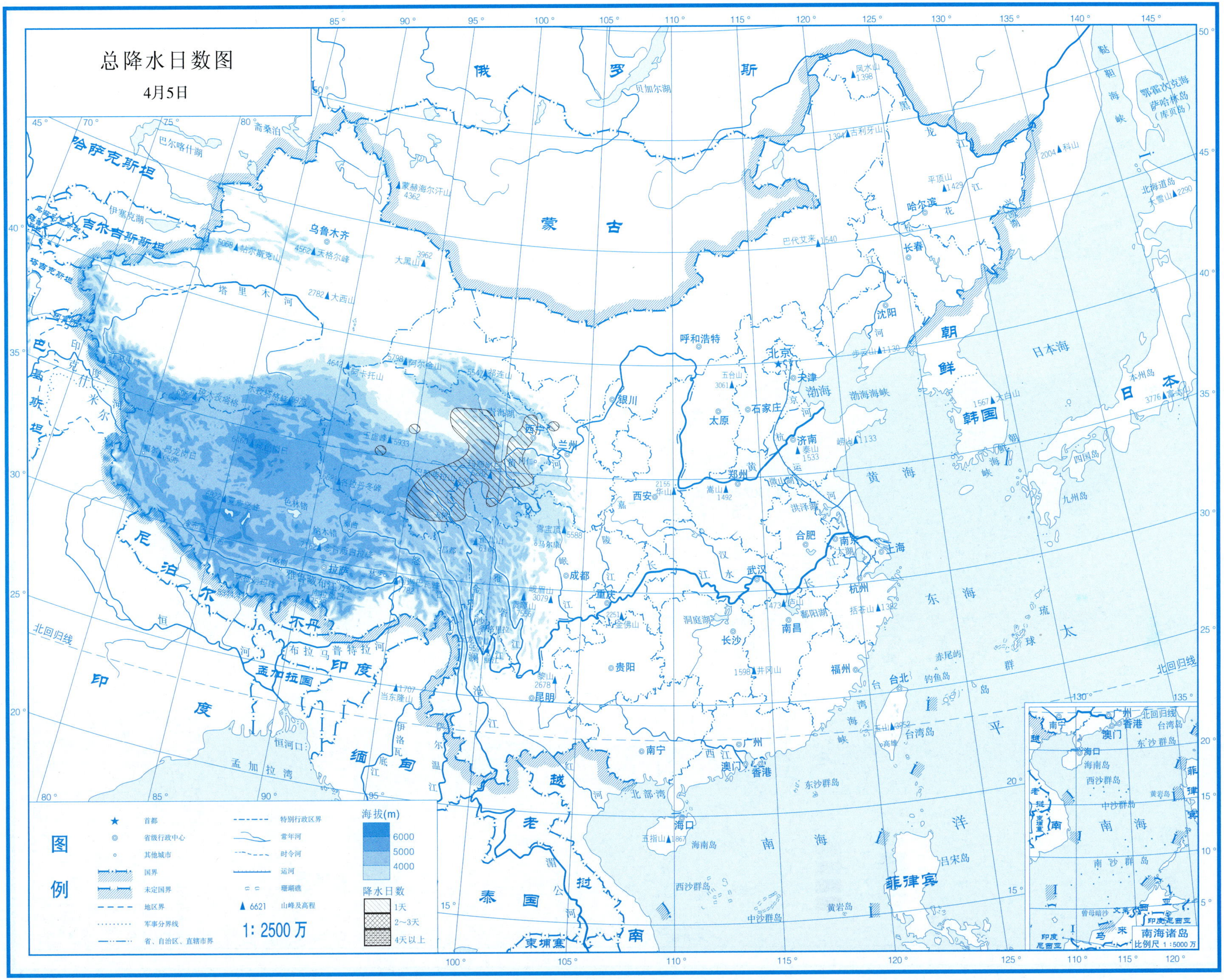
总降水日数图
4月5日
图例
首都
省级行政中心
其他城市
国界
未定国界
地区界
军事分界线
省、自治区、直辖市界
特别行政区界
常年河
时令河
运河
珊瑚礁
6621 山峰及高程
1: 2500 万
海拔(m)
6000
5000
4000
降水日数
1天
2~3天
4天以上
俄罗斯
蒙古
哈萨克斯坦
吉尔吉斯斯坦
塔吉克斯坦
巴基斯坦
尼泊尔
不丹
孟加拉国
印度
缅甸
老挝
泰国
柬埔寨
越南
朝鲜
韩国
日本
菲律宾
北京
天津
呼和浩特
银川
太原
石家庄
济南
郑州
西安
兰州
西宁
成都
重庆
贵阳
昆明
南宁
广州
香港
澳门
海口
长沙
武汉
南昌
合肥
南京
上海
杭州
福州
台北
沈阳
长春
哈尔滨
乌鲁木齐
拉萨
渤海
黄海
东海
南海
日本海
太平洋
南海诸岛
比例尺 1:5000 万

# 总降水量图

4月6日

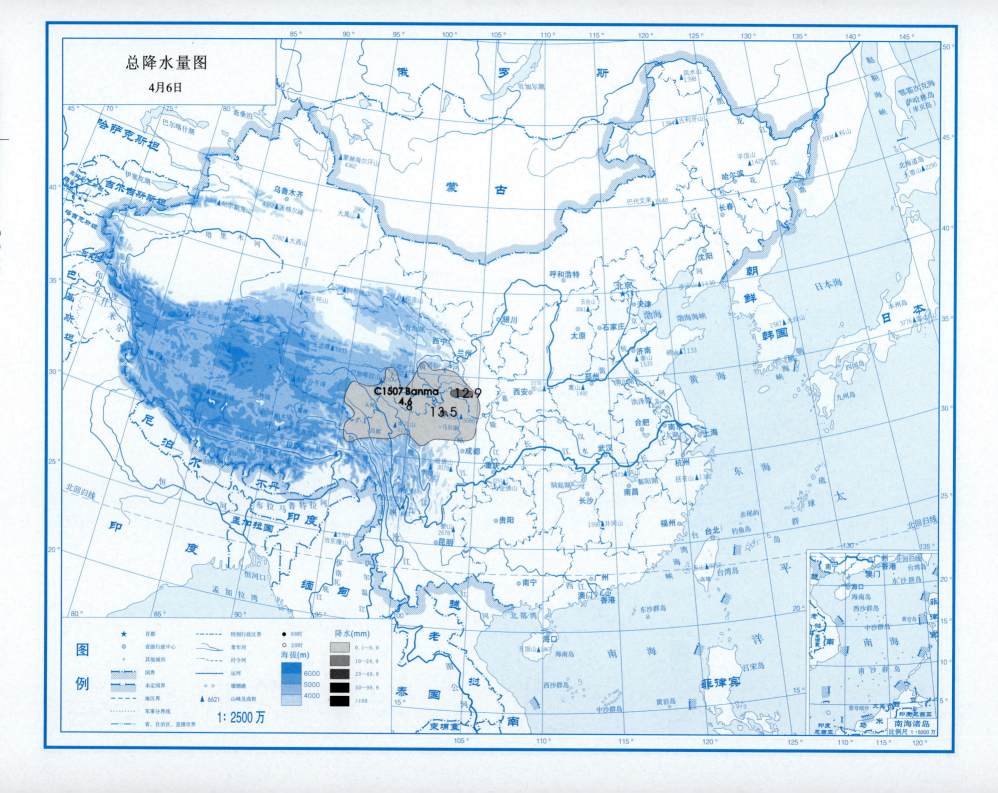

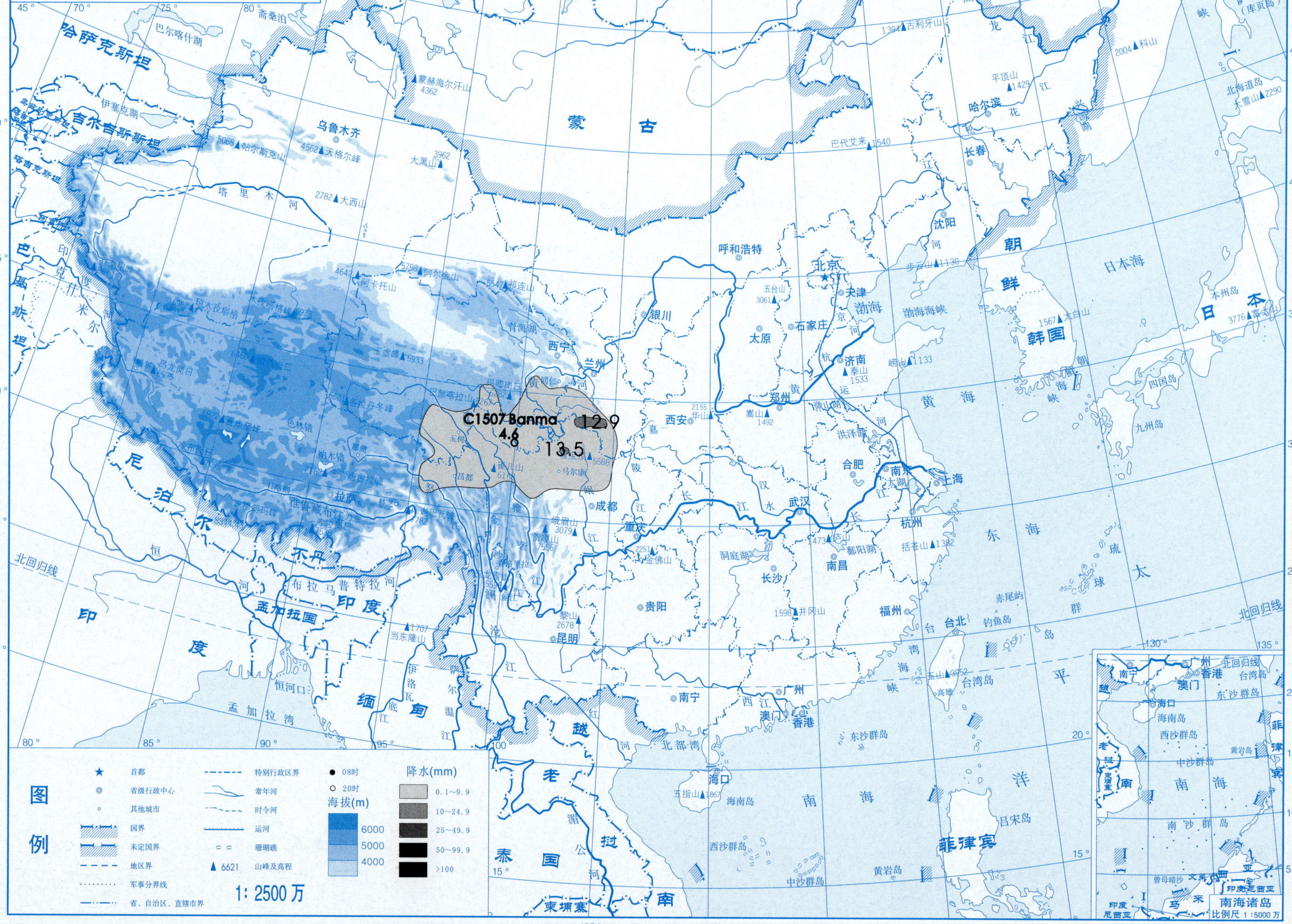
C1507 Banma
4.6
12.9
13.5
图例
首都
省级行政中心
其他城市
国界
未定国界
地区界
军事分界线
省、自治区、直辖市界
特别行政区界
常年河
时令河
运河
珊瑚礁
6621 山峰及高程
08时
20时
海拔(m)
6000
5000
4000
降水(mm)
0.1~9.9
10~24.9
25~49.9
50~99.9
>100
1：2500万
南海诸岛
比例尺 1：5000万

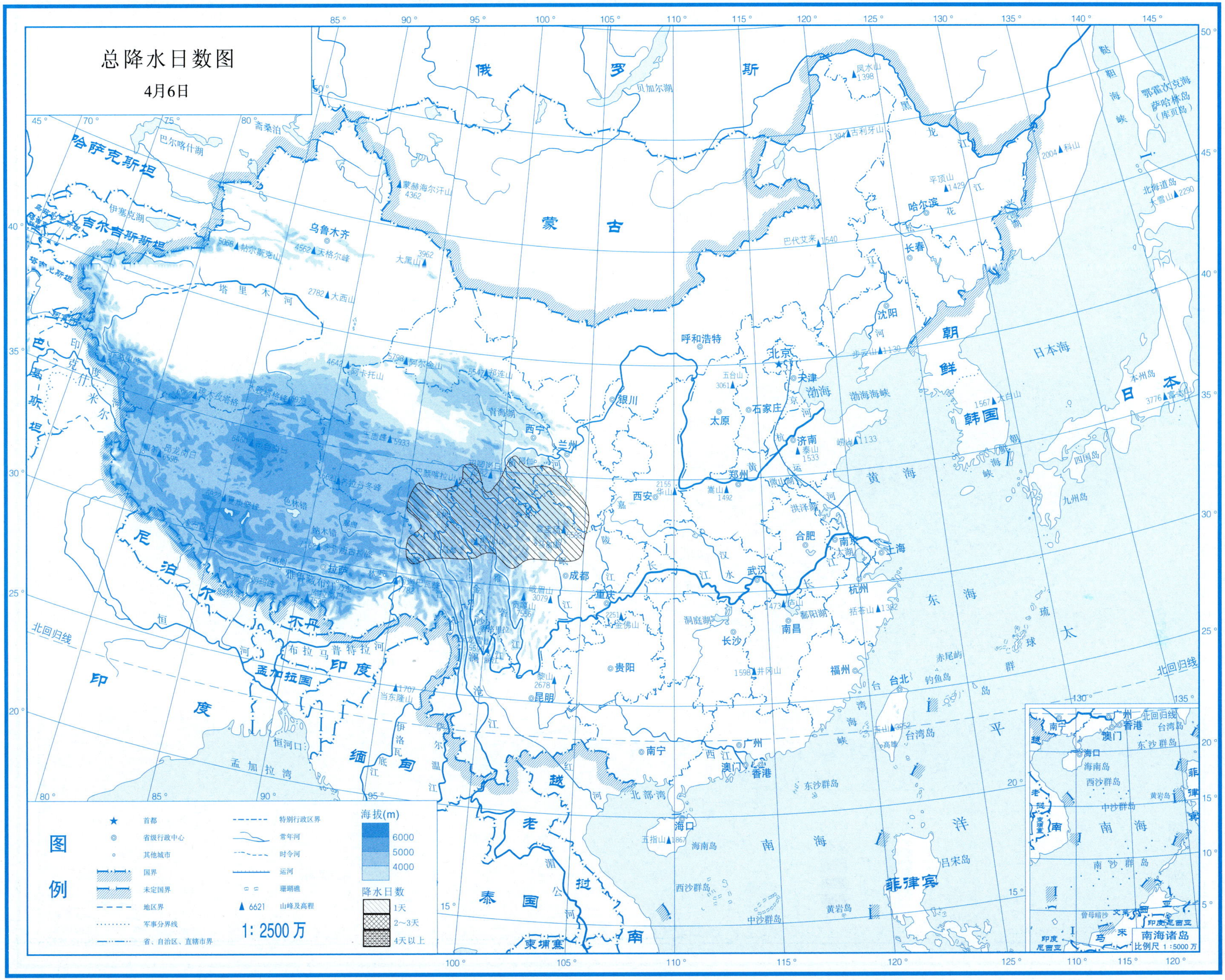
总降水日数图
4月6日
图例
首都
省级行政中心
其他城市
国界
未定国界
地区界
军事分界线
省、自治区、直辖市界
特别行政区界
常年河
时令河
运河
珊瑚礁
山峰及高程
1: 2500万
海拔(m)
6000
5000
4000
降水日数
1天
2～3天
4天以上
俄 罗 斯
蒙 古
哈萨克斯坦
吉尔吉斯斯坦
塔吉克斯坦
巴基斯坦
尼 泊 尔
不丹
印 度
孟加拉国
缅 甸
老 挝
越 南
泰 国
柬埔寨
朝 鲜
韩国
日 本
菲律宾
贝加尔湖
巴尔喀什湖
斋桑泊
伊塞克湖
乌鲁木齐
呼和浩特
北京
天津
石家庄
太原
银川
西宁
兰州
西安
郑州
济南
合肥
南京
上海
杭州
武汉
成都
重庆
长沙
南昌
福州
贵阳
昆明
南宁
广州
香港
澳门
海口
台北
拉萨
哈尔滨
长春
沈阳
塔 里 木 河
黄 河
长 江
汉 水
青海湖
洞庭湖
鄱阳湖
洪泽湖
太湖
渤海
渤海海峡
黄 海
东 海
南 海
日本海
北部湾
台湾岛
海南岛
东沙群岛
西沙群岛
中沙群岛
黄岩岛
钓鱼岛
赤尾屿
北回归线
南海诸岛
比例尺 1:5000万

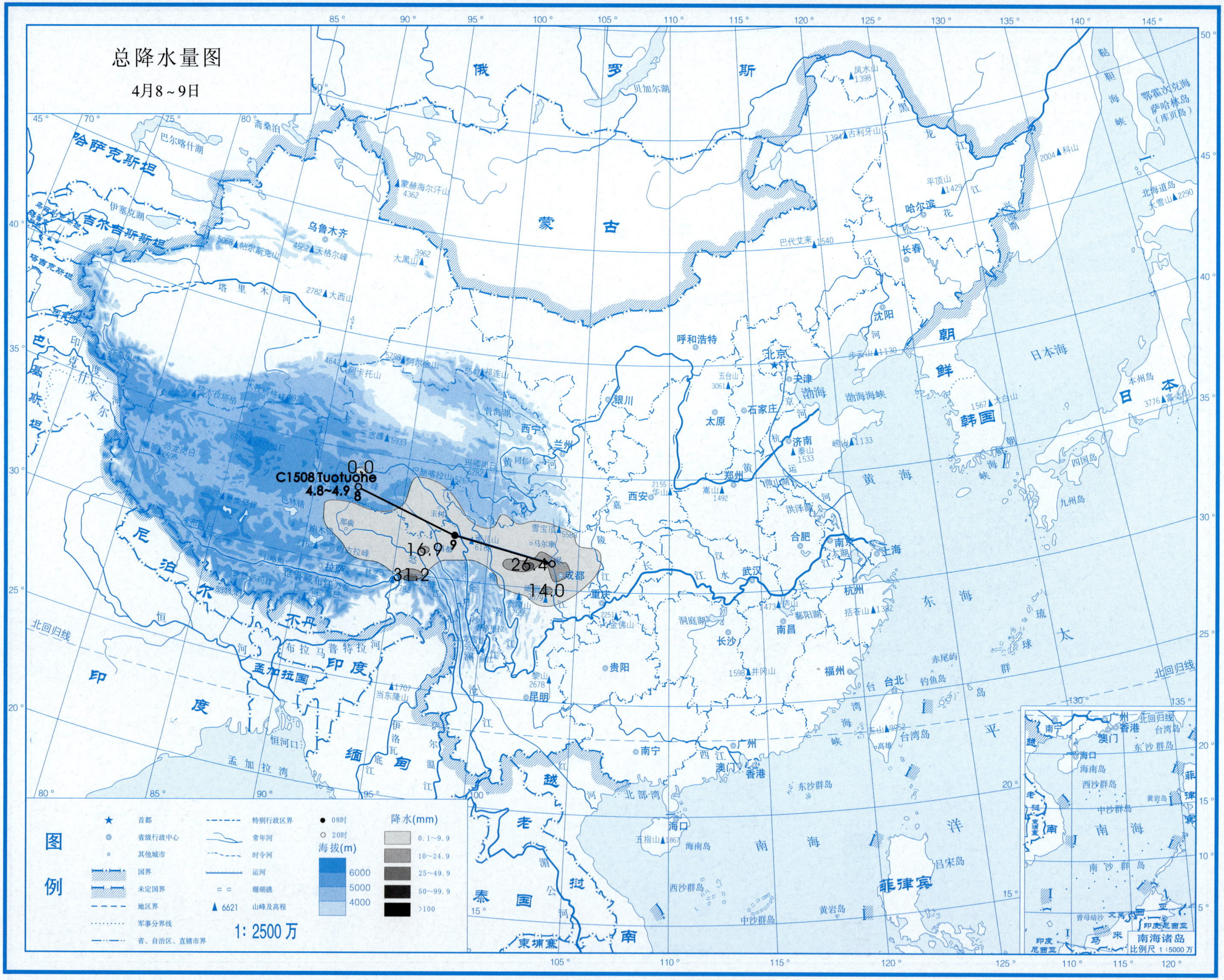
总降水量图
4月8～9日
C1508 Tuotuohe
4.8~4.9
8
9
0.0
16.9
31.2
26.4
14.0
图例
首都
省级行政中心
其他城市
国界
未定国界
地区界
军事分界线
省、自治区、直辖市界
特别行政区界
常年河
时令河
运河
珊瑚礁
6621 山峰及高程
● 08时
○ 20时
海拔(m)
6000
5000
4000
降水(mm)
0.1~9.9
10~24.9
25~49.9
50~99.9
>100
1: 2500 万
南海诸岛
比例尺 1:5000 万

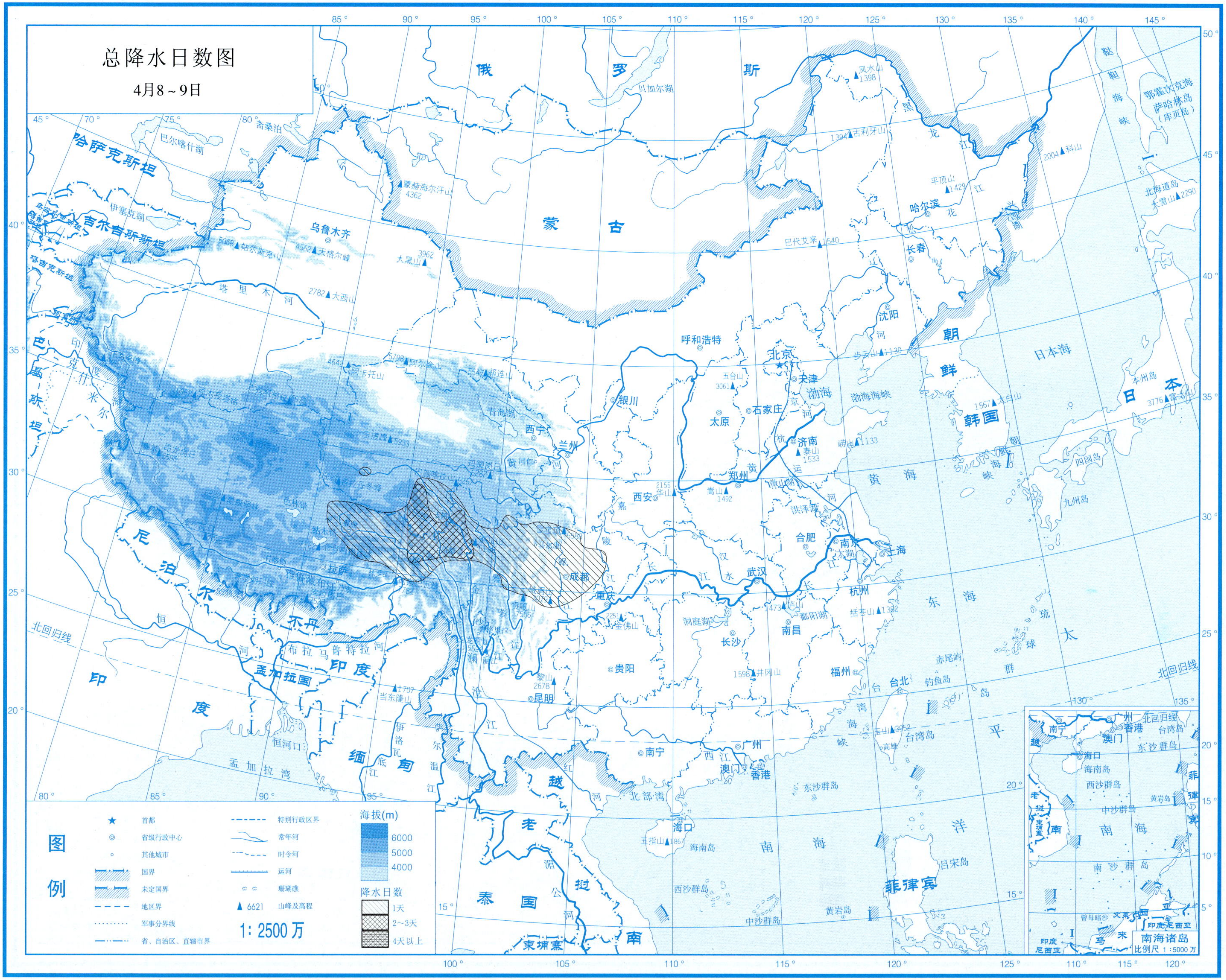

总降水日数图
4月8～9日
图例
首都
省级行政中心
其他城市
国界
未定国界
地区界
军事分界线
省、自治区、直辖市界
特别行政区界
常年河
时令河
运河
珊瑚礁
6621 山峰及高程
1: 2500 万
海拔(m)
6000
5000
4000
降水日数
1天
2~3天
4天以上
南海诸岛
比例尺 1：5000 万

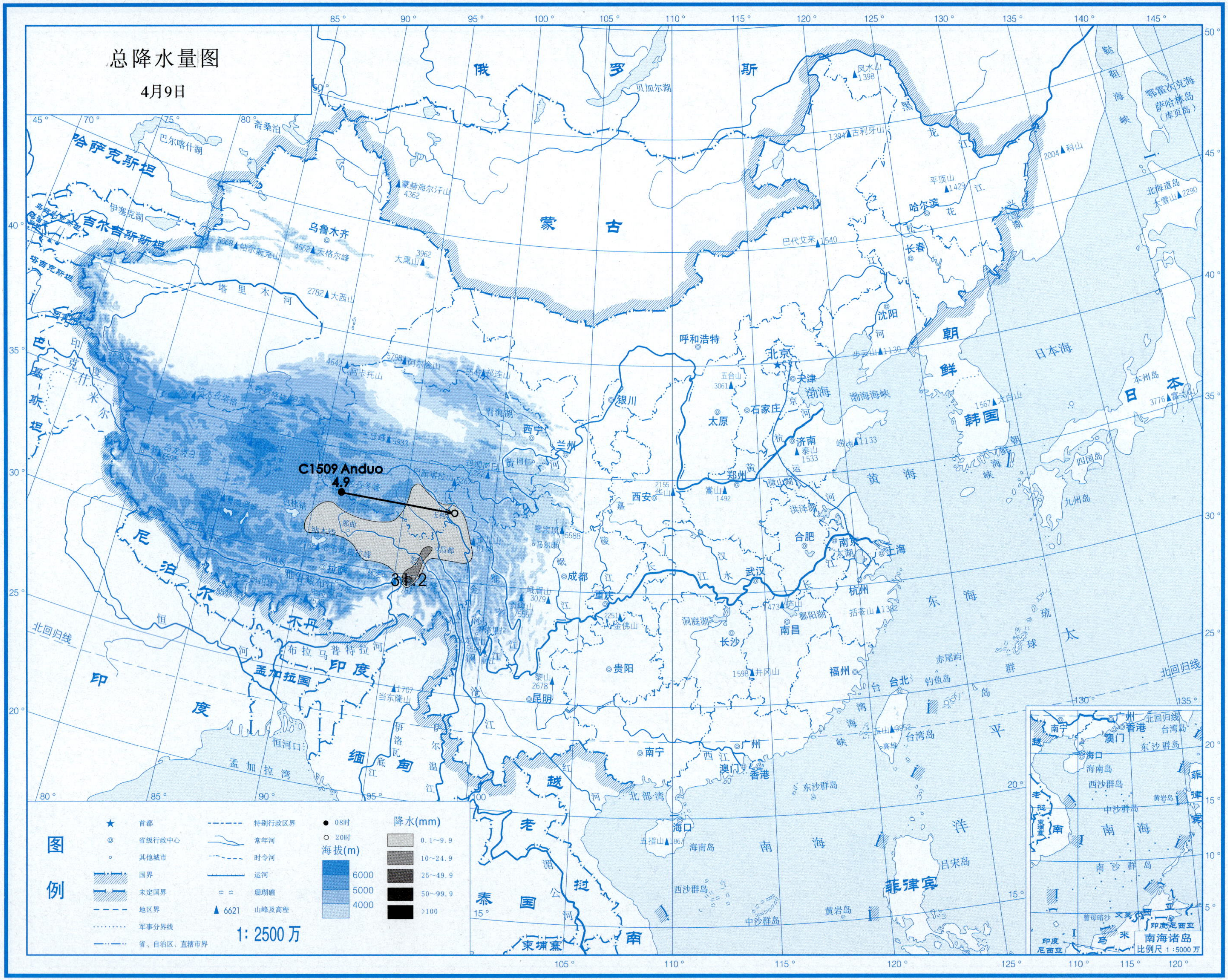
总降水量图
4月9日
C1509 Anduo
4.9
31.2
图例
首都
省级行政中心
其他城市
国界
未定国界
地区界
军事分界线
省、自治区、直辖市界
特别行政区界
常年河
时令河
运河
珊瑚礁
6621 山峰及高程
08时
20时
海拔(m)
6000
5000
4000
降水(mm)
0.1~9.9
10~24.9
25~49.9
50~99.9
>100
1: 2500万
南海诸岛
比例尺 1:5000万

# 总降水日数图

4月9日

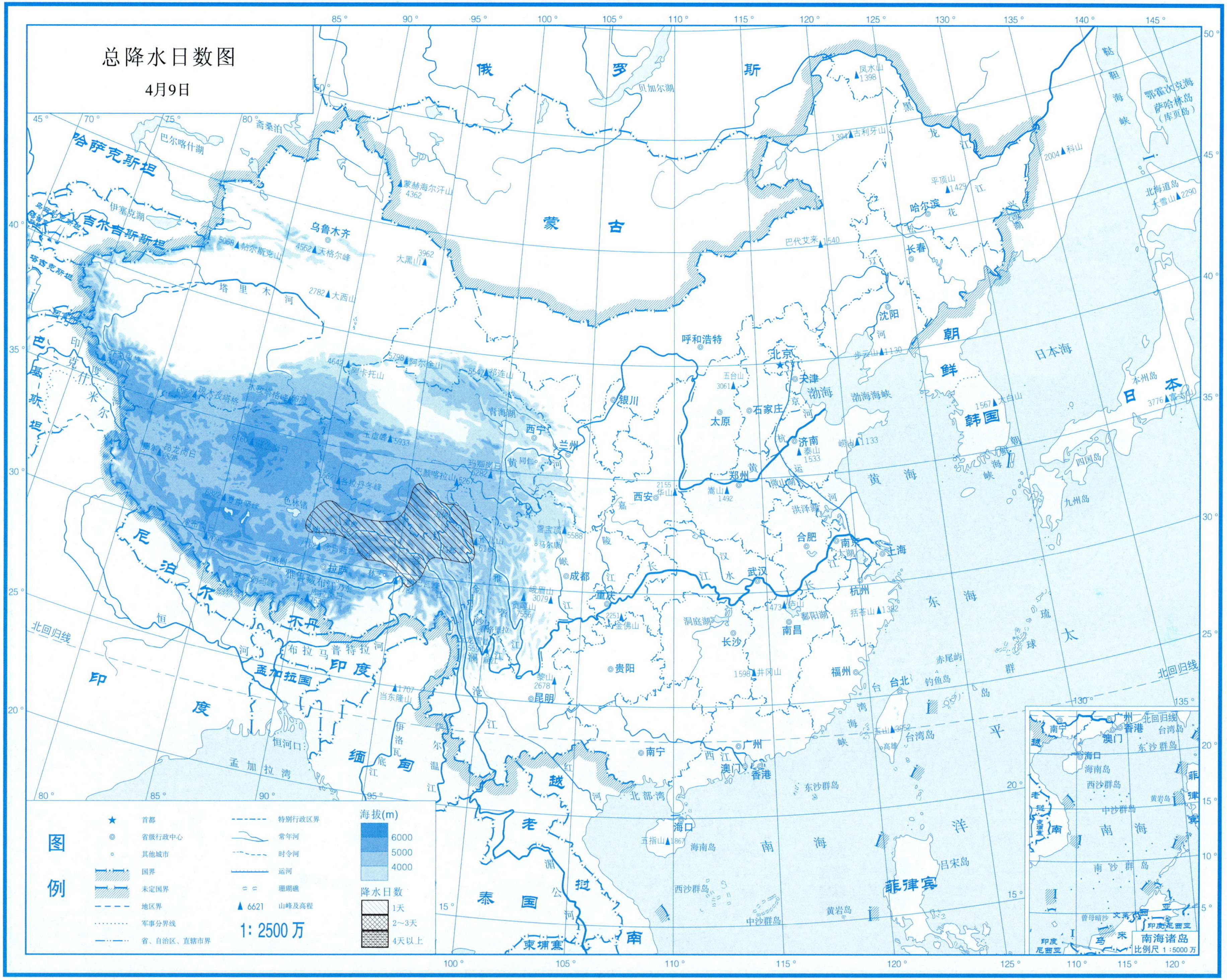
总降水日数图
4月9日
图例
首都
省级行政中心
其他城市
国界
未定国界
地区界
军事分界线
省、自治区、直辖市界
特别行政区界
常年河
时令河
运河
珊瑚礁
6621 山峰及高程
1:2500万
海拔(m)
6000
5000
4000
降水日数
1天
2~3天
4天以上
俄罗斯
蒙古
哈萨克斯坦
吉尔吉斯斯坦
塔吉克斯坦
巴基斯坦
尼泊尔
不丹
印度
孟加拉国
缅甸
老挝
越南
泰国
柬埔寨
朝鲜
韩国
日本
菲律宾
日本海
黄海
东海
南海
太平洋
北京
天津
上海
重庆
哈尔滨
长春
沈阳
呼和浩特
石家庄
太原
济南
郑州
西安
银川
兰州
西宁
乌鲁木齐
拉萨
成都
贵阳
昆明
南宁
广州
长沙
武汉
南昌
合肥
南京
杭州
福州
台北
海口
香港
澳门
北回归线
南海诸岛
比例尺 1:5000万

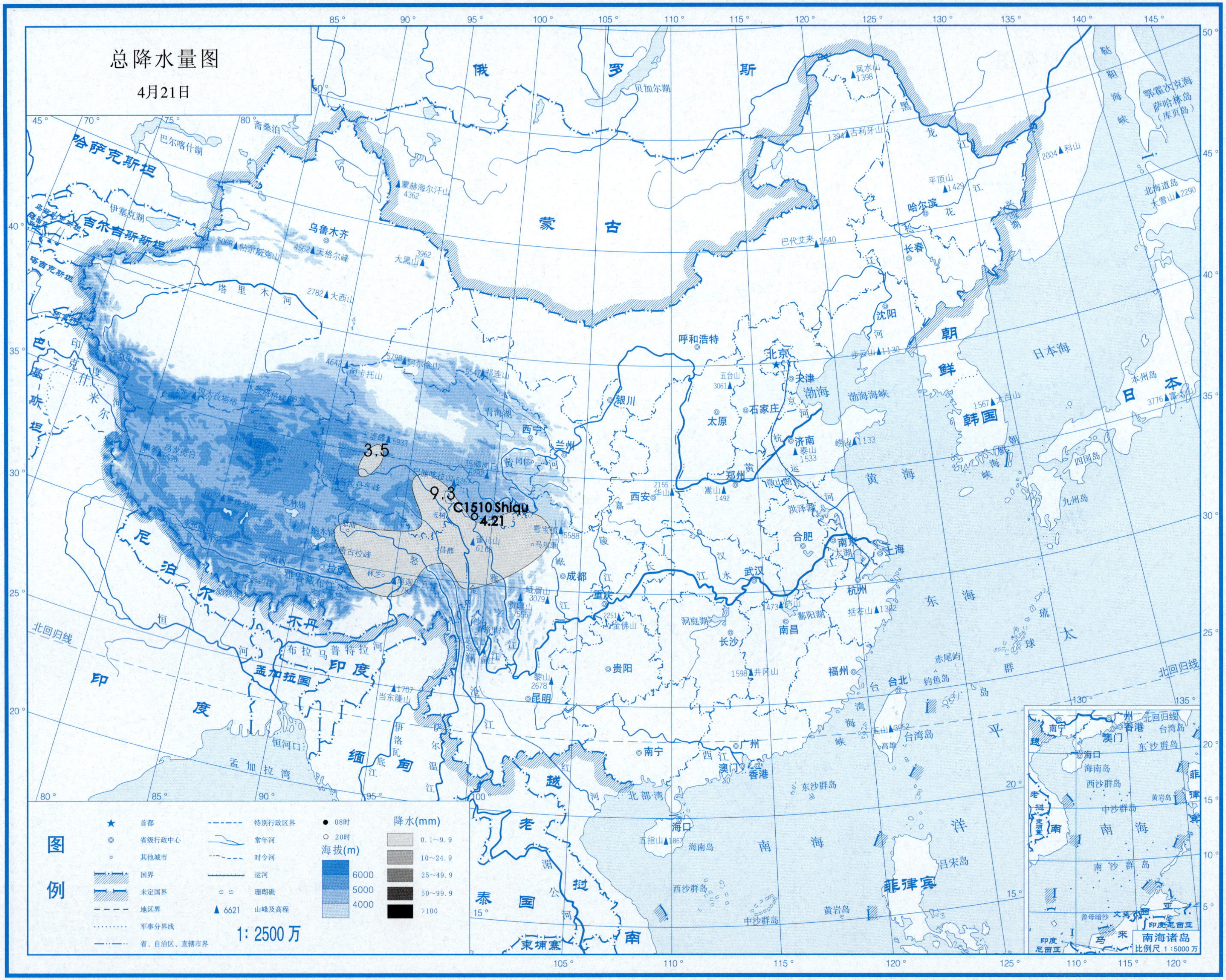

总降水量图
4月21日
3.5
9.3
C1510 Shiqu
4.21
图例
首都
省级行政中心
其他城市
国界
未定国界
地区界
军事分界线
省、自治区、直辖市界
特别行政区界
常年河
时令河
运河
珊瑚礁
山峰及高程
08时
20时
海拔(m)
6000
5000
4000
降水(mm)
0.1~9.9
10~24.9
25~49.9
50~99.9
>100
1: 2500 万
南海诸岛
比例尺 1:5000 万

# 总降水日数图

4月21日

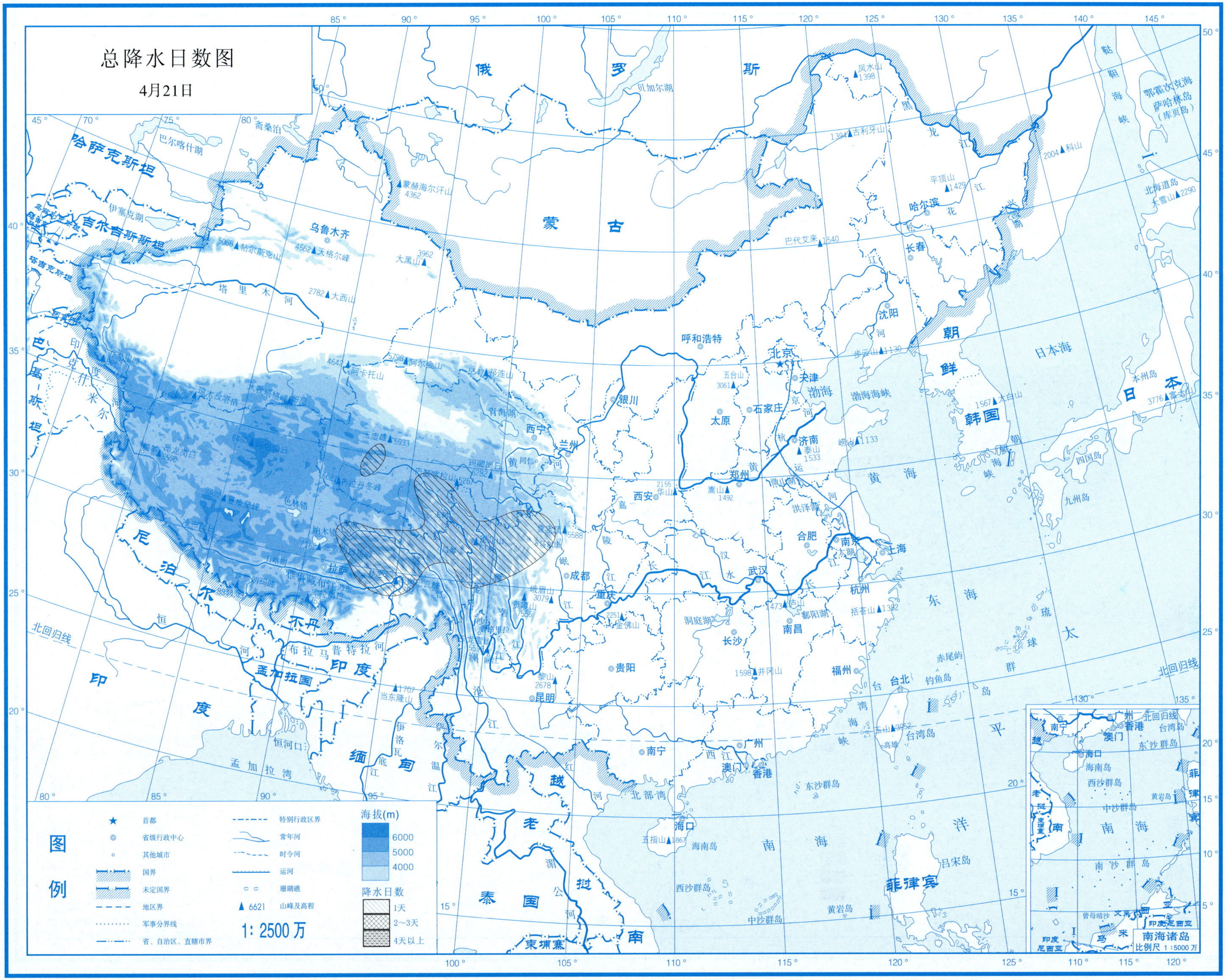

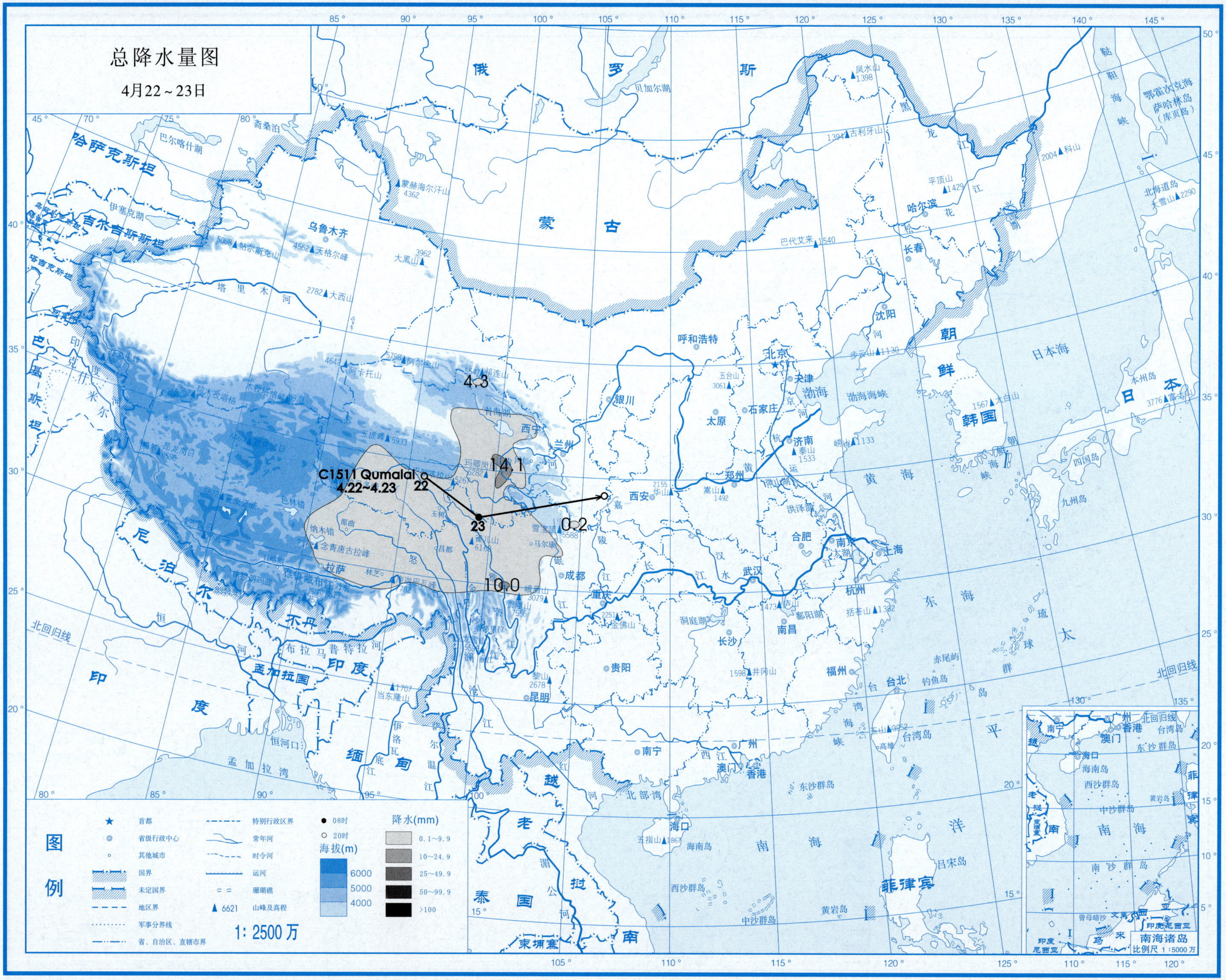
总降水量图
4月22～23日
C1511 Qumalai
4.22~4.23
22
23
4.3
14.1
0.2
10.0
图例
首都
省级行政中心
其他城市
国界
未定国界
地区界
军事分界线
省、自治区、直辖市界
特别行政区界
常年河
时令河
运河
珊瑚礁
6621 山峰及高程
08时
20时
海拔(m)
6000
5000
4000
降水(mm)
0.1～9.9
10～24.9
25～49.9
50～99.9
>100
1: 2500 万
南海诸岛
比例尺 1:5000 万

# 总降水日数图

4月22～23日

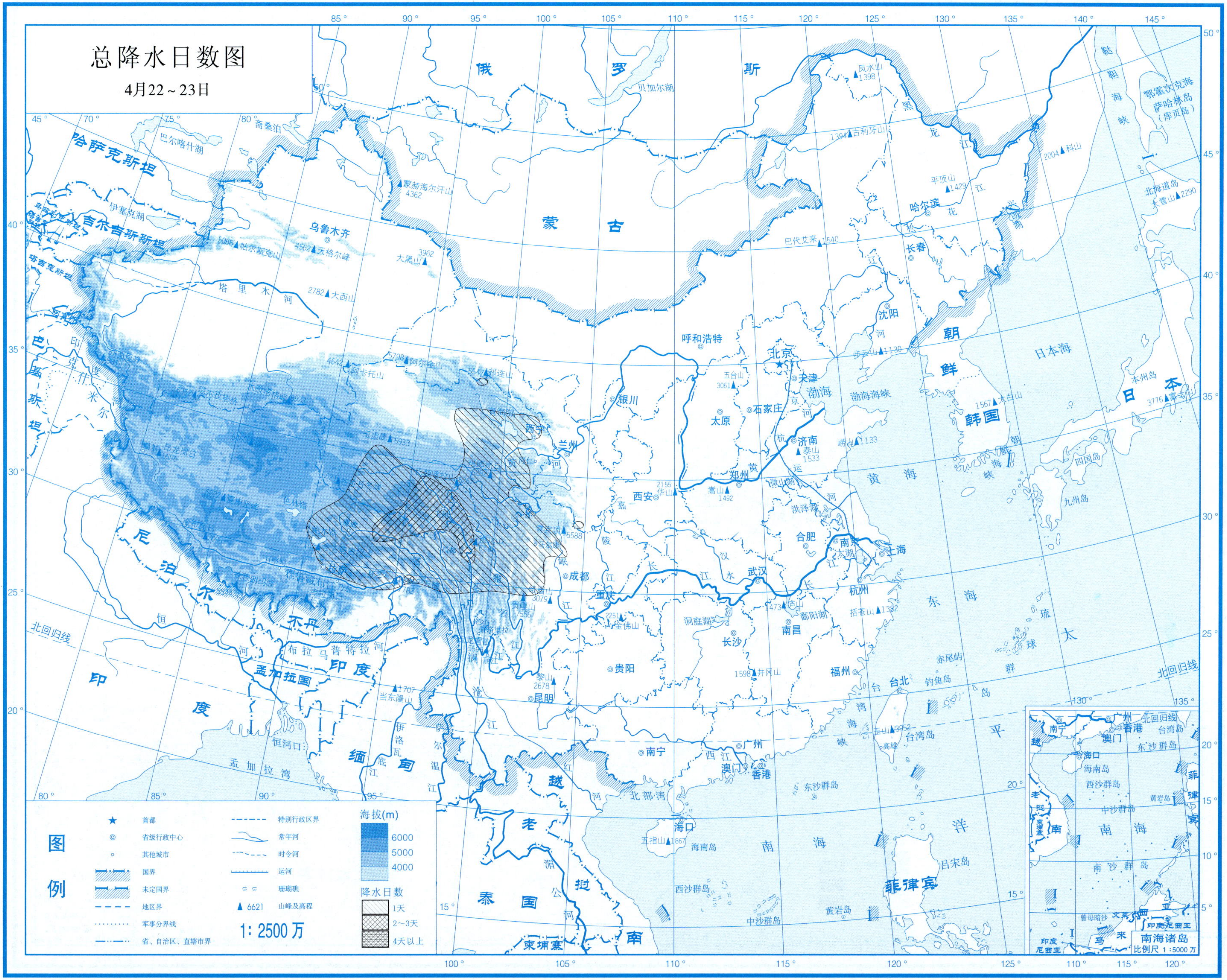

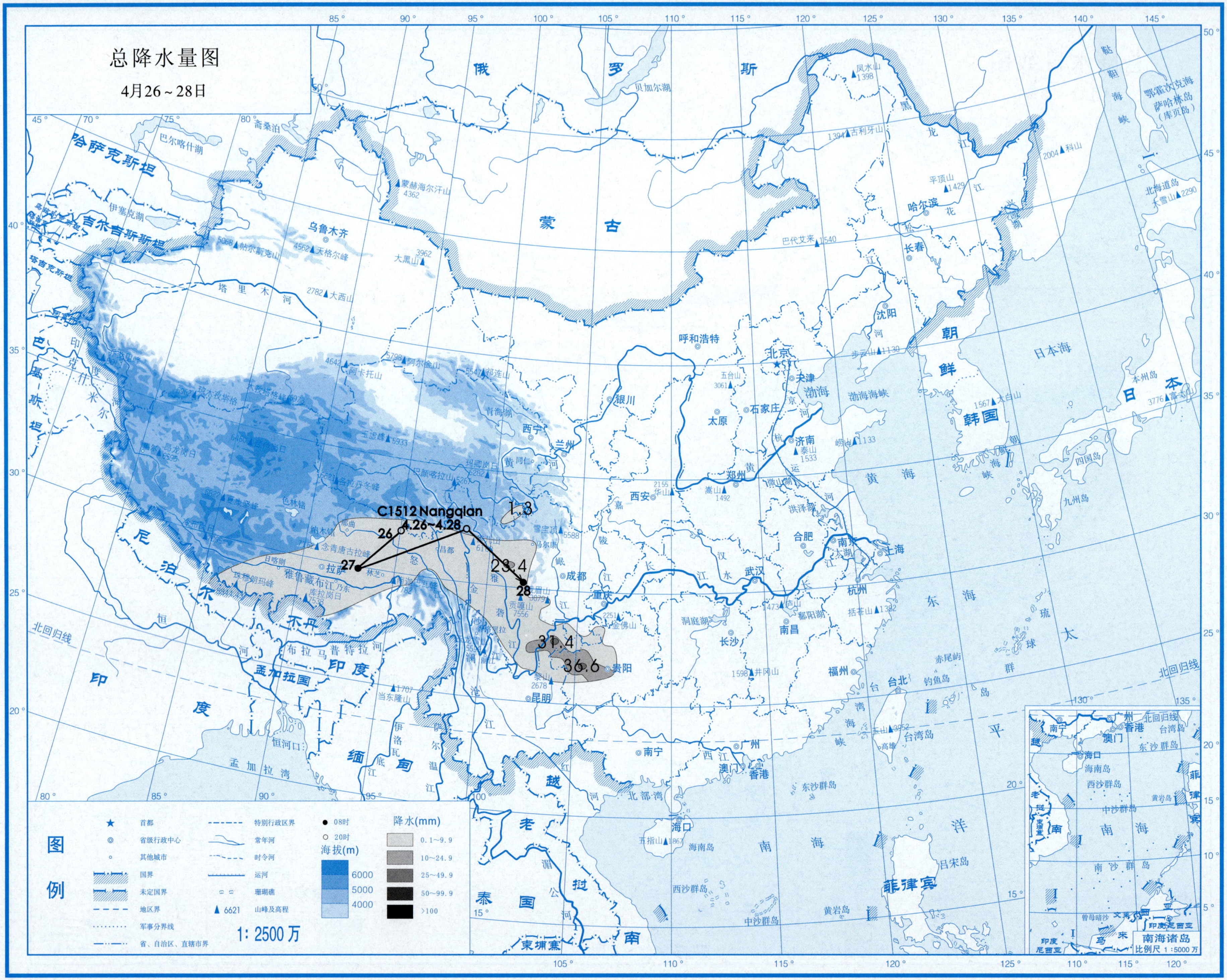
总降水量图
4月26～28日
C1512 Nangqian
4.26～4.28
26
27
28
1.3
23.4
31.4
36.6
图例
首都
省级行政中心
其他城市
国界
未定国界
地区界
军事分界线
省、自治区、直辖市界
特别行政区界
常年河
时令河
运河
珊瑚礁
6621 山峰及高程
1: 2500 万
08时
20时
海拔(m)
6000
5000
4000
降水(mm)
0.1～9.9
10～24.9
25～49.9
50～99.9
>100
南海诸岛
比例尺 1:5000 万

# 总降水日数图

4月26～28日

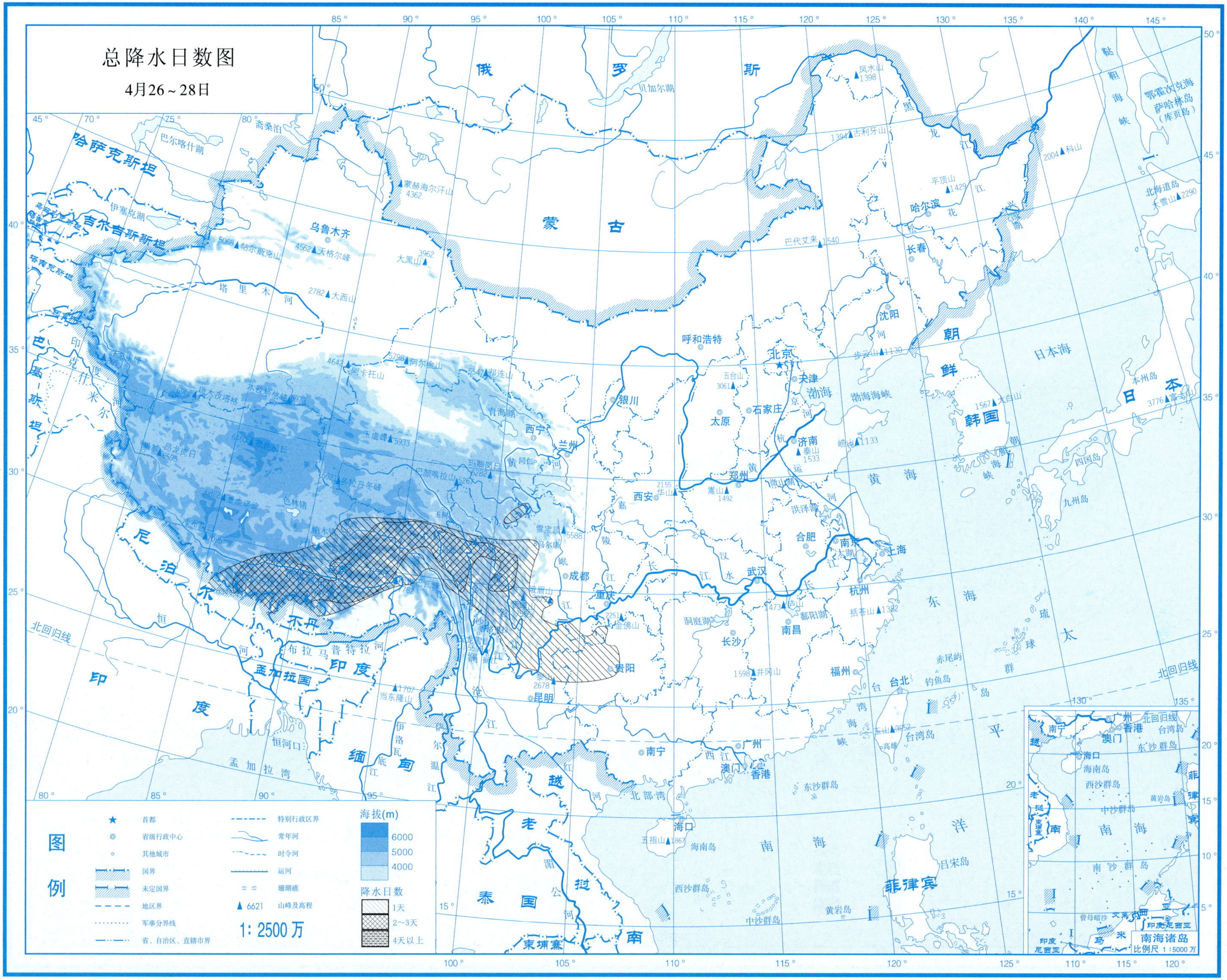

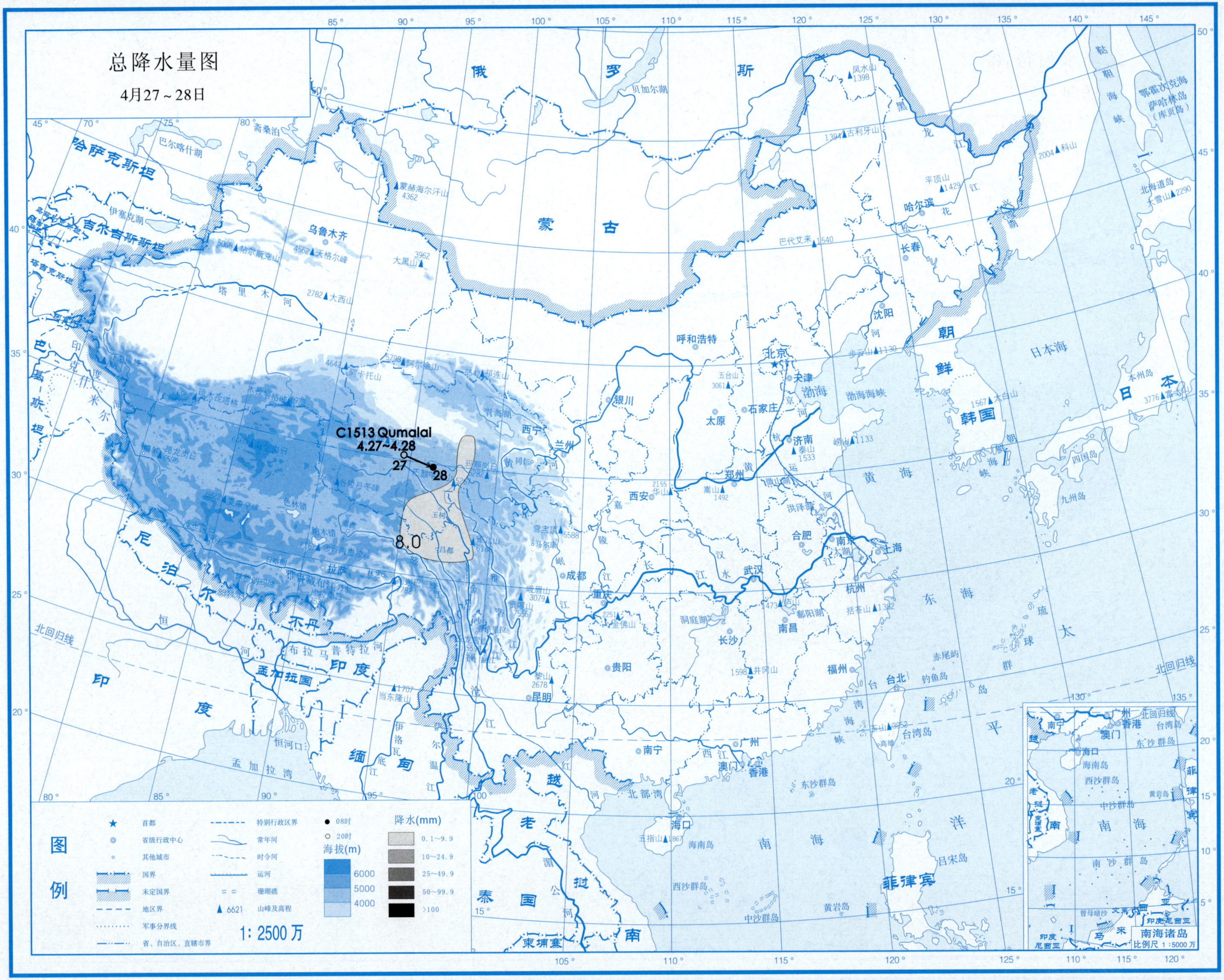
总降水量图
4月27～28日
C1513 Qumalai
4.27~4.28
27
28
8.0
图例
首都
省级行政中心
其他城市
国界
未定国界
地区界
军事分界线
省、自治区、直辖市界
特别行政区界
常年河
时令河
运河
珊瑚礁
6621 山峰及高程
1: 2500万
08时
20时
海拔(m)
6000
5000
4000
降水(mm)
0.1~9.9
10~24.9
25~49.9
50~99.9
>100
南海诸岛
比例尺 1:5000万

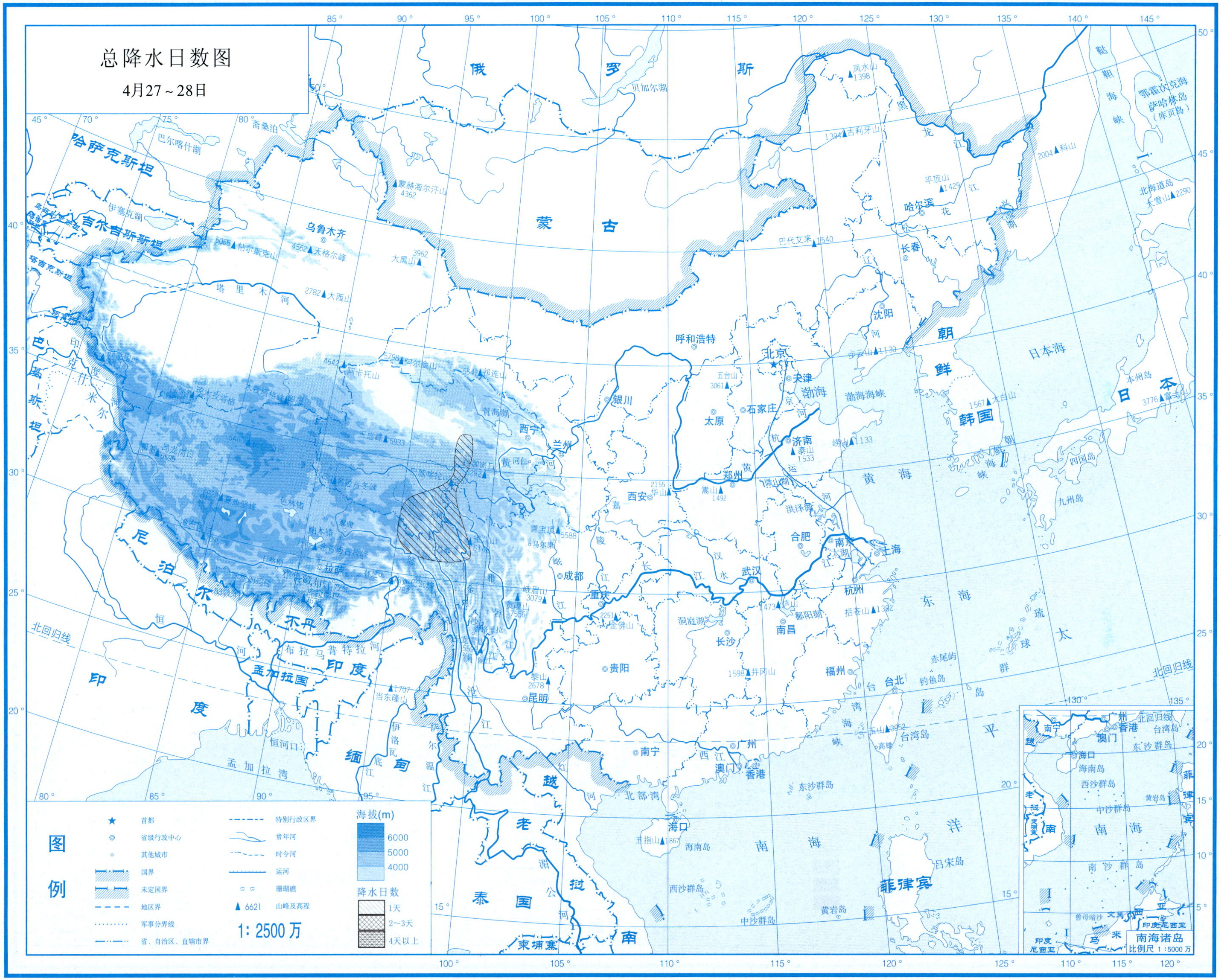

总降水日数图
4月27～28日
图例
首都
省级行政中心
其他城市
国界
未定国界
地区界
军事分界线
省、自治区、直辖市界
特别行政区界
常年河
时令河
运河
珊瑚礁
6621 山峰及高程
1: 2500万
海拔(m)
6000
5000
4000
降水日数
1天
2～3天
4天以上
南海诸岛
比例尺 1:5000万
俄 罗 斯
蒙 古
哈萨克斯坦
吉尔吉斯斯坦
塔吉克斯坦
巴基斯坦
印度
尼泊尔
不丹
孟加拉国
缅甸
老挝
泰国
柬埔寨
越南
朝鲜
韩国
日本
菲律宾
北京
天津
石家庄
太原
呼和浩特
沈阳
长春
哈尔滨
济南
郑州
西安
银川
兰州
西宁
乌鲁木齐
拉萨
成都
重庆
贵阳
昆明
南宁
广州
香港
澳门
海口
长沙
武汉
南昌
合肥
南京
上海
杭州
福州
台北
渤海
黄海
东海
南海
日本海
太平洋
北回归线

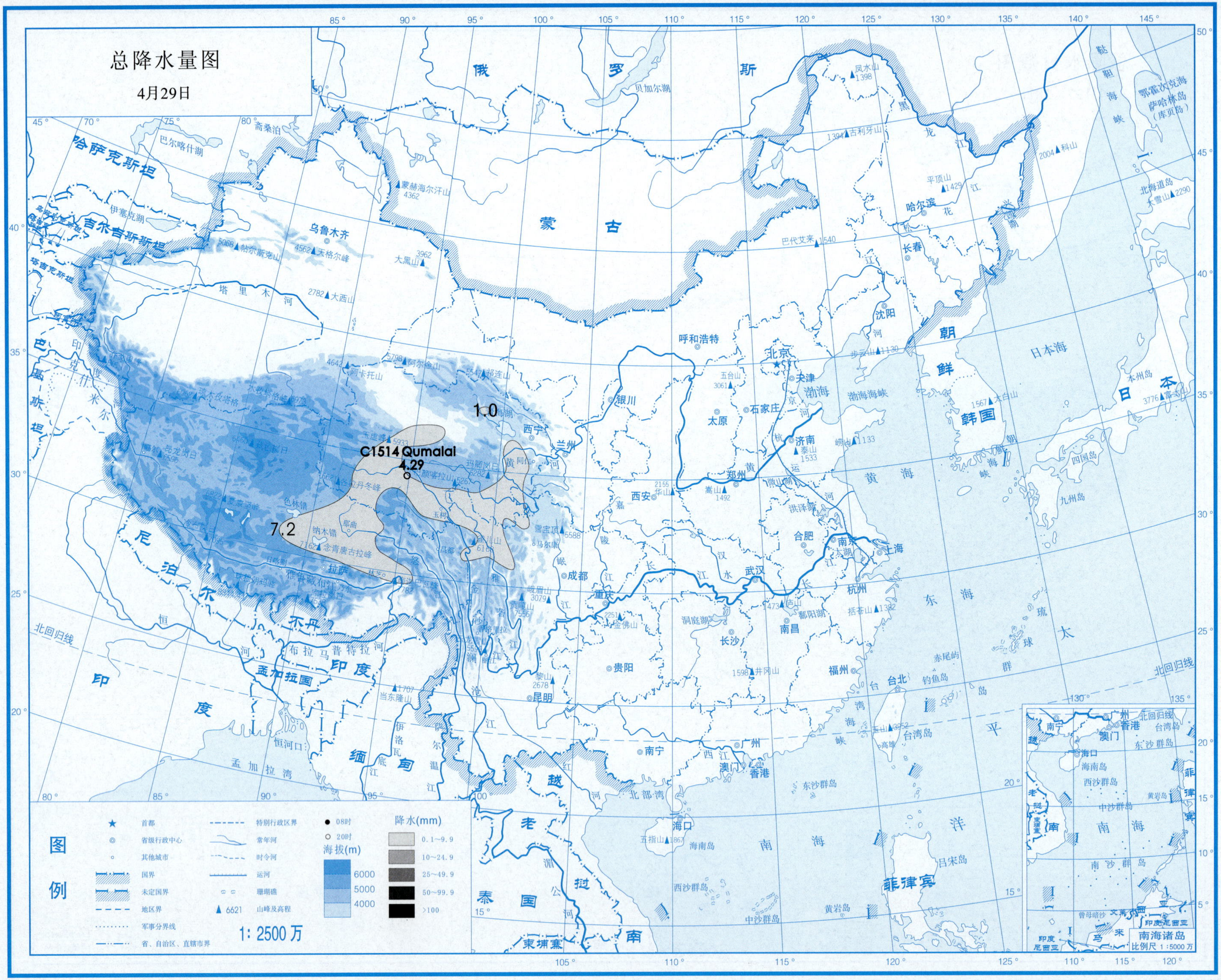
总降水量图
4月29日
C1514 Qumalai
4.29
1.0
7.2
图例
首都
省级行政中心
其他城市
国界
未定国界
地区界
军事分界线
省、自治区、直辖市界
特别行政区界
常年河
时令河
运河
珊瑚礁
6621 山峰及高程
1: 2500 万
08时
20时
海拔(m)
6000
5000
4000
降水(mm)
0.1～9.9
10～24.9
25～49.9
50～99.9
>100
南海诸岛
比例尺 1:5000 万

# 总降水日数图

4月29日

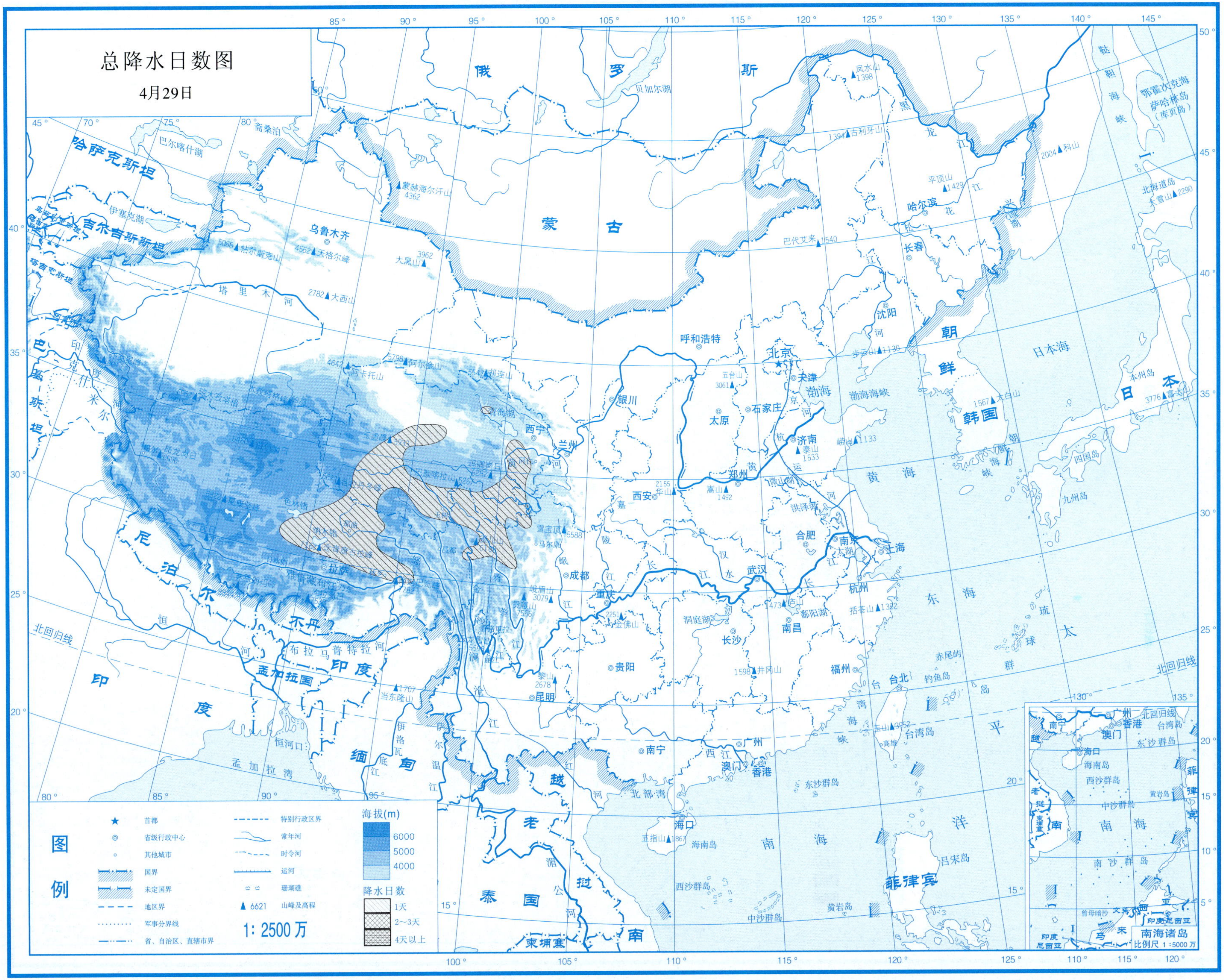

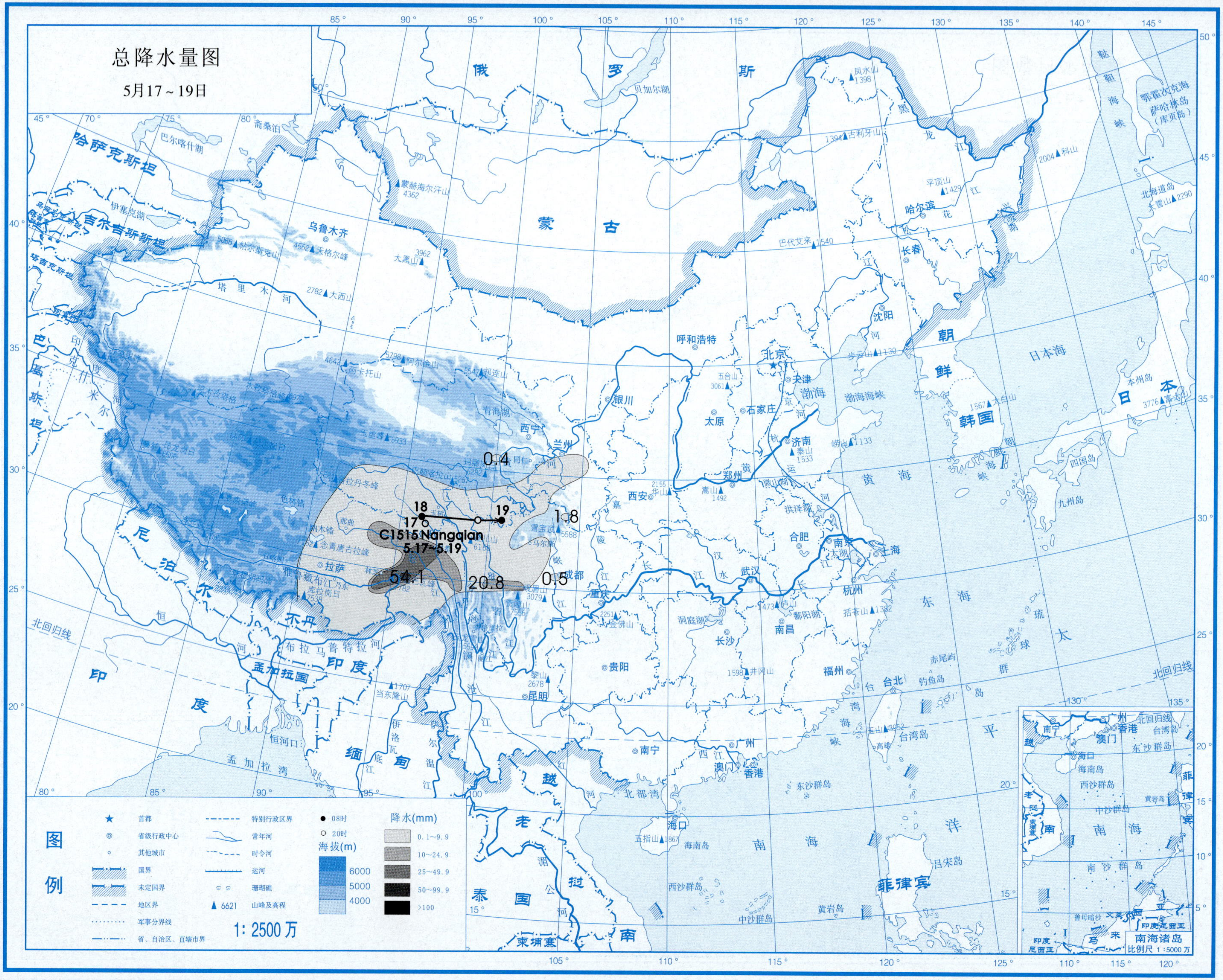
总降水量图
5月17～19日
C1515 Nangqian
5.17~5.19
18
17
19
0.4
1.8
54.1
20.8
0.5
图例
首都
省级行政中心
其他城市
国界
未定国界
地区界
军事分界线
省、自治区、直辖市界
特别行政区界
常年河
时令河
运河
珊瑚礁
6621 山峰及高程
08时
20时
海拔(m)
6000
5000
4000
降水(mm)
0.1~9.9
10~24.9
25~49.9
50~99.9
>100
1: 2500 万
南海诸岛
比例尺 1:5000 万

# 总降水日数图

5月17～19日

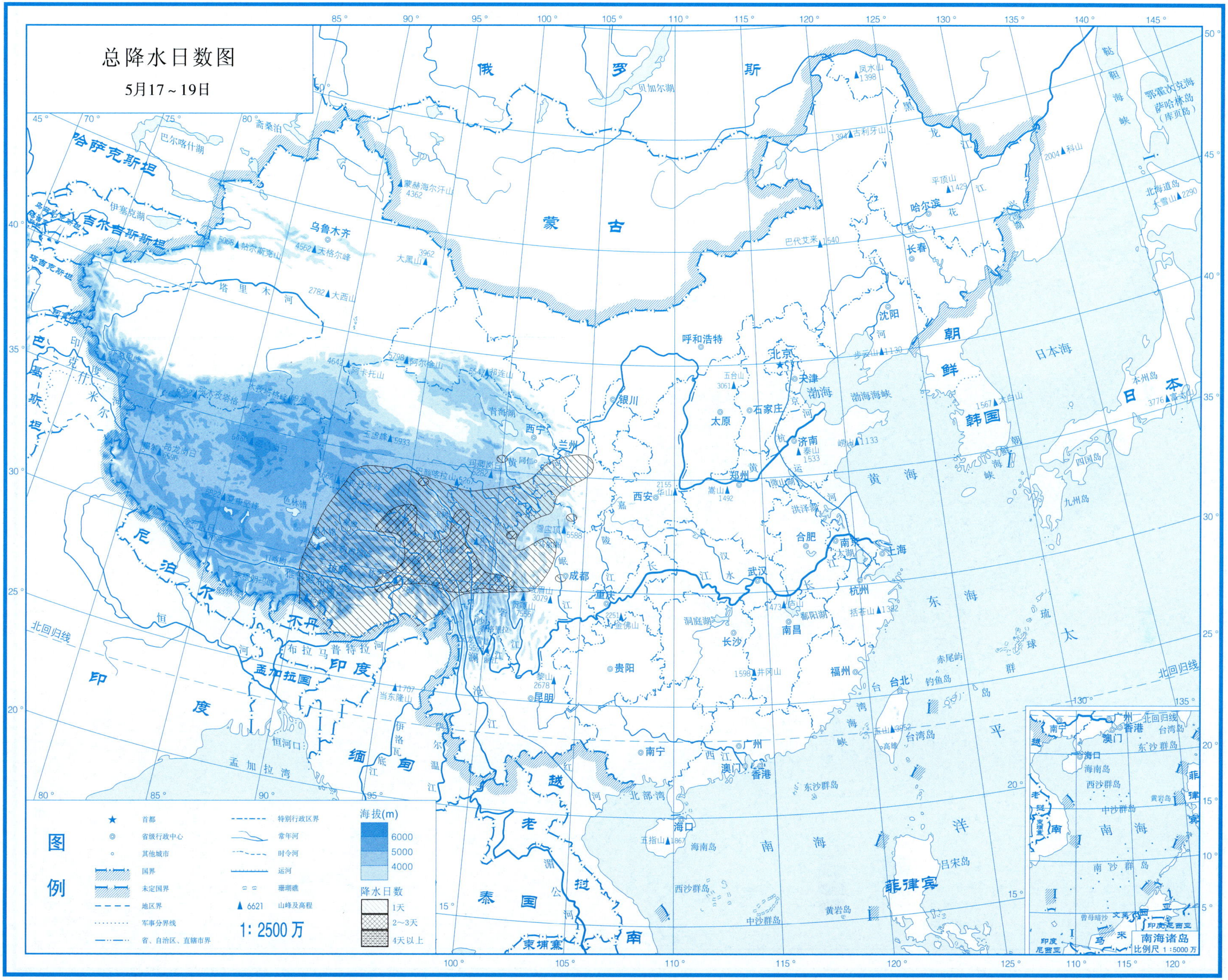

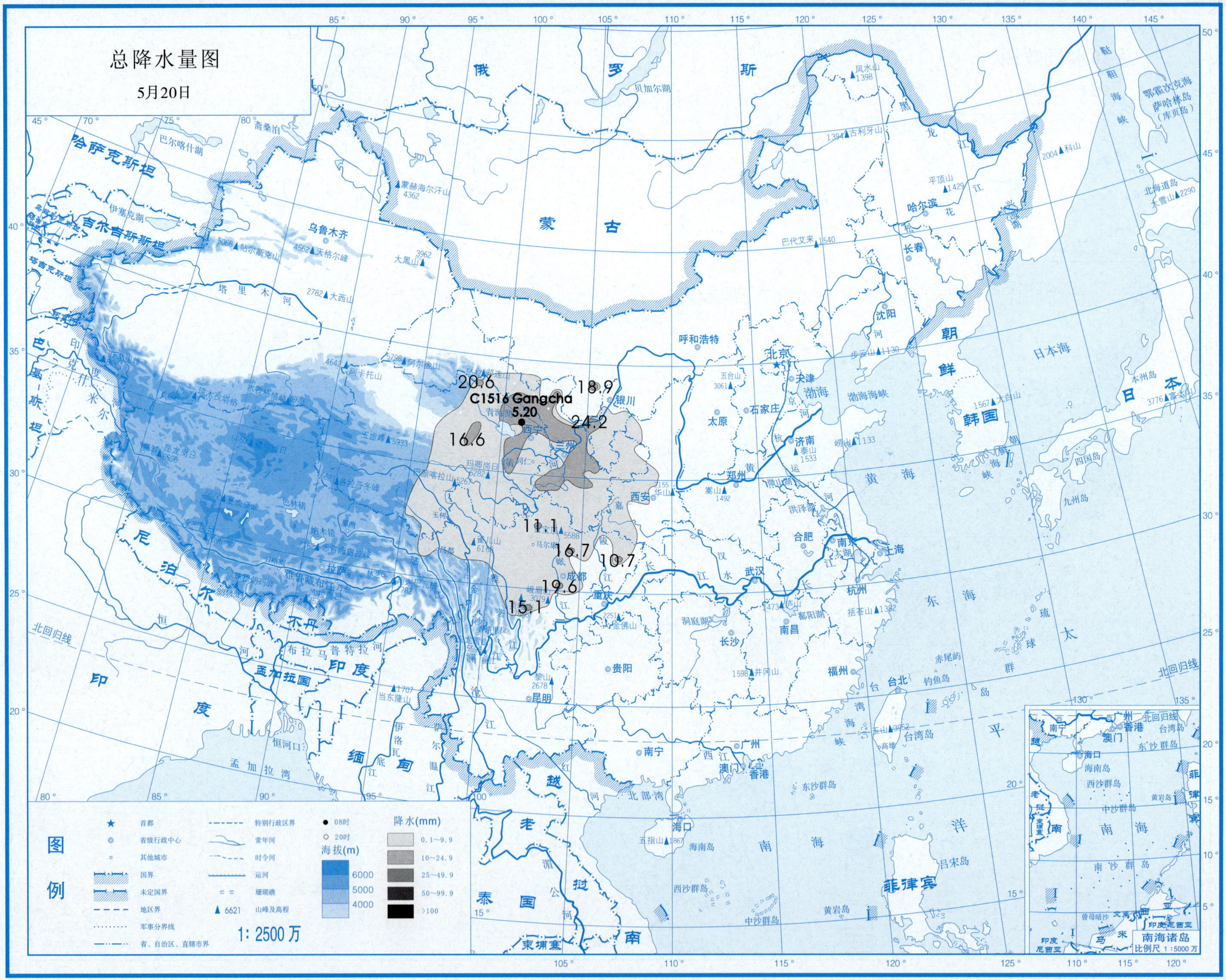
总降水量图
5月20日
C1516 Gangcha
5.20
20.6
18.9
24.2
16.6
11.1
16.7
10.7
19.6
15.1
图例
首都
省级行政中心
其他城市
国界
未定国界
地区界
军事分界线
省、自治区、直辖市界
特别行政区界
常年河
时令河
运河
珊瑚礁
山峰及高程
● 08时
○ 20时
海拔(m)
6000
5000
4000
降水(mm)
0.1~9.9
10~24.9
25~49.9
50~99.9
>100
1: 2500 万
南海诸岛
比例尺 1:5000 万

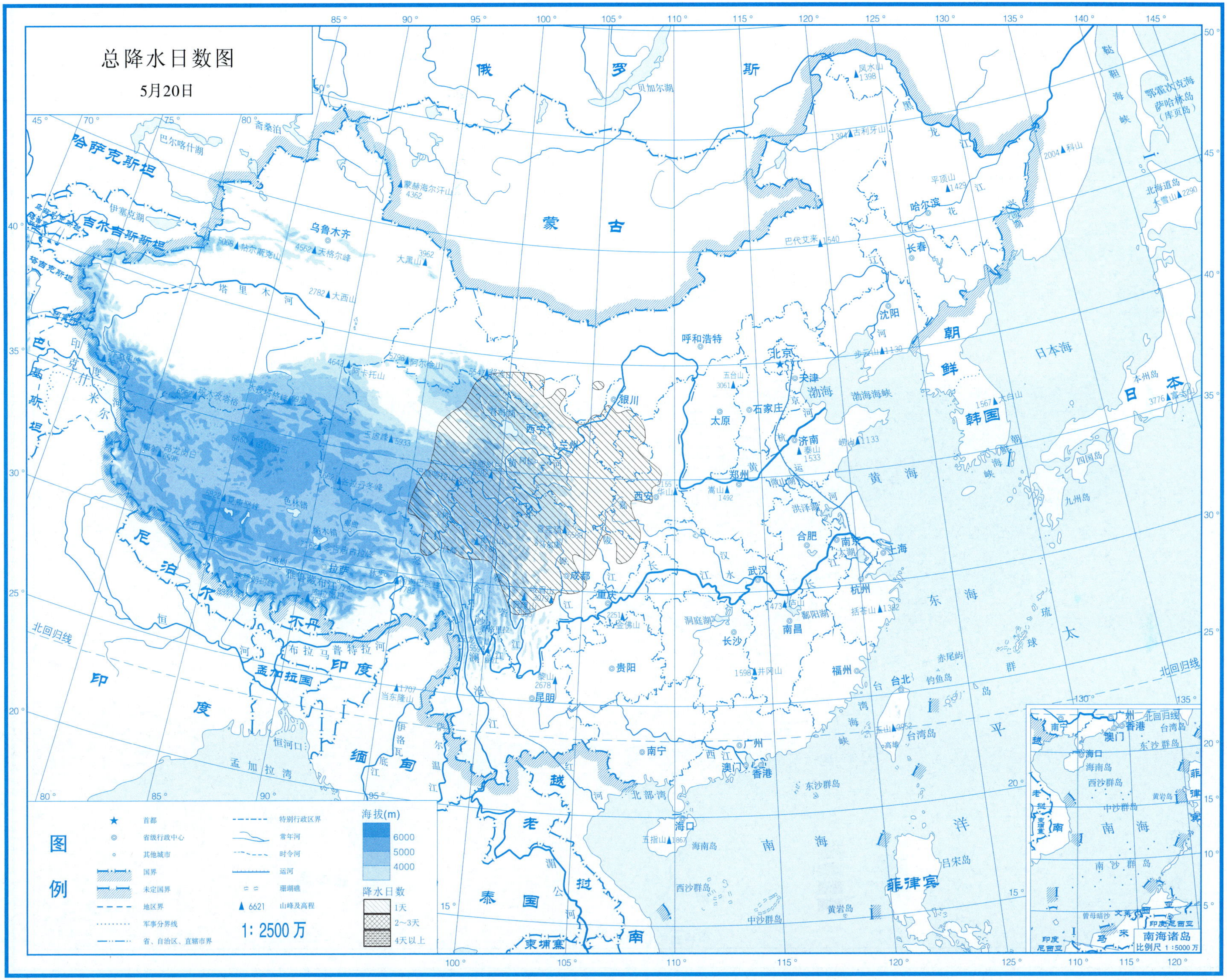
总降水日数图
5月20日
图例
首都
省级行政中心
其他城市
国界
未定国界
地区界
军事分界线
省、自治区、直辖市界
特别行政区界
常年河
时令河
运河
珊瑚礁
6621 山峰及高程
1: 2500 万
海拔(m)
6000
5000
4000
降水日数
1天
2~3天
4天以上
俄罗斯
蒙古
哈萨克斯坦
吉尔吉斯斯坦
塔吉克斯坦
巴基斯坦
印度
尼泊尔
不丹
孟加拉国
缅甸
老挝
越南
泰国
柬埔寨
菲律宾
朝鲜
韩国
日本
北京
天津
石家庄
太原
呼和浩特
沈阳
长春
哈尔滨
济南
郑州
西安
银川
兰州
西宁
乌鲁木齐
拉萨
成都
重庆
贵阳
昆明
南宁
广州
香港
澳门
海口
长沙
武汉
南昌
合肥
南京
上海
杭州
福州
台北
渤海
黄海
东海
南海
日本海
太平洋
南海诸岛
比例尺 1:5000 万

# 总降水量图

## 5月20日

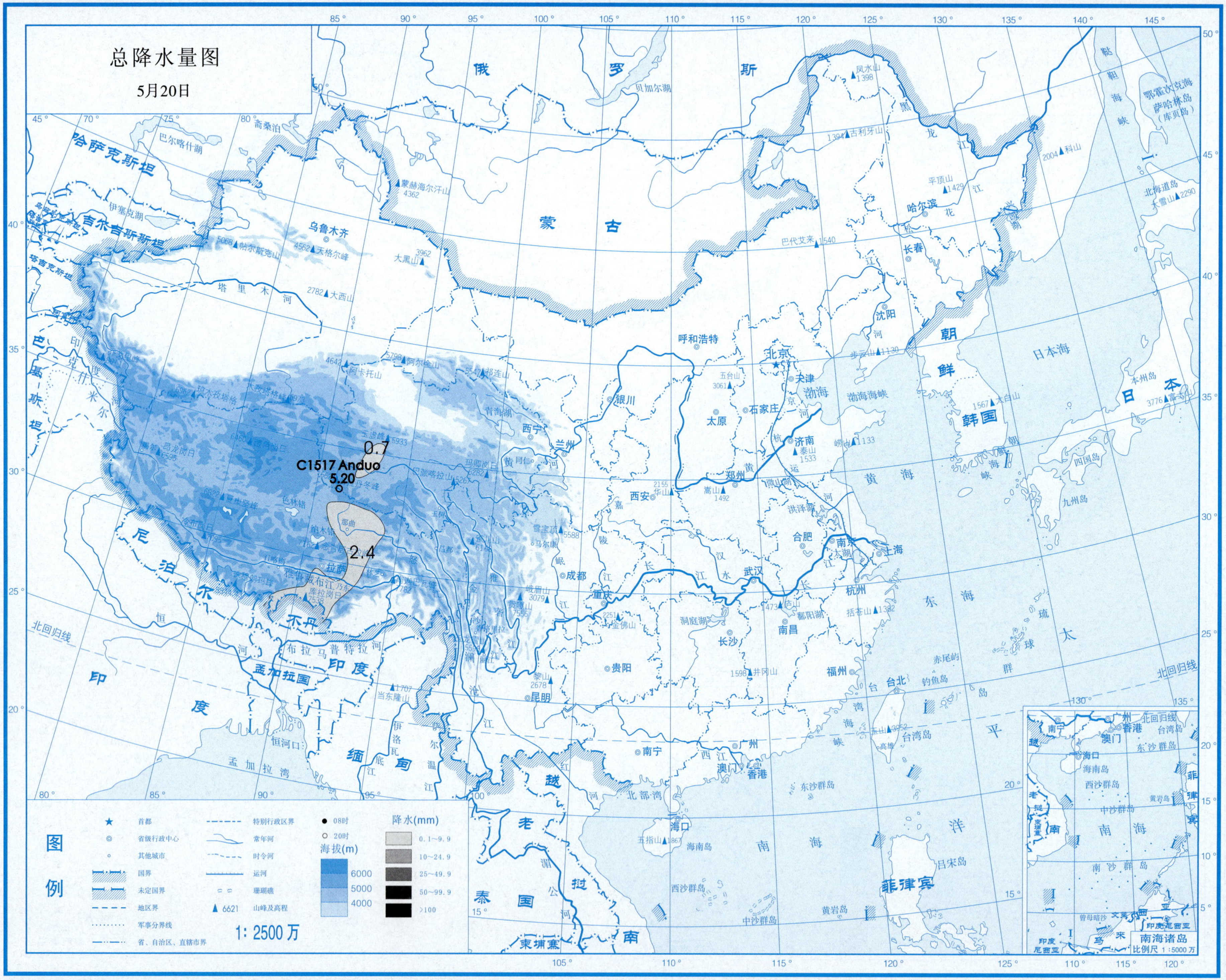
C1517 Anduo
5.20
0.7
2.4
图例
首都
省级行政中心
其他城市
国界
未定国界
地区界
军事分界线
省、自治区、直辖市界
特别行政区界
常年河
时令河
运河
珊瑚礁
6621 山峰及高程
08时
20时
海拔(m)
6000
5000
4000
降水(mm)
0.1~9.9
10~24.9
25~49.9
50~99.9
>100
1: 2500万
南海诸岛
比例尺 1:5000万

## 总降水日数图

5月20日

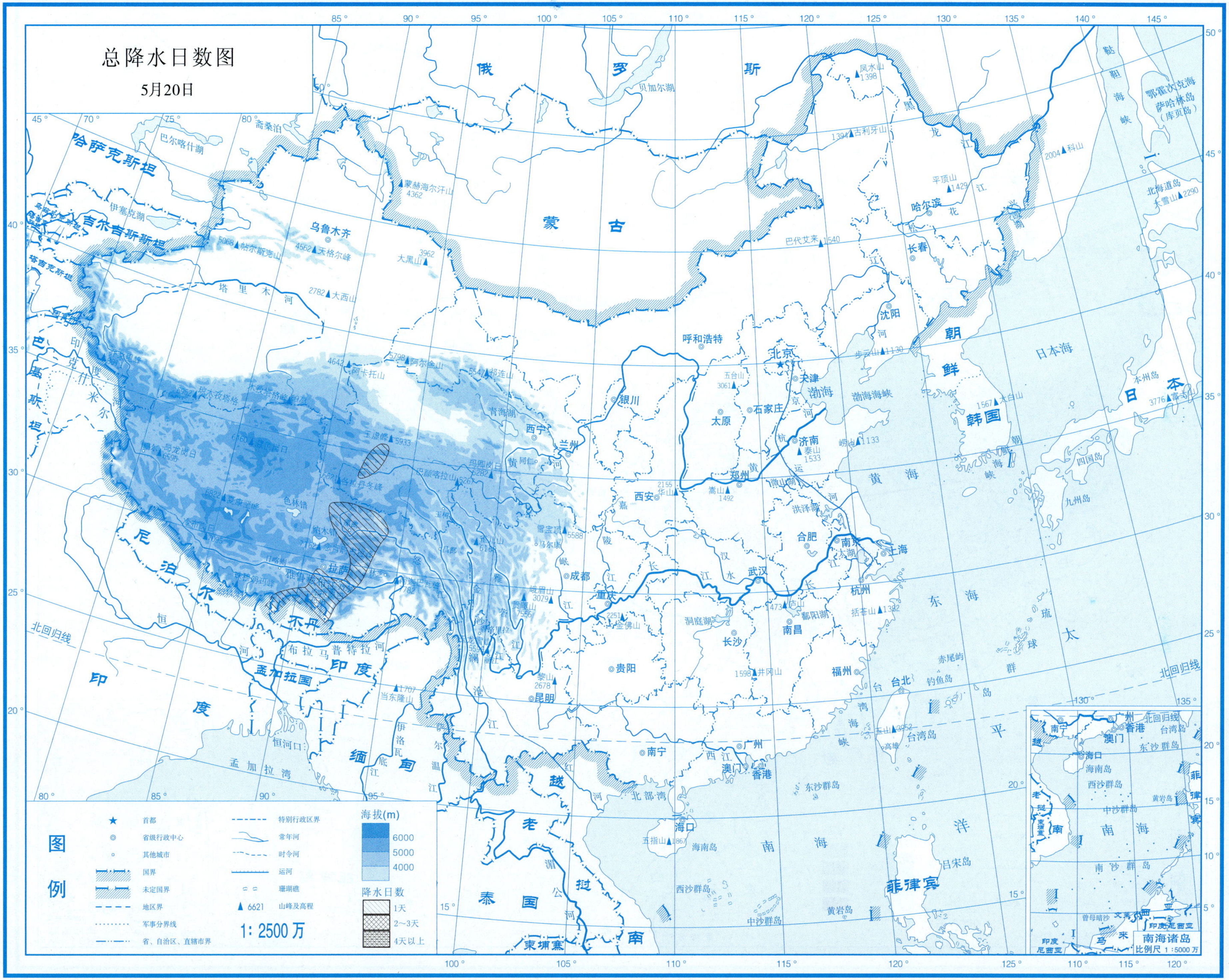

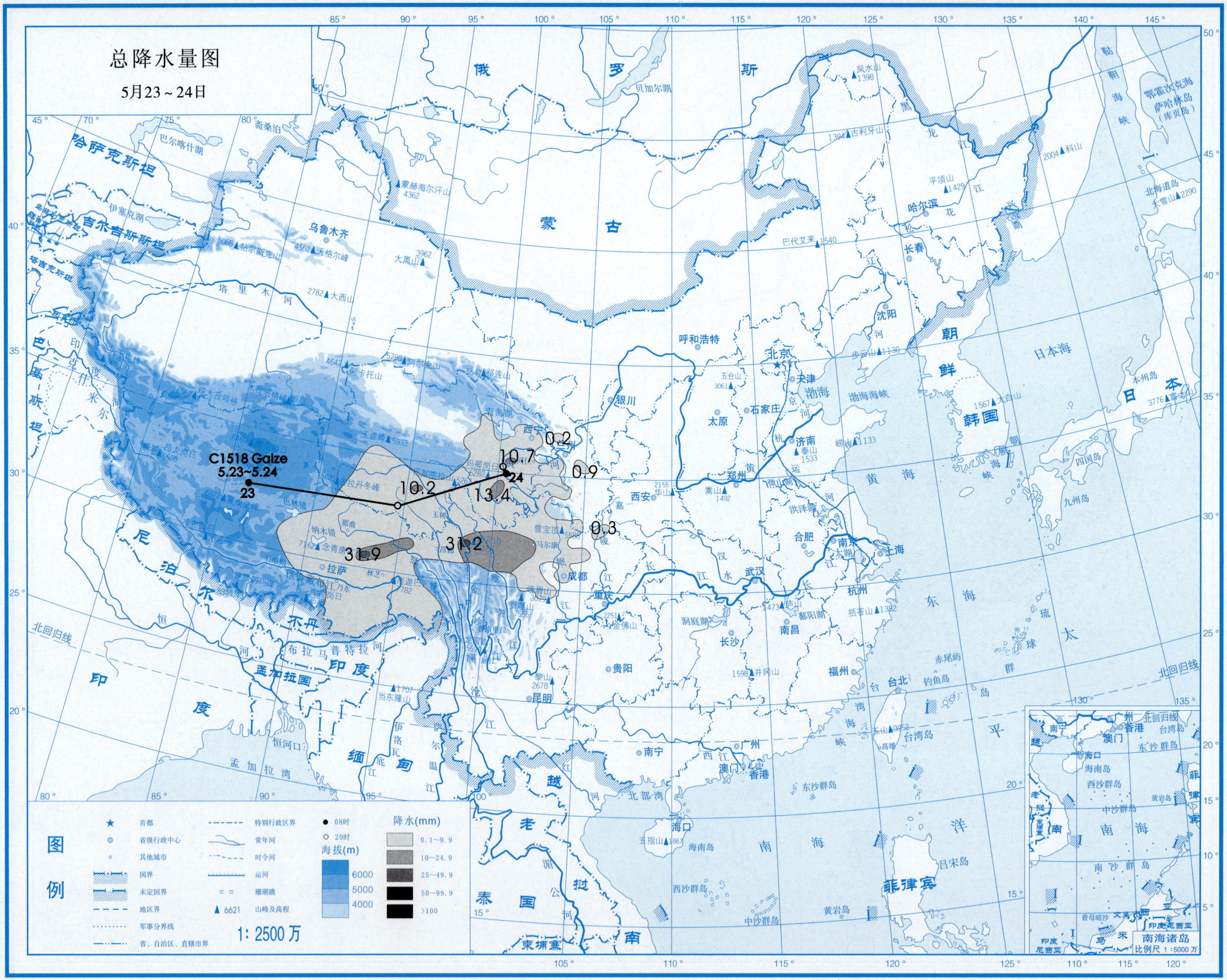
总降水量图
5月23～24日
C1518 Galze
5.23~5.24
23
24
10.2
10.7
0.2
0.9
13.4
0.3
31.9
31.2
图例
降水(mm)
0.1～9.9
10～24.9
25～49.9
50～99.9
>100
海拔(m)
6000
5000
4000
1: 2500 万
南海诸岛
比例尺 1 :5000 万

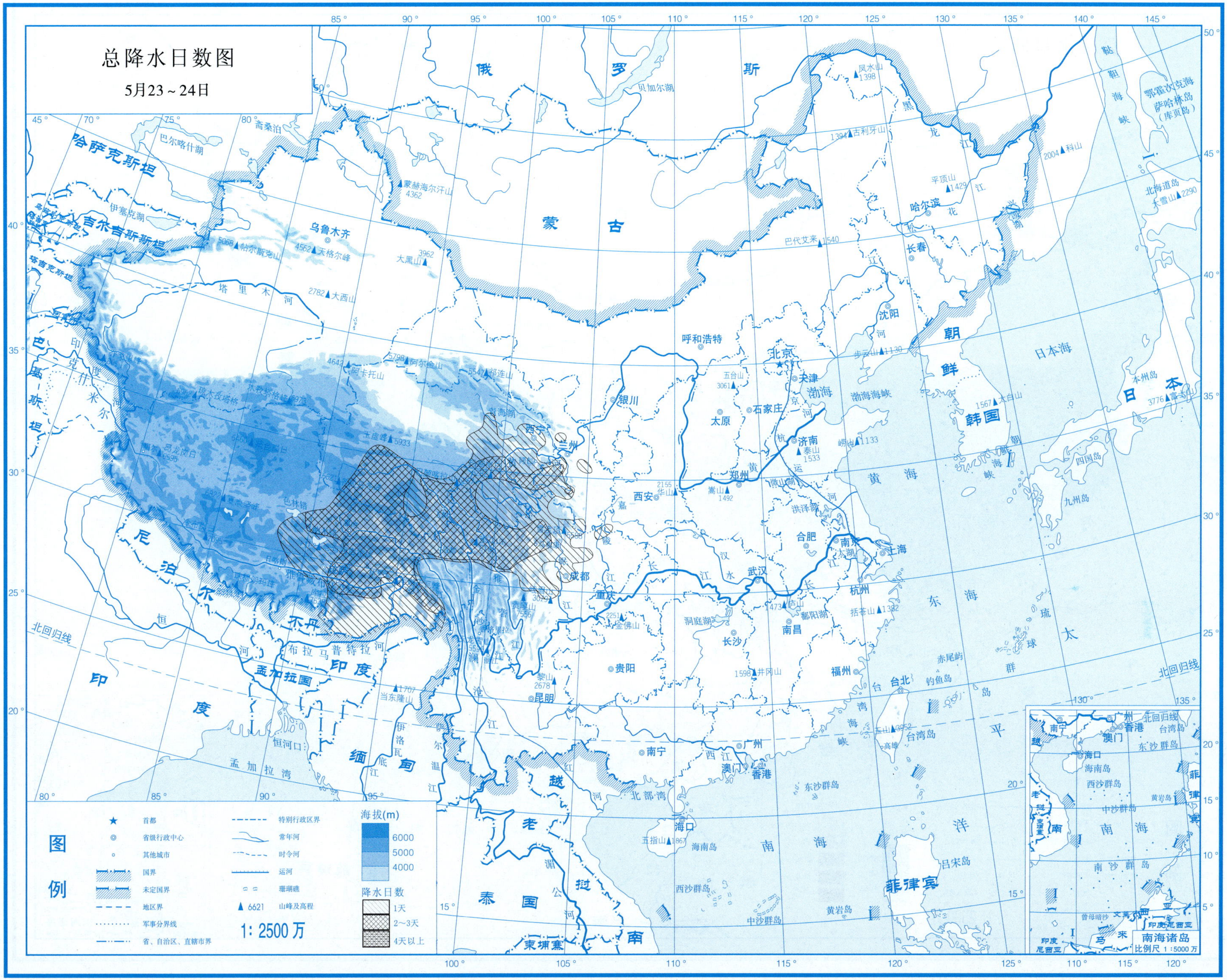
总降水日数图
5月23～24日
俄　罗　斯
蒙　古
哈萨克斯坦
吉尔吉斯斯坦
塔吉克斯坦
巴基斯坦
尼泊尔
不丹
印度
孟加拉国
缅甸
老挝
越南
泰国
柬埔寨
菲律宾
朝鲜
韩国
日本
乌鲁木齐
西宁
兰州
银川
呼和浩特
北京
天津
石家庄
太原
济南
郑州
西安
成都
重庆
武汉
合肥
南京
上海
杭州
南昌
长沙
贵阳
昆明
福州
台北
南宁
广州
澳门
香港
海口
沈阳
长春
哈尔滨
渤海
黄海
东海
南海
日本海
太平洋
北回归线
图例
首都
省级行政中心
其他城市
国界
未定国界
地区界
军事分界线
省、自治区、直辖市界
特别行政区界
常年河
时令河
运河
珊瑚礁
山峰及高程
1：2500万
海拔(m)
6000
5000
4000
降水日数
1天
2～3天
4天以上
南海诸岛
比例尺 1：5000万

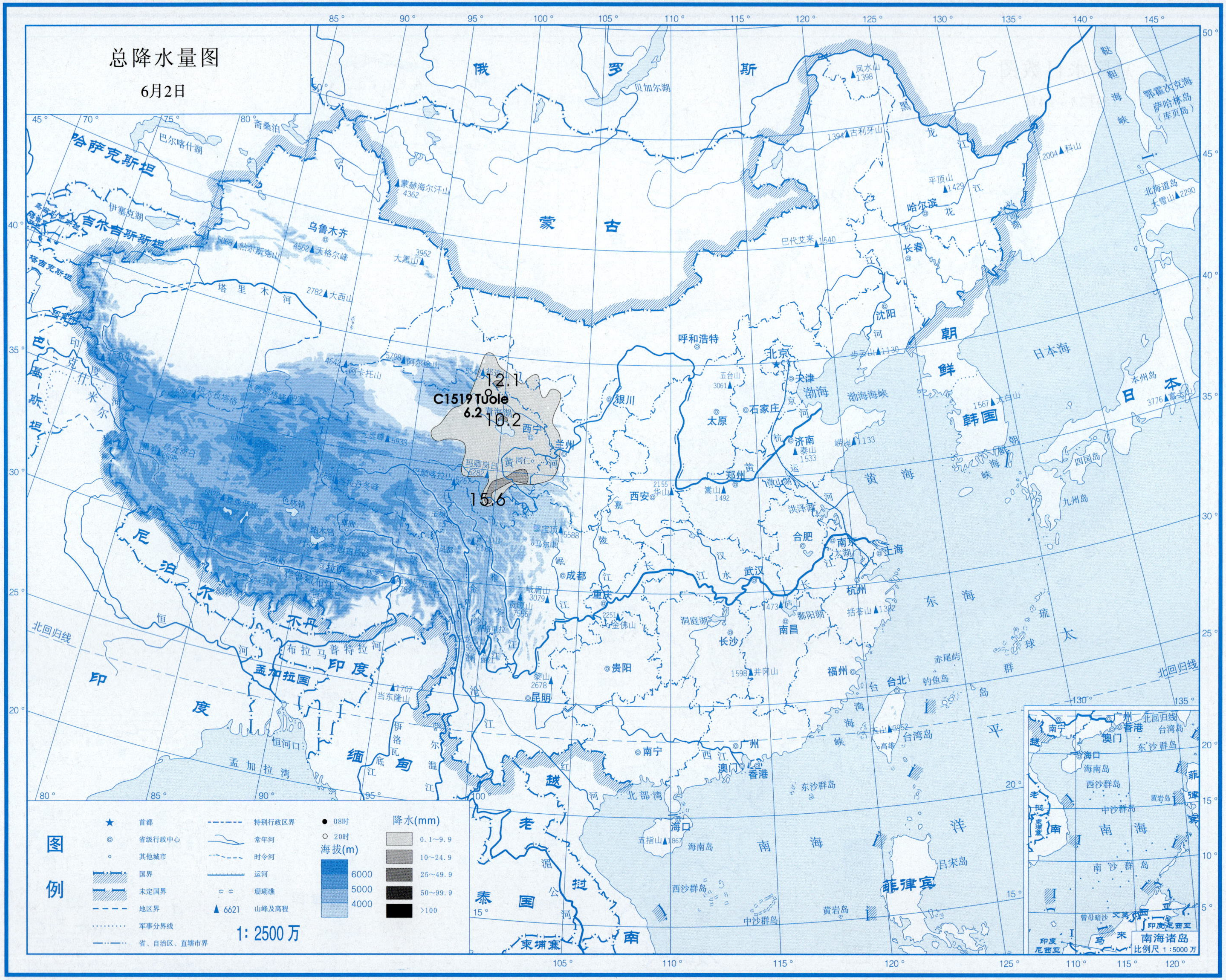
总降水量图
6月2日
12.1
C1519 Tuole
6.2
10.2
15.6
图例
首都
省级行政中心
其他城市
国界
未定国界
地区界
军事分界线
省、自治区、直辖市界
特别行政区界
常年河
时令河
运河
珊瑚礁
6621 山峰及高程
08时
20时
海拔(m)
6000
5000
4000
降水(mm)
0.1~9.9
10~24.9
25~49.9
50~99.9
>100
1: 2500万
南海诸岛
比例尺 1:5000万

# 总降水日数图

6月2日

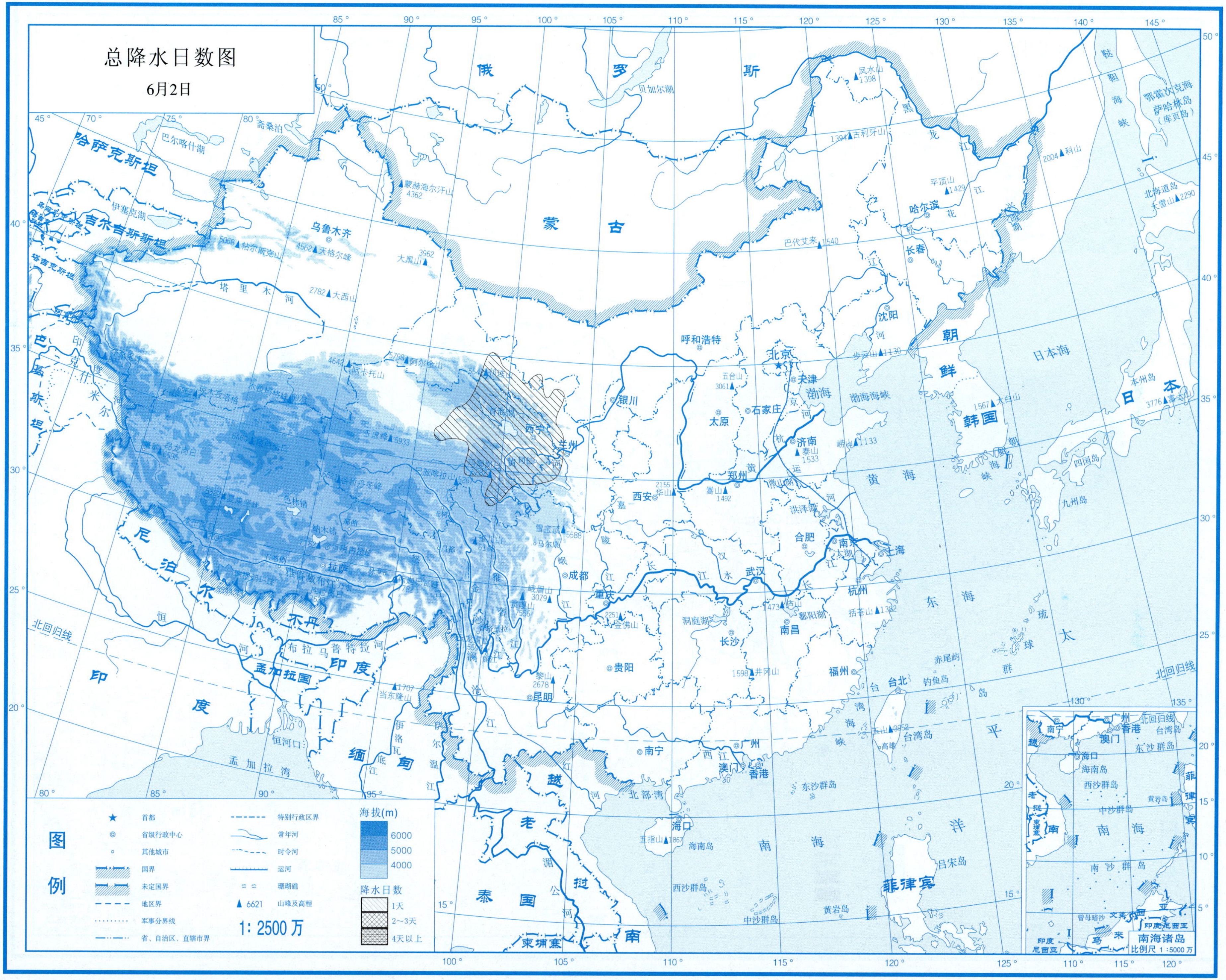
图例
首都
省级行政中心
其他城市
国界
未定国界
地区界
军事分界线
省、自治区、直辖市界
特别行政区界
常年河
时令河
运河
珊瑚礁
6621 山峰及高程
1: 2500万
海拔(m)
6000
5000
4000
降水日数
1天
2~3天
4天以上
俄罗斯
蒙古
哈萨克斯坦
吉尔吉斯斯坦
塔吉克斯坦
巴基斯坦
尼泊尔
不丹
印度
孟加拉国
缅甸
老挝
泰国
越南
柬埔寨
菲律宾
朝鲜
韩国
日本
北京
天津
石家庄
太原
呼和浩特
沈阳
长春
哈尔滨
济南
郑州
西安
银川
兰州
西宁
乌鲁木齐
拉萨
成都
重庆
贵阳
昆明
南宁
广州
澳门
香港
海口
长沙
武汉
南昌
合肥
南京
上海
杭州
福州
台北
渤海
黄海
东海
南海
日本海
太平洋
孟加拉湾
北回归线
南海诸岛
比例尺 1:5000万

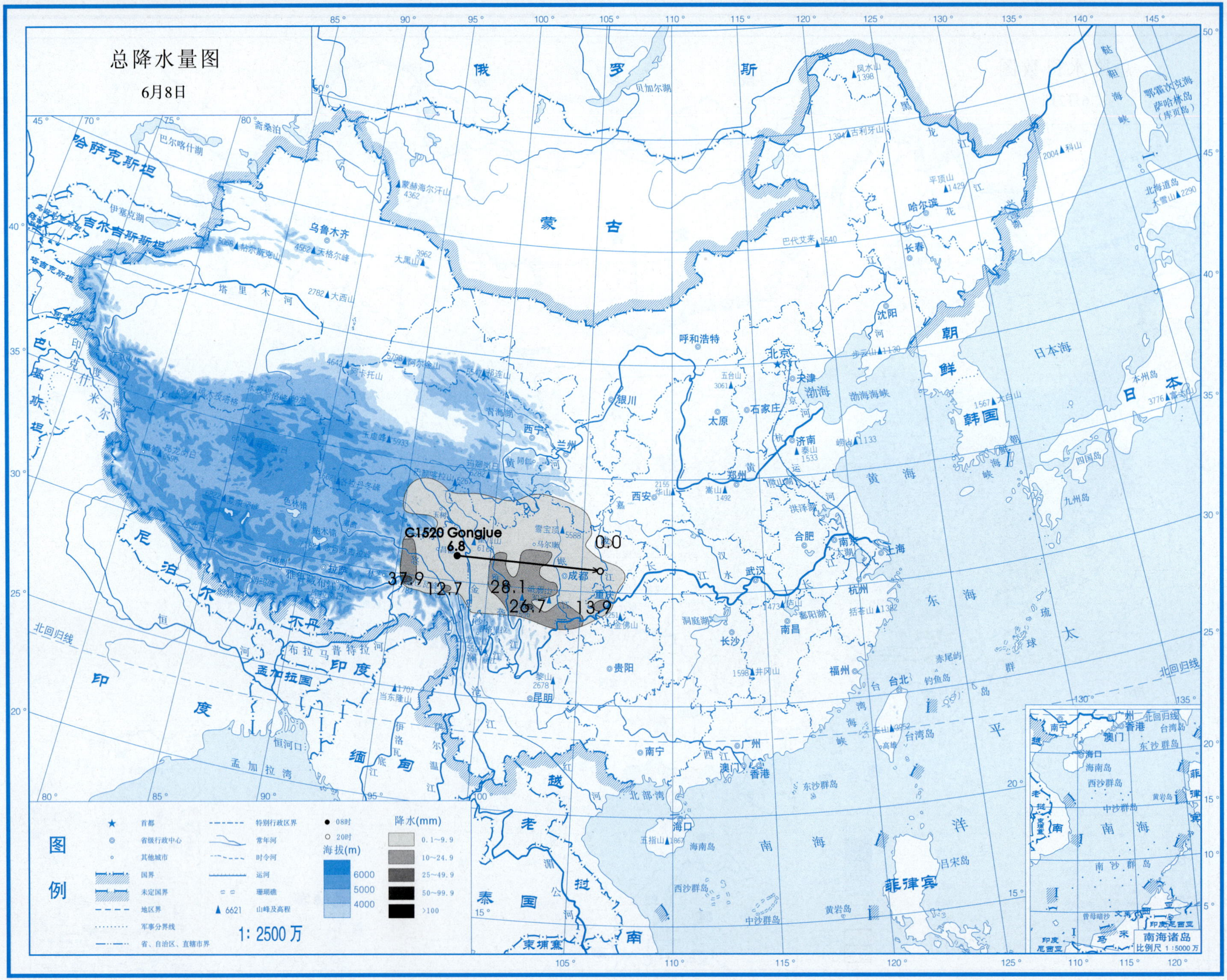
总降水量图
6月8日
C1520 Gonglue
6.8
0.0
37.9
12.7
28.1
26.7
13.9
图例
首都
省级行政中心
其他城市
国界
未定国界
地区界
军事分界线
省、自治区、直辖市界
特别行政区界
常年河
时令河
运河
珊瑚礁
6621 山峰及高程
08时
20时
降水(mm)
0.1~9.9
10~24.9
25~49.9
50~99.9
>100
海拔(m)
6000
5000
4000
1: 2500 万
南海诸岛
比例尺 1:5000 万

# 总降水日数图

6月8日

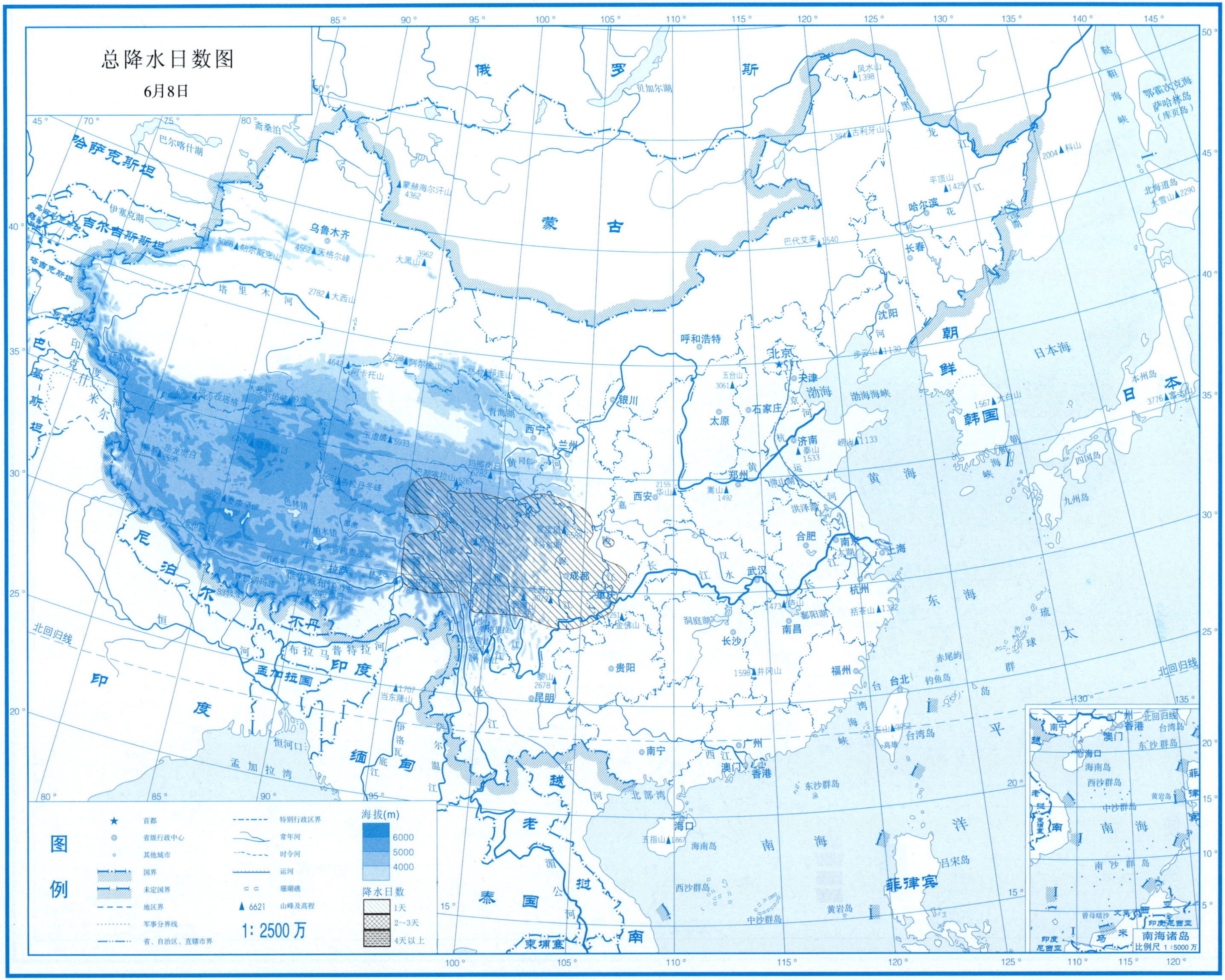

俄 罗 斯
蒙 古
哈萨克斯坦
吉尔吉斯斯坦
塔吉克斯坦
巴基斯坦
尼 泊 尔
不丹
孟加拉国
印 度
缅 甸
老 挝
越 南
泰 国
柬埔寨
朝 鲜
韩国
日 本
菲律宾
北京
天津
石家庄
太原
呼和浩特
沈阳
长春
哈尔滨
银川
西宁
兰州
西安
郑州
济南
合肥
南京
上海
杭州
武汉
长沙
南昌
福州
台北
成都
重庆
贵阳
昆明
南宁
广州
澳门
香港
海口
拉萨
乌鲁木齐
渤海
黄 海
东 海
南 海
太 平 洋
日本海
北回归线
图例
首都
省级行政中心
其他城市
国界
未定国界
地区界
军事分界线
省、自治区、直辖市界
特别行政区界
常年河
时令河
运河
珊瑚礁
山峰及高程
海拔(m)
6000
5000
4000
降水日数
1天
2~3天
4天以上
1: 2500 万
南海诸岛
比例尺 1 :5000 万

# 总降水量图

6月9日

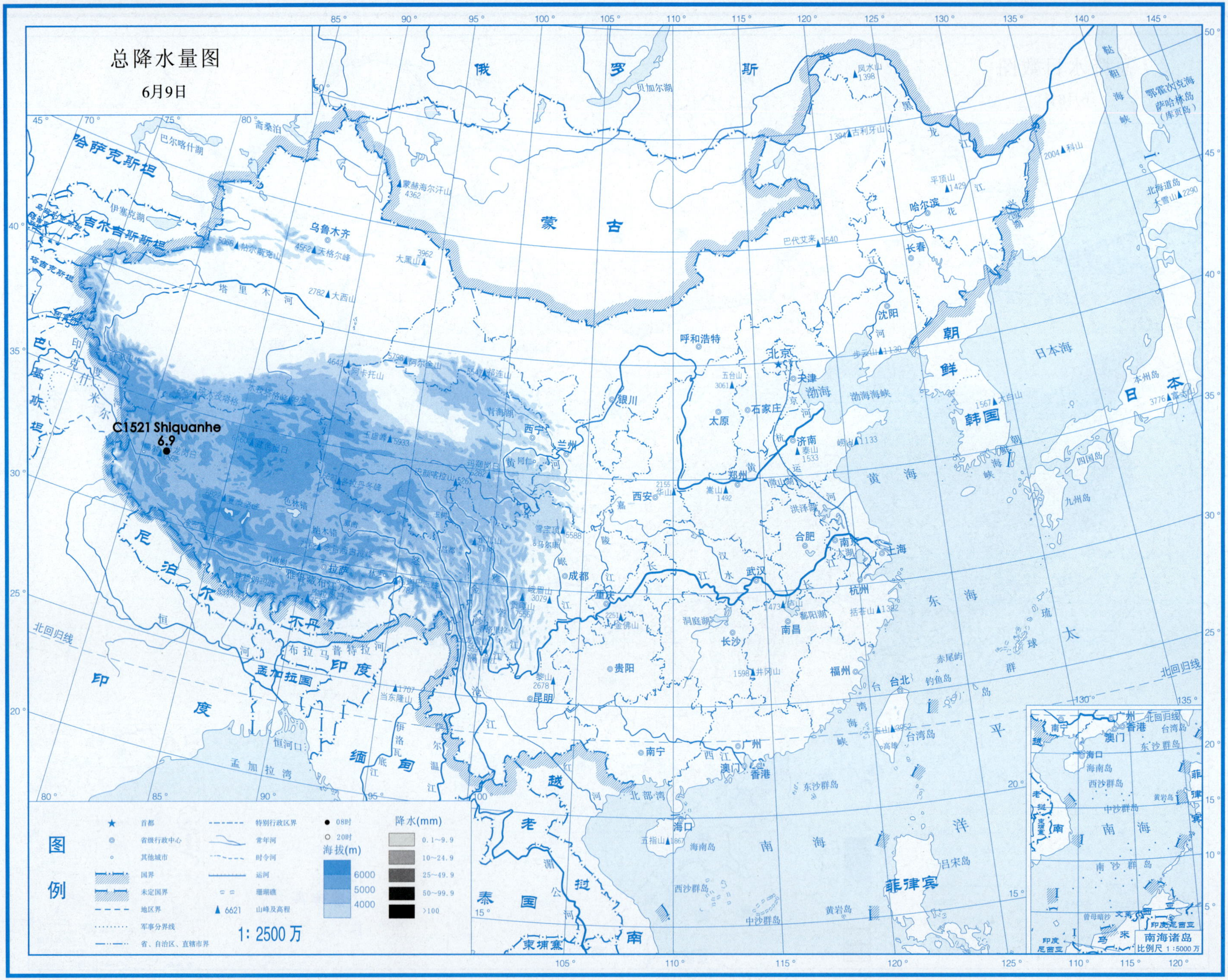
C1521 Shiquanhe
6.9
图例
首都
省级行政中心
其他城市
国界
未定国界
地区界
军事分界线
省、自治区、直辖市界
特别行政区界
常年河
时令河
运河
珊瑚礁
6621 山峰及高程
08时
20时
海拔(m)
6000
5000
4000
降水(mm)
0.1～9.9
10～24.9
25～49.9
50～99.9
>100
1: 2500 万
俄 罗 斯
蒙 古
哈萨克斯坦
吉尔吉斯斯坦
塔吉克斯坦
巴基斯坦
尼泊尔
不丹
印度
孟加拉国
缅甸
老挝
泰国
越南
柬埔寨
菲律宾
朝鲜
韩国
日本
日本海
渤海
黄海
东海
南海
太平洋
北京
天津
石家庄
太原
呼和浩特
沈阳
长春
哈尔滨
济南
郑州
西安
银川
兰州
西宁
成都
重庆
武汉
合肥
南京
上海
杭州
南昌
长沙
贵阳
昆明
南宁
广州
福州
台北
香港
澳门
海口
拉萨
乌鲁木齐
北回归线
南海诸岛
比例尺 1:5000 万

# 总降水日数图

6月9日

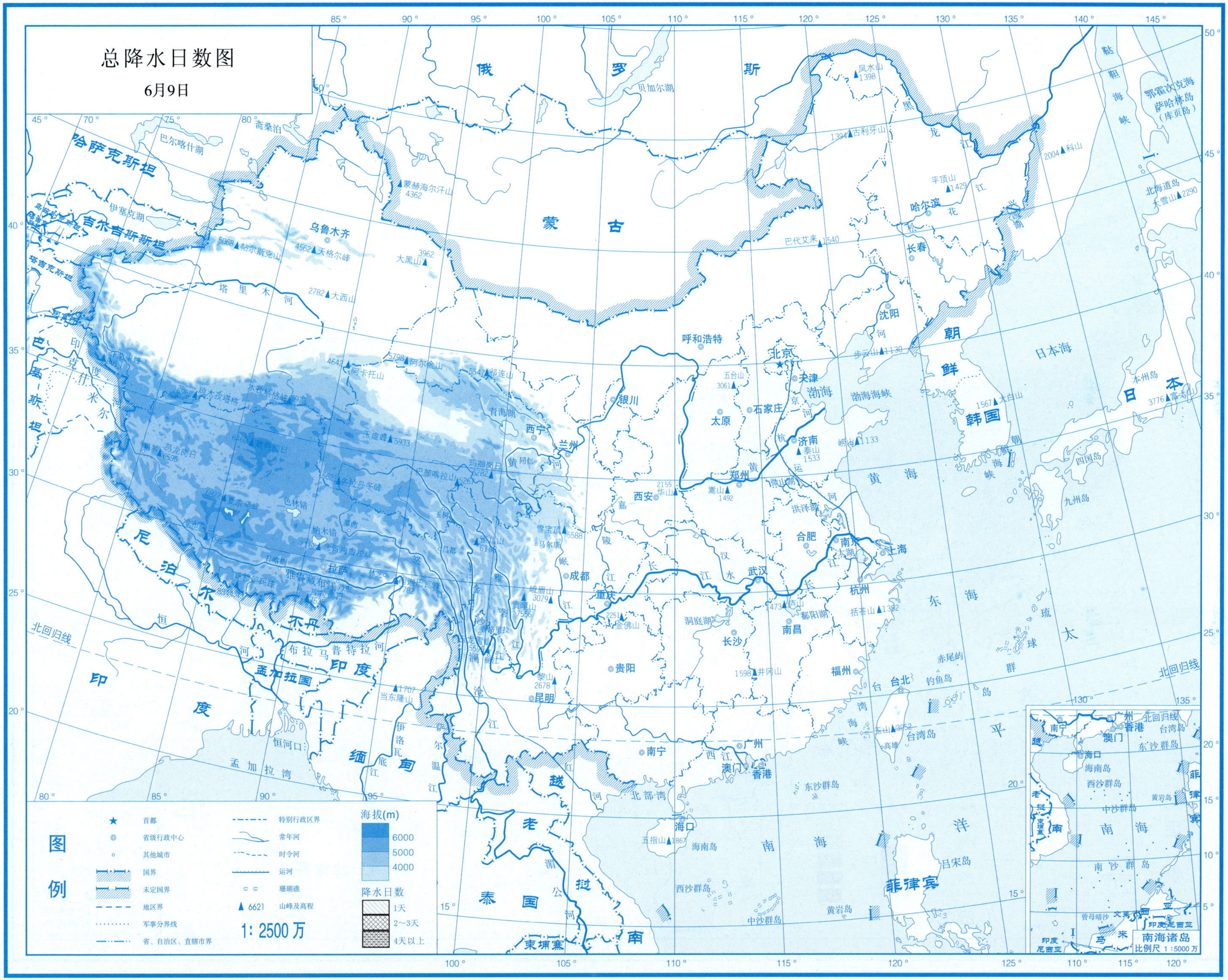

俄　罗　斯
蒙　古
哈萨克斯坦
吉尔吉斯斯坦
塔吉克斯坦
巴基斯坦
印度
尼泊尔
不丹
孟加拉国
缅甸
老挝
越南
泰国
柬埔寨
朝鲜
韩国
日本
菲律宾
北京
天津
石家庄
太原
呼和浩特
沈阳
长春
哈尔滨
济南
郑州
西安
银川
兰州
西宁
乌鲁木齐
拉萨
成都
重庆
贵阳
昆明
南宁
广州
香港
澳门
海口
长沙
武汉
南昌
合肥
南京
上海
杭州
福州
台北
渤海
黄海
东海
南海
日本海
太平洋
北回归线
图例
首都
省级行政中心
其他城市
国界
未定国界
地区界
军事分界线
省、自治区、直辖市界
特别行政区界
常年河
时令河
运河
珊瑚礁
山峰及高程
1: 2500万
海拔(m)
6000
5000
4000
降水日数
1天
2~3天
4天以上
南海诸岛
比例尺 1:5000万

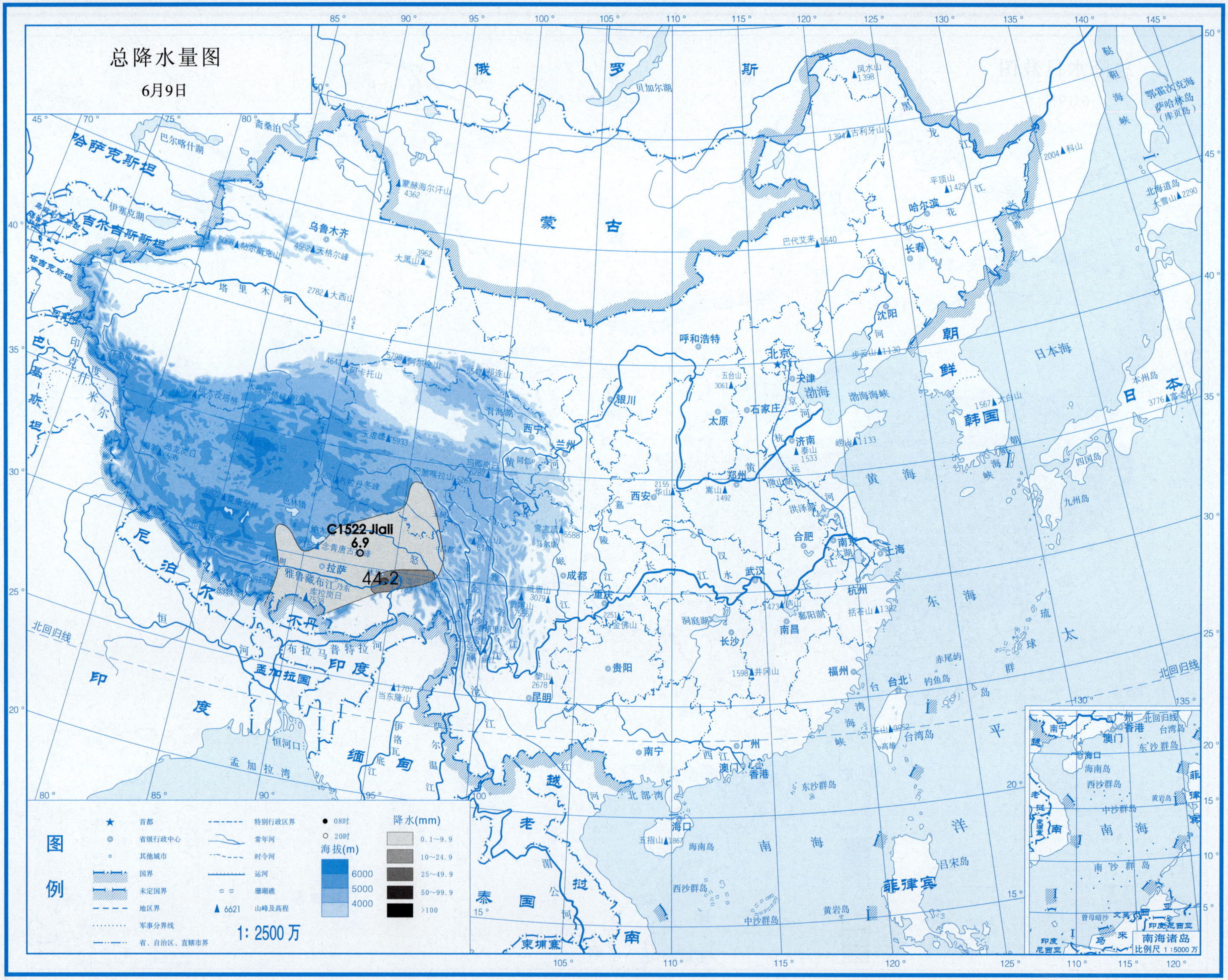
总降水量图
6月9日
C1522 Jiali
6.9
44.2
俄 罗 斯
蒙 古
哈萨克斯坦
吉尔吉斯斯坦
塔吉克斯坦
巴基斯坦
尼泊尔
不丹
印 度
孟加拉国
缅 甸
老 挝
越 南
泰 国
柬埔寨
菲律宾
朝 鲜
韩国
日 本
乌鲁木齐
拉萨
西宁
兰州
银川
呼和浩特
北京
天津
石家庄
太原
济南
郑州
西安
成都
重庆
武汉
合肥
南京
上海
杭州
南昌
长沙
贵阳
昆明
南宁
广州
福州
台北
澳门
香港
海口
哈尔滨
长春
沈阳
渤海
黄 海
东 海
日本海
南 海
北回归线
南海诸岛
比例尺 1:5000 万
图 例
首都
省级行政中心
其他城市
国界
未定国界
地区界
军事分界线
省、自治区、直辖市界
特别行政区界
常年河
时令河
运河
珊瑚礁
6621 山峰及高程
● 08时
○ 20时
海拔(m)
6000
5000
4000
降水(mm)
0.1~9.9
10~24.9
25~49.9
50~99.9
>100
1: 2500 万

# 总降水日数图

6月9日

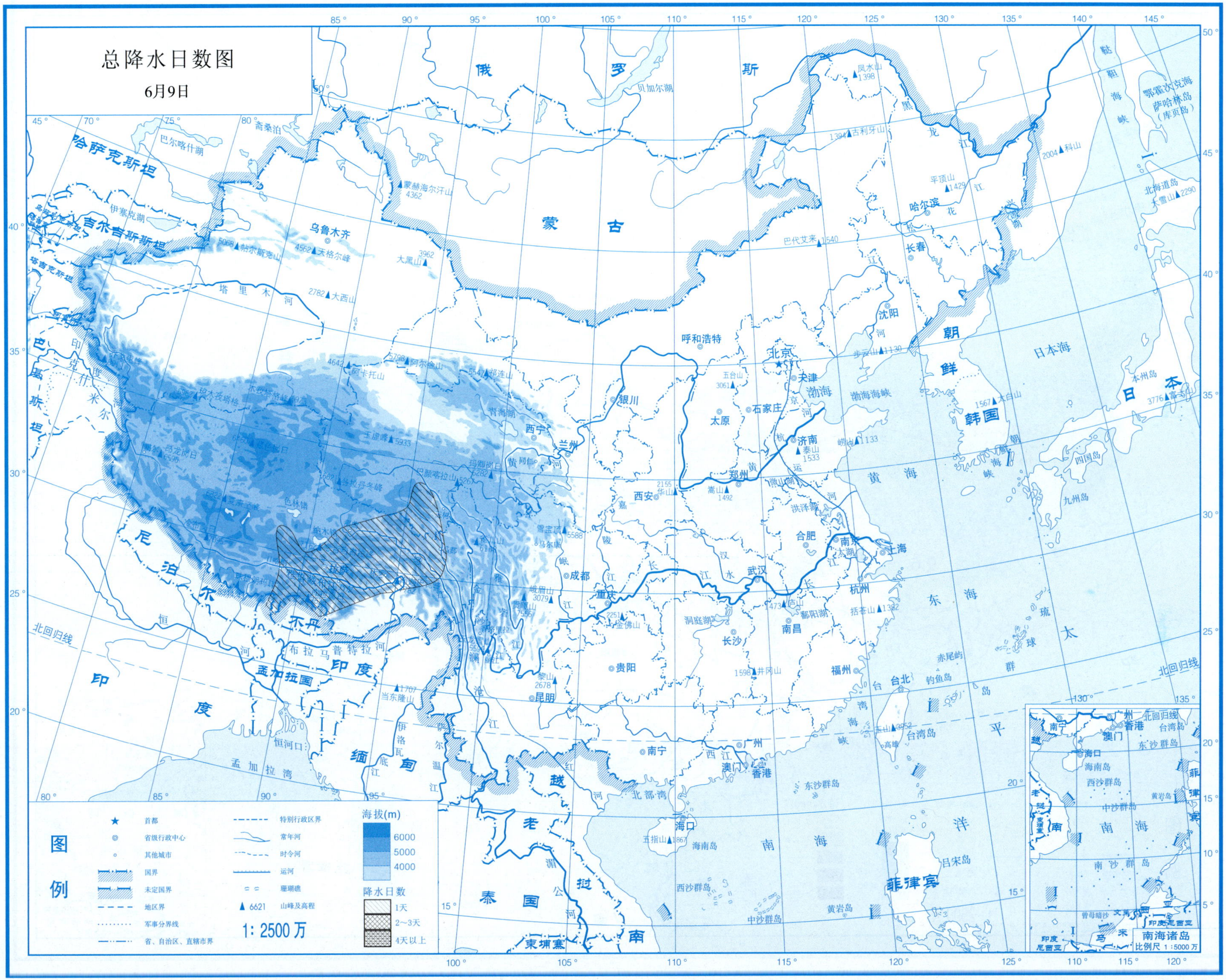
图例
首都
省级行政中心
其他城市
国界
未定国界
地区界
军事分界线
省、自治区、直辖市界
特别行政区界
常年河
时令河
运河
珊瑚礁
6621 山峰及高程
1:2500万
海拔(m)
6000
5000
4000
降水日数
1天
2~3天
4天以上
南海诸岛
比例尺 1:5000万
俄罗斯
蒙古
哈萨克斯坦
吉尔吉斯斯坦
塔吉克斯坦
巴基斯坦
印度
尼泊尔
不丹
孟加拉国
缅甸
老挝
越南
泰国
柬埔寨
菲律宾
朝鲜
韩国
日本
北京
上海
天津
重庆
乌鲁木齐
呼和浩特
哈尔滨
长春
沈阳
石家庄
太原
济南
郑州
西安
银川
兰州
西宁
成都
贵阳
昆明
南宁
广州
长沙
武汉
南昌
合肥
南京
杭州
福州
台北
海口
香港
澳门
拉萨
渤海
黄海
东海
南海
日本海
太平洋
北回归线

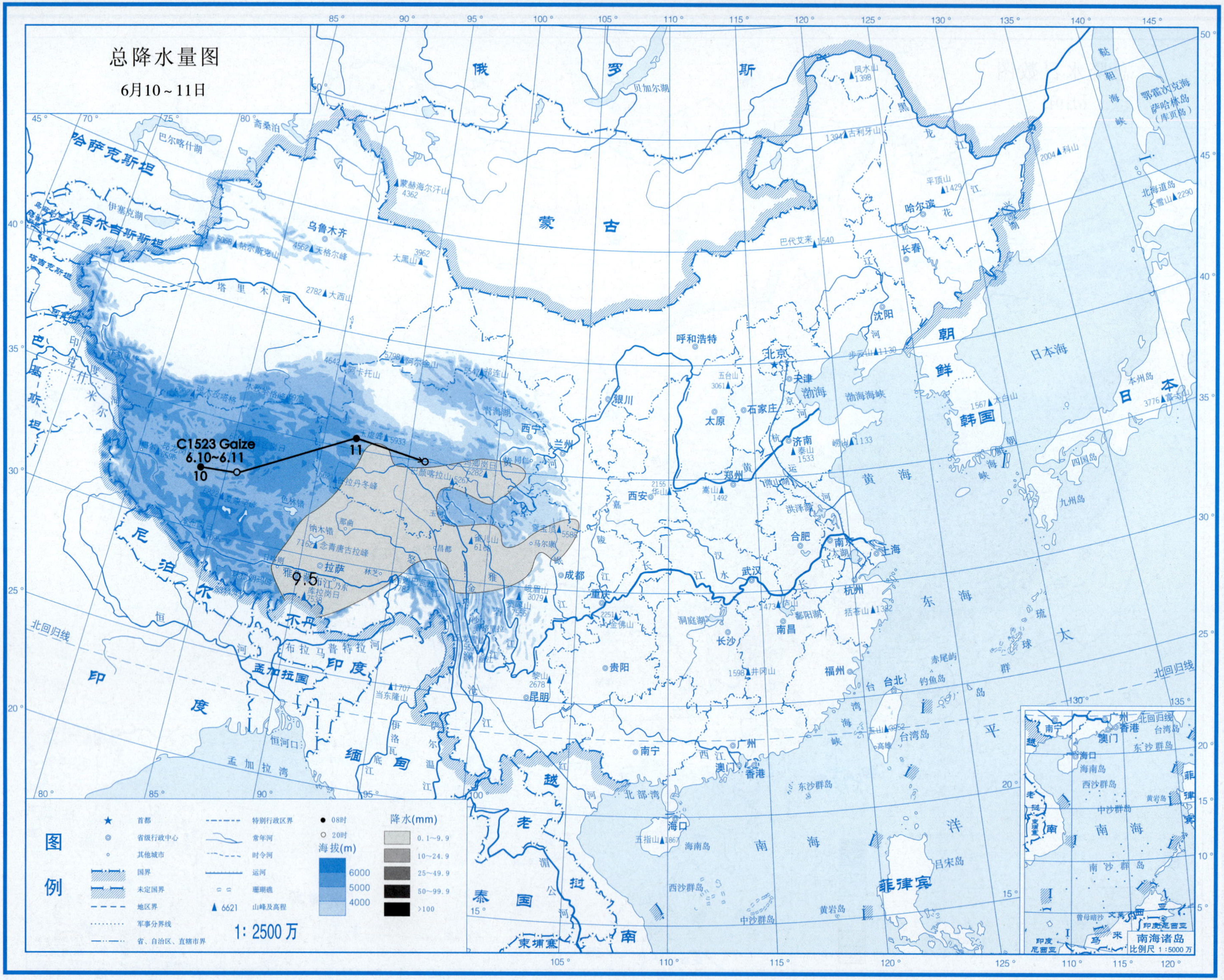
总降水量图
6月10～11日
C1523 Gaize
6.10~6.11
10
11
9.5
图例
首都
省级行政中心
其他城市
国界
未定国界
地区界
军事分界线
省、自治区、直辖市界
特别行政区界
常年河
时令河
运河
珊瑚礁
6621 山峰及高程
● 08时
○ 20时
海拔(m)
6000
5000
4000
降水(mm)
0.1~9.9
10~24.9
25~49.9
50~99.9
>100
1: 2500 万
南海诸岛
比例尺 1:5000 万

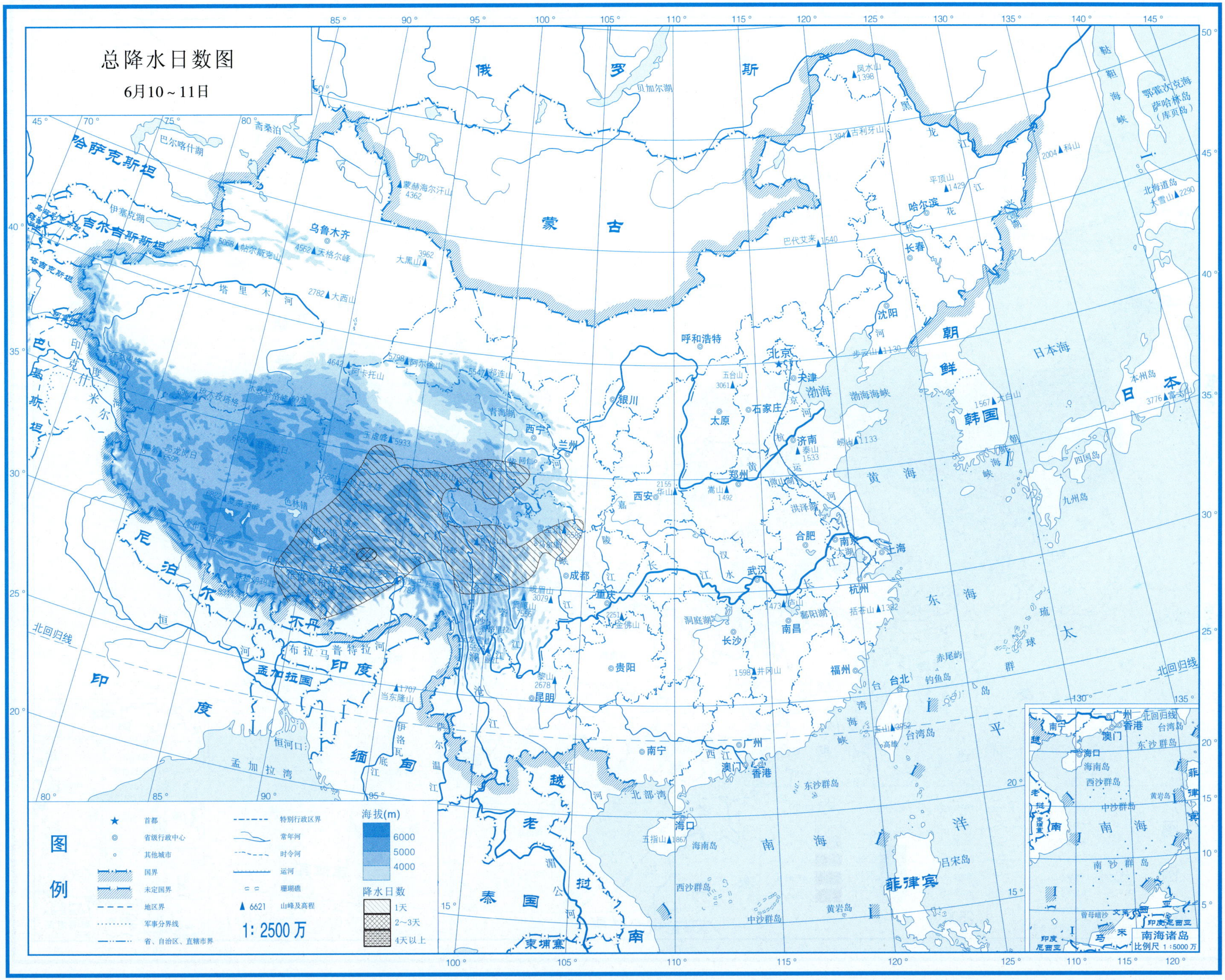

总降水日数图
6月10~11日
图例
首都
省级行政中心
其他城市
国界
未定国界
地区界
军事分界线
省、自治区、直辖市界
特别行政区界
常年河
时令河
运河
珊瑚礁
6621 山峰及高程
1: 2500万
海拔(m)
6000
5000
4000
降水日数
1天
2~3天
4天以上
俄罗斯
蒙古
哈萨克斯坦
吉尔吉斯斯坦
塔吉克斯坦
巴基斯坦
印度
尼泊尔
不丹
孟加拉国
缅甸
老挝
泰国
越南
柬埔寨
朝鲜
韩国
日本
菲律宾
北京
天津
石家庄
太原
呼和浩特
沈阳
长春
哈尔滨
济南
郑州
西安
银川
兰州
西宁
乌鲁木齐
拉萨
成都
重庆
贵阳
昆明
南宁
广州
澳门
香港
海口
长沙
武汉
南昌
福州
台北
杭州
上海
南京
合肥
渤海
黄海
东海
南海
日本海
太平洋
北回归线
南海诸岛
比例尺 1:5000万

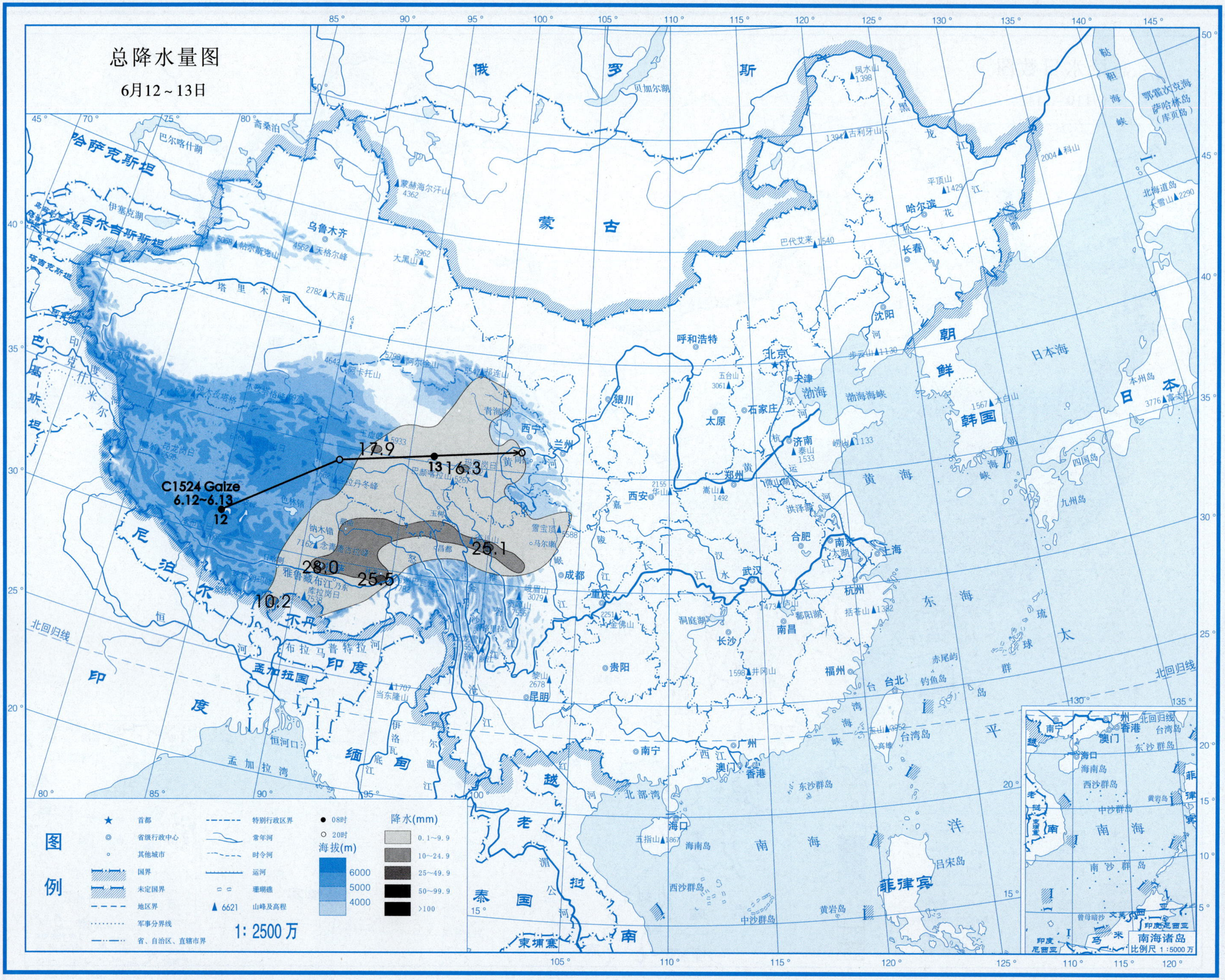
总降水量图
6月12～13日
C1524 Galze
6.12~6.13
12
13
17.9
16.3
28.0
25.5
25.1
10.2
图例
首都
省级行政中心
其他城市
国界
未定国界
地区界
军事分界线
省、自治区、直辖市界
特别行政区界
常年河
时令河
运河
珊瑚礁
6621 山峰及高程
08时
20时
海拔(m)
6000
5000
4000
降水(mm)
0.1～9.9
10～24.9
25～49.9
50～99.9
>100
1: 2500 万
南海诸岛
比例尺 1:5000 万

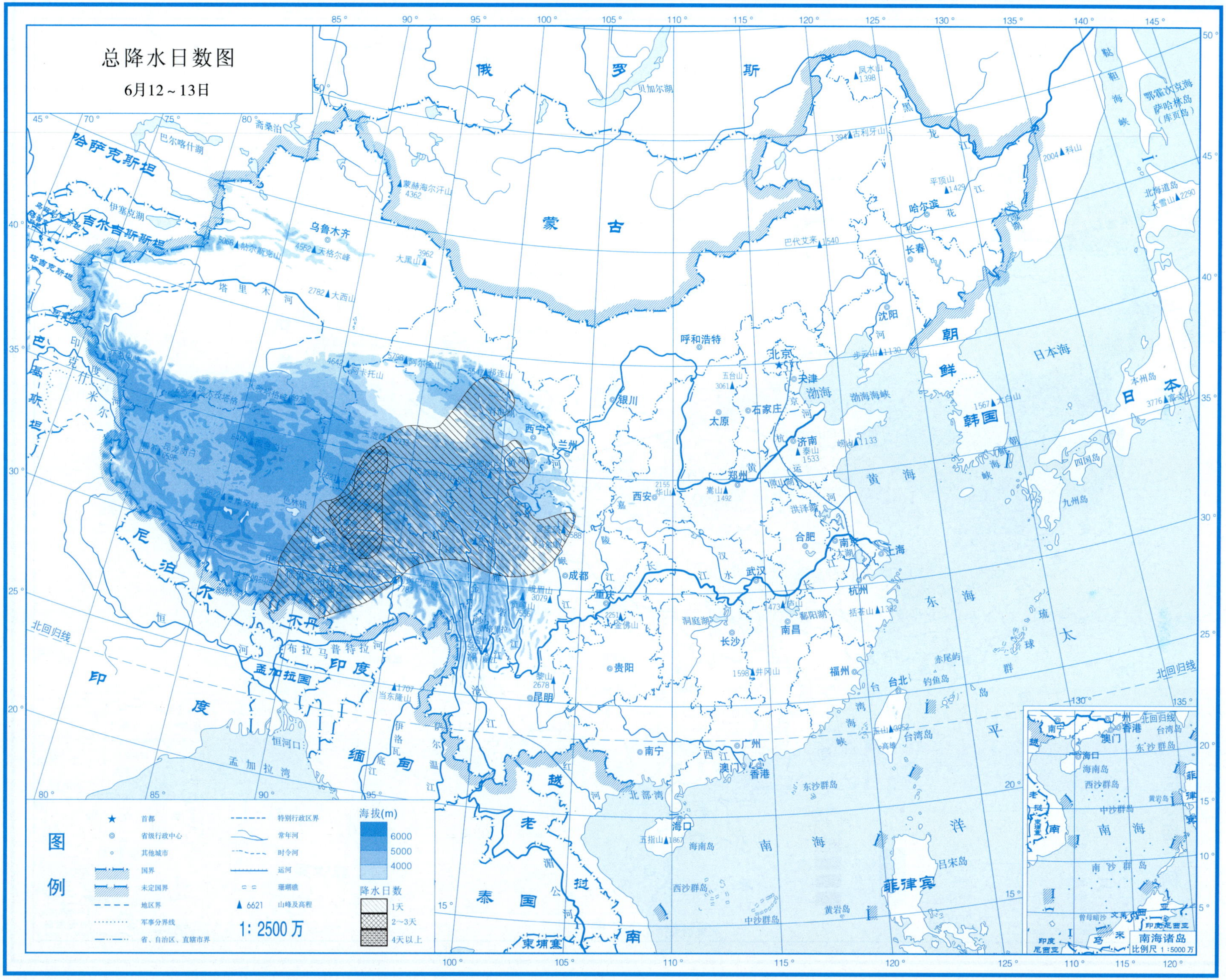


Page...87

高原低涡 第1部分

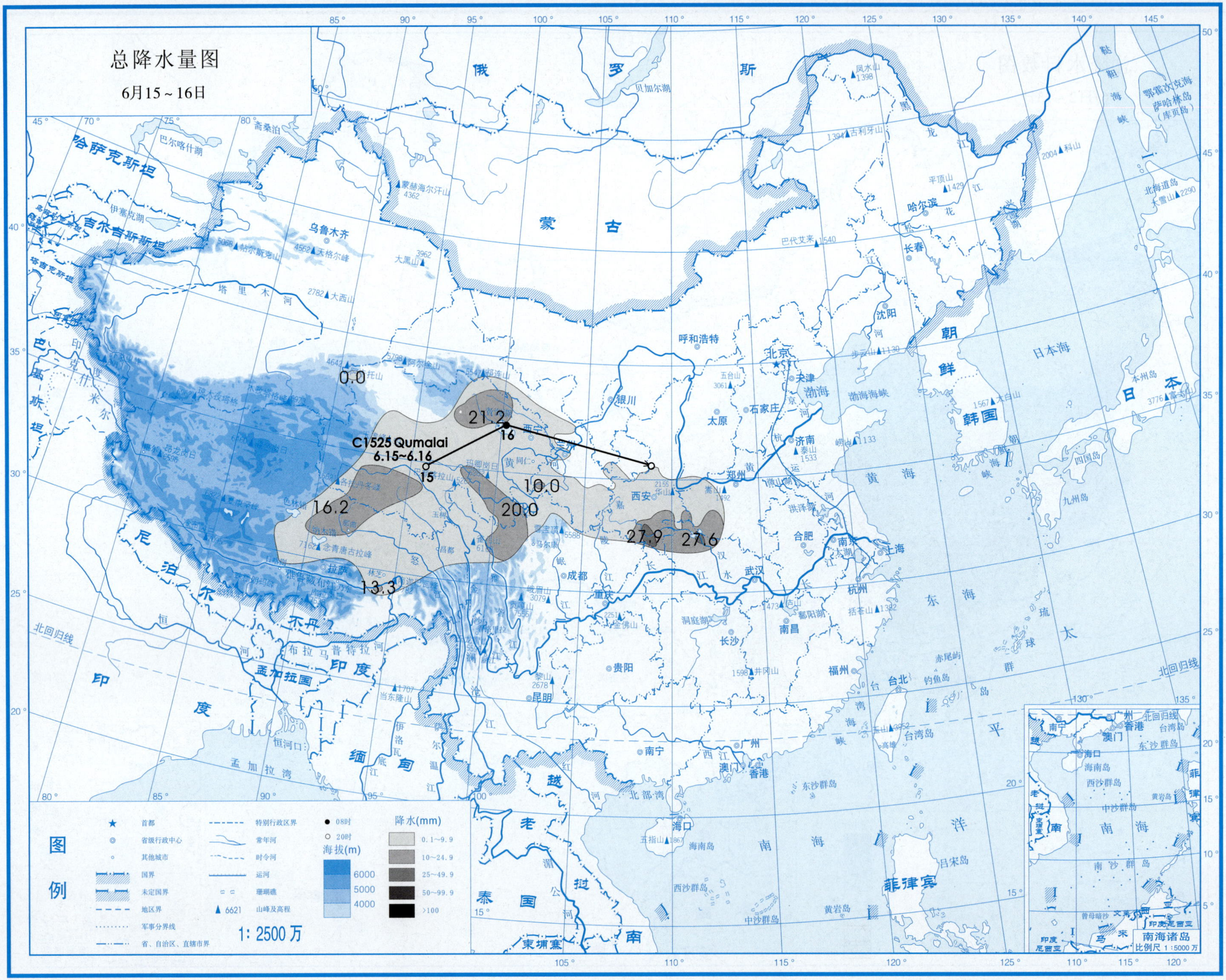
总降水量图
6月15～16日
C1525 Qumalai
6.15~6.16
15
16
0.0
21.2
16.2
10.0
20.0
27.9
27.6
13.3
图例
首都
省级行政中心
其他城市
国界
未定国界
地区界
军事分界线
省、自治区、直辖市界
特别行政区界
常年河
时令河
运河
珊瑚礁
6621 山峰及高程
08时
20时
降水(mm)
0.1~9.9
10~24.9
25~49.9
50~99.9
>100
海拔(m)
6000
5000
4000
1: 2500万
南海诸岛
比例尺 1:5000万

# 总降水日数图

6月15~16日

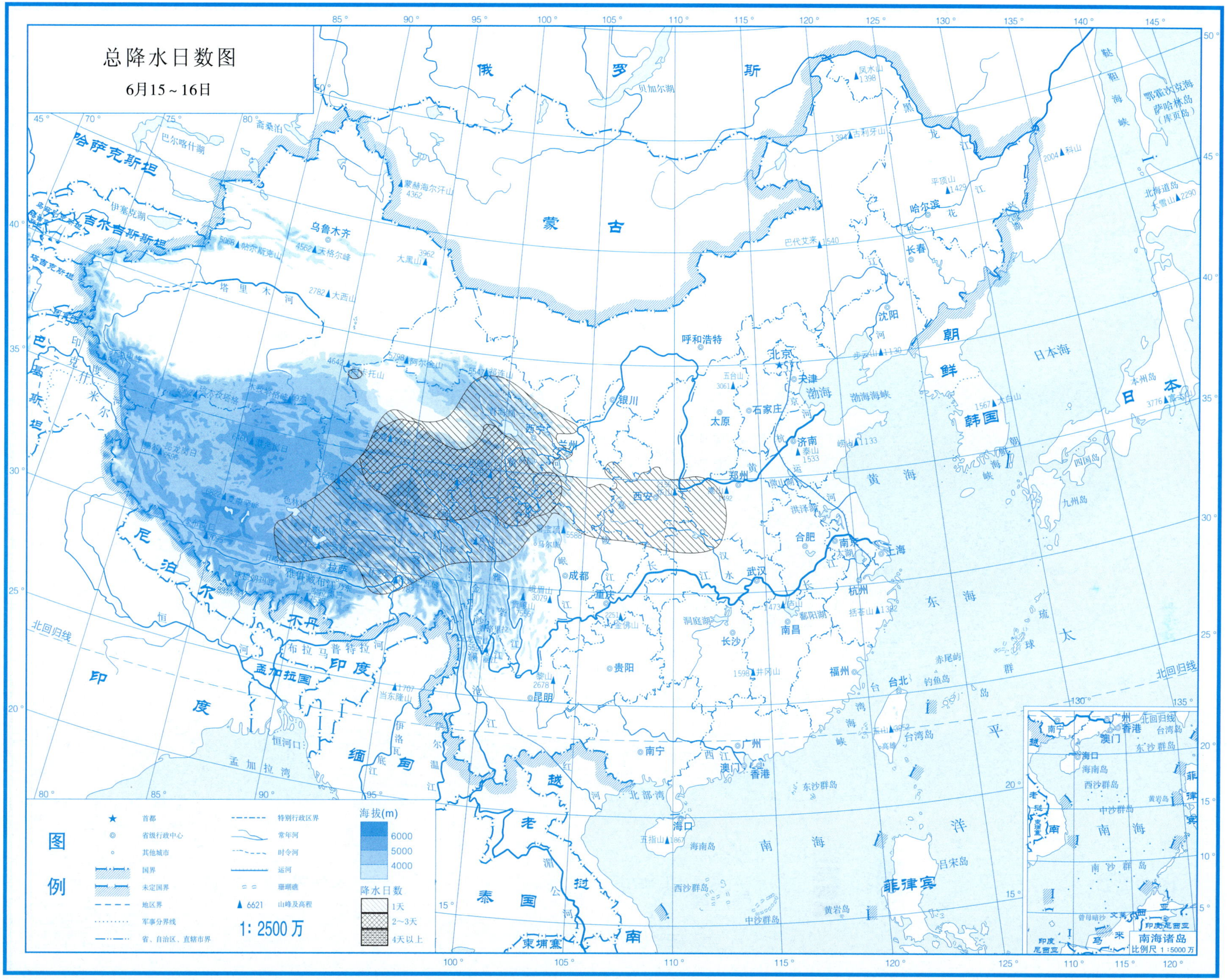

# 总降水量图

6月17日

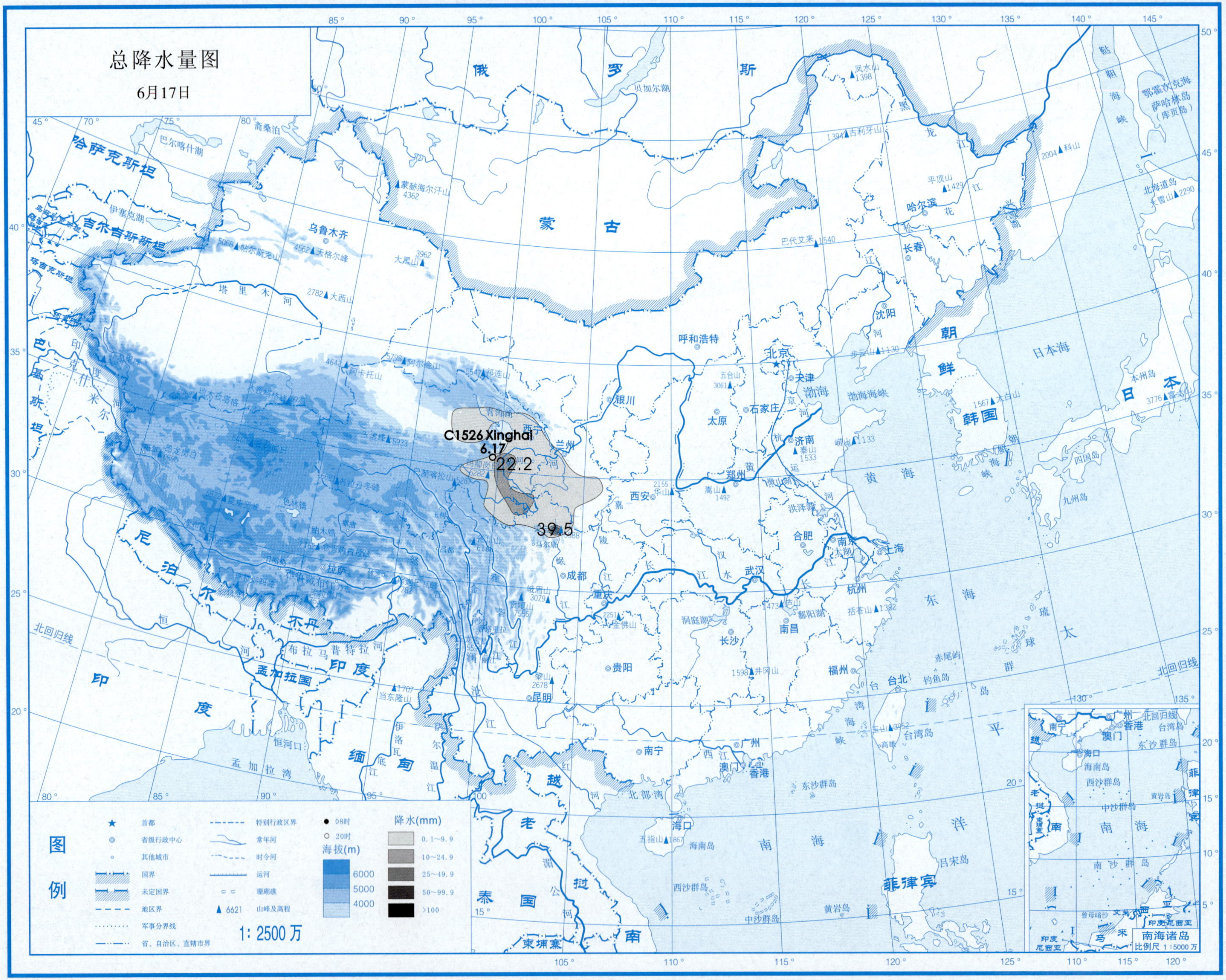
C1526 Xinghai
6.17
22.2
39.5
图例
首都
省级行政中心
其他城市
国界
未定国界
地区界
军事分界线
省、自治区、直辖市界
特别行政区界
常年河
时令河
运河
珊瑚礁
山峰及高程
08时
20时
海拔(m)
6000
5000
4000
降水(mm)
0.1~9.9
10~24.9
25~49.9
50~99.9
>100
1: 2500 万
南海诸岛
比例尺 1:5000 万

# 总降水日数图

6月17日

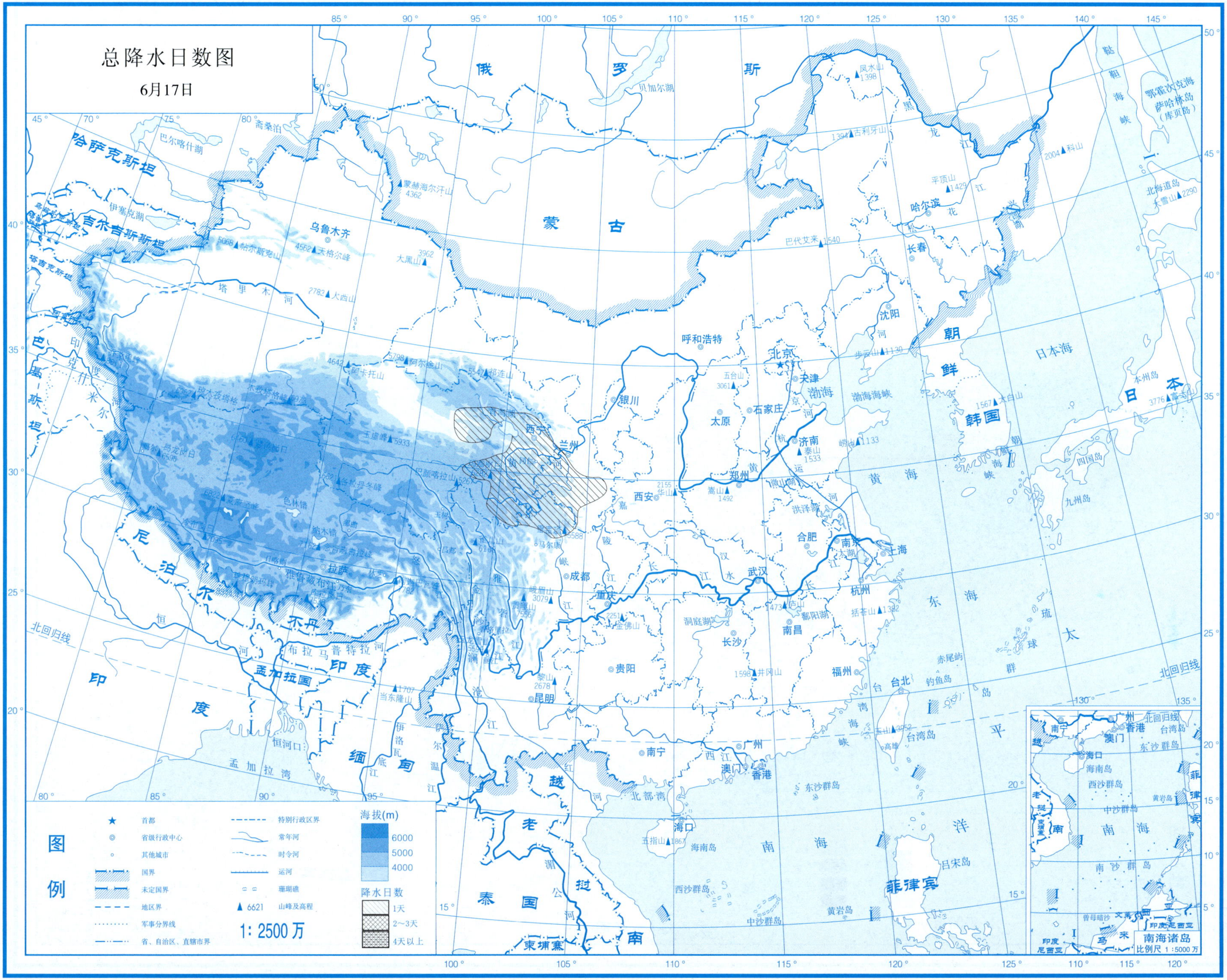

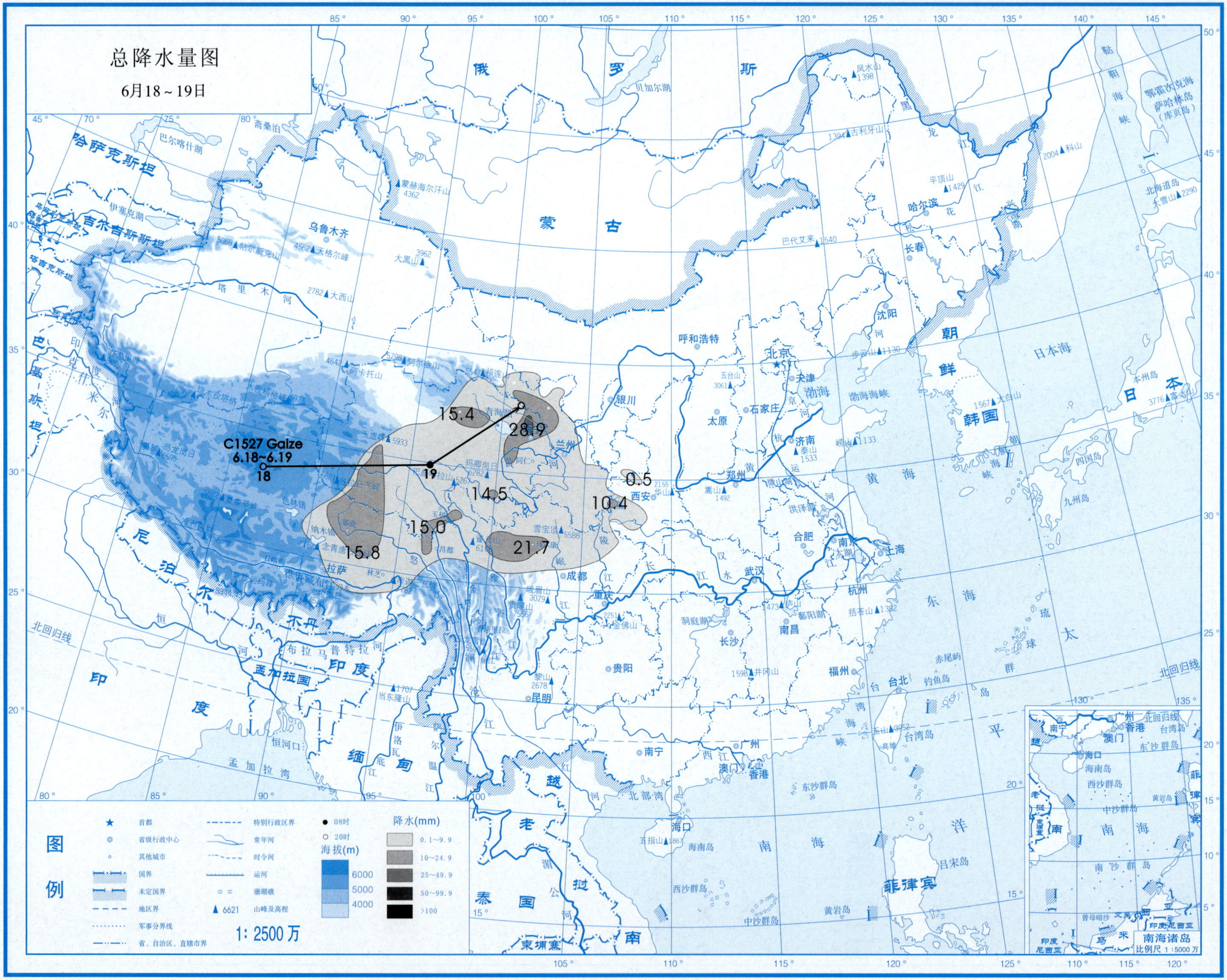
总降水量图
6月18～19日
C1527 Galze
6.18~6.19
18
19
15.4
28.9
14.5
0.5
10.4
15.0
15.8
21.7
图例
首都
省级行政中心
其他城市
国界
未定国界
地区界
军事分界线
省、自治区、直辖市界
特别行政区界
常年河
时令河
运河
珊瑚礁
山峰及高程
08时
20时
海拔(m)
6000
5000
4000
降水(mm)
0.1～9.9
10～24.9
25～49.9
50～99.9
>100
1: 2500万
南海诸岛
比例尺 1:5000万

# 总降水日数图

6月18～19日

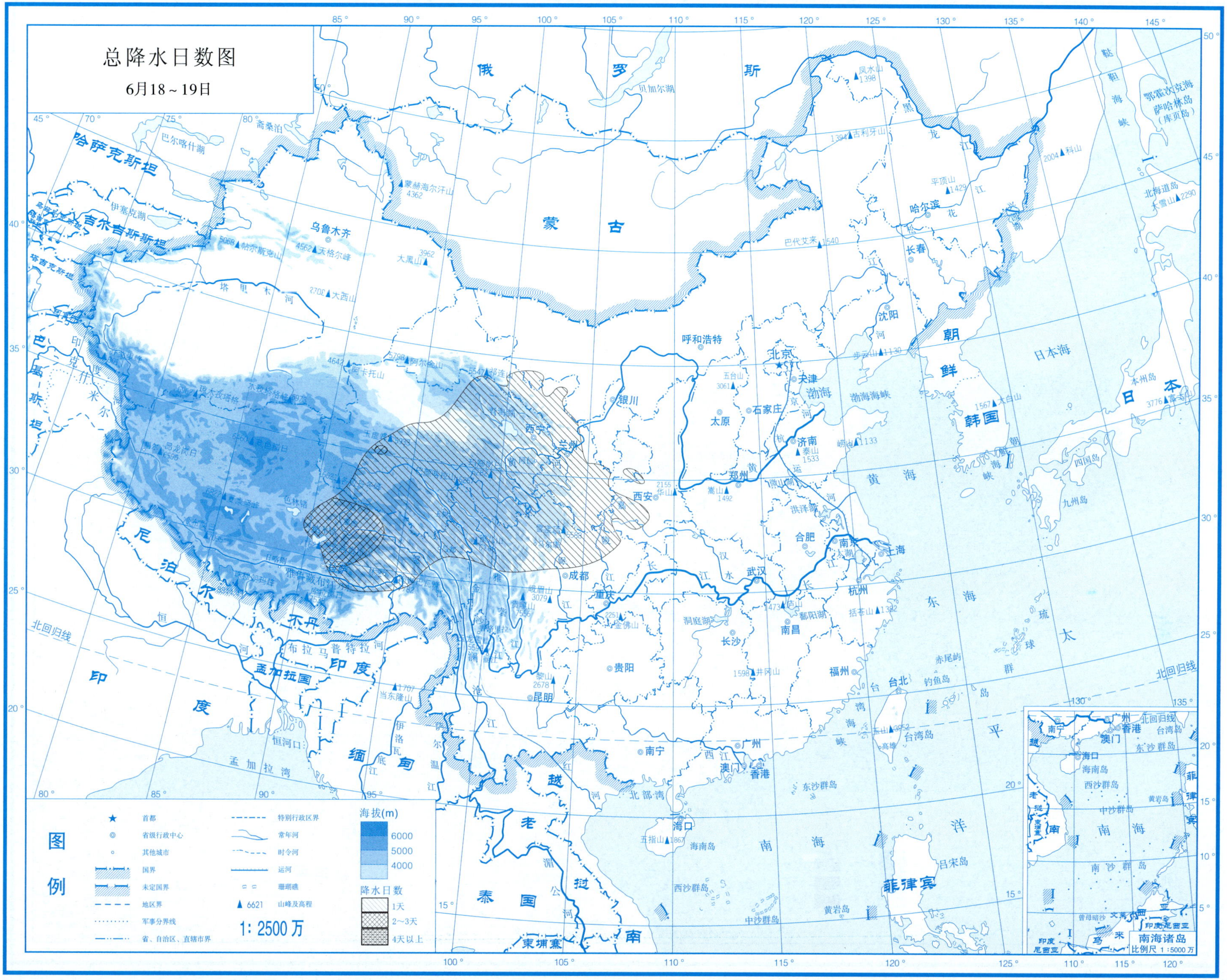

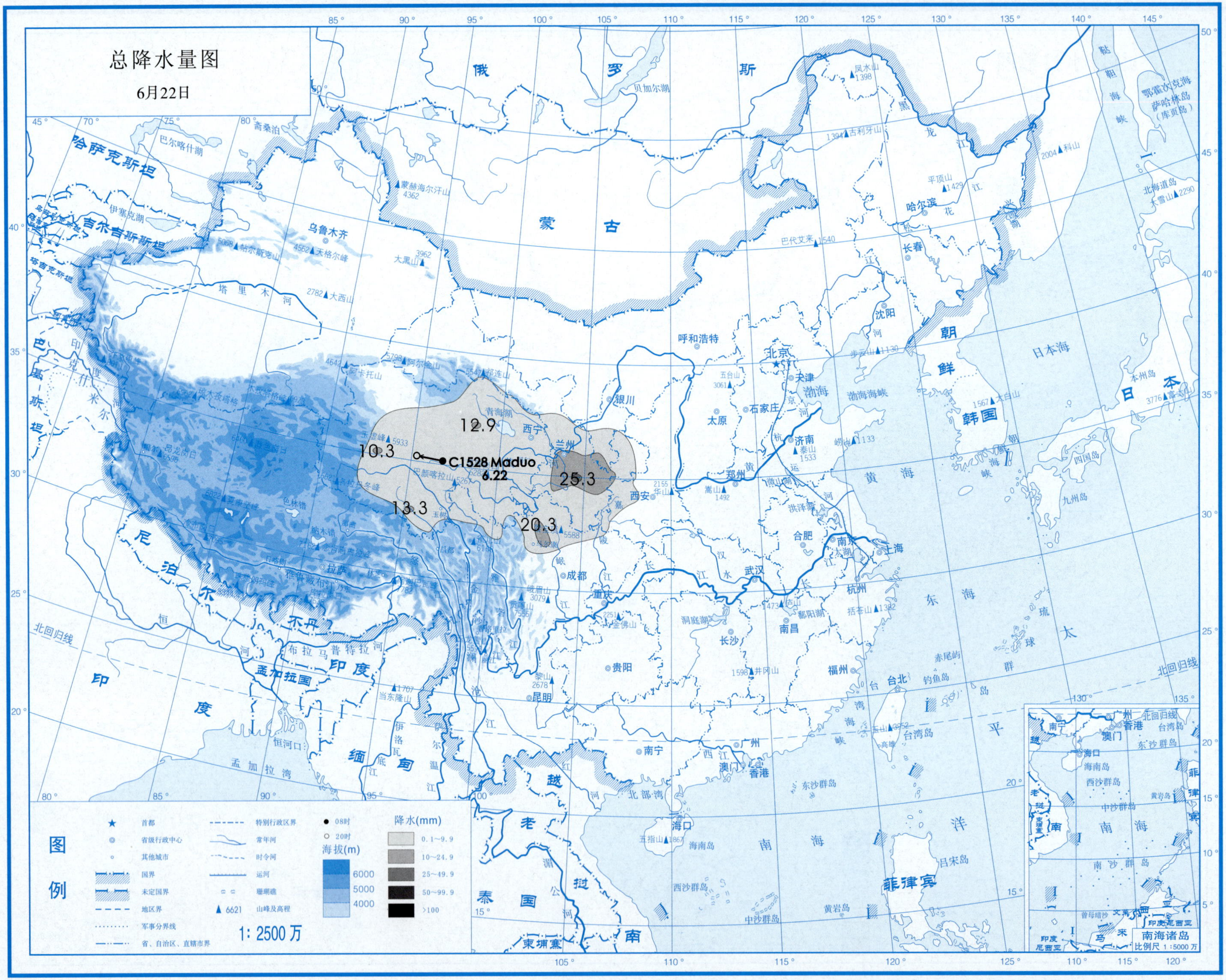
总降水量图
6月22日
C1528 Maduo
6.22
12.9
10.3
13.3
20.3
25.3
图例
首都
省级行政中心
其他城市
国界
未定国界
地区界
军事分界线
省、自治区、直辖市界
特别行政区界
常年河
时令河
运河
珊瑚礁
6621 山峰及高程
● 08时
○ 20时
海拔(m)
6000
5000
4000
降水(mm)
0.1~9.9
10~24.9
25~49.9
50~99.9
>100
1：2500万
南海诸岛
比例尺 1：5000万

# 总降水日数图

6月22日

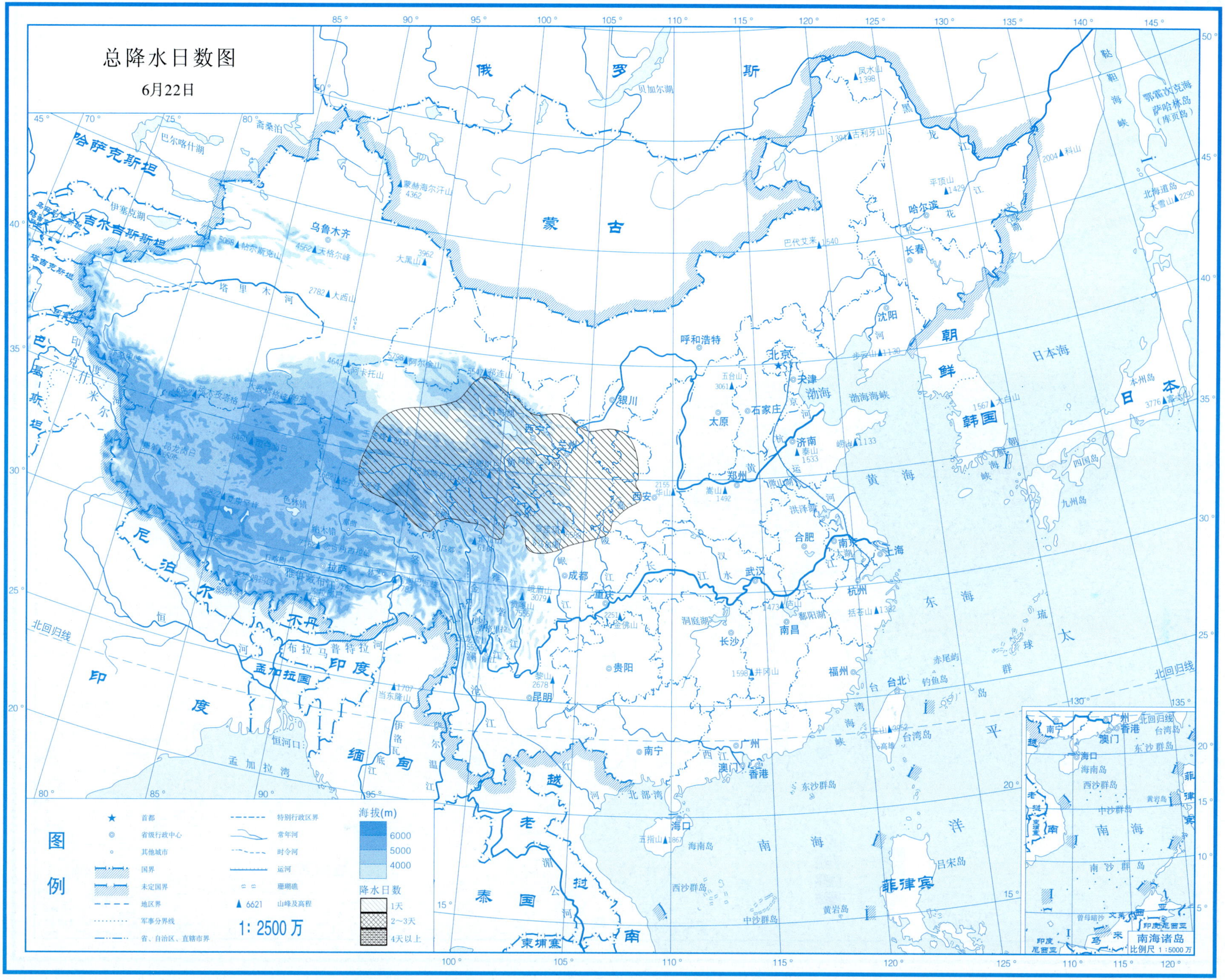


高原低涡 第1部分

Page.95

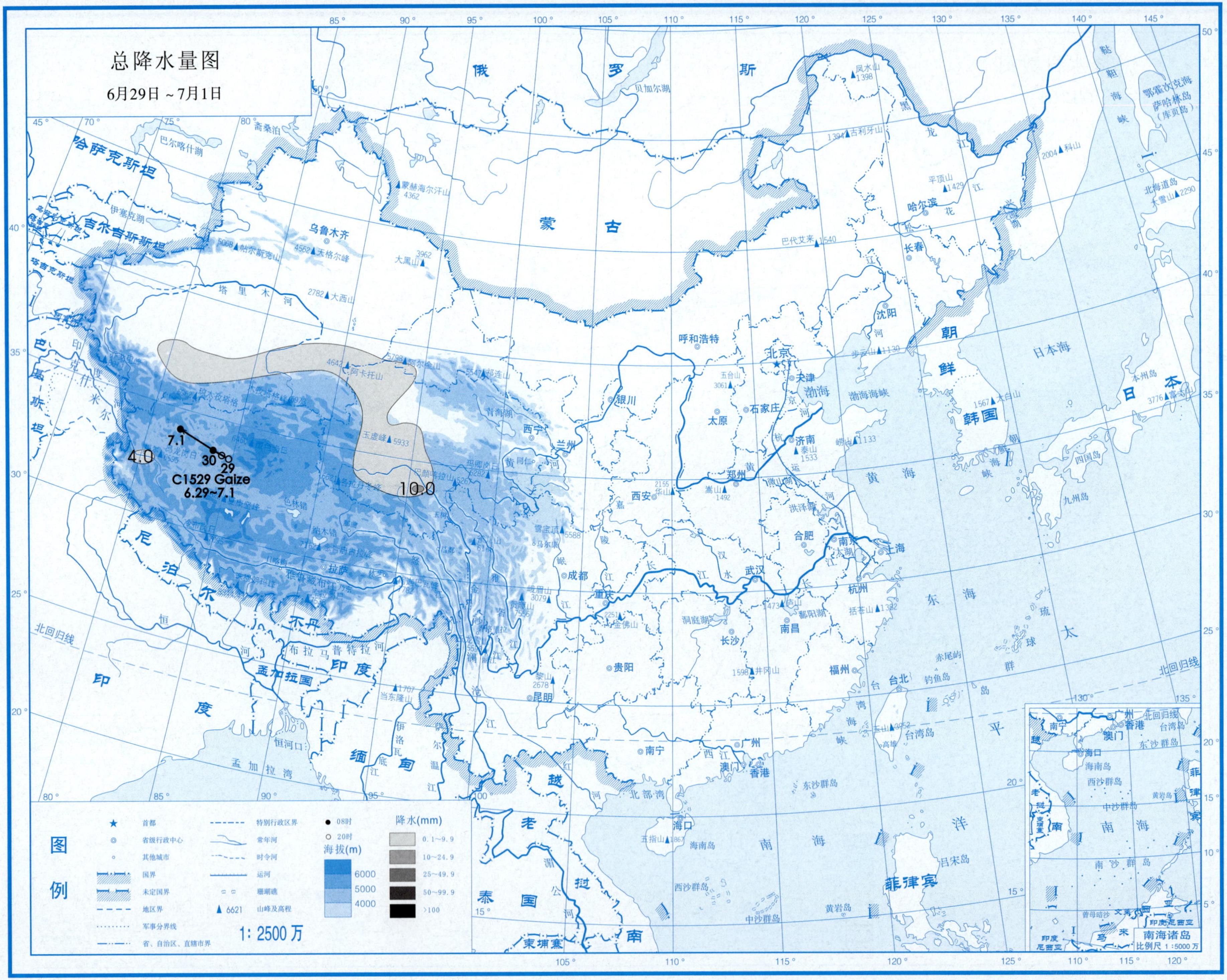
总降水量图
6月29日~7月1日
7.1
30
29
4.0
10.0
C1529 Gaize
6.29~7.1
图例
首都
省级行政中心
其他城市
国界
未定国界
地区界
军事分界线
省、自治区、直辖市界
特别行政区界
常年河
时令河
运河
珊瑚礁
山峰及高程
08时
20时
海拔(m)
6000
5000
4000
降水(mm)
0.1~9.9
10~24.9
25~49.9
50~99.9
>100
1: 2500 万
南海诸岛
比例尺 1:5000 万

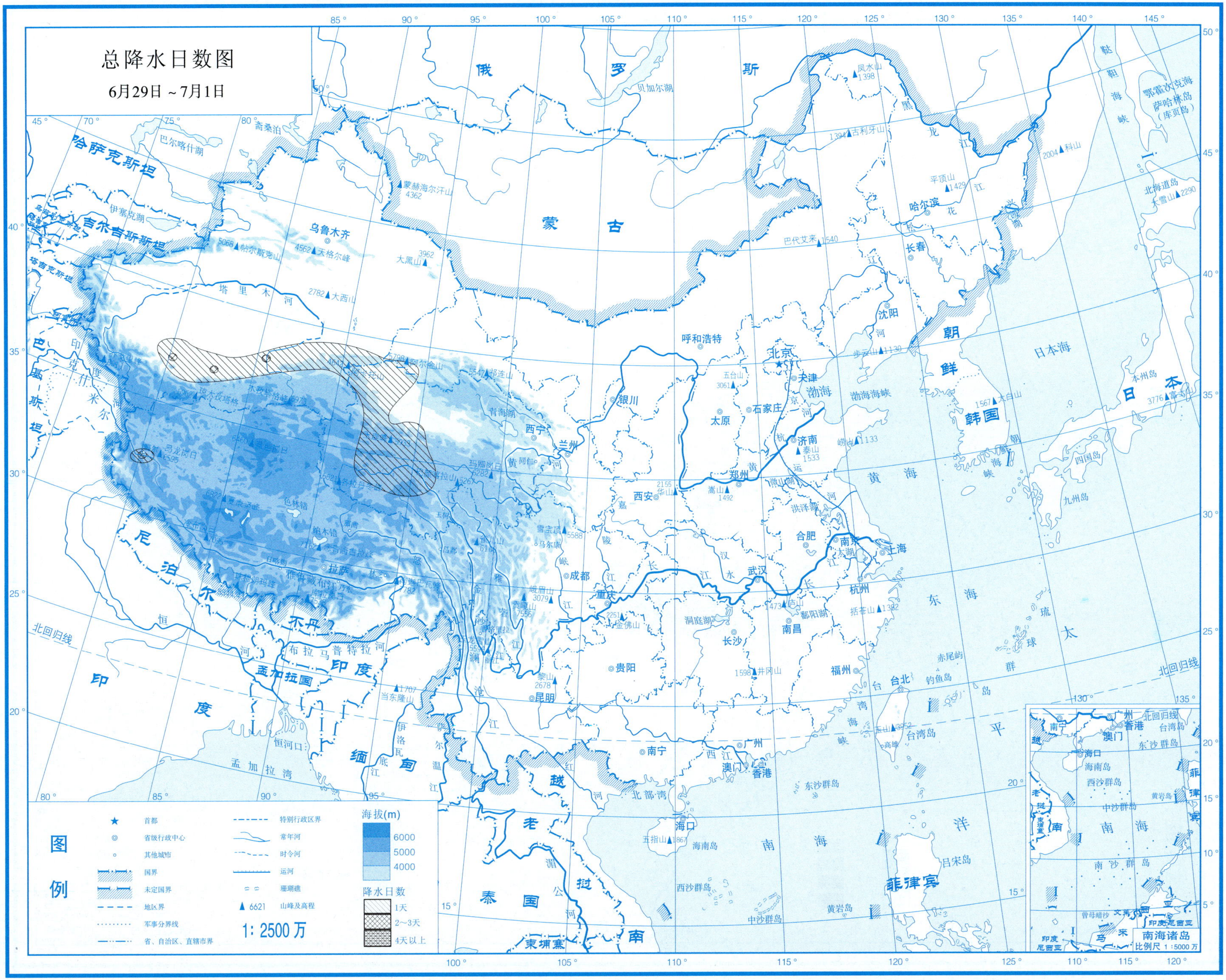
总降水日数图
6月29日 ~7月1日
图例
首都
省级行政中心
其他城市
国界
未定国界
地区界
军事分界线
省、自治区、直辖市界
特别行政区界
常年河
时令河
运河
珊瑚礁
6621 山峰及高程
1: 2500万
海拔(m)
6000
5000
4000
降水日数
1天
2~3天
4天以上
南海诸岛
比例尺 1:5000万

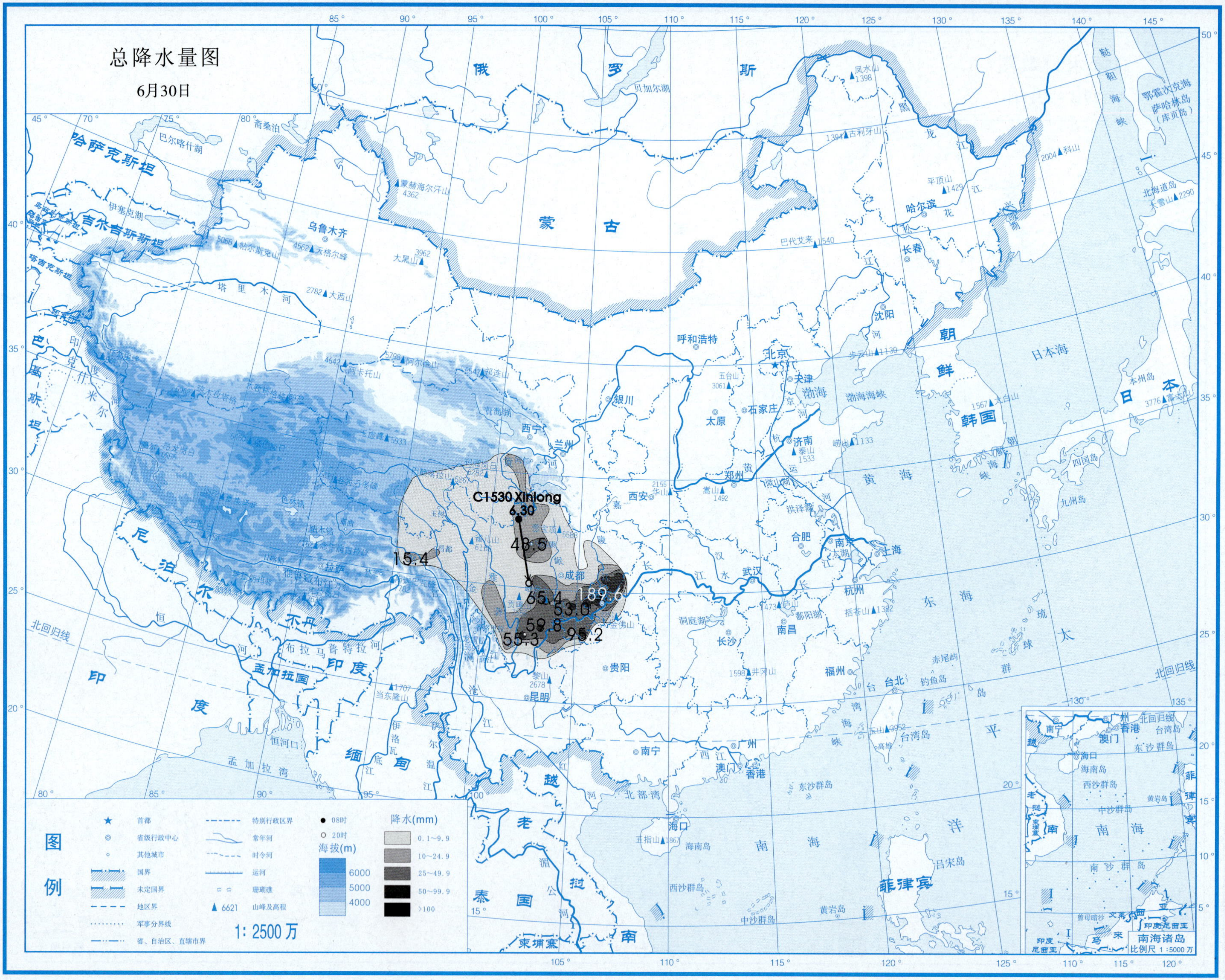

总降水量图
6月30日
C1530 Xinlong
6.30
48.5
15.4
65.4
53.0
189.6
59.8
55.3
95.2
俄 罗 斯
蒙 古
哈萨克斯坦
吉尔吉斯斯坦
塔吉克斯坦
巴基斯坦
尼泊尔
不丹
印度
孟加拉国
缅甸
越南
老挝
泰国
柬埔寨
朝鲜
韩国
日本
菲律宾
乌鲁木齐
呼和浩特
北京
天津
石家庄
太原
济南
郑州
西安
银川
西宁
兰州
成都
贵阳
昆明
南宁
长沙
武汉
合肥
南京
上海
杭州
南昌
福州
台北
广州
香港
澳门
海口
沈阳
长春
哈尔滨
拉萨
渤海
黄海
东海
南海
日本海
太平洋
北回归线
南海诸岛
比例尺 1:5000 万
图例
首都
省级行政中心
其他城市
国界
未定国界
地区界
军事分界线
省、自治区、直辖市界
特别行政区界
常年河
时令河
运河
珊瑚礁
6621 山峰及高程
08时
20时
海拔(m)
6000
5000
4000
降水(mm)
0.1~9.9
10~24.9
25~49.9
50~99.9
>100
1: 2500 万

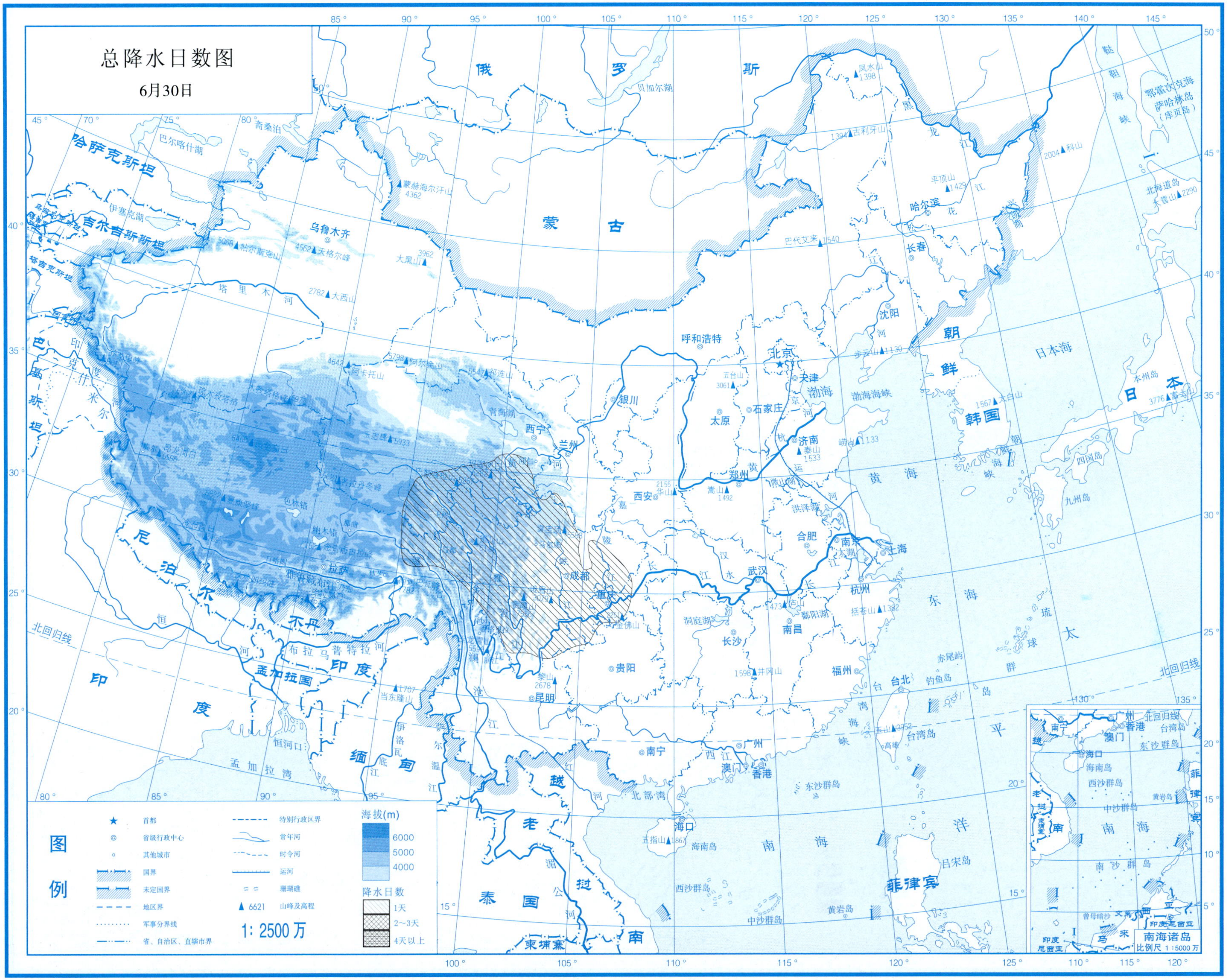
总降水日数图
6月30日
图例
首都
省级行政中心
其他城市
国界
未定国界
地区界
军事分界线
省、自治区、直辖市界
特别行政区界
常年河
时令河
运河
珊瑚礁
6621 山峰及高程
1: 2500 万
海拔(m)
6000
5000
4000
降水日数
1天
2~3天
4天以上
南海诸岛
比例尺 1:5000 万
北京
呼和浩特
银川
西宁
兰州
乌鲁木齐
拉萨
成都
重庆
贵阳
昆明
南宁
广州
香港
澳门
海口
长沙
武汉
南昌
福州
杭州
上海
南京
合肥
郑州
西安
太原
石家庄
济南
天津
沈阳
长春
哈尔滨
台北
俄罗斯
蒙古
哈萨克斯坦
吉尔吉斯斯坦
塔吉克斯坦
巴基斯坦
印度
尼泊尔
不丹
孟加拉国
缅甸
老挝
越南
泰国
柬埔寨
菲律宾
朝鲜
韩国
日本
渤海
黄海
东海
南海
日本海
太平洋
孟加拉湾
北部湾
北回归线

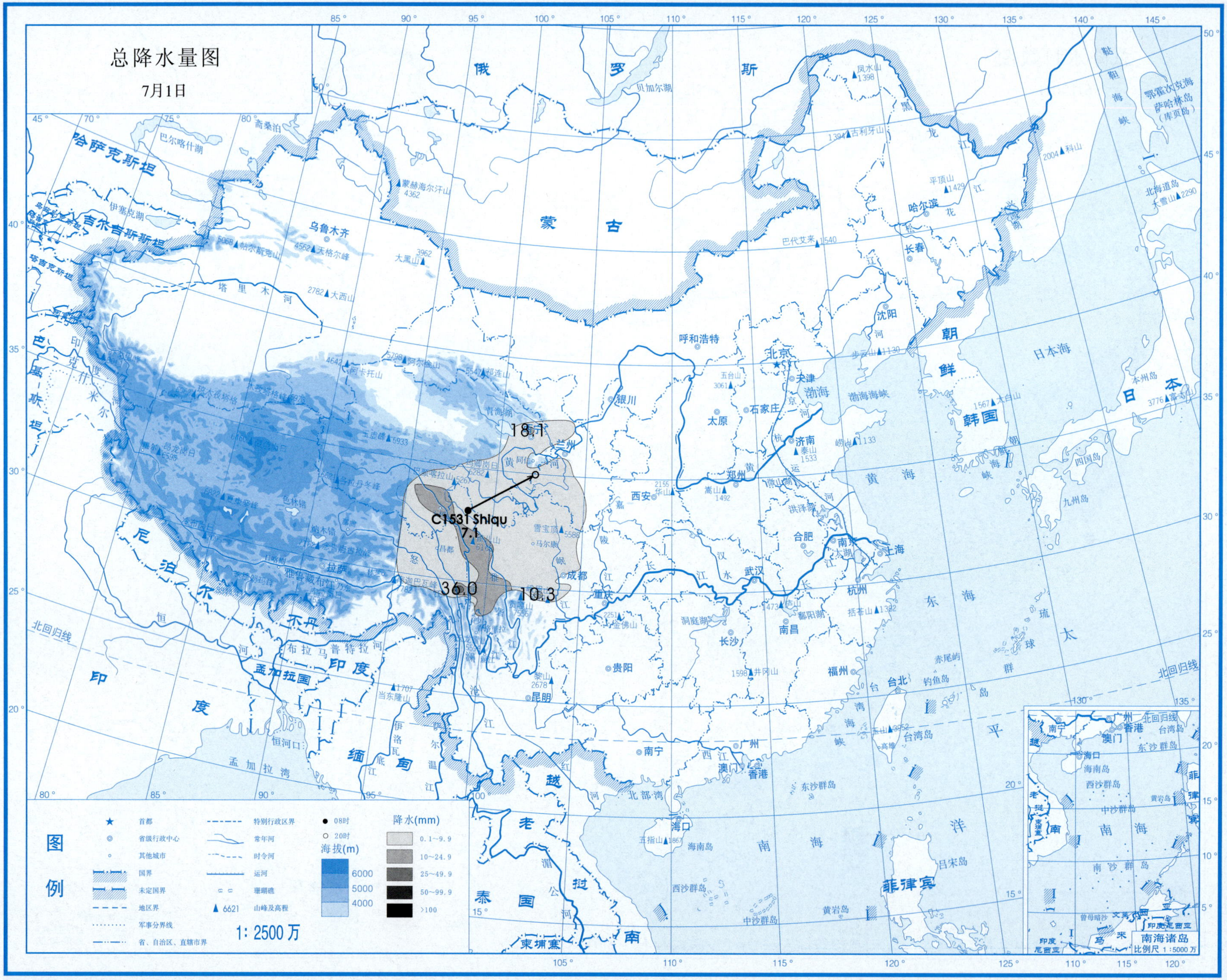
总降水量图
7月1日
C1531 Shiqu
7.1
18.1
36.0
10.3
图例
首都
省级行政中心
其他城市
国界
未定国界
地区界
军事分界线
省、自治区、直辖市界
特别行政区界
常年河
时令河
运河
珊瑚礁
6621 山峰及高程
08时
20时
海拔(m)
6000
5000
4000
降水(mm)
0.1~9.9
10~24.9
25~49.9
50~99.9
>100
1:2500万
南海诸岛
比例尺 1:5000万

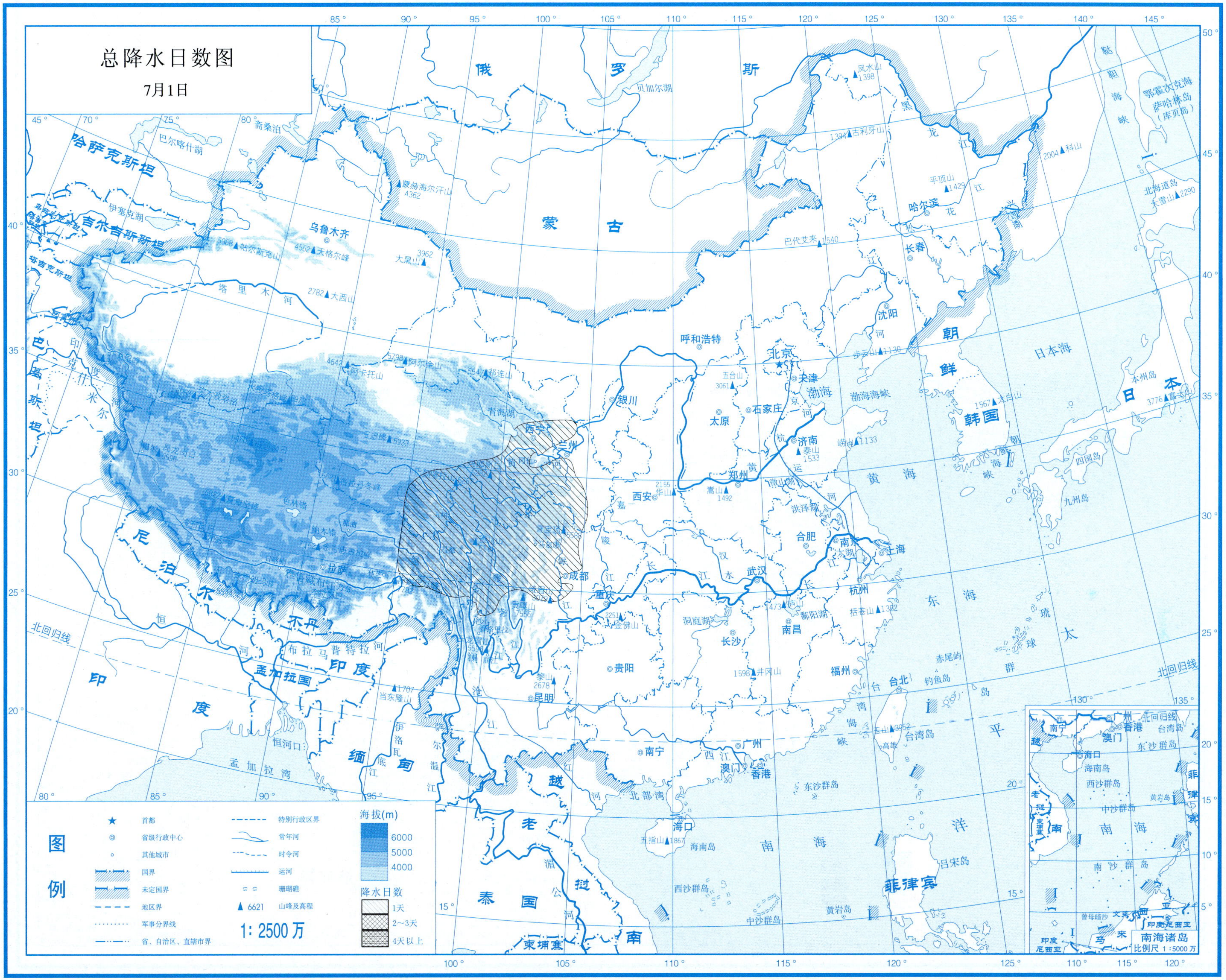
总降水日数图
7月1日
图例
首都
省级行政中心
其他城市
国界
未定国界
地区界
军事分界线
省、自治区、直辖市界
特别行政区界
常年河
时令河
运河
珊瑚礁
6621 山峰及高程
1：2500万
海拔(m)
6000
5000
4000
降水日数
1天
2～3天
4天以上
南海诸岛
比例尺 1：5000万

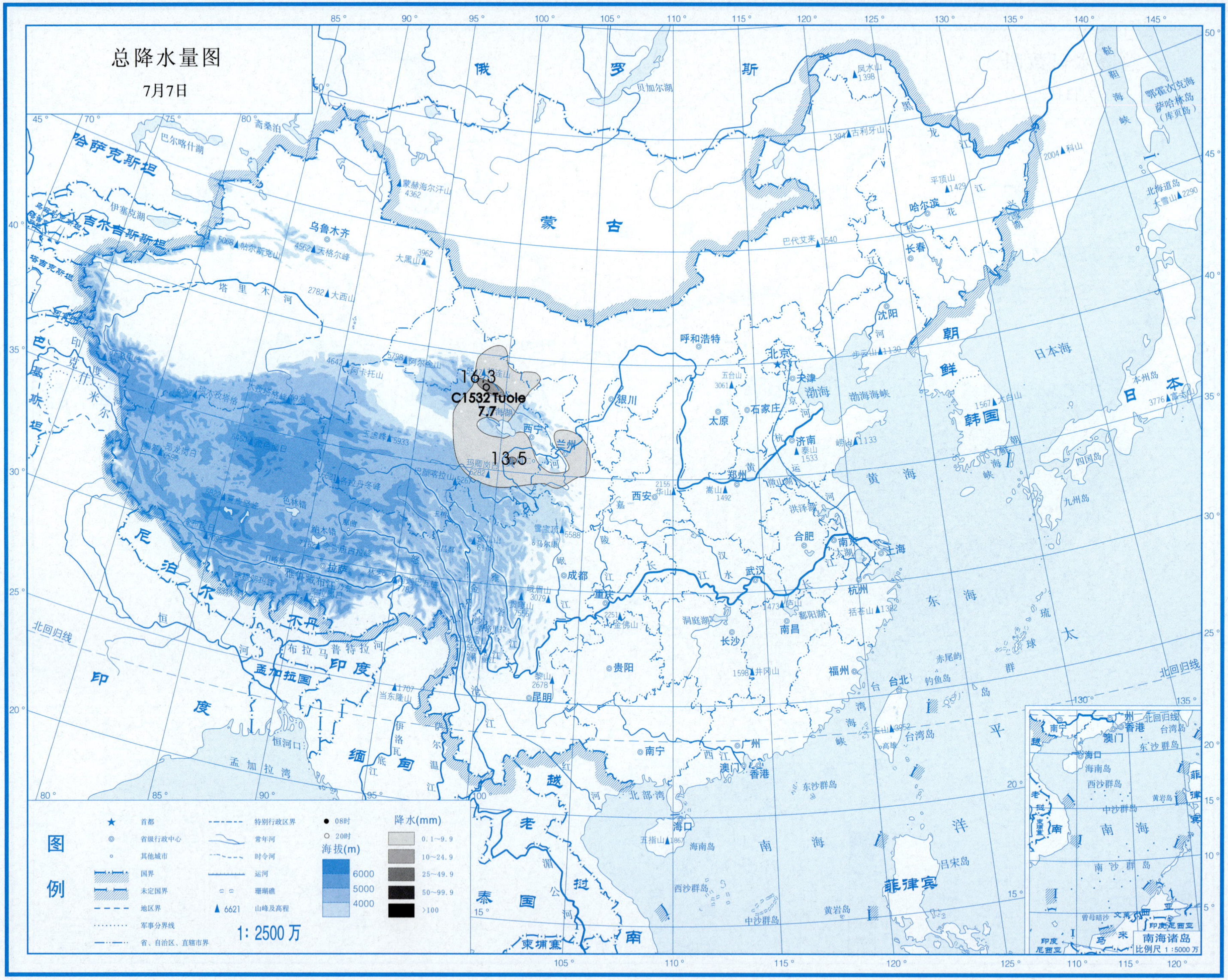
总降水量图
7月7日
16.3
C1532 Tuole
7.7
13.5
图例
首都
省级行政中心
其他城市
国界
未定国界
地区界
军事分界线
省、自治区、直辖市界
特别行政区界
常年河
时令河
运河
珊瑚礁
山峰及高程
08时
20时
海拔(m)
6000
5000
4000
降水(mm)
0.1~9.9
10~24.9
25~49.9
50~99.9
>100
1: 2500万
南海诸岛
比例尺 1:5000万

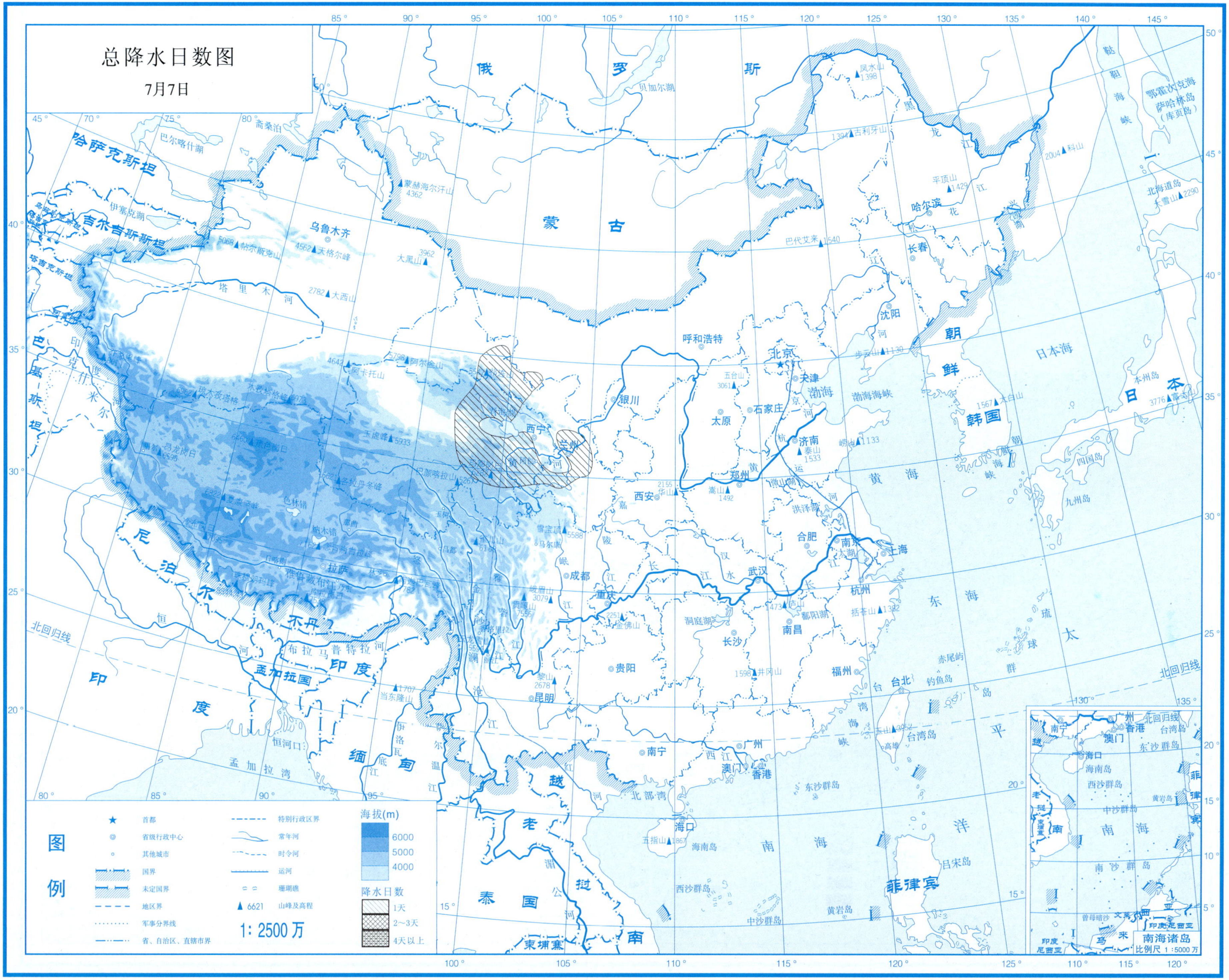
总降水日数图
7月7日
图例
首都
省级行政中心
其他城市
国界
未定国界
地区界
军事分界线
省、自治区、直辖市界
特别行政区界
常年河
时令河
运河
珊瑚礁
6621 山峰及高程
1∶2500万
海拔(m)
6000
5000
4000
降水日数
1天
2～3天
4天以上
南海诸岛
比例尺 1∶5000万

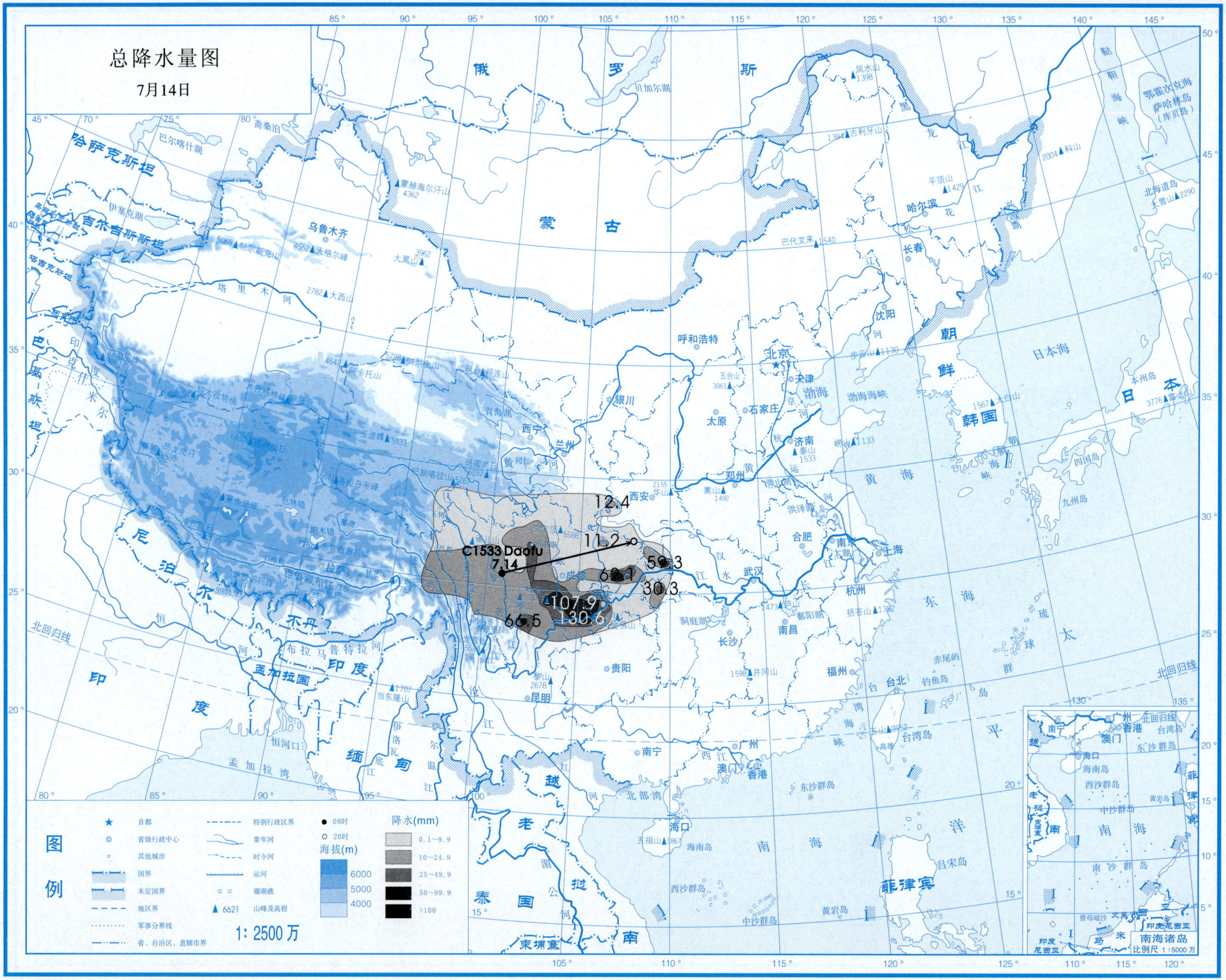

总降水量图
7月14日
C1533 Daofu
7.14
12.4
11.2
59.3
62.1
30.3
107.9
130.6
66.5
图例
首都
省级行政中心
其他城市
国界
未定国界
地区界
军事分界线
省、自治区、直辖市界
特别行政区界
常年河
时令河
运河
珊瑚礁
6621 山峰及高程
08时
20时
海拔(m)
6000
5000
4000
降水(mm)
0.1~9.9
10~24.9
25~49.9
50~99.9
>100
1: 2500 万
南海诸岛
比例尺 1:5000 万

# 总降水日数图

7月14日

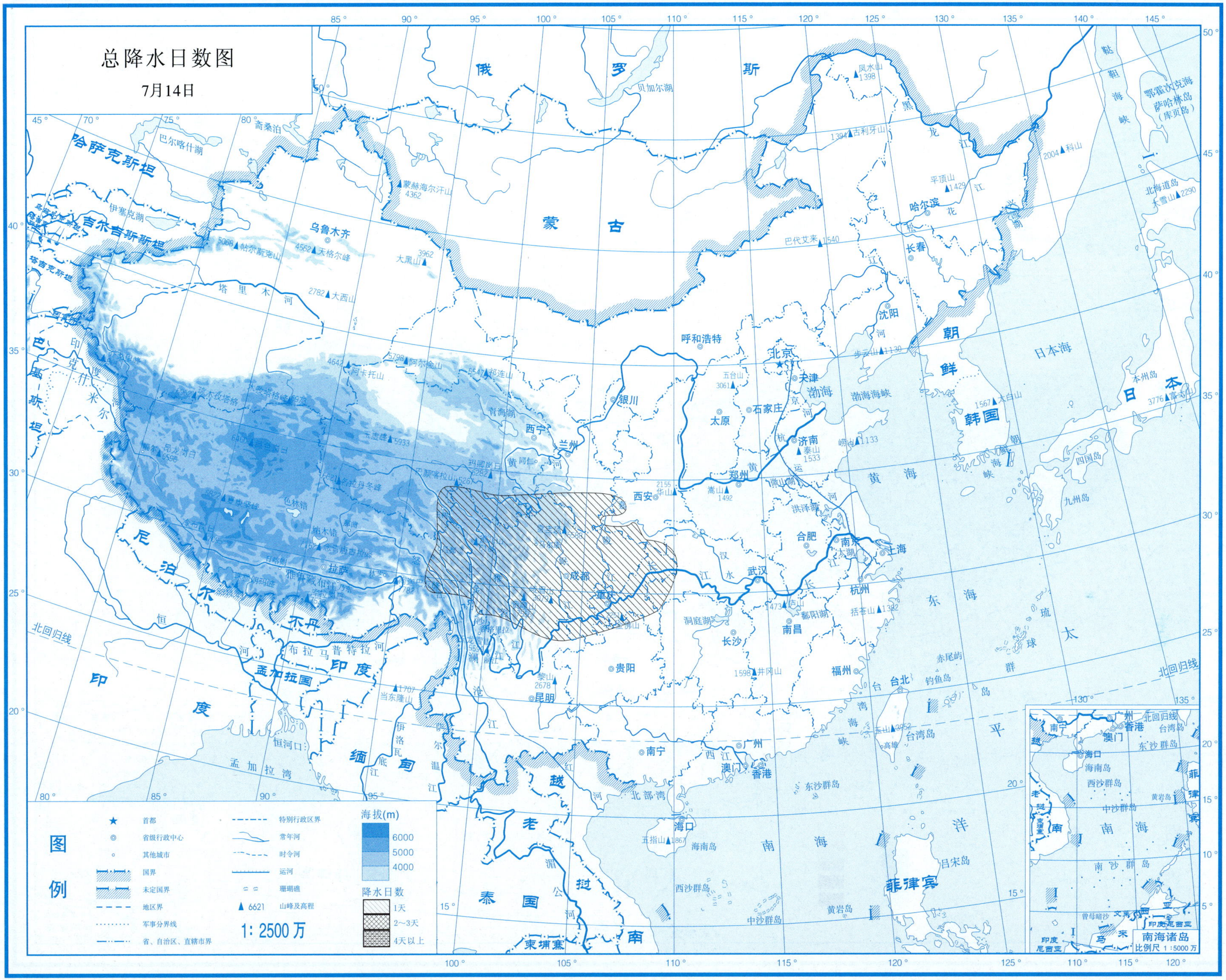

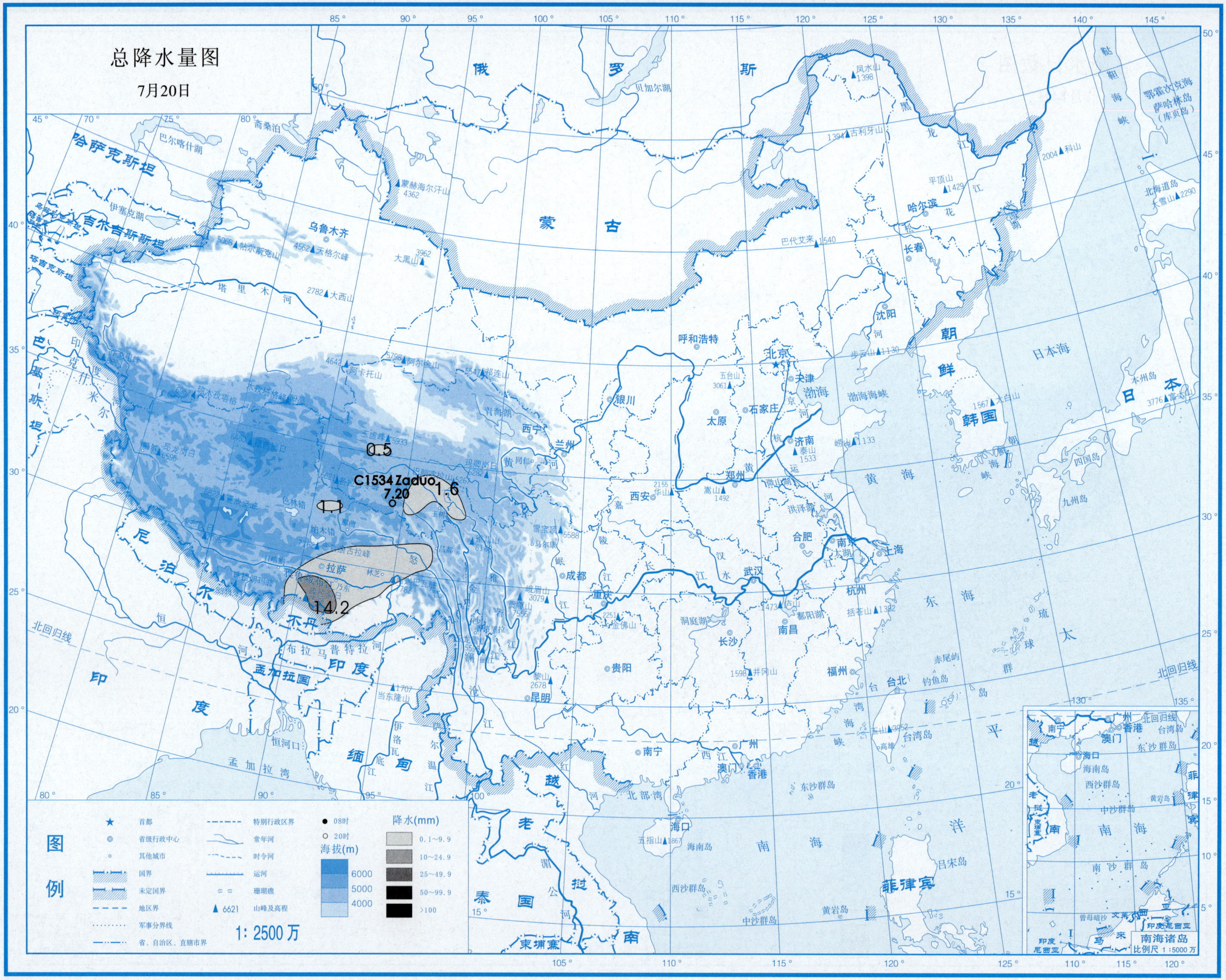
总降水量图
7月20日
0.5
C1534 Zaduo
7.20
1.6
14.2
图例
首都
省级行政中心
其他城市
国界
未定国界
地区界
军事分界线
省、自治区、直辖市界
特别行政区界
常年河
时令河
运河
珊瑚礁
6621 山峰及高程
08时
20时
海拔(m)
6000
5000
4000
降水(mm)
0.1~9.9
10~24.9
25~49.9
50~99.9
>100
1: 2500 万
南海诸岛
比例尺 1:5000 万

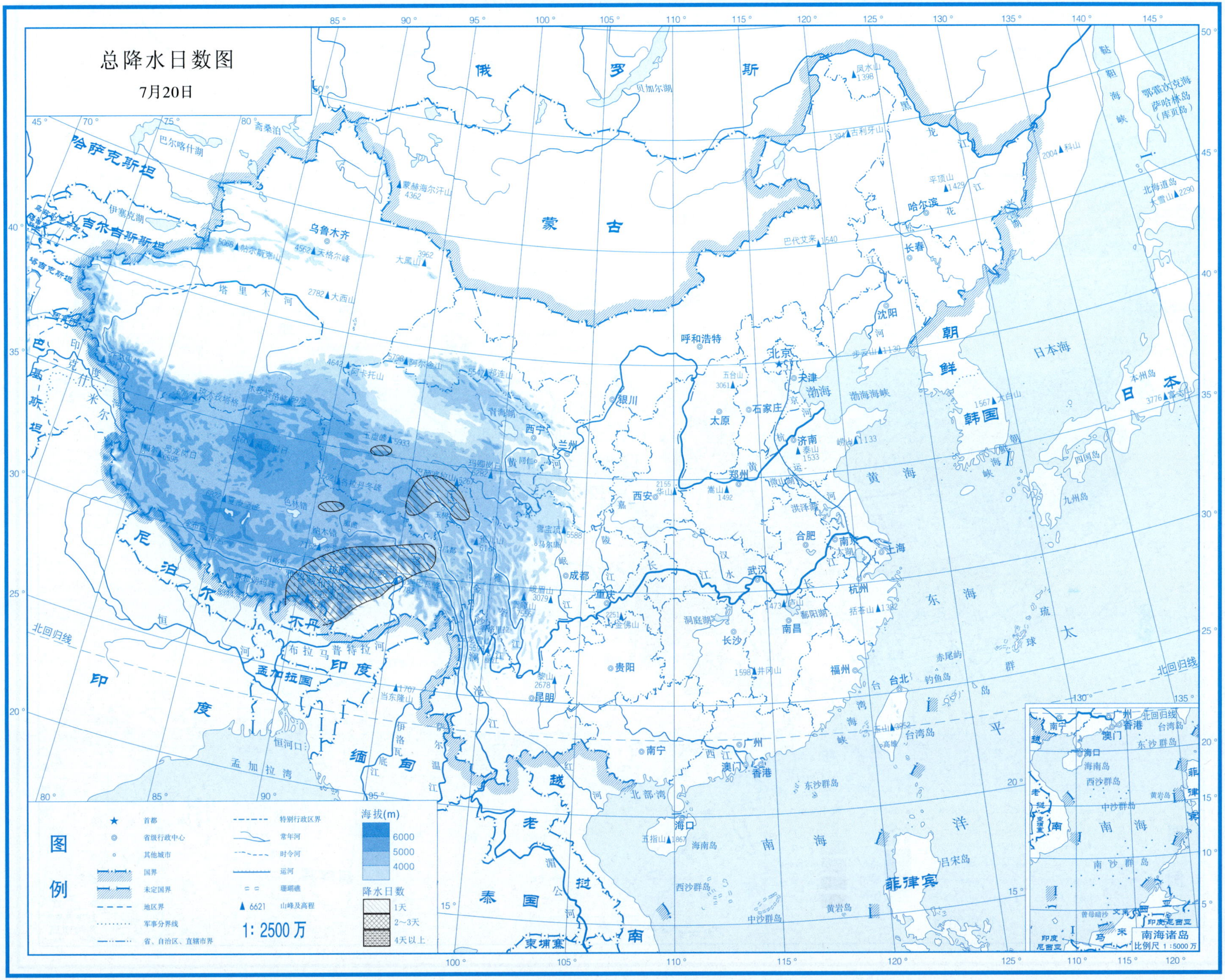
总降水日数图
7月20日
图例
首都
省级行政中心
其他城市
国界
未定国界
地区界
军事分界线
省、自治区、直辖市界
特别行政区界
常年河
时令河
运河
珊瑚礁
6621 山峰及高程
1: 2500万
海拔(m)
6000
5000
4000
降水日数
1天
2~3天
4天以上
南海诸岛
比例尺 1:5000万

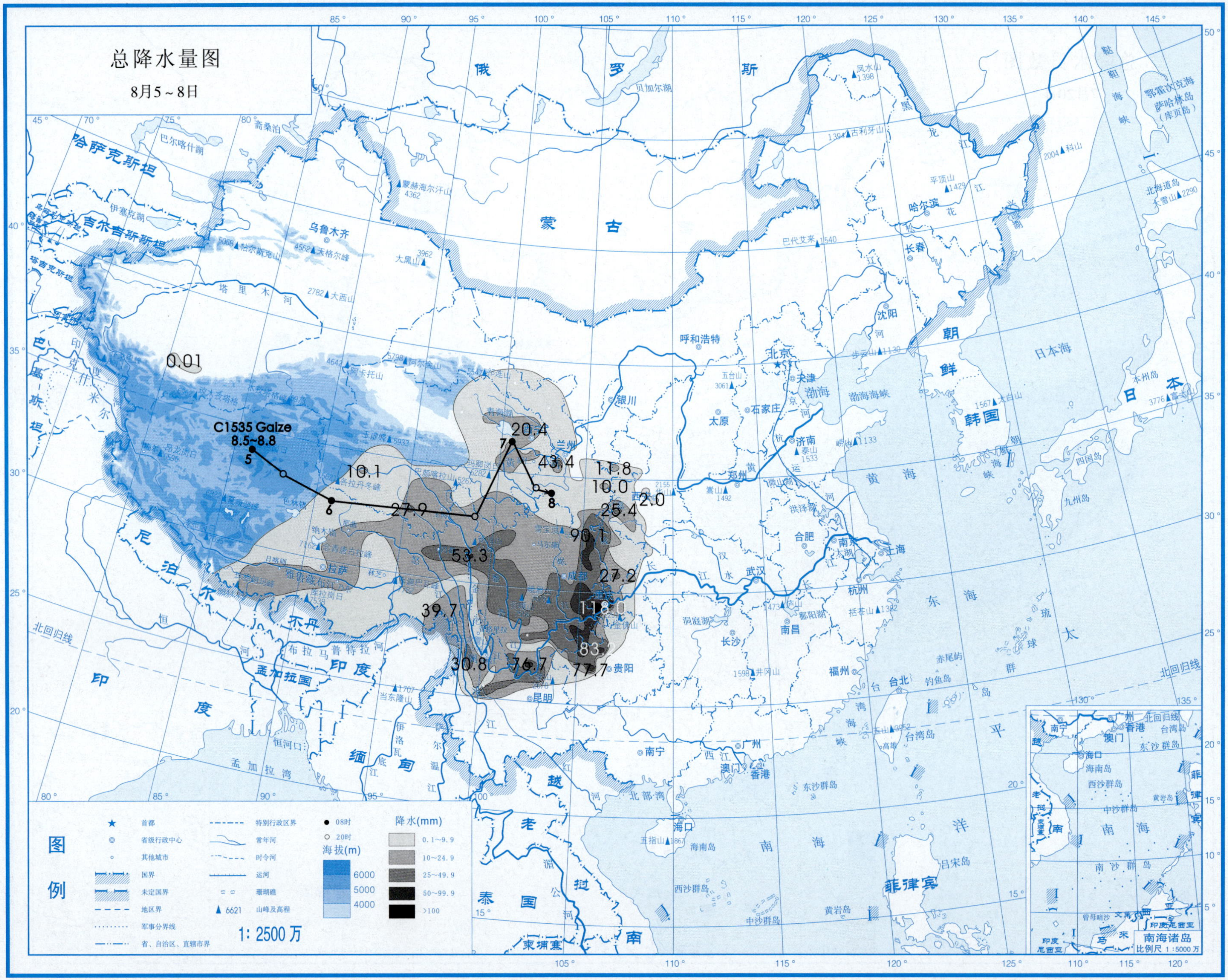
总降水量图
8月5~8日
C1535 Galze
8.5~8.8
0.01
10.1
27.9
20.4
43.4
11.8
10.0
2.0
25.4
90.1
53.3
27.2
118.0
39.7
83
30.8
76.7
77.7
图例
首都
省级行政中心
其他城市
国界
未定国界
地区界
军事分界线
省、自治区、直辖市界
特别行政区界
常年河
时令河
运河
珊瑚礁
6621 山峰及高程
1: 2500 万
08时
20时
海拔(m)
6000
5000
4000
降水(mm)
0.1~9.9
10~24.9
25~49.9
50~99.9
>100
南海诸岛
比例尺 1:5000 万

# 总降水日数图

8月5～8日

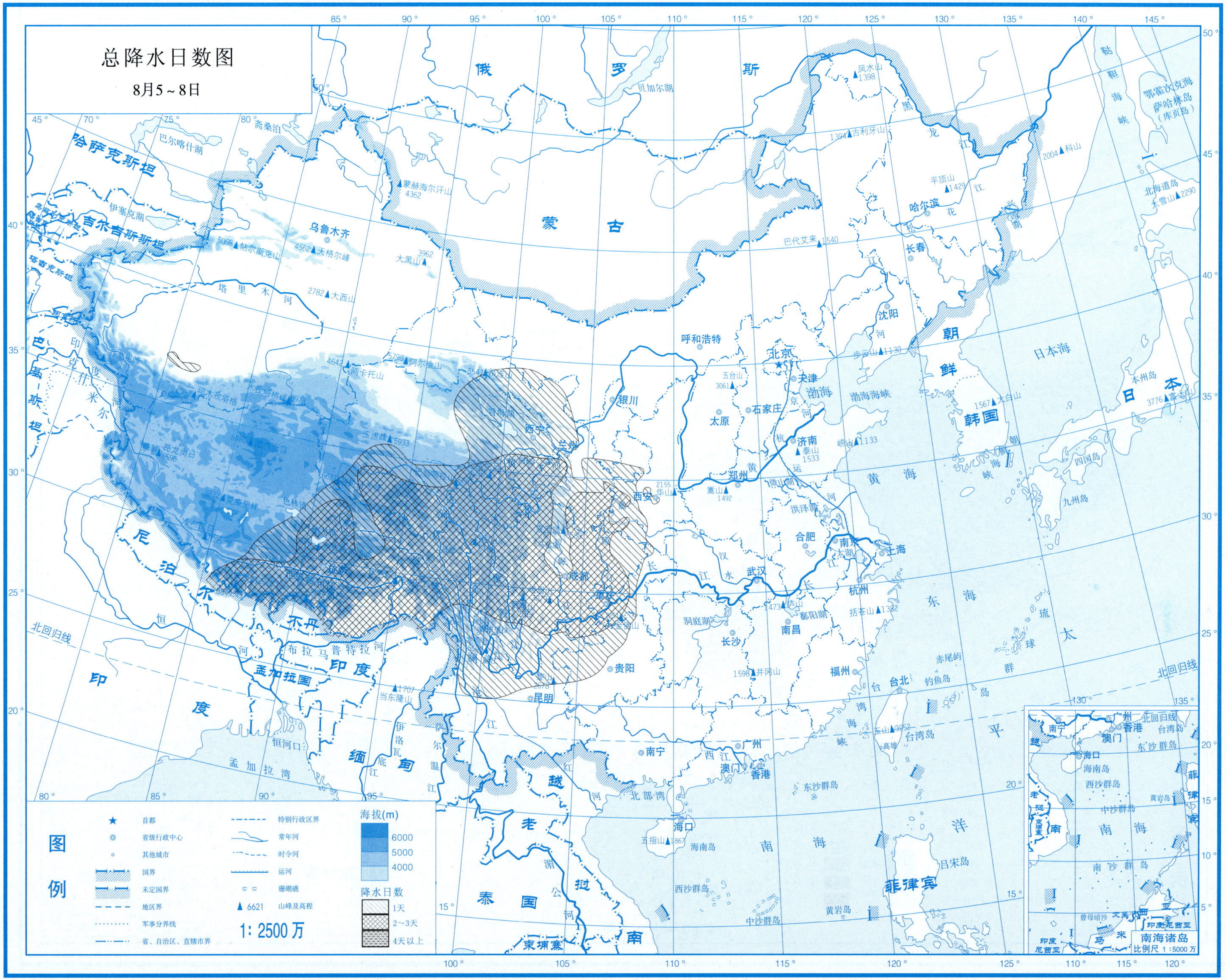

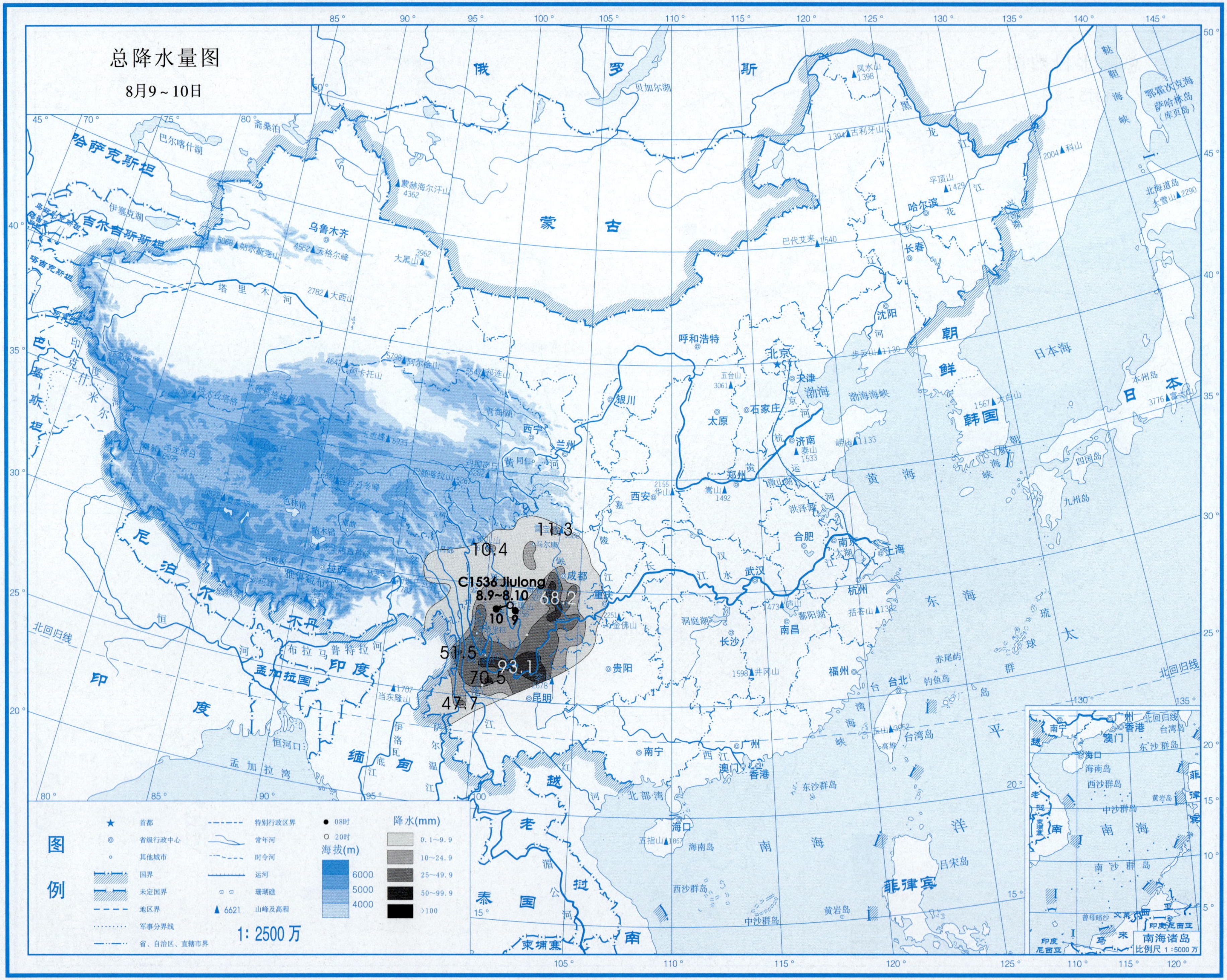
总降水量图
8月9～10日
C1536 Jiulong
8.9~8.10
10 9
11.3
10.4
68.2
51.5
93.1
70.5
47.7
图例
首都
省级行政中心
其他城市
国界
未定国界
地区界
军事分界线
省、自治区、直辖市界
特别行政区界
常年河
时令河
运河
珊瑚礁
6621 山峰及高程
08时
20时
海拔(m)
6000
5000
4000
降水(mm)
0.1~9.9
10~24.9
25~49.9
50~99.9
>100
1: 2500 万
南海诸岛
比例尺 1:5000 万

# 总降水日数图

8月9～10日

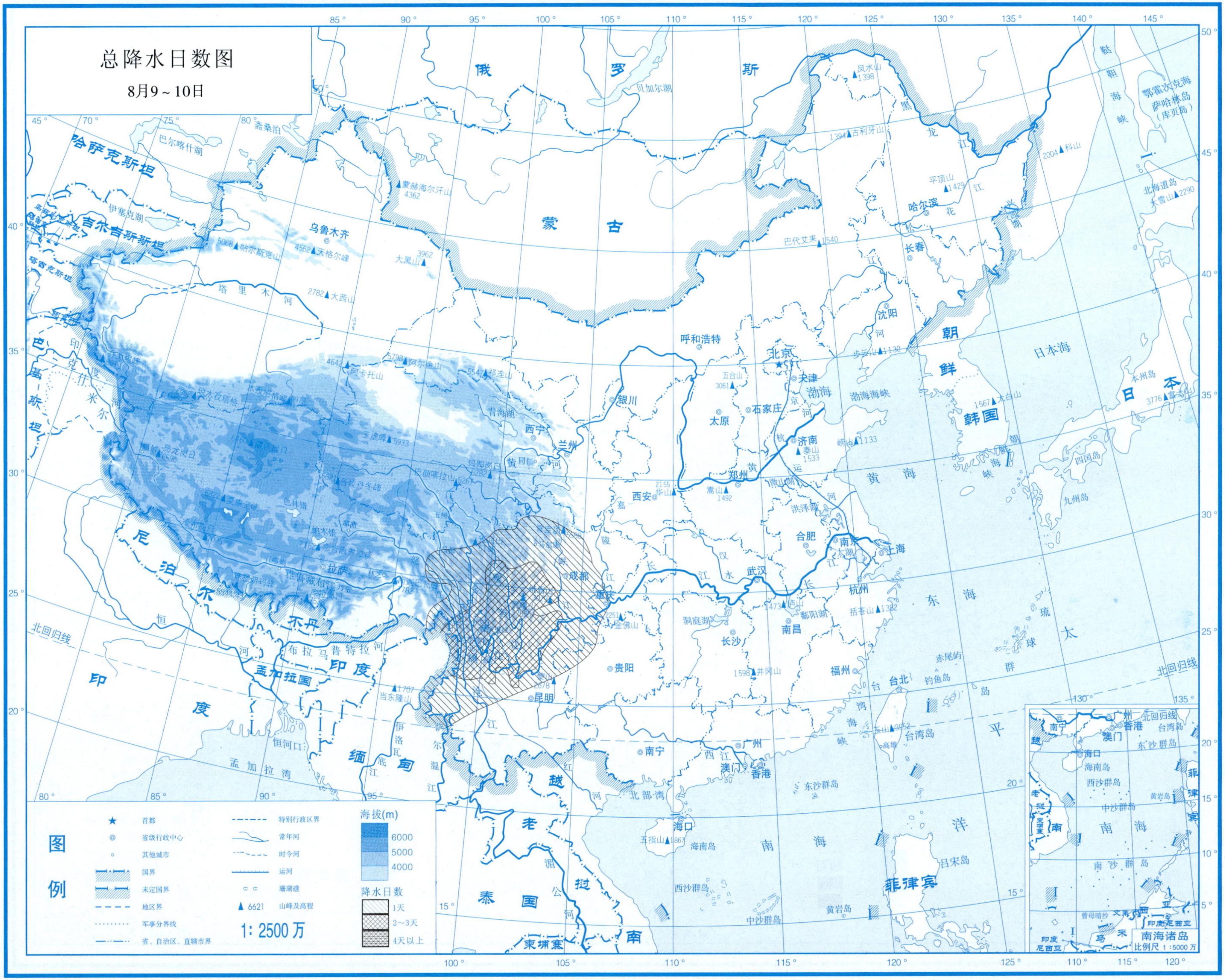

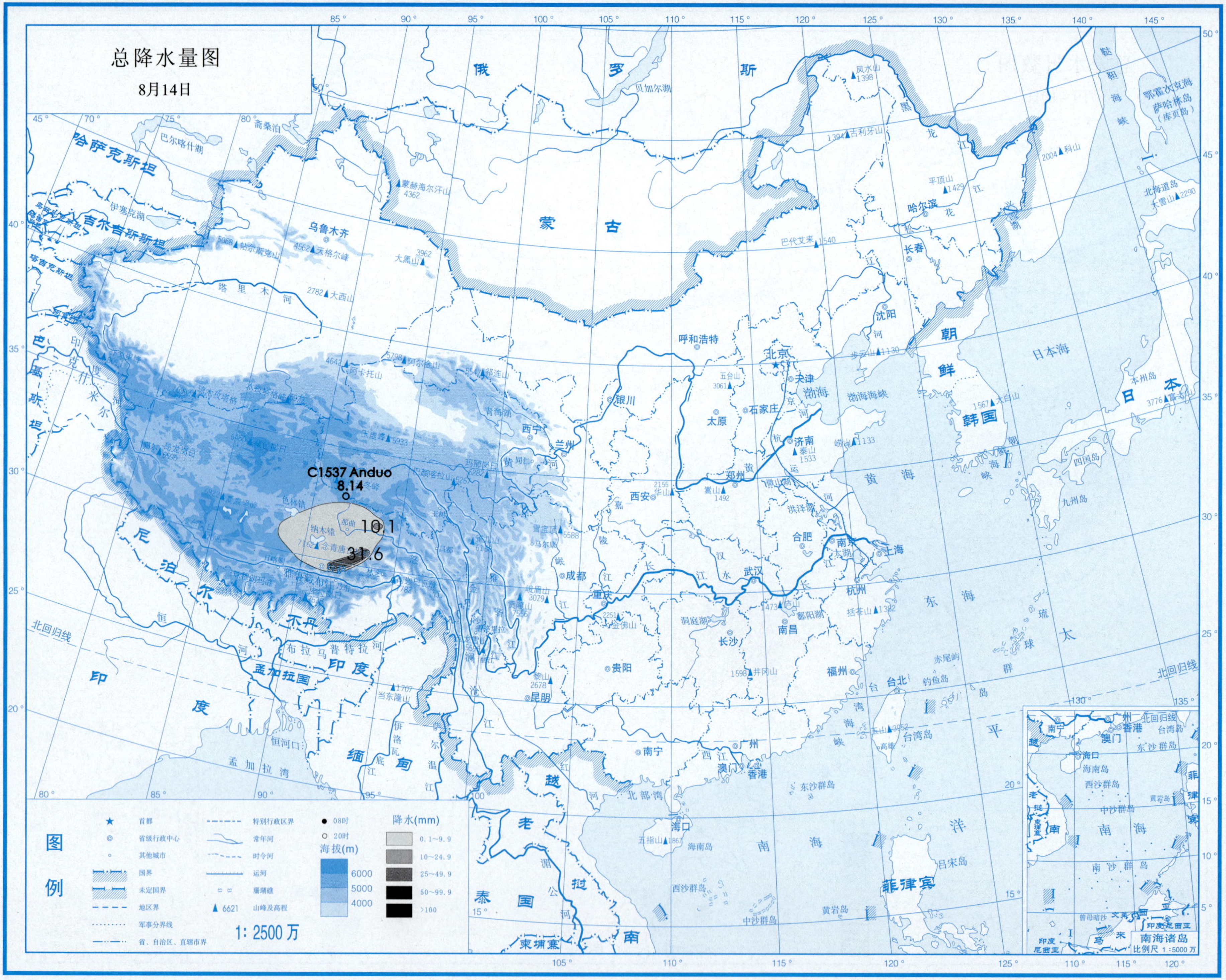
总降水量图
8月14日
C1537 Anduo
8.14
10.1
31.6
图例
首都
省级行政中心
其他城市
国界
未定国界
地区界
军事分界线
省、自治区、直辖市界
特别行政区界
常年河
时令河
运河
珊瑚礁
6621 山峰及高程
1: 2500 万
08时
20时
海拔(m)
6000
5000
4000
降水(mm)
0.1~9.9
10~24.9
25~49.9
50~99.9
>100
南海诸岛
比例尺 1:5000 万

# 总降水日数图

8月14日

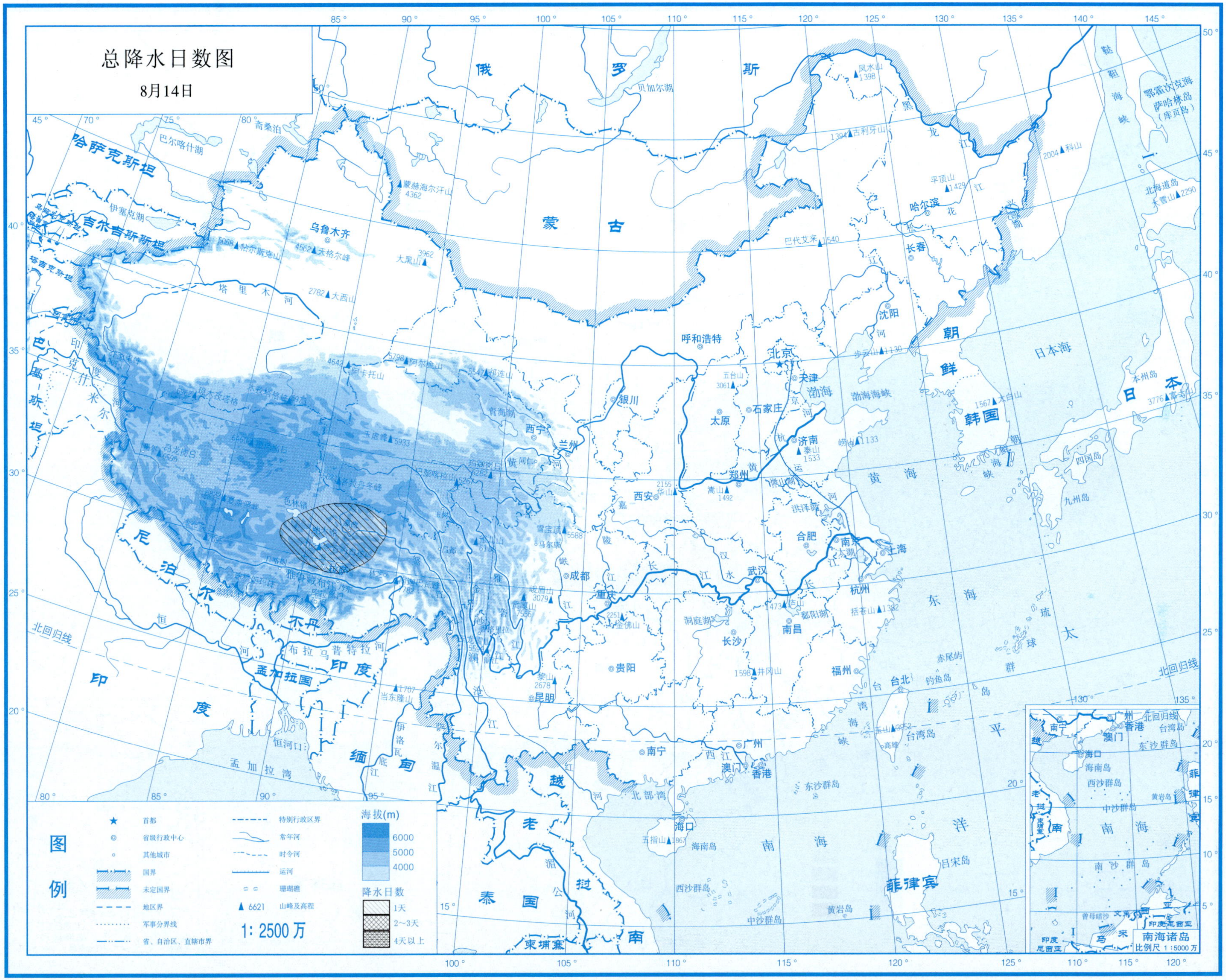

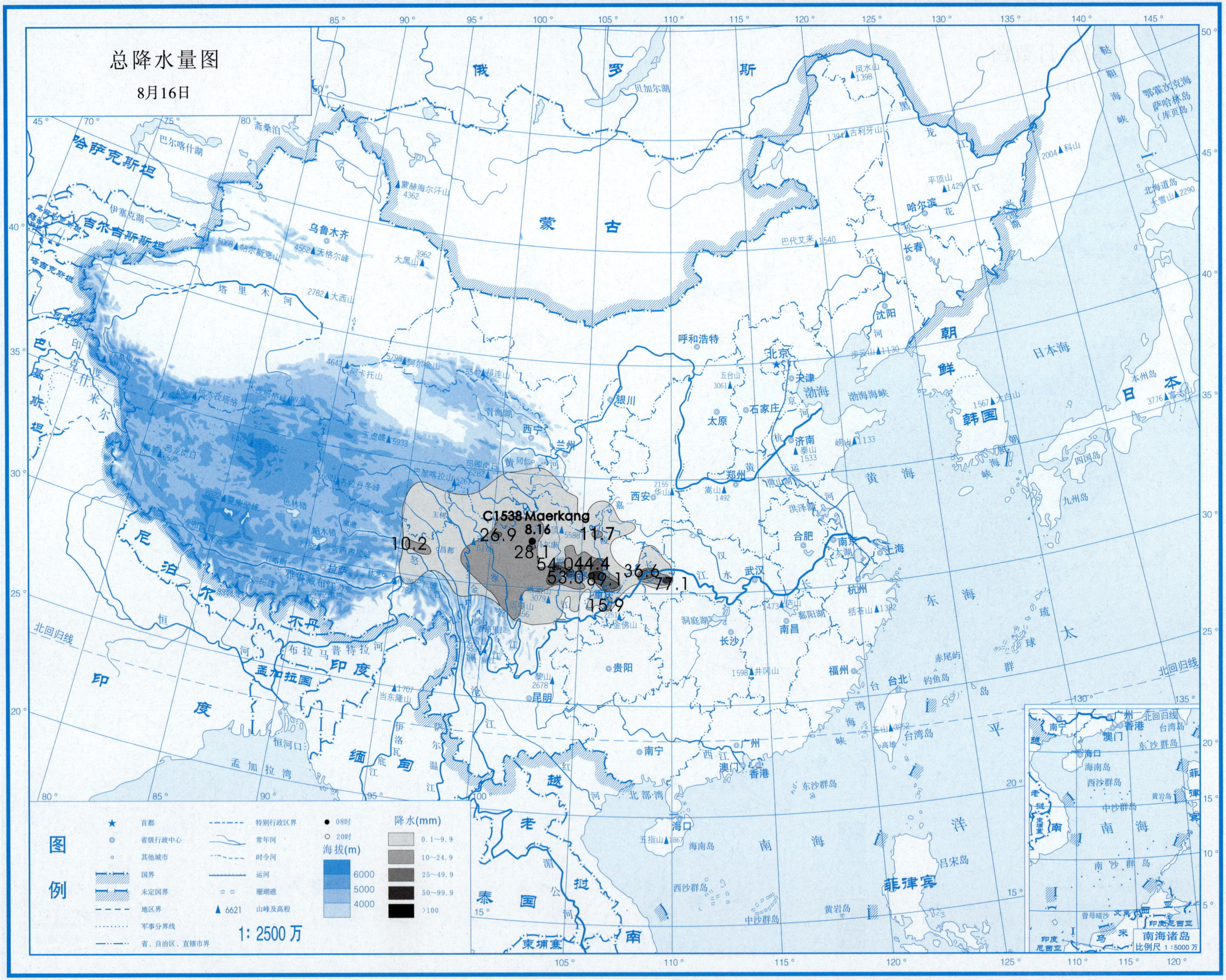
总降水量图
8月16日
C1538 Maerkang
8.16
10.2
26.9
28.1
11.7
54.0
44.4
53.0
89.1
36.6
77.1
15.9
图例
首都
省级行政中心
其他城市
国界
未定国界
地区界
军事分界线
省、自治区、直辖市界
特别行政区界
常年河
时令河
运河
珊瑚礁
6621 山峰及高程
08时
20时
海拔(m)
6000
5000
4000
降水(mm)
0.1~9.9
10~24.9
25~49.9
50~99.9
>100
1: 2500万
南海诸岛
比例尺 1:5000万

# 总降水日数图

8月16日

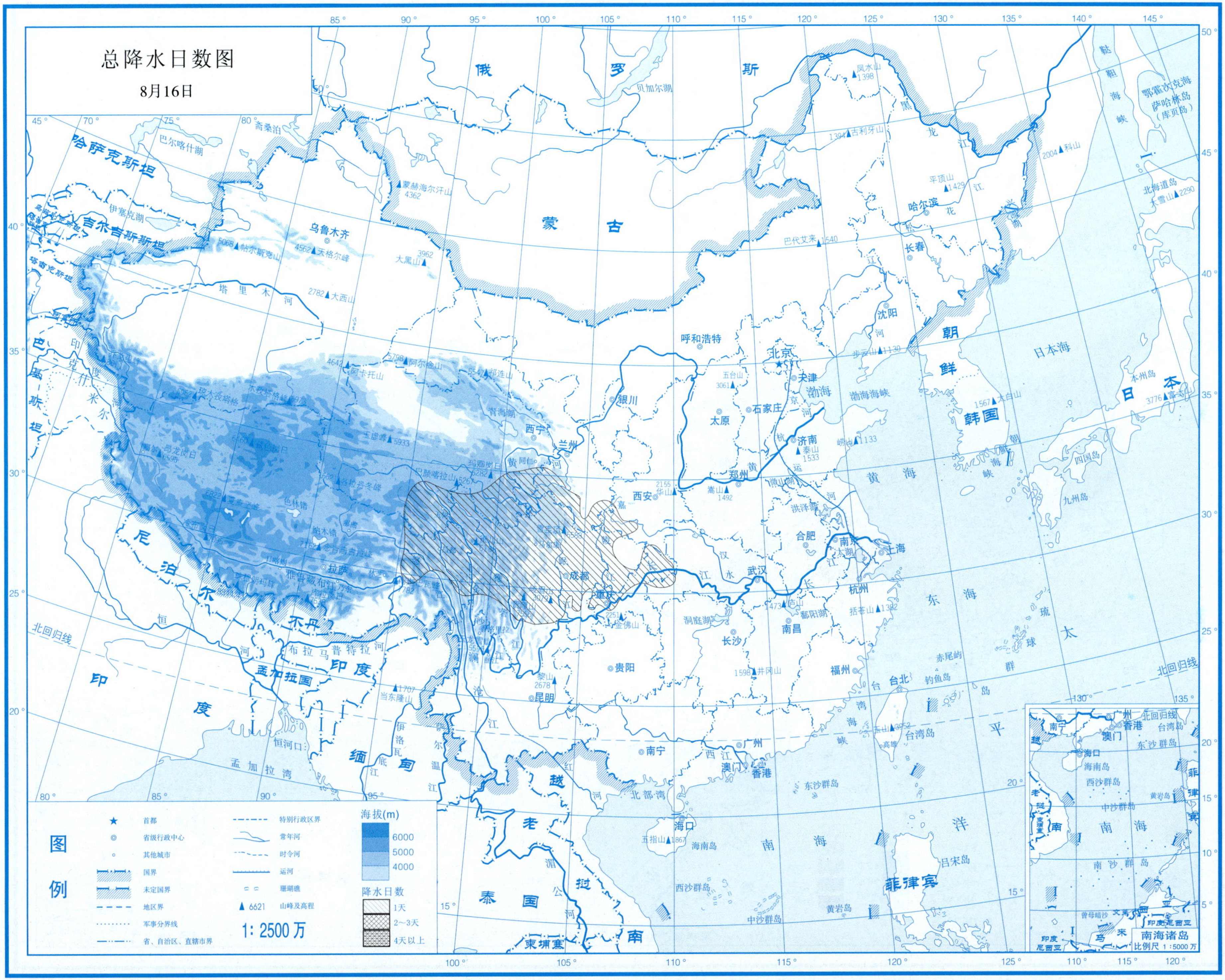

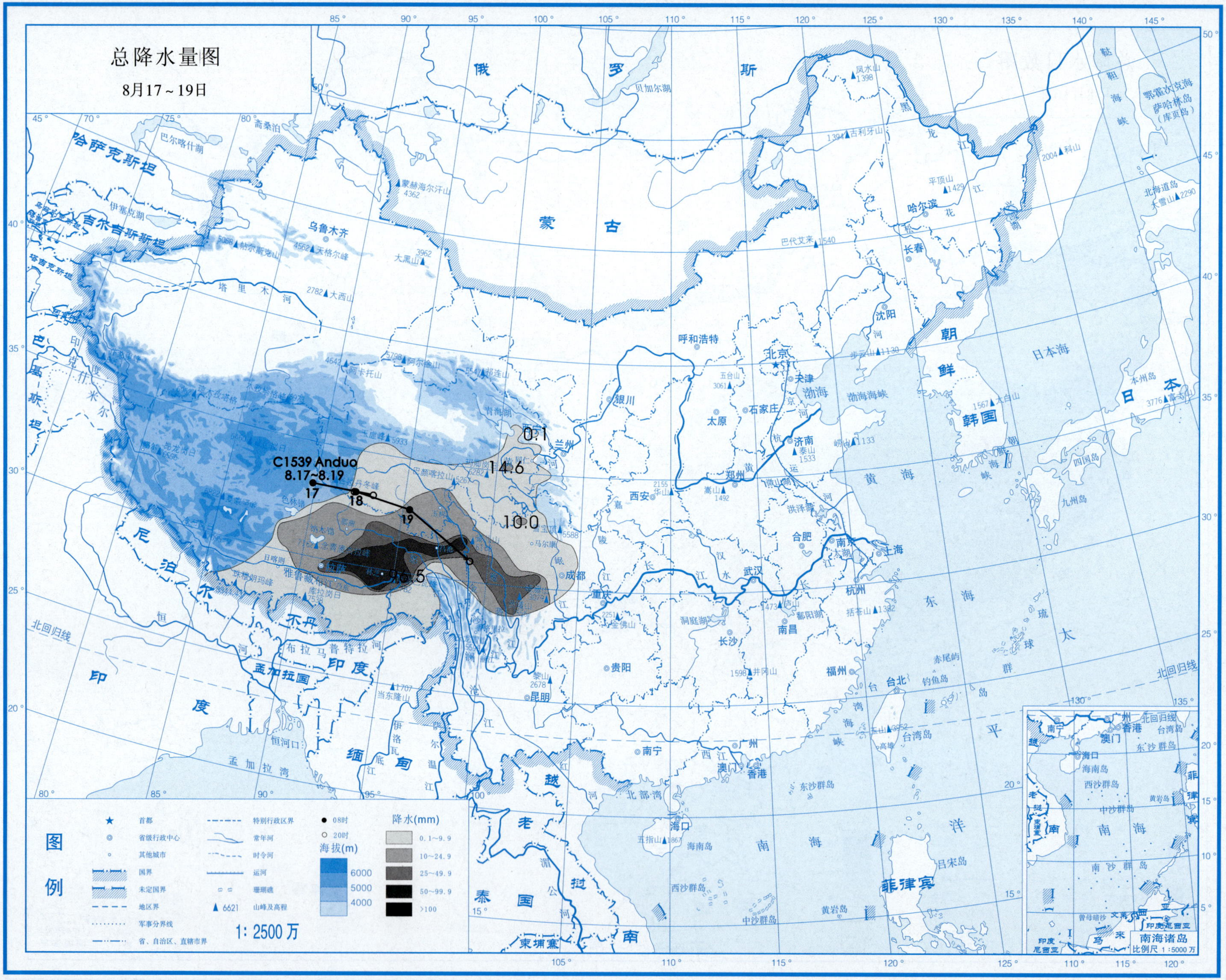
总降水量图
8月17～19日
C1539 Anduo
8.17~8.19
17
18
19
0.1
14.6
10.0
96.5
图例
首都
省级行政中心
其他城市
国界
未定国界
地区界
军事分界线
省、自治区、直辖市界
特别行政区界
常年河
时令河
运河
珊瑚礁
6621 山峰及高程
08时
20时
海拔(m)
6000
5000
4000
降水(mm)
0.1～9.9
10～24.9
25～49.9
50～99.9
>100
1: 2500 万
南海诸岛
比例尺 1:5000 万

# 总降水日数图

8月17～19日

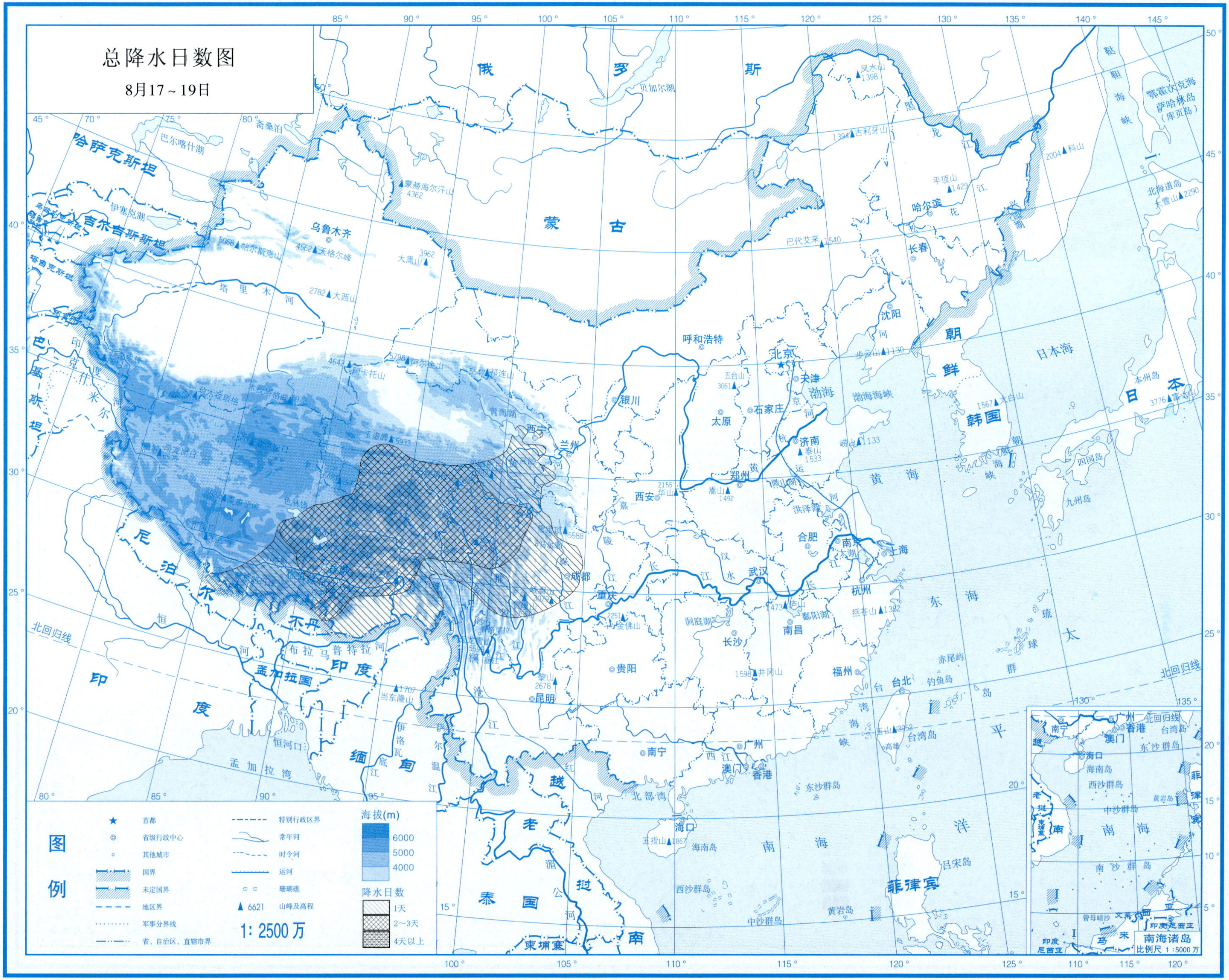


Page...117

高原低涡

第1部分

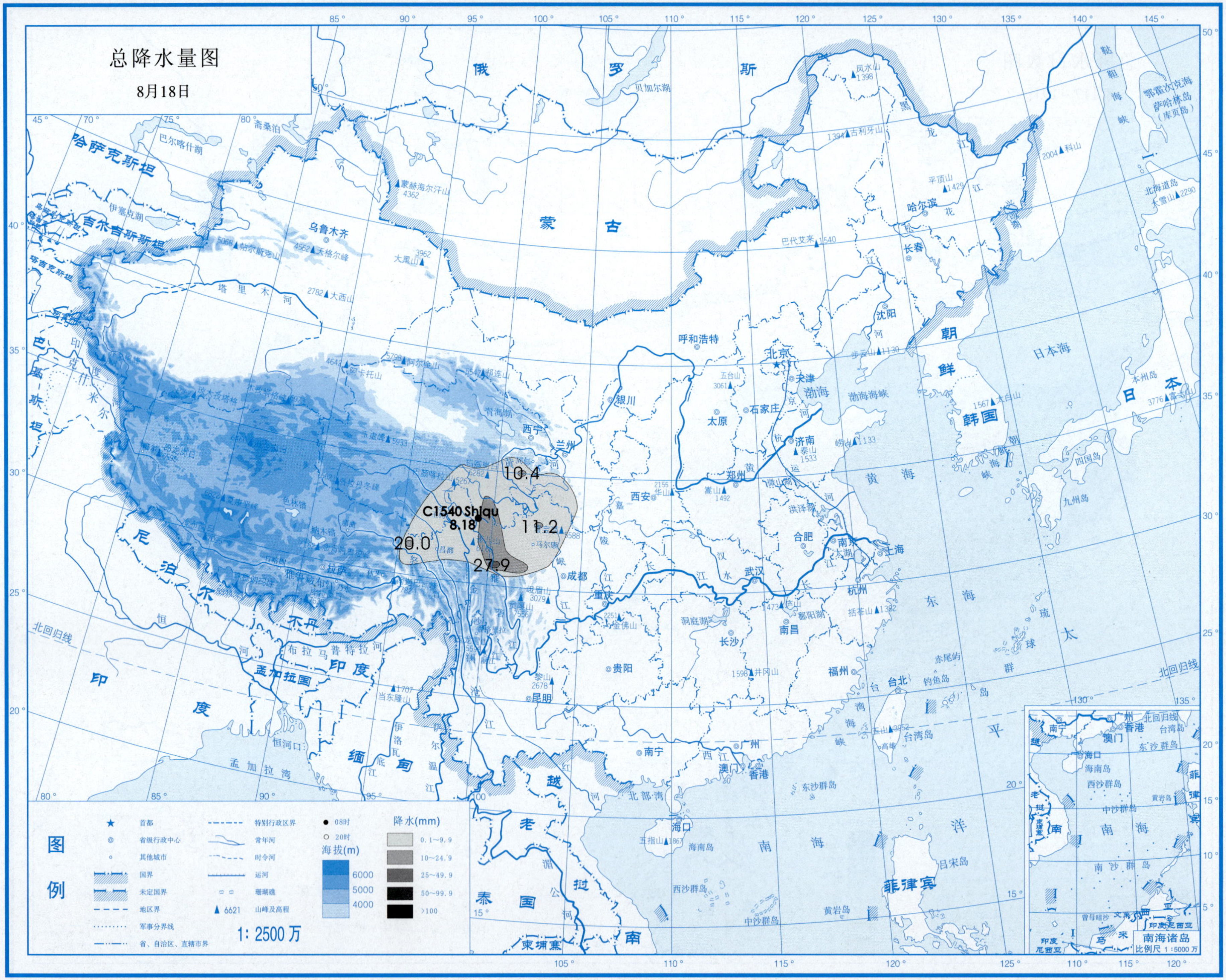
总降水量图
8月18日
C1540 Shiqu
8.18
10.4
11.2
20.0
27.9
图例
首都
省级行政中心
其他城市
国界
未定国界
地区界
军事分界线
省、自治区、直辖市界
特别行政区界
常年河
时令河
运河
珊瑚礁
山峰及高程
08时
20时
降水(mm)
0.1~9.9
10~24.9
25~49.9
50~99.9
>100
海拔(m)
6000
5000
4000
1: 2500 万
南海诸岛
比例尺 1:5000 万

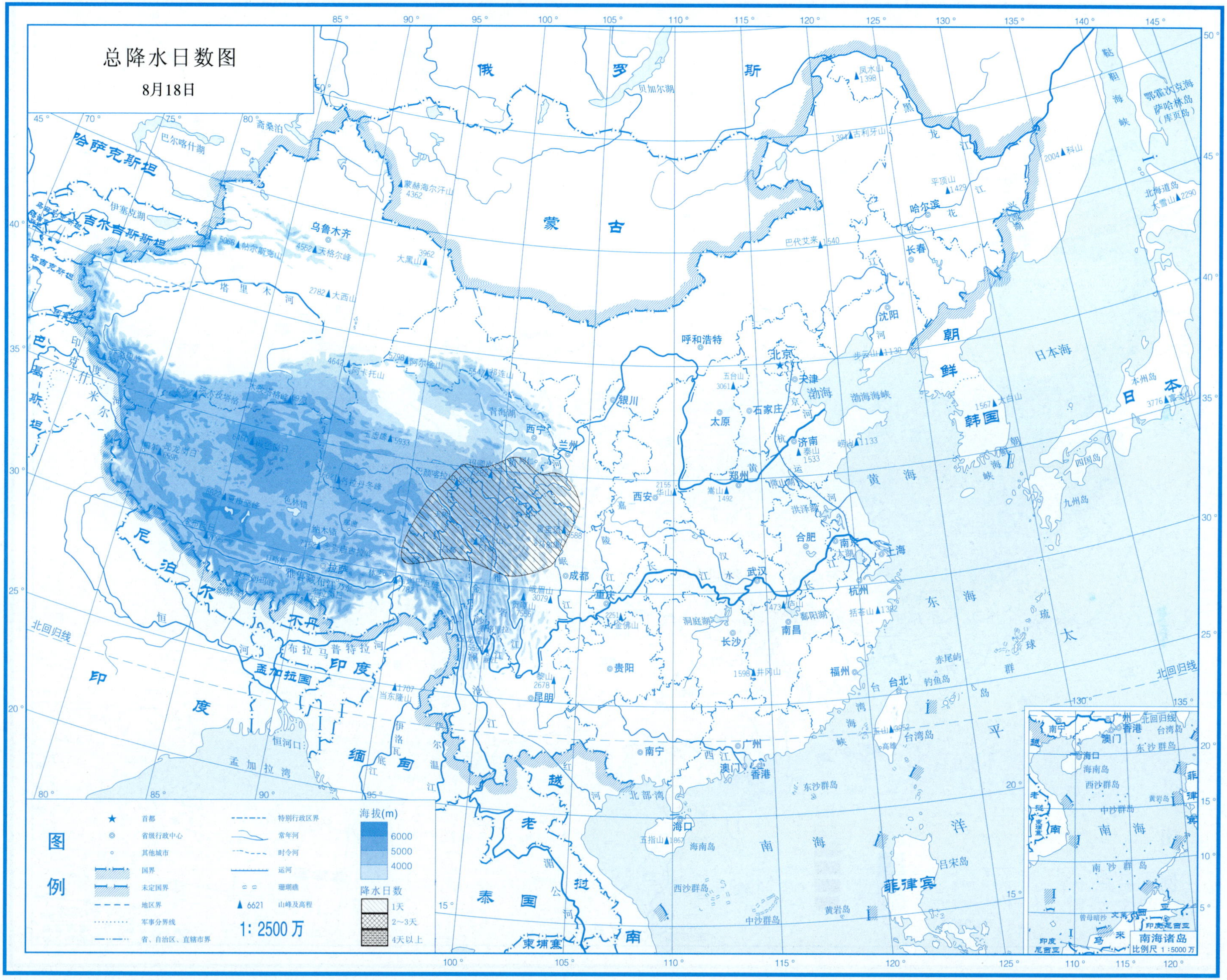

总降水日数图
8月18日
图例
首都
省级行政中心
其他城市
国界
未定国界
地区界
军事分界线
省、自治区、直辖市界
特别行政区界
常年河
时令河
运河
珊瑚礁
6621 山峰及高程
1: 2500万
海拔(m)
6000
5000
4000
降水日数
1天
2~3天
4天以上
俄罗斯
蒙古
哈萨克斯坦
吉尔吉斯斯坦
塔吉克斯坦
巴基斯坦
印度
尼泊尔
不丹
孟加拉国
缅甸
老挝
泰国
越南
柬埔寨
朝鲜
韩国
日本
菲律宾
日本海
黄海
渤海
东海
南海
太平洋
北京
天津
石家庄
太原
呼和浩特
沈阳
长春
哈尔滨
济南
郑州
西安
银川
兰州
西宁
乌鲁木齐
拉萨
成都
重庆
武汉
合肥
南京
上海
杭州
南昌
长沙
福州
台北
贵阳
昆明
南宁
广州
澳门
香港
海口
南海诸岛
比例尺 1:5000万

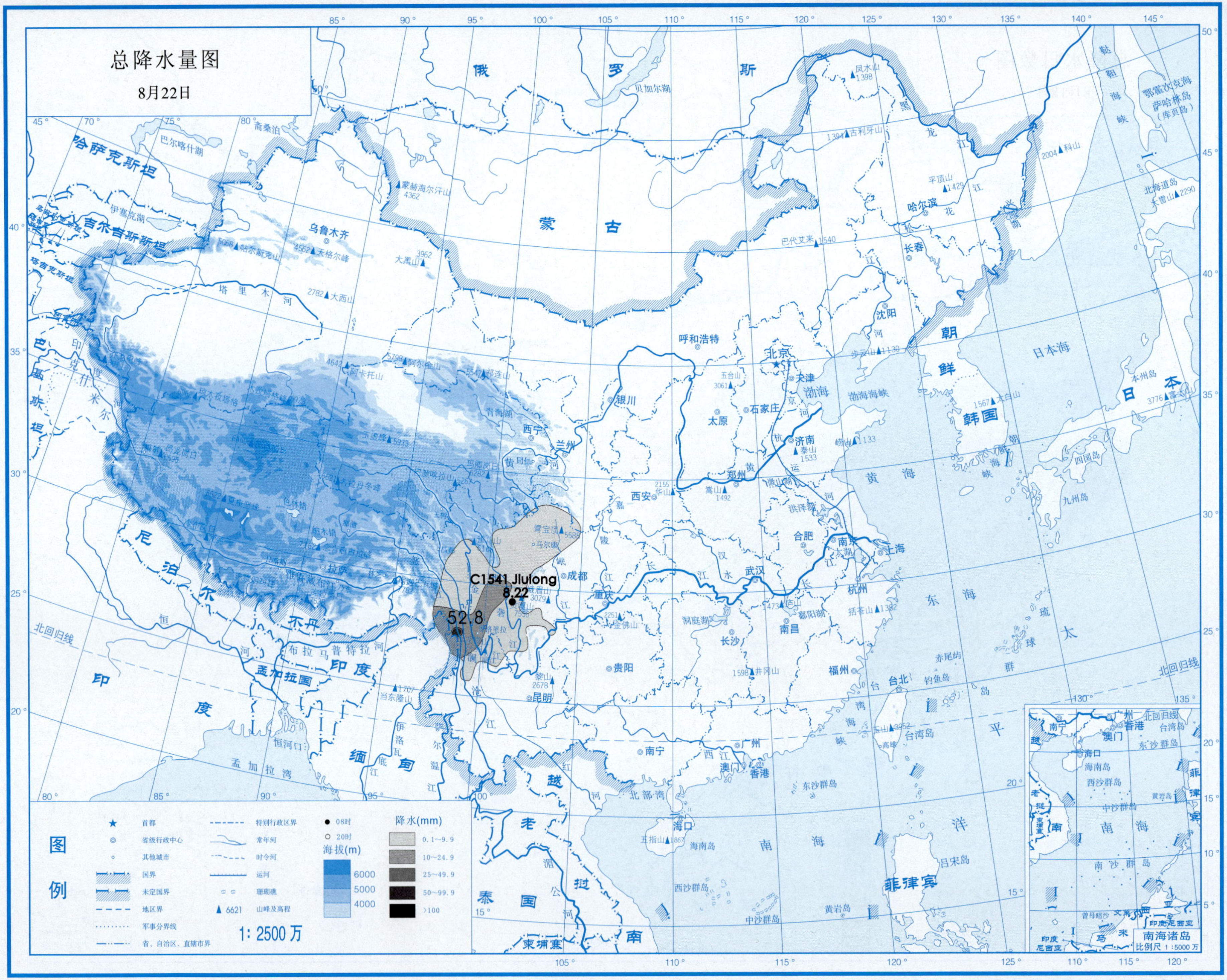
总降水量图
8月22日
C1541 Jiulong
8.22
52.8
图例
首都
省级行政中心
其他城市
国界
未定国界
地区界
军事分界线
省、自治区、直辖市界
特别行政区界
常年河
时令河
运河
珊瑚礁
6621 山峰及高程
08时
20时
海拔(m)
6000
5000
4000
降水(mm)
0.1~9.9
10~24.9
25~49.9
50~99.9
>100
1: 2500 万
南海诸岛
比例尺 1:5000 万

# 总降水日数图

8月22日

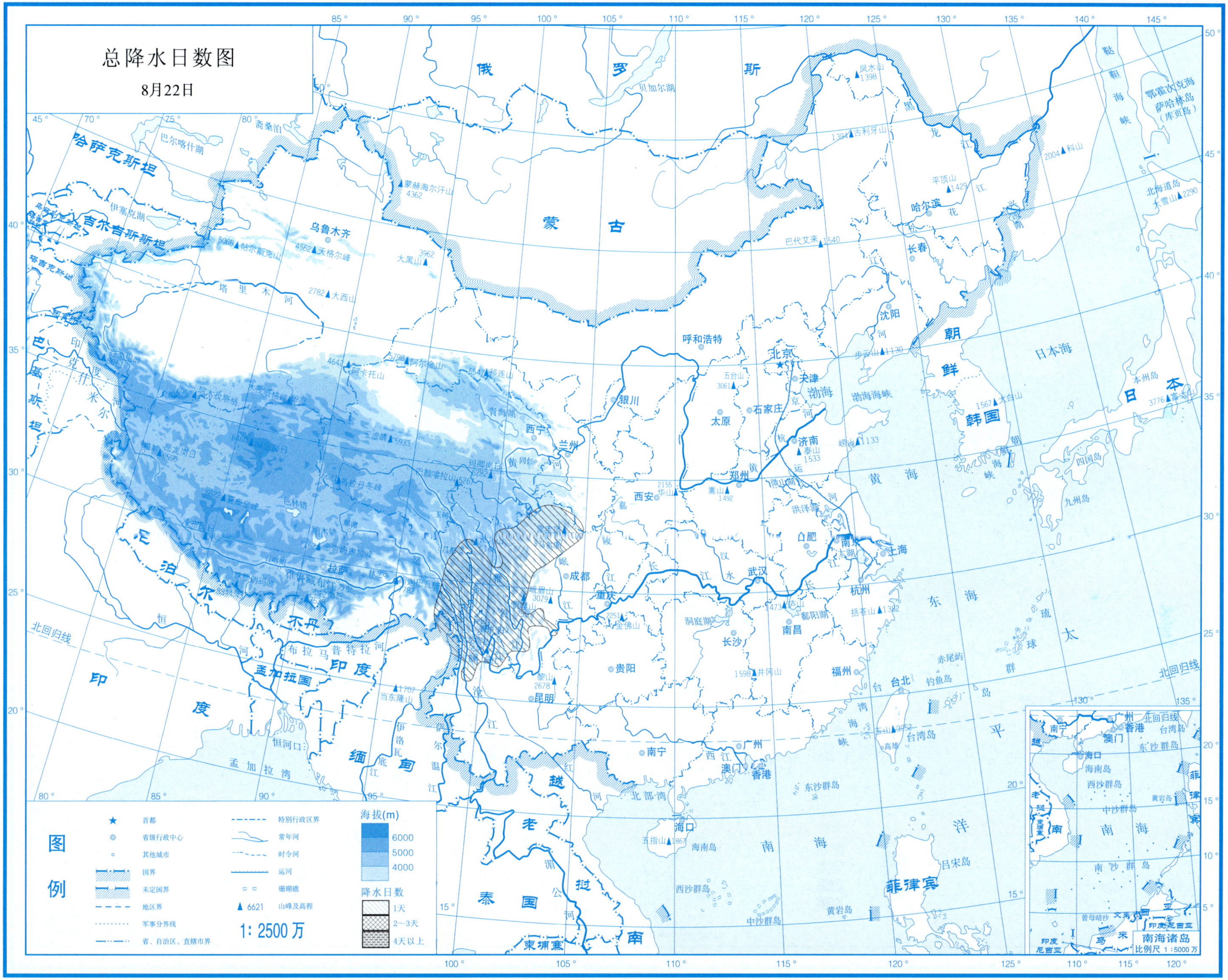


Page...121

高原低涡 第7部分

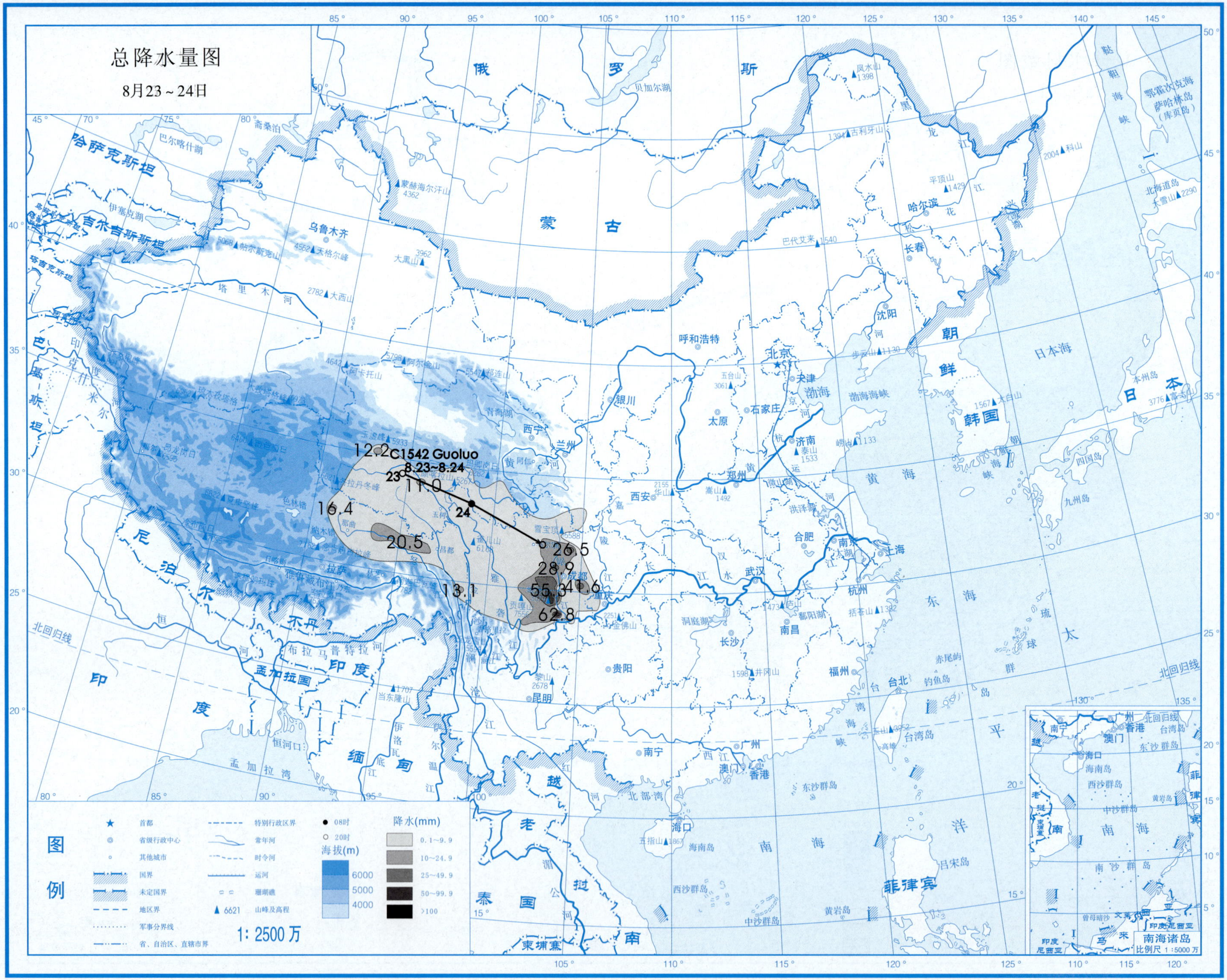
总降水量图
8月23～24日
C1542 Guoluo
8.23~8.24
23
24
12.2
11.0
16.4
20.5
13.1
26.5
28.9
55.3
41.6
62.8
图例
首都
省级行政中心
其他城市
国界
未定国界
地区界
军事分界线
省、自治区、直辖市界
特别行政区界
常年河
时令河
运河
珊瑚礁
6621 山峰及高程
08时
20时
海拔(m)
6000
5000
4000
降水(mm)
0.1～9.9
10～24.9
25～49.9
50～99.9
>100
1：2500万
南海诸岛
比例尺 1：5000万

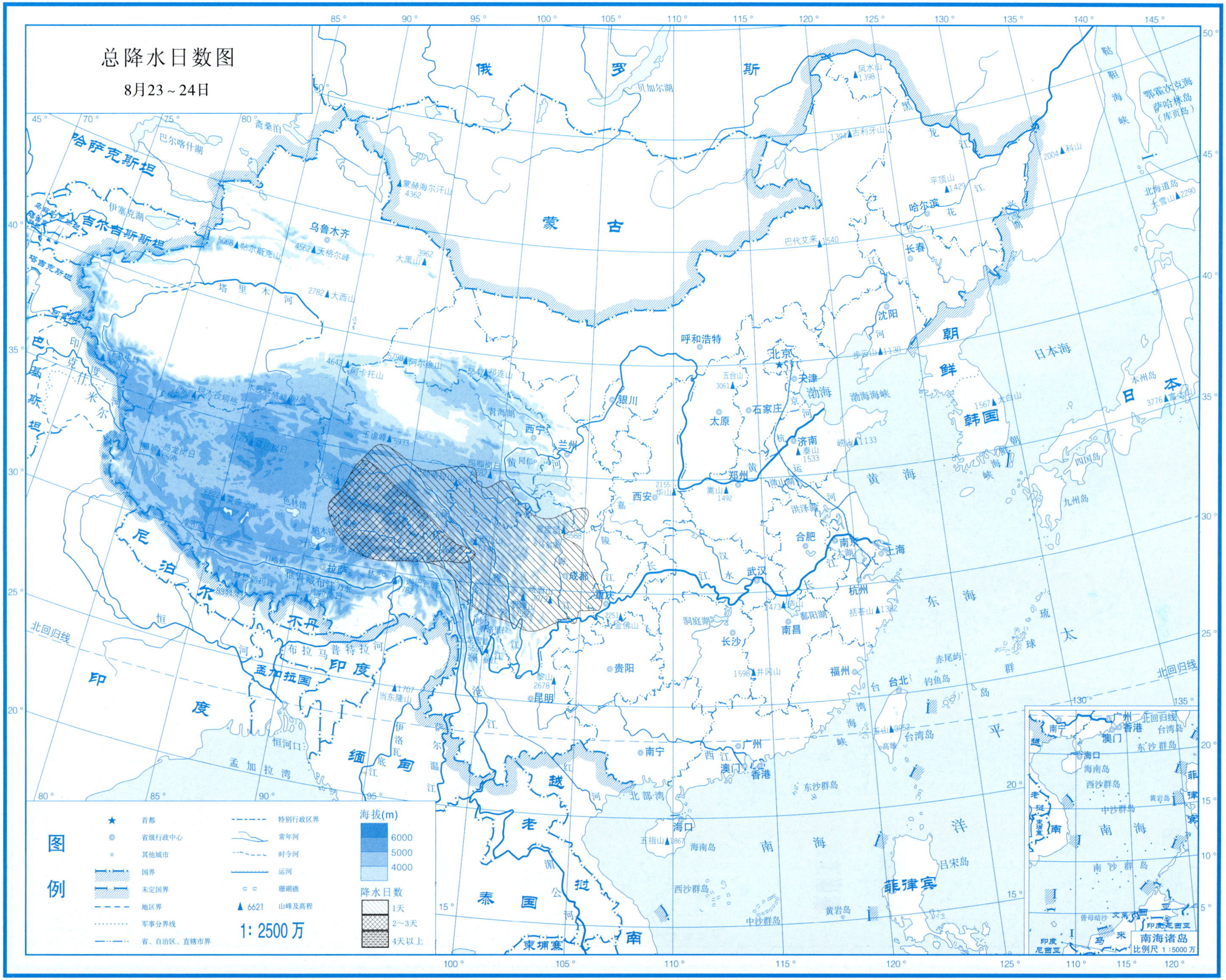
总降水日数图
8月23～24日
图例
首都
省级行政中心
其他城市
国界
未定国界
地区界
军事分界线
省、自治区、直辖市界
特别行政区界
常年河
时令河
运河
珊瑚礁
6621 山峰及高程
1: 2500万
海拔(m)
6000
5000
4000
降水日数
1天
2～3天
4天以上
俄罗斯
蒙古
哈萨克斯坦
吉尔吉斯斯坦
塔吉克斯坦
巴基斯坦
印度
尼泊尔
不丹
孟加拉国
缅甸
老挝
泰国
柬埔寨
越南
朝鲜
韩国
日本
菲律宾
乌鲁木齐
拉萨
西宁
兰州
银川
呼和浩特
北京
天津
石家庄
太原
济南
郑州
西安
成都
重庆
贵阳
昆明
南宁
长沙
武汉
合肥
南京
上海
杭州
南昌
福州
台北
广州
香港
澳门
海口
哈尔滨
长春
沈阳
日本海
渤海
黄海
东海
南海
太平洋
孟加拉湾
贝加尔湖
巴尔喀什湖
斋桑泊
伊塞克湖
青海湖
洞庭湖
鄱阳湖
洪泽湖
太湖
塔里木河
黄河
长江
北回归线
南海诸岛
比例尺 1:5000万
东沙群岛
西沙群岛
中沙群岛
南沙群岛
黄岩岛
曾母暗沙
海南岛
台湾岛
吕宋岛
赤尾屿
钓鱼岛
琉球群岛
九州岛
四国岛
本州岛
北海道岛
鄂霍次克海
萨哈林岛(库页岛)
鞑靼海峡
渤海海峡
朝鲜海峡
台湾海峡
北部湾
印度尼西亚
马来西亚
文莱

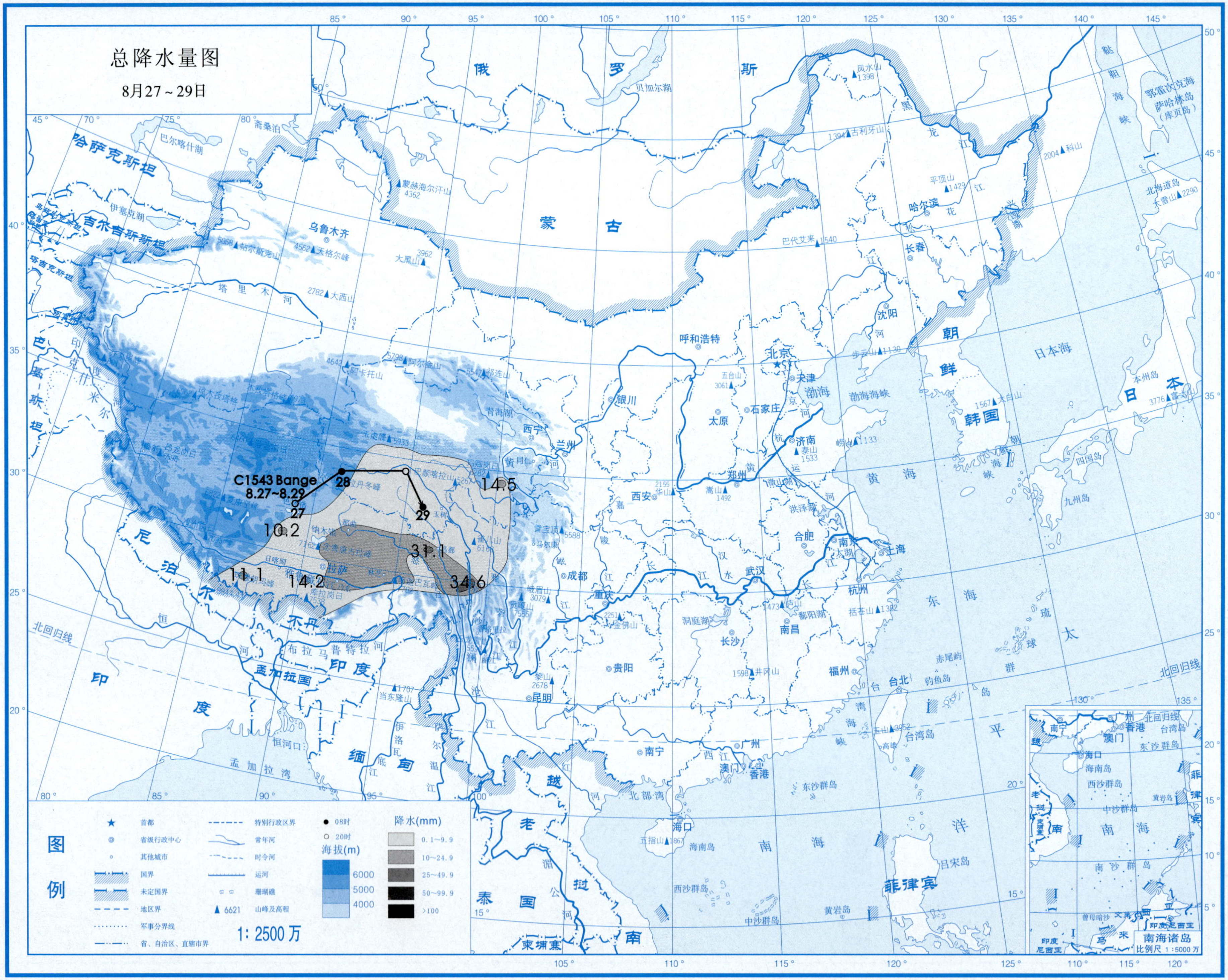
总降水量图
8月27～29日
C1543 Bange
8.27~8.29
27
28
29
10.2
11.1
14.2
31.1
34.6
14.5
图例
首都
省级行政中心
其他城市
国界
未定国界
地区界
军事分界线
省、自治区、直辖市界
特别行政区界
常年河
时令河
运河
珊瑚礁
山峰及高程
08时
20时
海拔(m)
6000
5000
4000
降水(mm)
0.1～9.9
10～24.9
25～49.9
50～99.9
>100
1:2500万
南海诸岛
比例尺 1:5000万

# 总降水日数图

8月27～29日

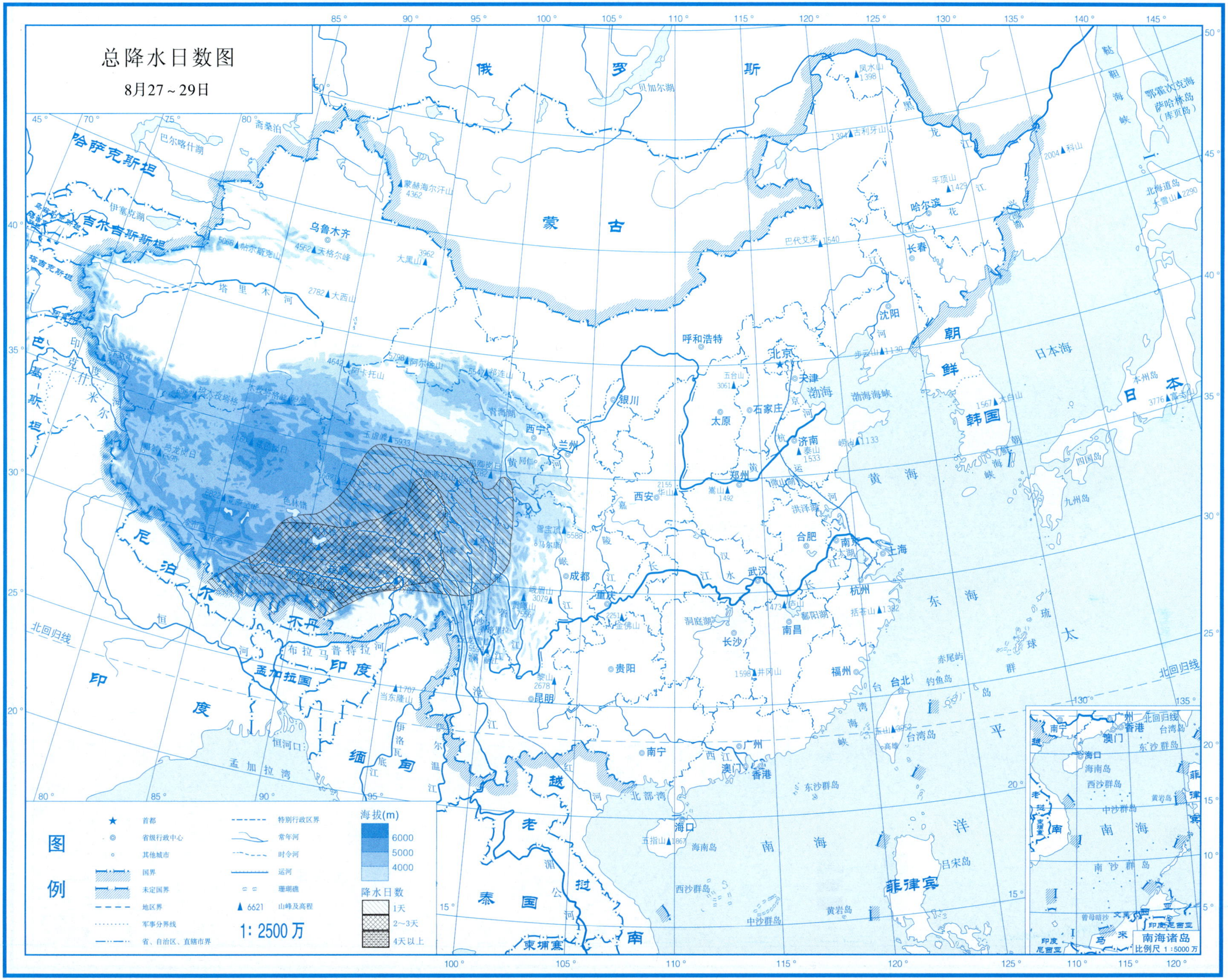

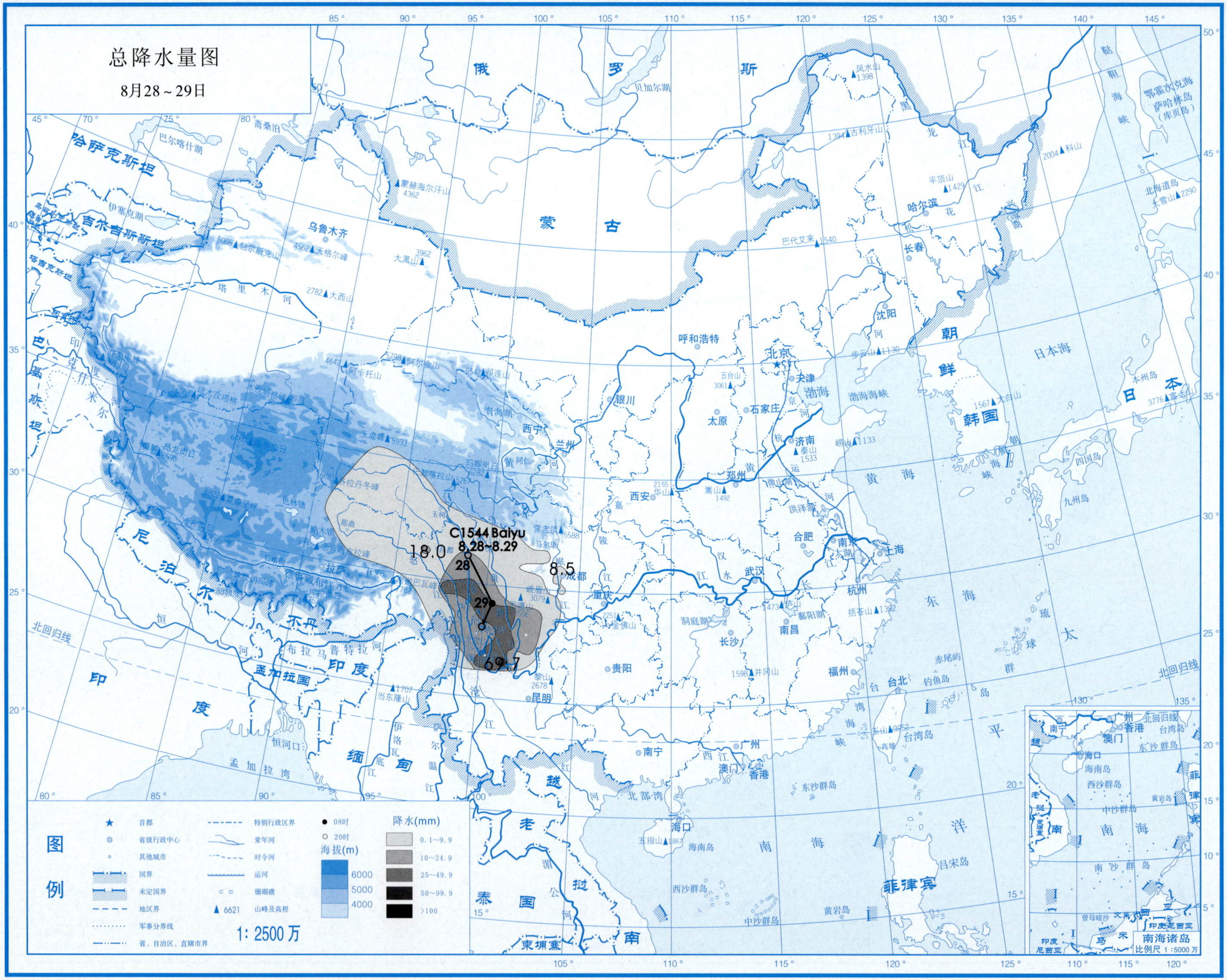
总降水量图
8月28～29日
C1544 Baiyu
8.28~8.29
28
29
18.0
8.5
69.7
图例
首都
省级行政中心
其他城市
国界
未定国界
地区界
军事分界线
省、自治区、直辖市界
特别行政区界
常年河
时令河
运河
珊瑚礁
6621 山峰及高程
08时
20时
海拔(m)
6000
5000
4000
降水(mm)
0.1～9.9
10～24.9
25～49.9
50～99.9
>100
1: 2500 万
南海诸岛
比例尺 1:5000 万

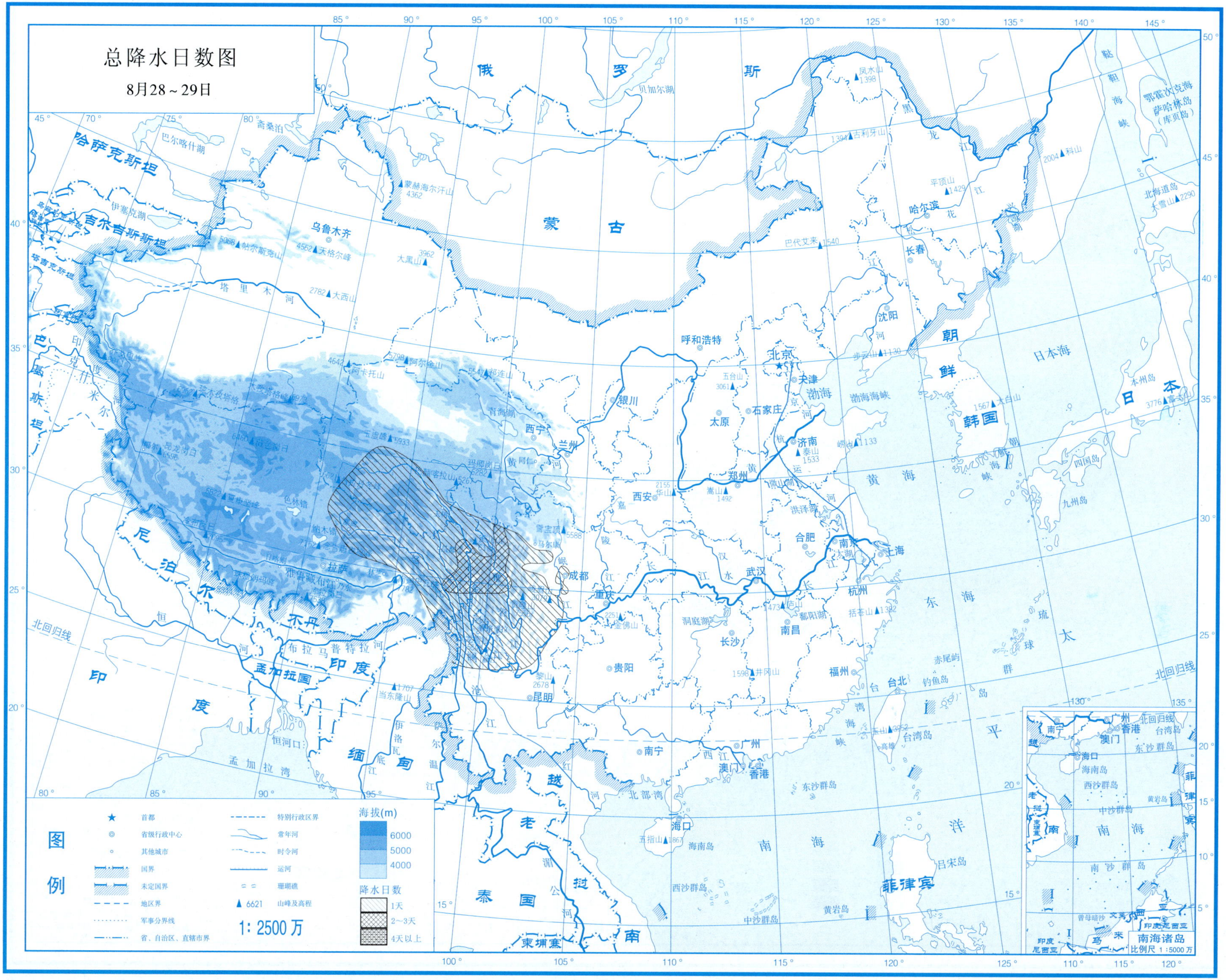
总降水日数图
8月28～29日
图例
首都
省级行政中心
其他城市
国界
未定国界
地区界
军事分界线
省、自治区、直辖市界
特别行政区界
常年河
时令河
运河
珊瑚礁
6621 山峰及高程
1: 2500万
海拔(m)
6000
5000
4000
降水日数
1天
2～3天
4天以上
南海诸岛
比例尺 1：5000万

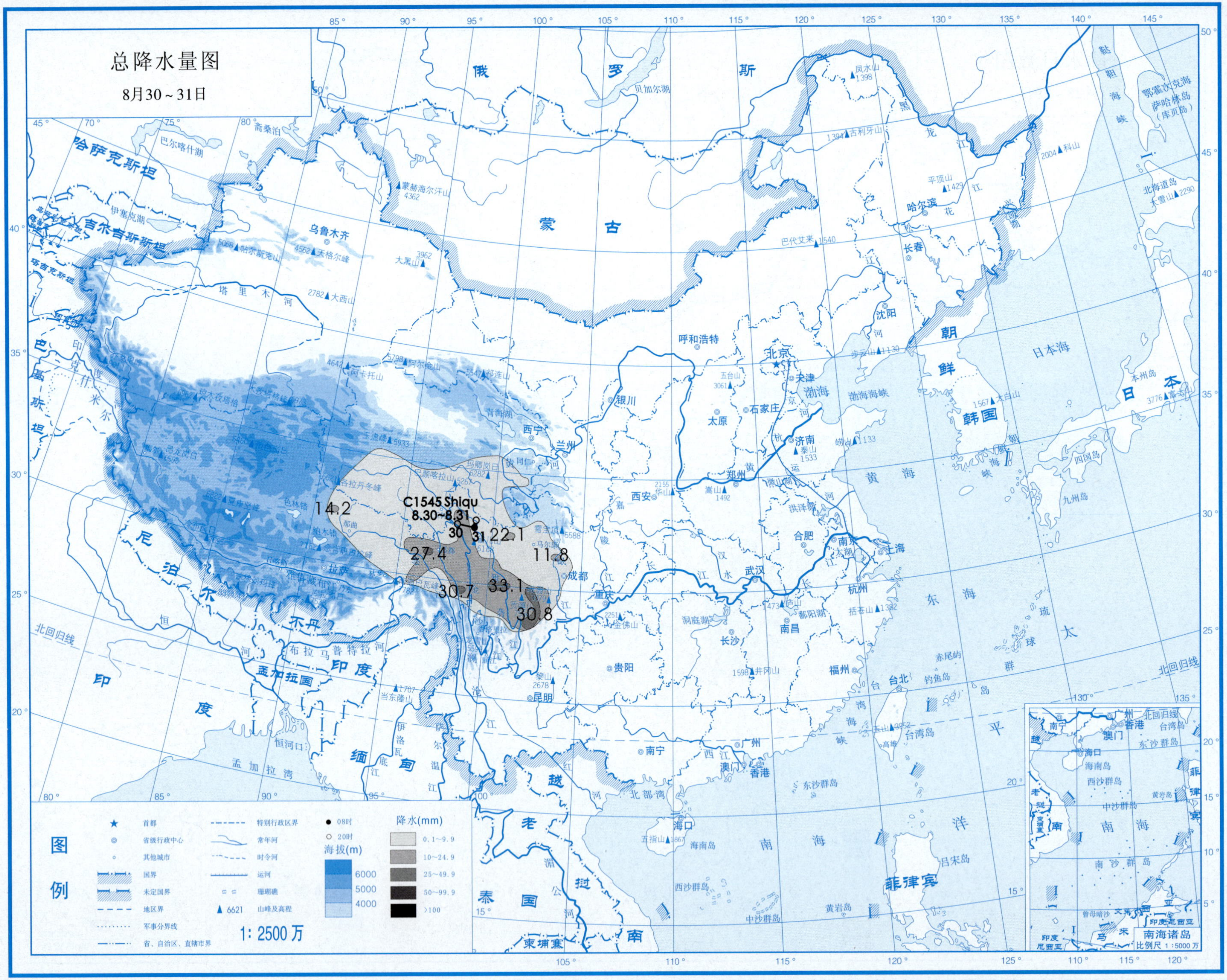
总降水量图
8月30～31日
C1545 Shiqu
8.30~8.31
30
31
14.2
22.1
27.4
11.8
30.7
33.1
30.8
图例
首都
省级行政中心
其他城市
国界
未定国界
地区界
军事分界线
省、自治区、直辖市界
特别行政区界
常年河
时令河
运河
珊瑚礁
6621 山峰及高程
08时
20时
海拔(m)
6000
5000
4000
降水(mm)
0.1～9.9
10～24.9
25～49.9
50～99.9
>100
1: 2500 万
南海诸岛
比例尺 1:5000 万

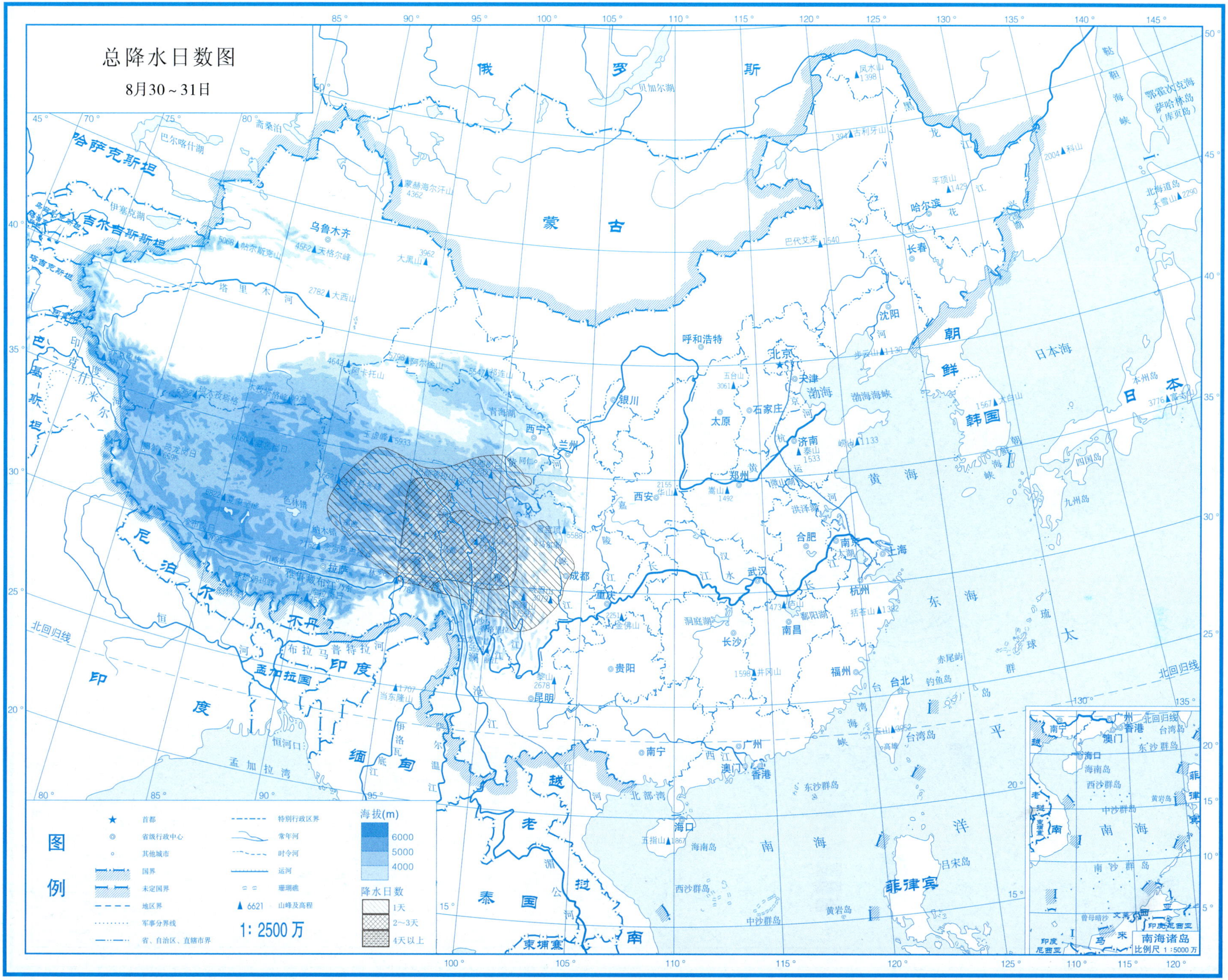
总降水日数图
8月30～31日
图例
首都
省级行政中心
其他城市
国界
未定国界
地区界
军事分界线
省、自治区、直辖市界
特别行政区界
常年河
时令河
运河
珊瑚礁
6621 山峰及高程
1：2500万
海拔(m)
6000
5000
4000
降水日数
1天
2～3天
4天以上
南海诸岛
比例尺 1：5000万
俄罗斯
蒙古
哈萨克斯坦
吉尔吉斯斯坦
塔吉克斯坦
巴基斯坦
尼泊尔
不丹
印度
孟加拉国
缅甸
老挝
越南
泰国
柬埔寨
朝鲜
韩国
日本
菲律宾
北京
天津
石家庄
太原
呼和浩特
沈阳
长春
哈尔滨
上海
南京
杭州
合肥
福州
南昌
济南
郑州
武汉
长沙
广州
南宁
海口
重庆
成都
贵阳
昆明
拉萨
西安
兰州
西宁
银川
乌鲁木齐
台北
香港
澳门
渤海
黄海
东海
南海
日本海
太平洋
北回归线

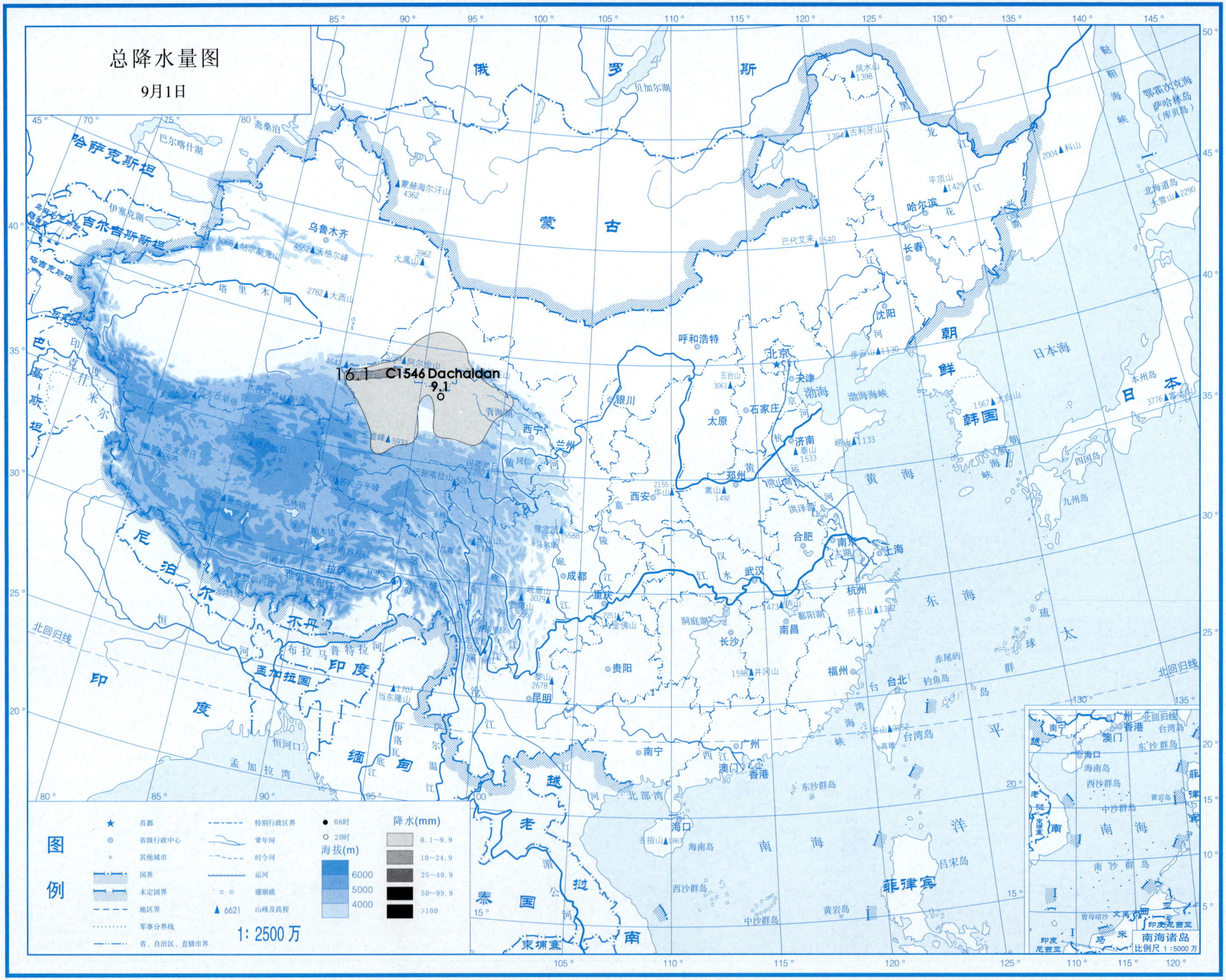
总降水量图
9月1日
16.1
C1546 Dachaidan
9.1
图例
首都
省级行政中心
其他城市
国界
未定国界
地区界
军事分界线
省、自治区、直辖市界
特别行政区界
常年河
时令河
运河
珊瑚礁
6621 山峰及高程
08时
20时
海拔(m)
6000
5000
4000
降水(mm)
0.1~9.9
10~24.9
25~49.9
50~99.9
>100
1: 2500 万
南海诸岛
比例尺 1:5000 万

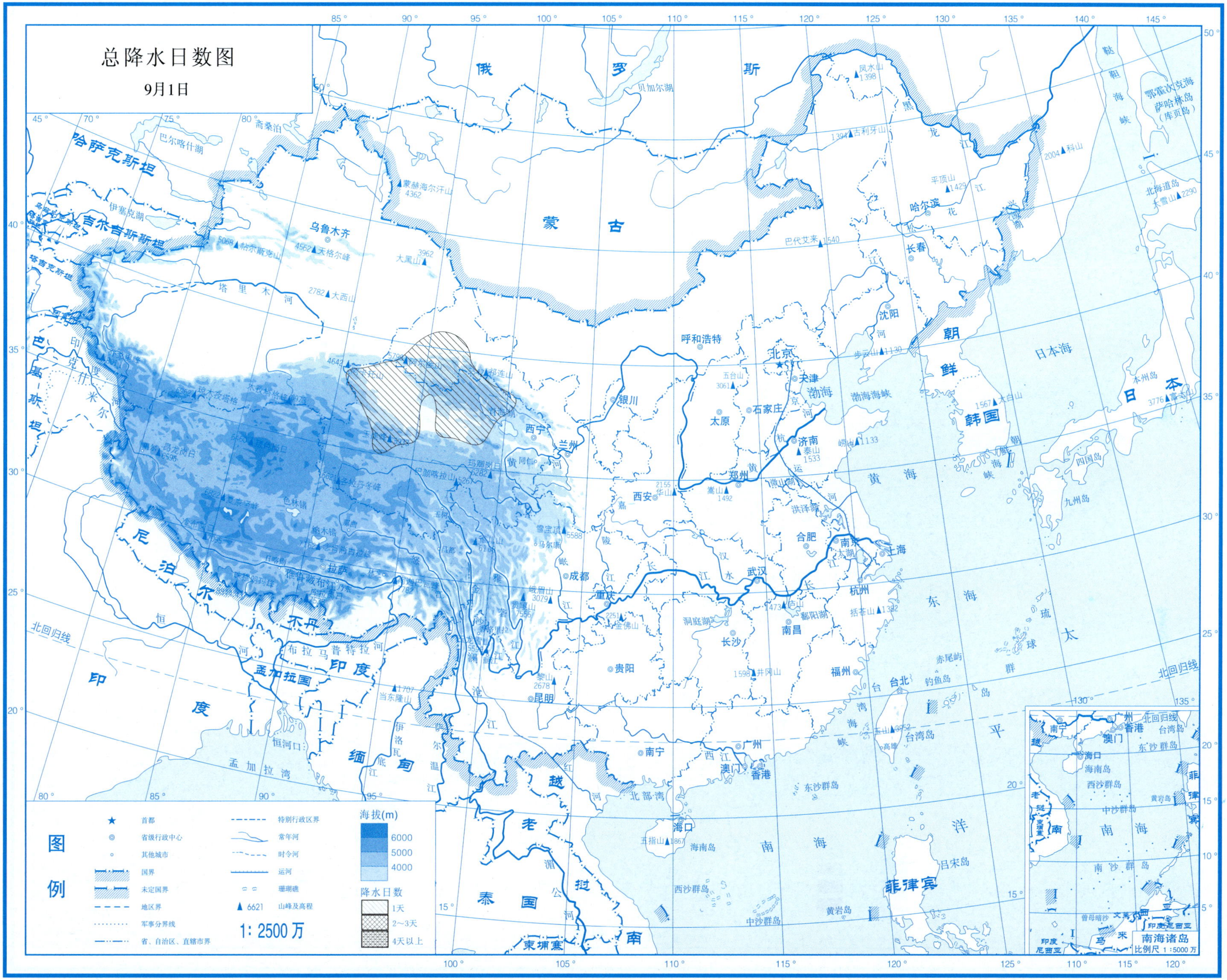
总降水日数图
9月1日
图例
首都
省级行政中心
其他城市
国界
未定国界
地区界
军事分界线
省、自治区、直辖市界
特别行政区界
常年河
时令河
运河
珊瑚礁
6621 山峰及高程
1: 2500万
海拔(m)
6000
5000
4000
降水日数
1天
2~3天
4天以上
俄罗斯
蒙古
哈萨克斯坦
吉尔吉斯斯坦
塔吉克斯坦
巴基斯坦
印度
尼泊尔
不丹
孟加拉国
缅甸
老挝
泰国
越南
柬埔寨
朝鲜
韩国
日本
菲律宾
北京
天津
石家庄
太原
呼和浩特
沈阳
长春
哈尔滨
济南
郑州
西安
银川
兰州
西宁
乌鲁木齐
拉萨
成都
重庆
贵阳
昆明
南宁
广州
香港
澳门
海口
长沙
武汉
南昌
合肥
南京
上海
杭州
福州
台北
渤海
黄海
东海
南海
日本海
太平洋
孟加拉湾
北回归线
南海诸岛
比例尺 1:5000万

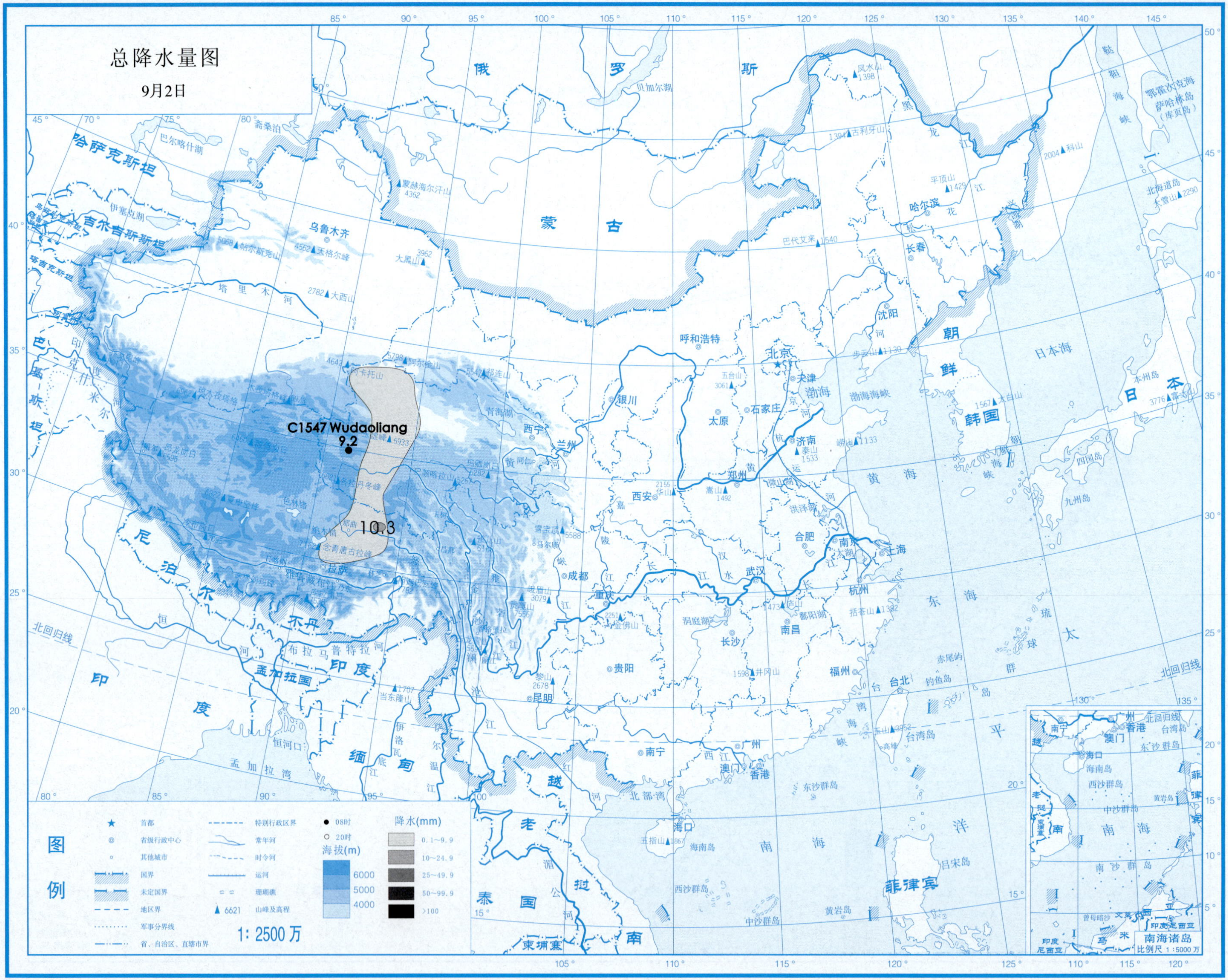
总降水量图
9月2日
C1547 Wudaoliang
9.2
10.3
图例
首都
省级行政中心
其他城市
国界
未定国界
地区界
军事分界线
省、自治区、直辖市界
特别行政区界
常年河
时令河
运河
珊瑚礁
6621 山峰及高程
1: 2500 万
08时
20时
海拔(m)
6000
5000
4000
降水(mm)
0.1~9.9
10~24.9
25~49.9
50~99.9
>100
南海诸岛
比例尺 1:5000 万

# 总降水日数图

9月2日

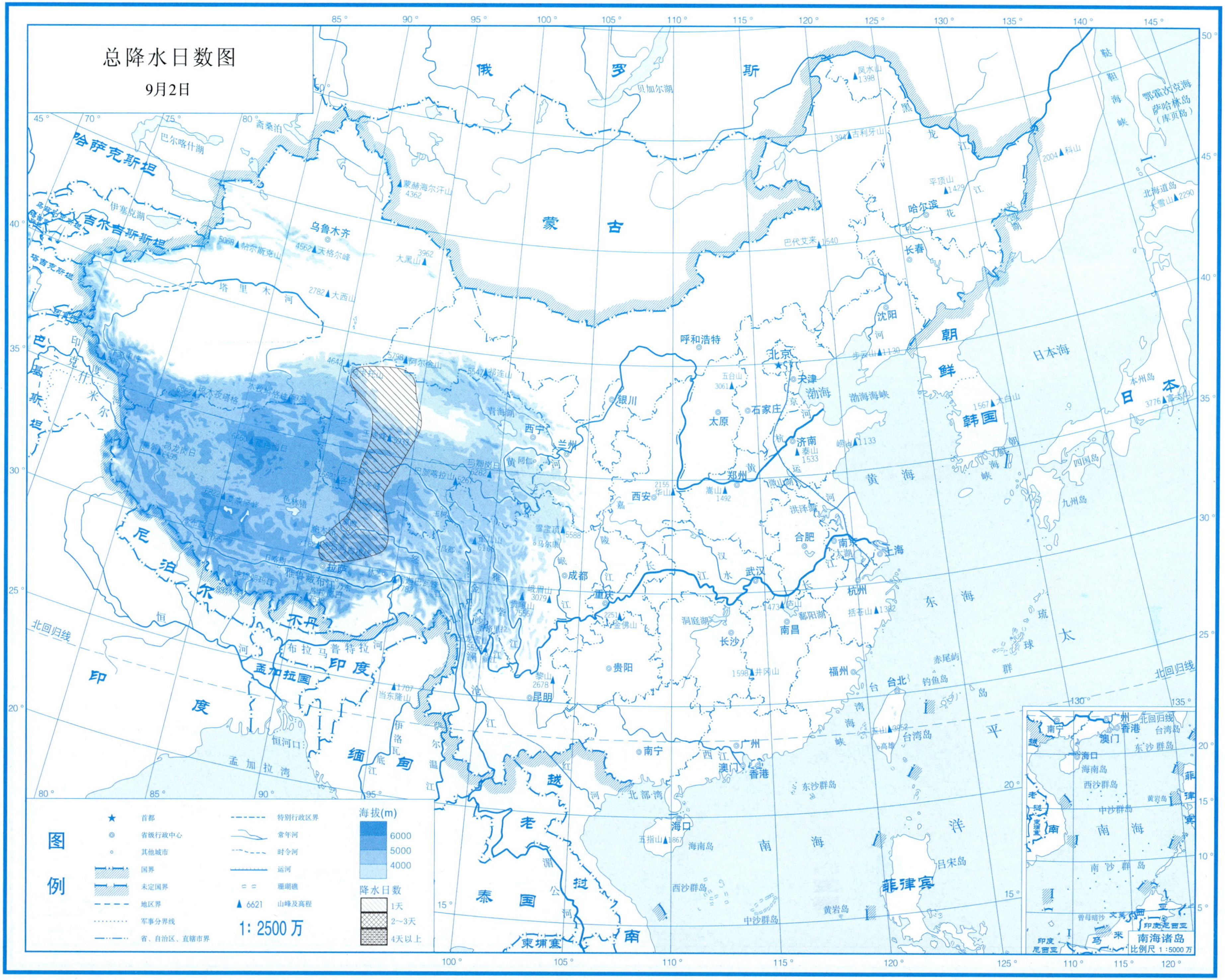
俄　罗　斯
蒙　古
哈萨克斯坦
吉尔吉斯斯坦
塔吉克斯坦
巴基斯坦
尼泊尔
不丹
印度
孟加拉国
缅甸
老挝
泰国
越南
柬埔寨
朝鲜
韩国
日本
菲律宾
乌鲁木齐
西宁
兰州
银川
呼和浩特
北京
天津
石家庄
太原
济南
郑州
西安
拉萨
成都
重庆
武汉
合肥
南京
上海
杭州
南昌
长沙
贵阳
昆明
南宁
广州
福州
台北
香港
澳门
海口
沈阳
长春
哈尔滨
青海湖
贝加尔湖
巴尔喀什湖
渤海
黄海
东海
南海
日本海
太平洋
北回归线
南海诸岛
比例尺 1:5000万
图例
首都
省级行政中心
其他城市
国界
未定国界
地区界
军事分界线
省、自治区、直辖市界
特别行政区界
常年河
时令河
运河
珊瑚礁
山峰及高程
1：2500万
海拔(m)
6000
5000
4000
降水日数
1天
2~3天
4天以上

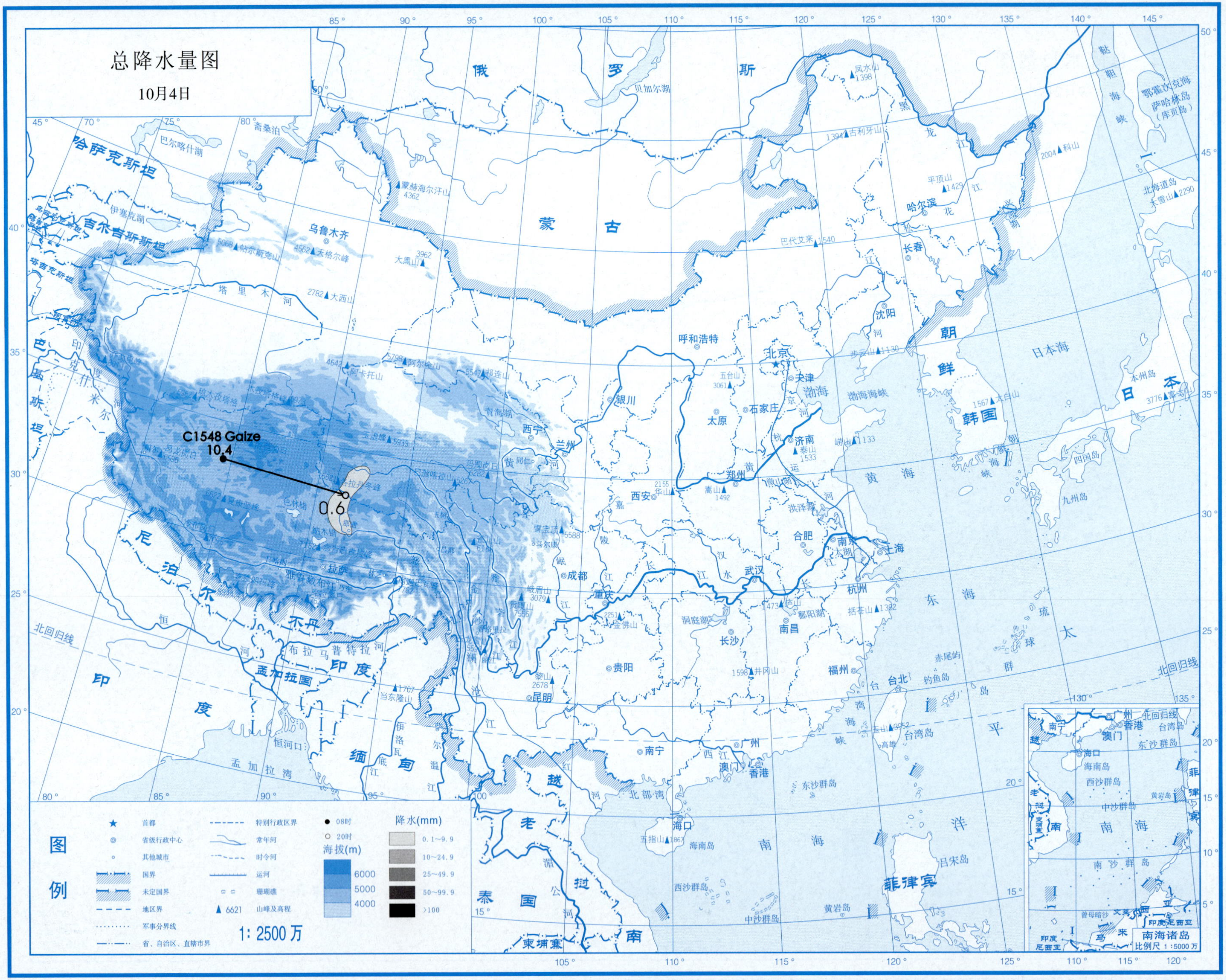
总降水量图
10月4日
C1548 Galze
10.4
0.6
图例
首都
省级行政中心
其他城市
国界
未定国界
地区界
军事分界线
省、自治区、直辖市界
特别行政区界
常年河
时令河
运河
珊瑚礁
6621 山峰及高程
08时
20时
海拔(m)
6000
5000
4000
降水(mm)
0.1~9.9
10~24.9
25~49.9
50~99.9
>100
1: 2500 万
南海诸岛
比例尺 1:5000 万

# 总降水日数图

10月4日

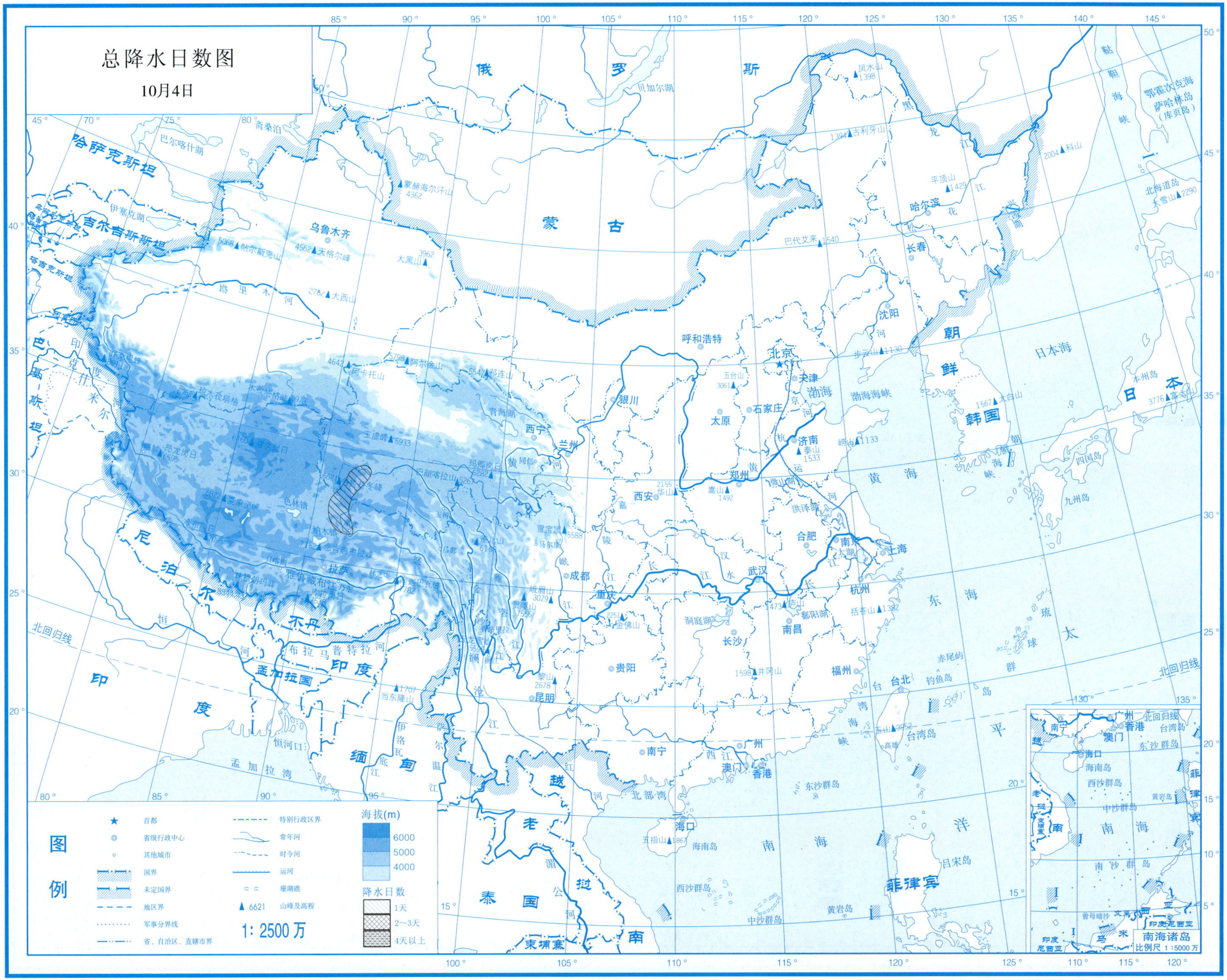

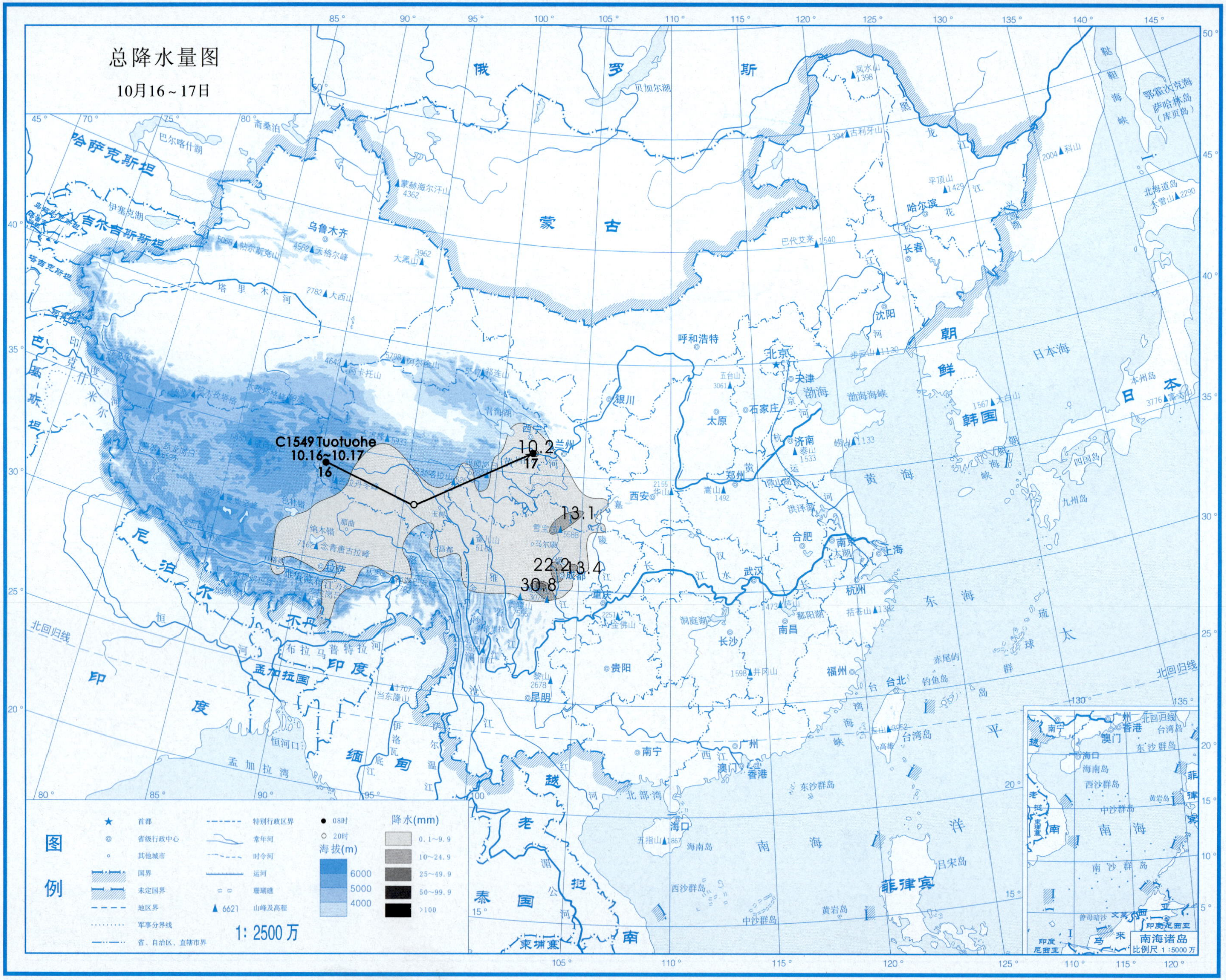
总降水量图
10月16～17日
C1549 Tuotuohe
10.16~10.17
16
10.2
17
13.1
22.2
13.4
30.8
图例
首都
省级行政中心
其他城市
国界
未定国界
地区界
军事分界线
省、自治区、直辖市界
特别行政区界
常年河
时令河
运河
珊瑚礁
山峰及高程
08时
20时
海拔(m)
6000
5000
4000
降水(mm)
0.1～9.9
10～24.9
25～49.9
50～99.9
>100
1: 2500 万
南海诸岛
比例尺 1:5000 万

# 总降水日数图

10月16～17日

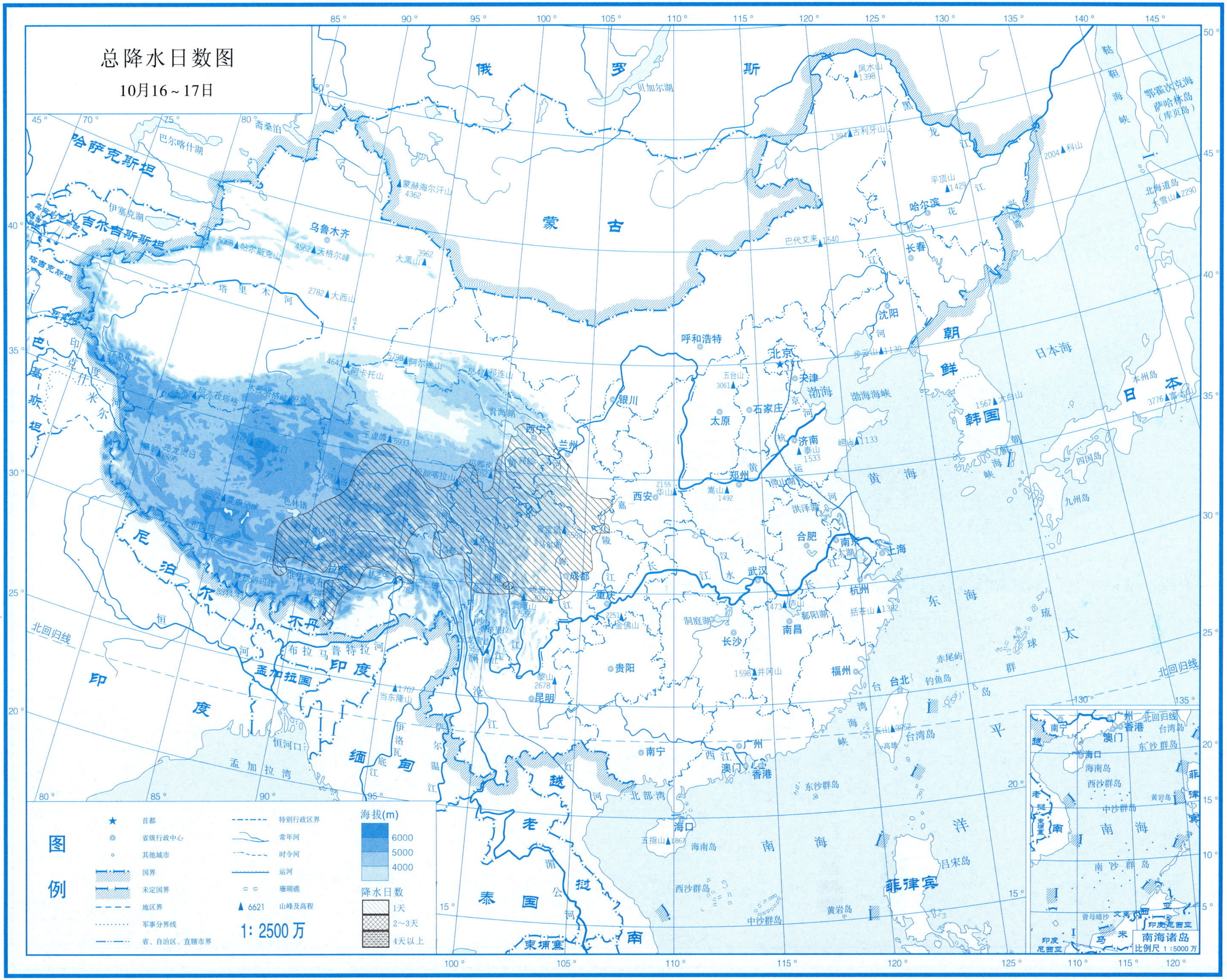

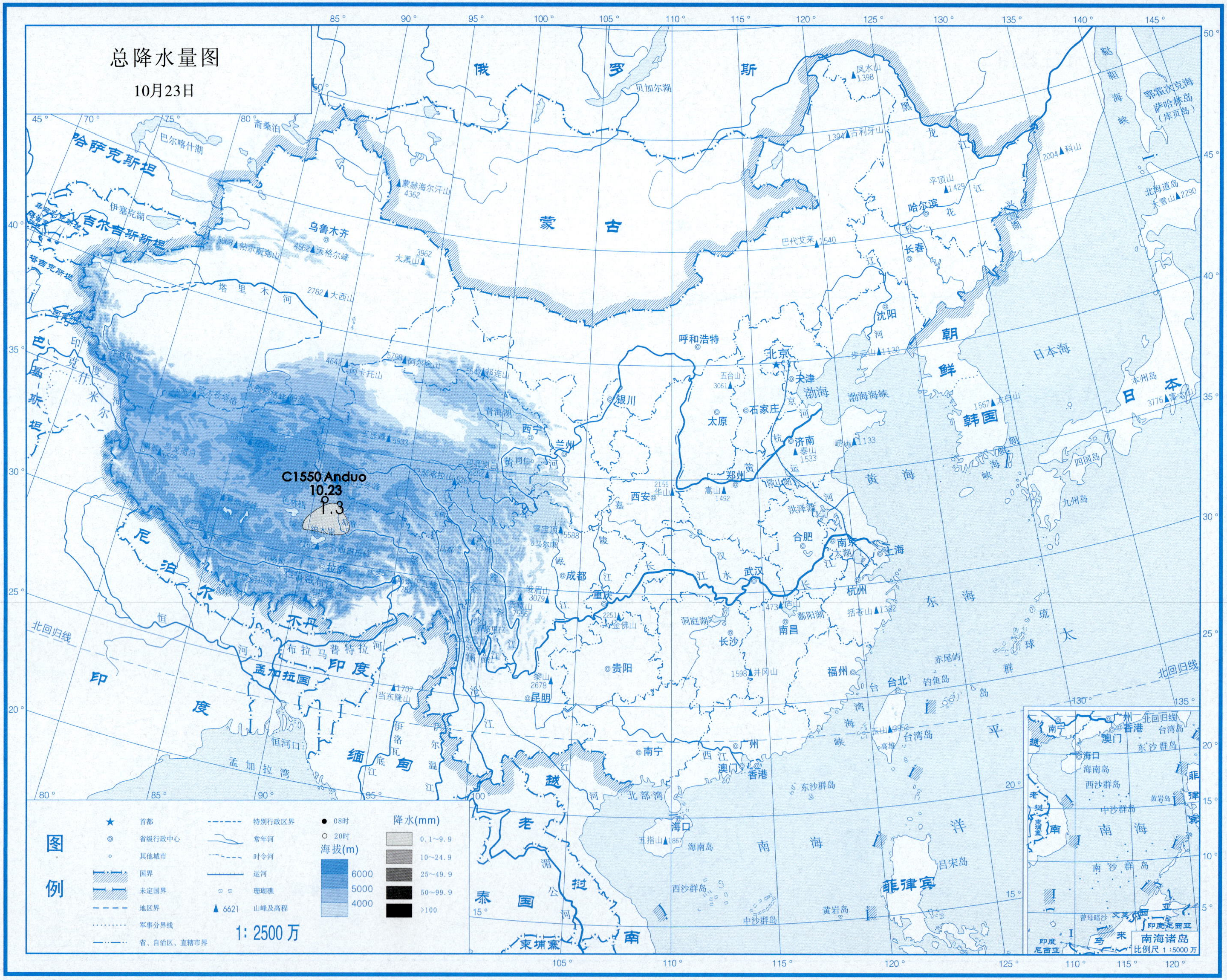
总降水量图
10月23日
C1550 Anduo
10.23
1.3
图例
首都
省级行政中心
其他城市
国界
未定国界
地区界
军事分界线
省、自治区、直辖市界
特别行政区界
常年河
时令河
运河
珊瑚礁
6621 山峰及高程
08时
20时
海拔(m)
6000
5000
4000
降水(mm)
0.1~9.9
10~24.9
25~49.9
50~99.9
>100
1: 2500 万
南海诸岛
比例尺 1:5000 万

# 总降水日数图

10月23日

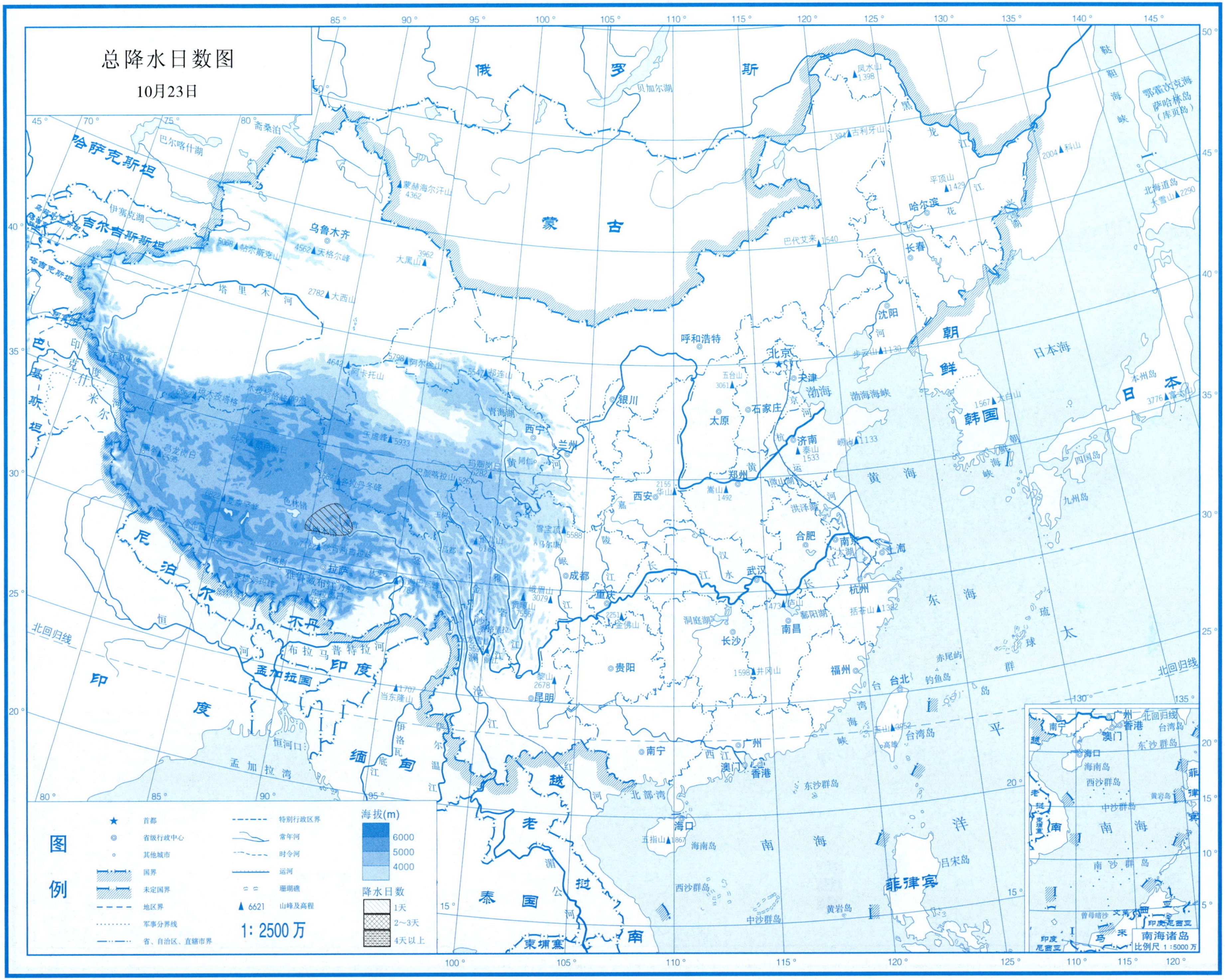

# 总降水量图

11月27日

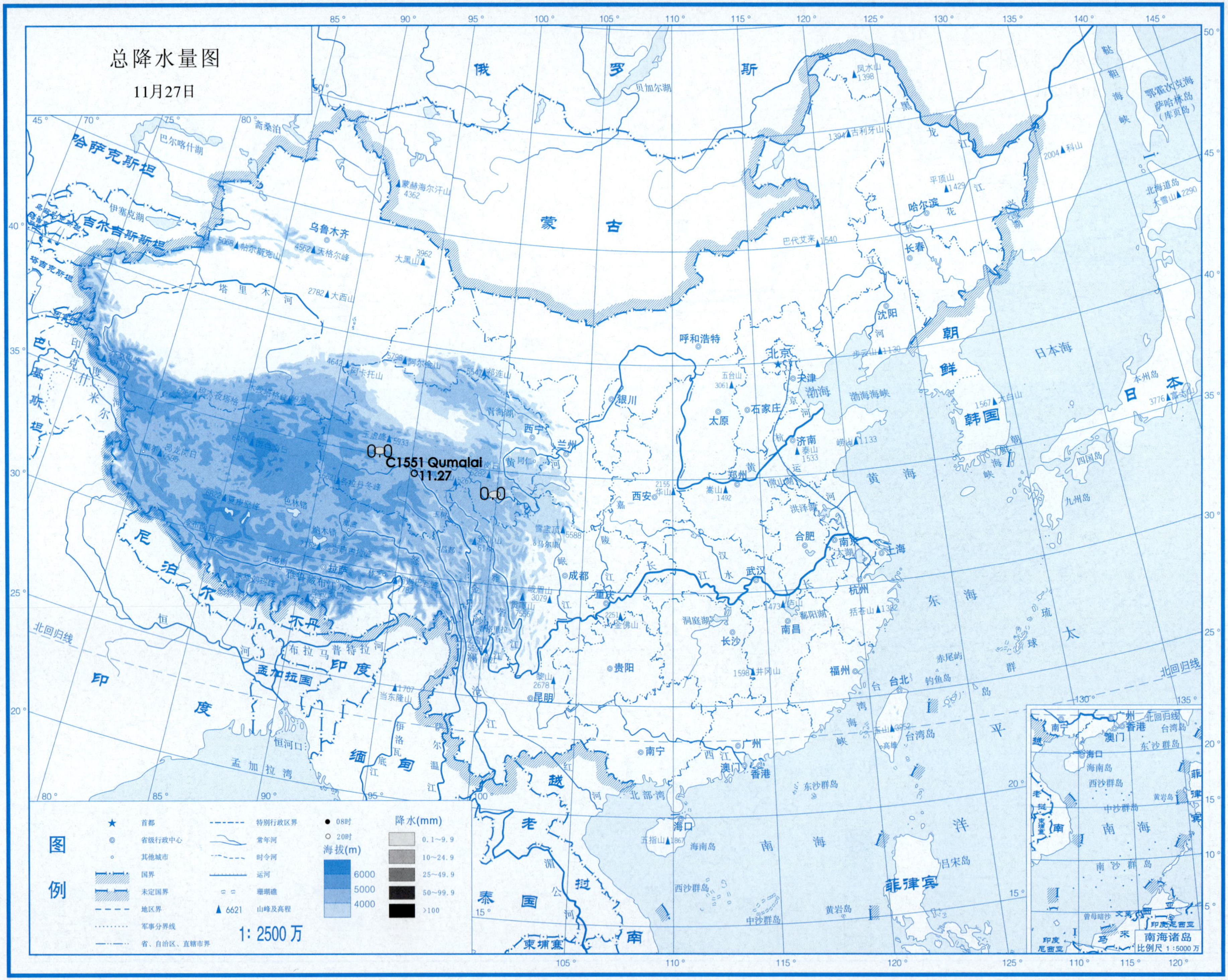

# 总降水日数图

11月27日

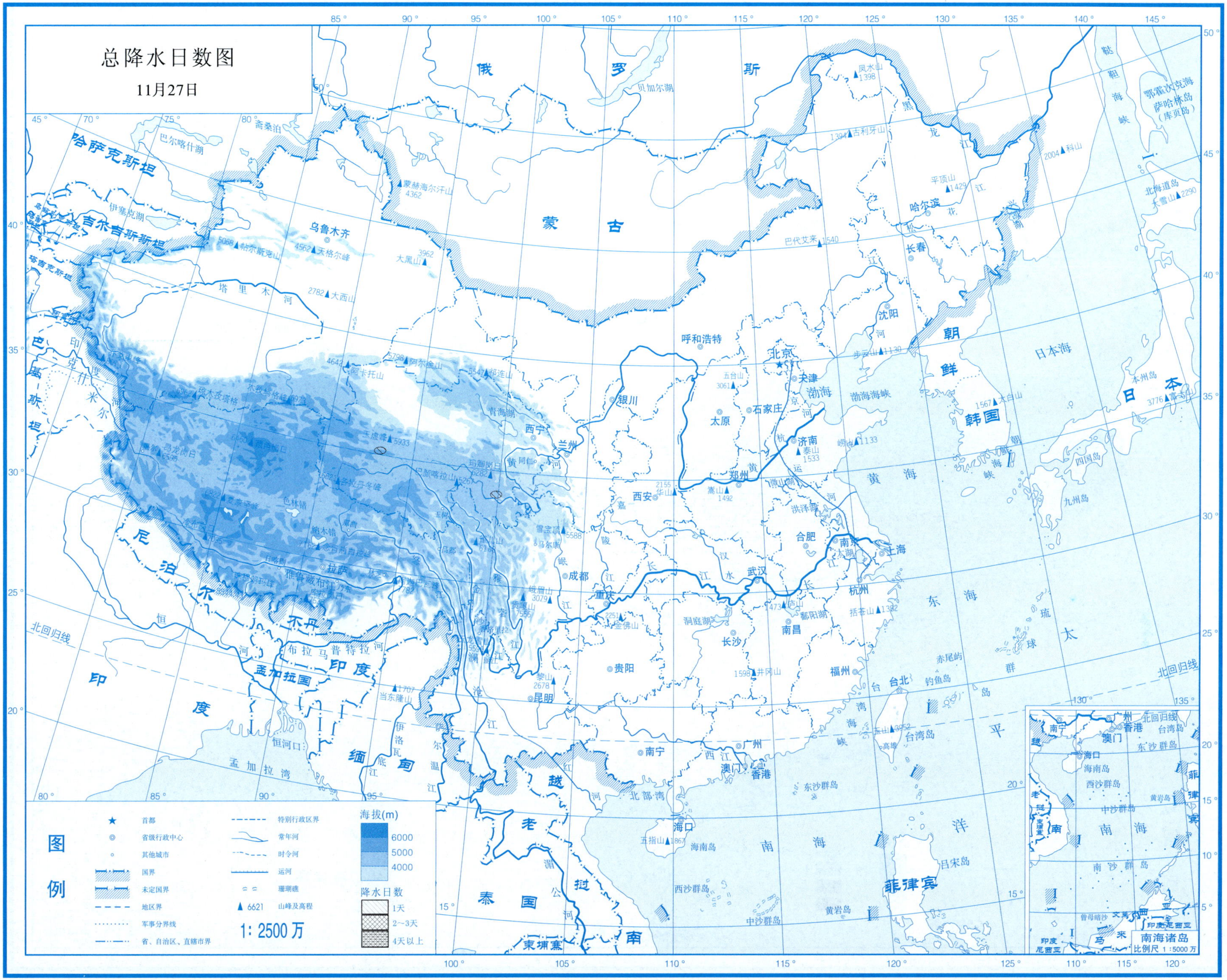

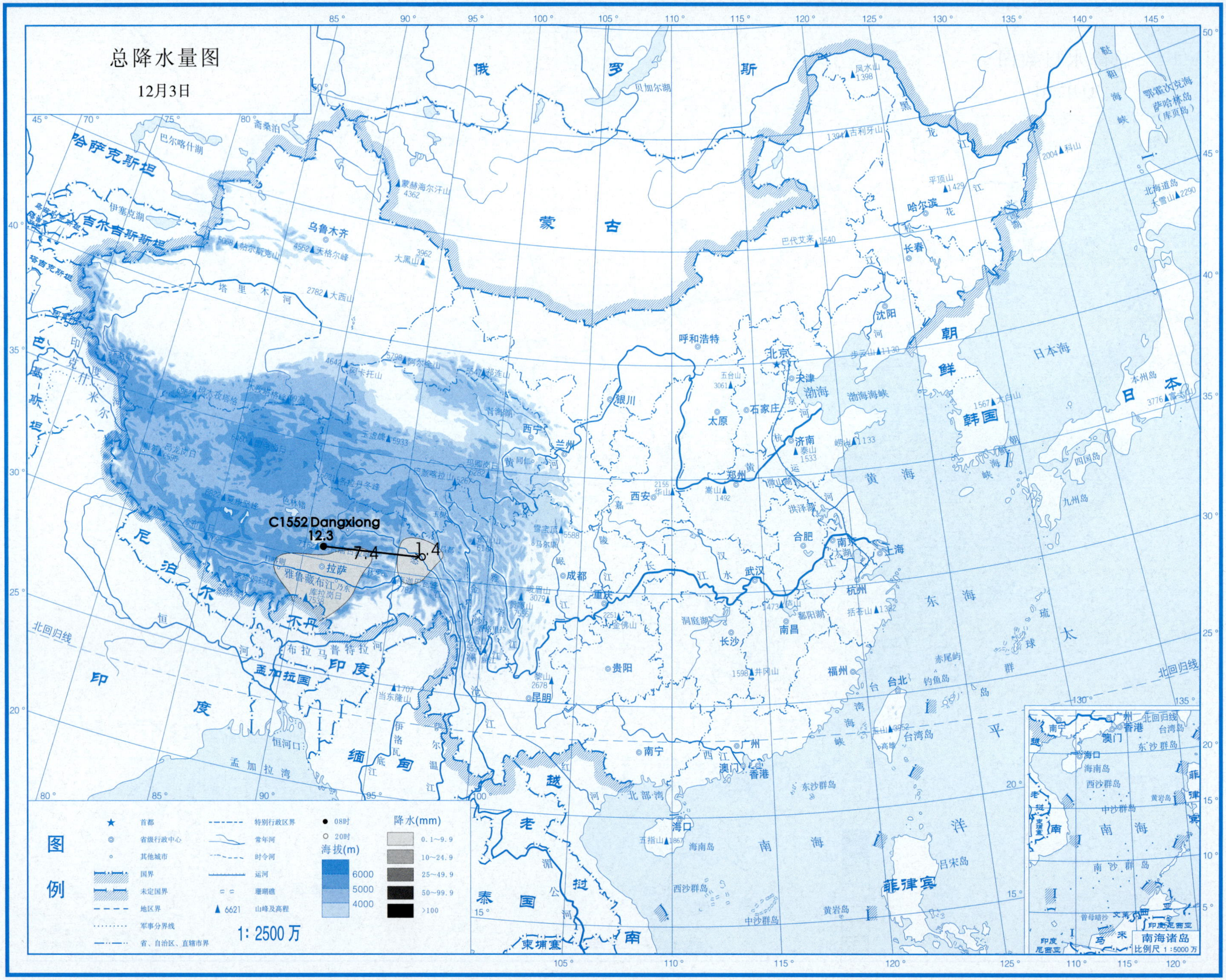
总降水量图
12月3日
C1552 Dangxiong
12.3
7.4
1.4
图例
首都
省级行政中心
其他城市
国界
未定国界
地区界
军事分界线
省、自治区、直辖市界
特别行政区界
常年河
时令河
运河
珊瑚礁
6621 山峰及高程
08时
20时
海拔(m)
6000
5000
4000
降水(mm)
0.1~9.9
10~24.9
25~49.9
50~99.9
>100
1: 2500万
南海诸岛
比例尺 1:5000万

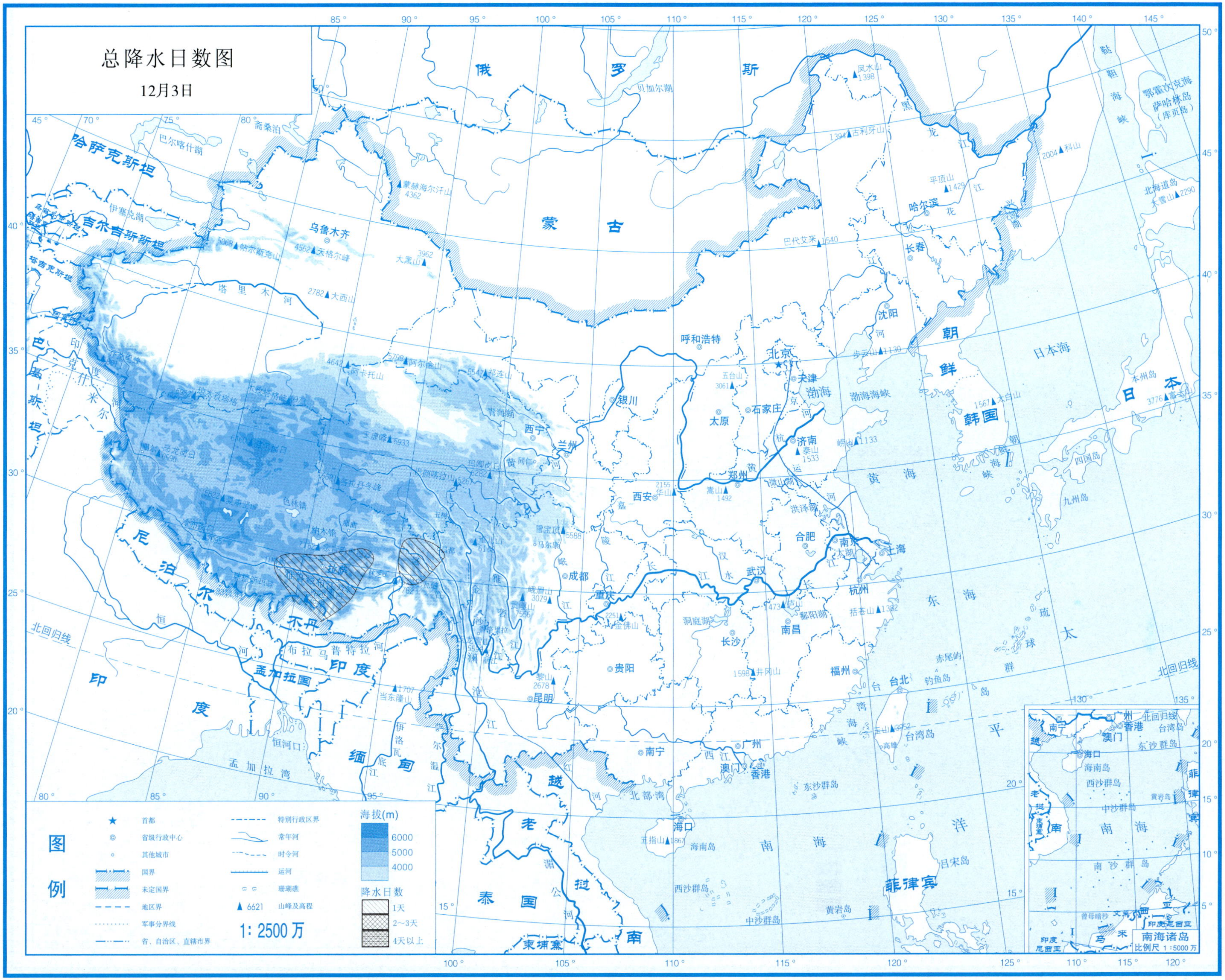


高原低涡 第1部分

Page... 148

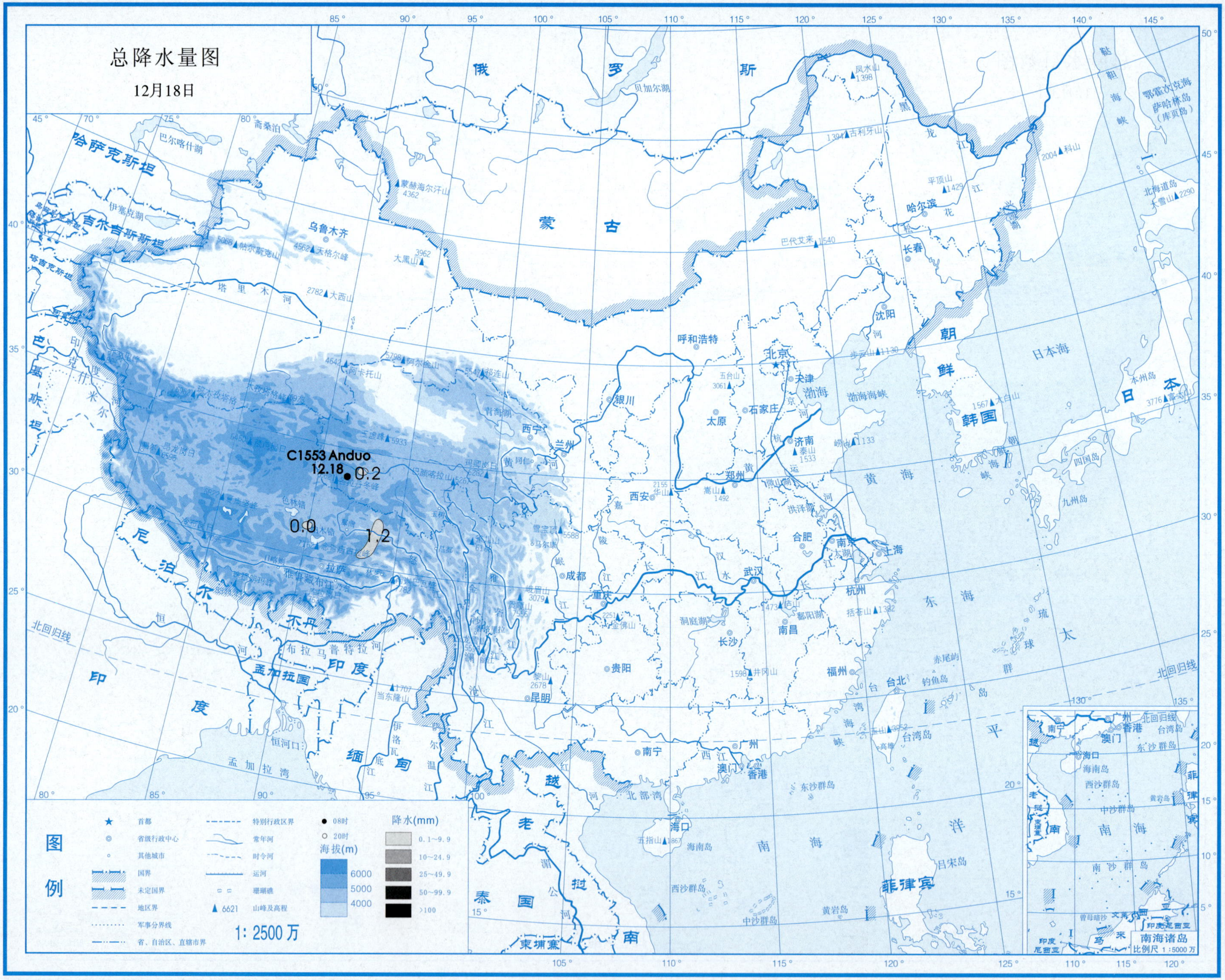
总降水量图
12月18日
C1553 Anduo
12.18
0.2
0.0
1.2
图例
首都
省级行政中心
其他城市
国界
未定国界
地区界
军事分界线
省、自治区、直辖市界
特别行政区界
常年河
时令河
运河
珊瑚礁
6621 山峰及高程
08时
20时
海拔(m)
6000
5000
4000
降水(mm)
0.1~9.9
10~24.9
25~49.9
50~99.9
>100
1: 2500万
南海诸岛
比例尺 1:5000万

# 总降水日数图

12月18日

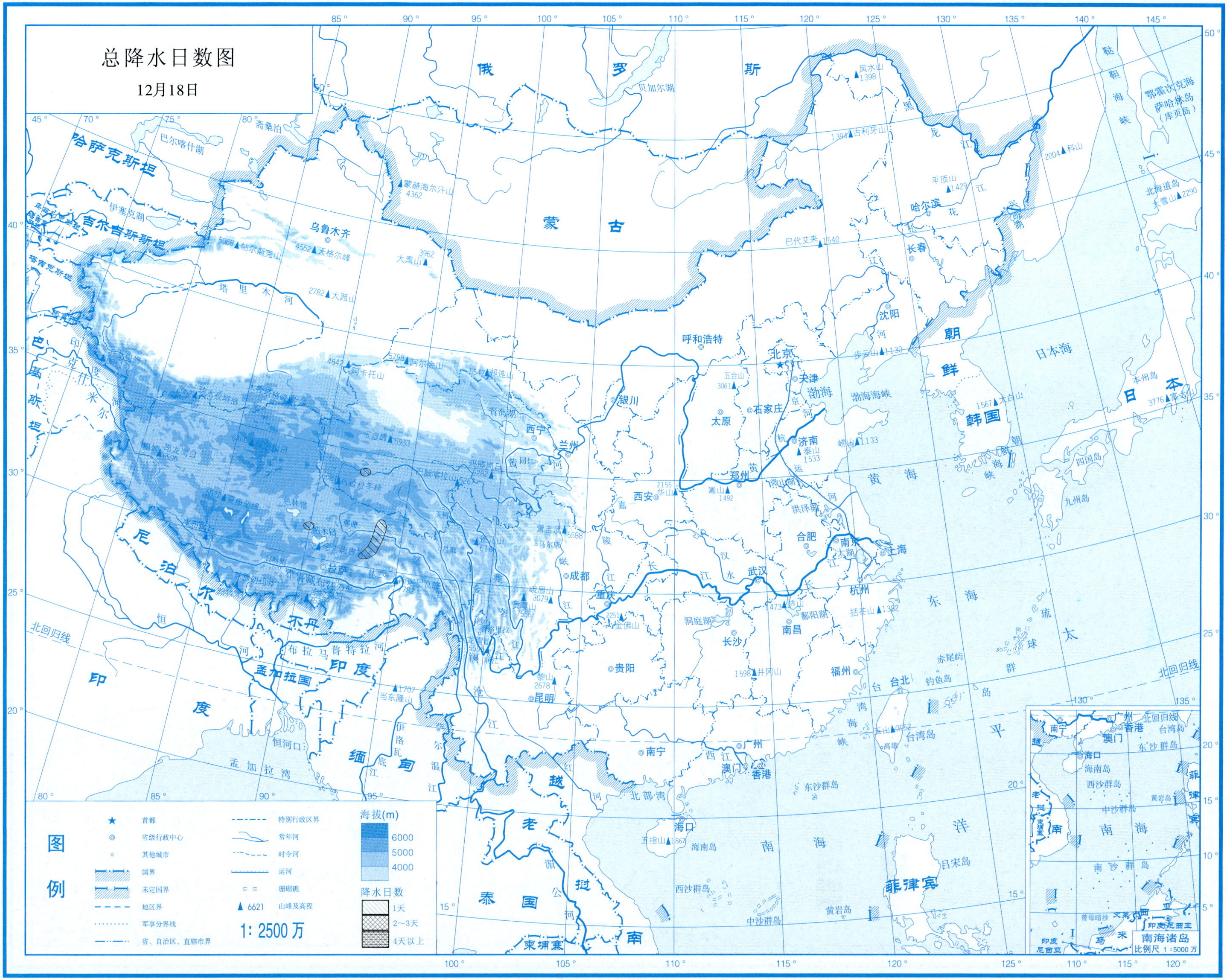

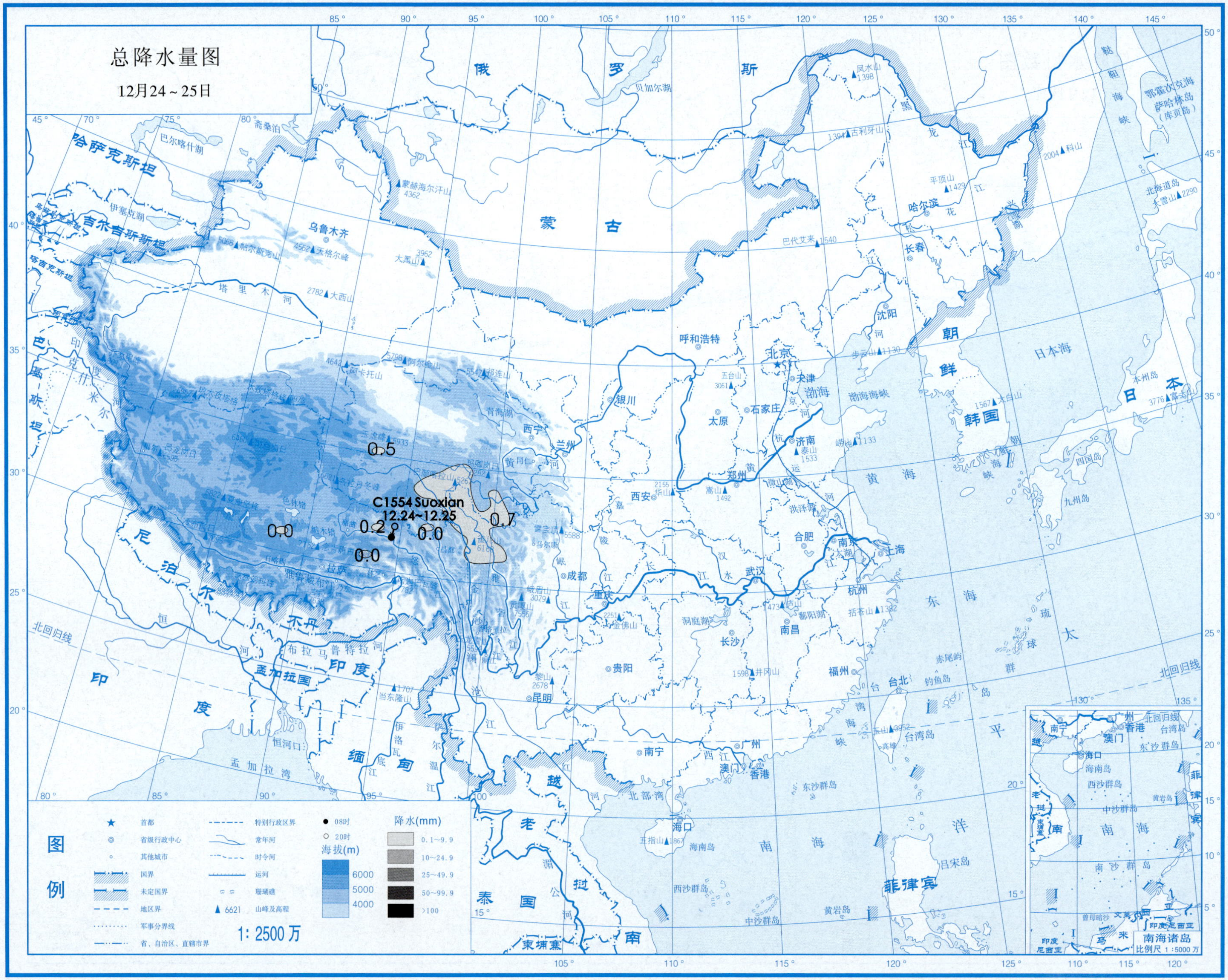
总降水量图
12月24～25日
C1554 Suoxian
12.24~12.25
0.5
0.2
0.0
0.7
0.0
0.0
图例
首都
省级行政中心
其他城市
国界
未定国界
地区界
军事分界线
省、自治区、直辖市界
特别行政区界
常年河
时令河
运河
珊瑚礁
6621 山峰及高程
08时
20时
海拔(m)
6000
5000
4000
降水(mm)
0.1~9.9
10~24.9
25~49.9
50~99.9
>100
1: 2500 万
南海诸岛
比例尺 1:5000 万

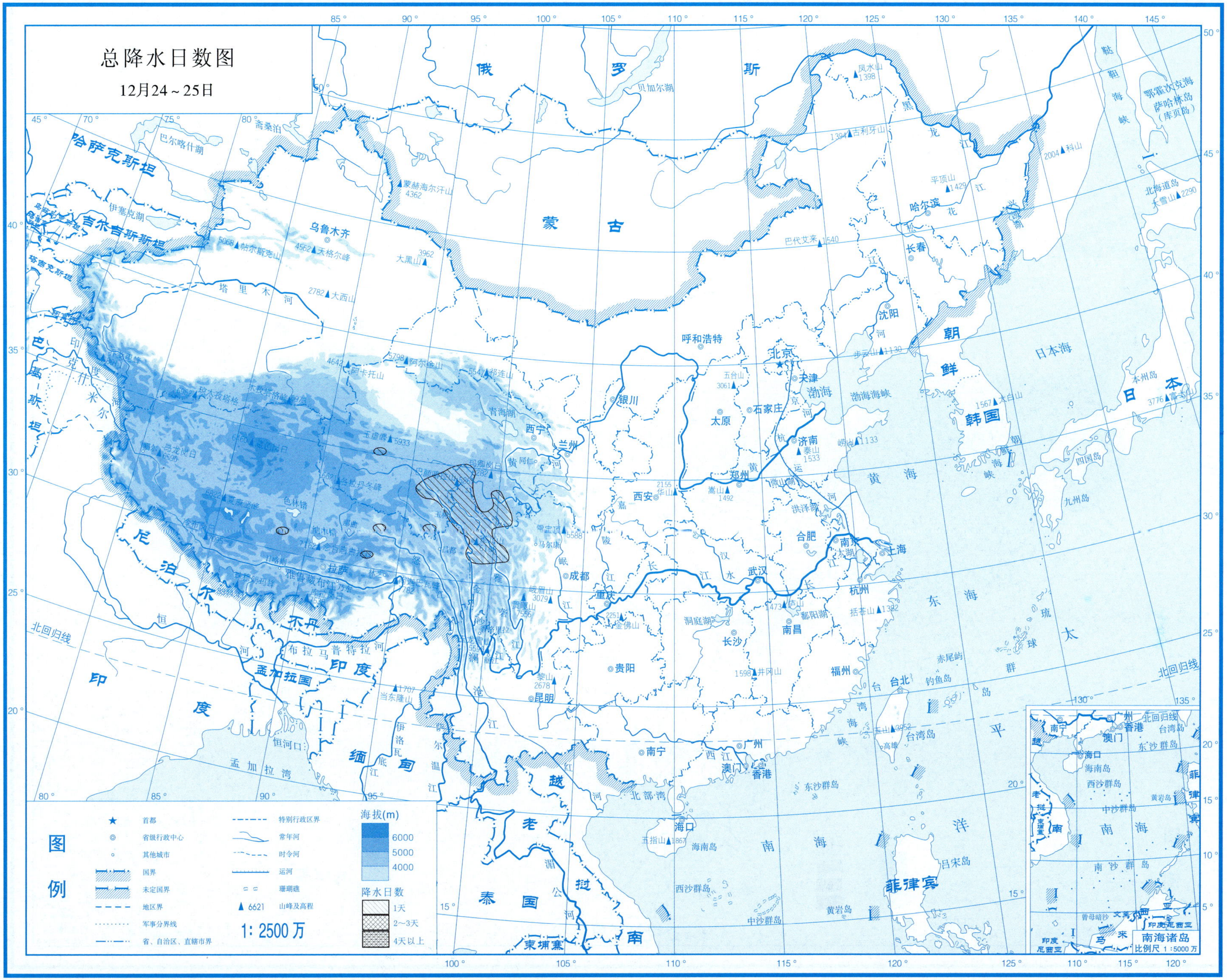


Page...147

高原低涡 第7部分

# 总降水量图

12月31日

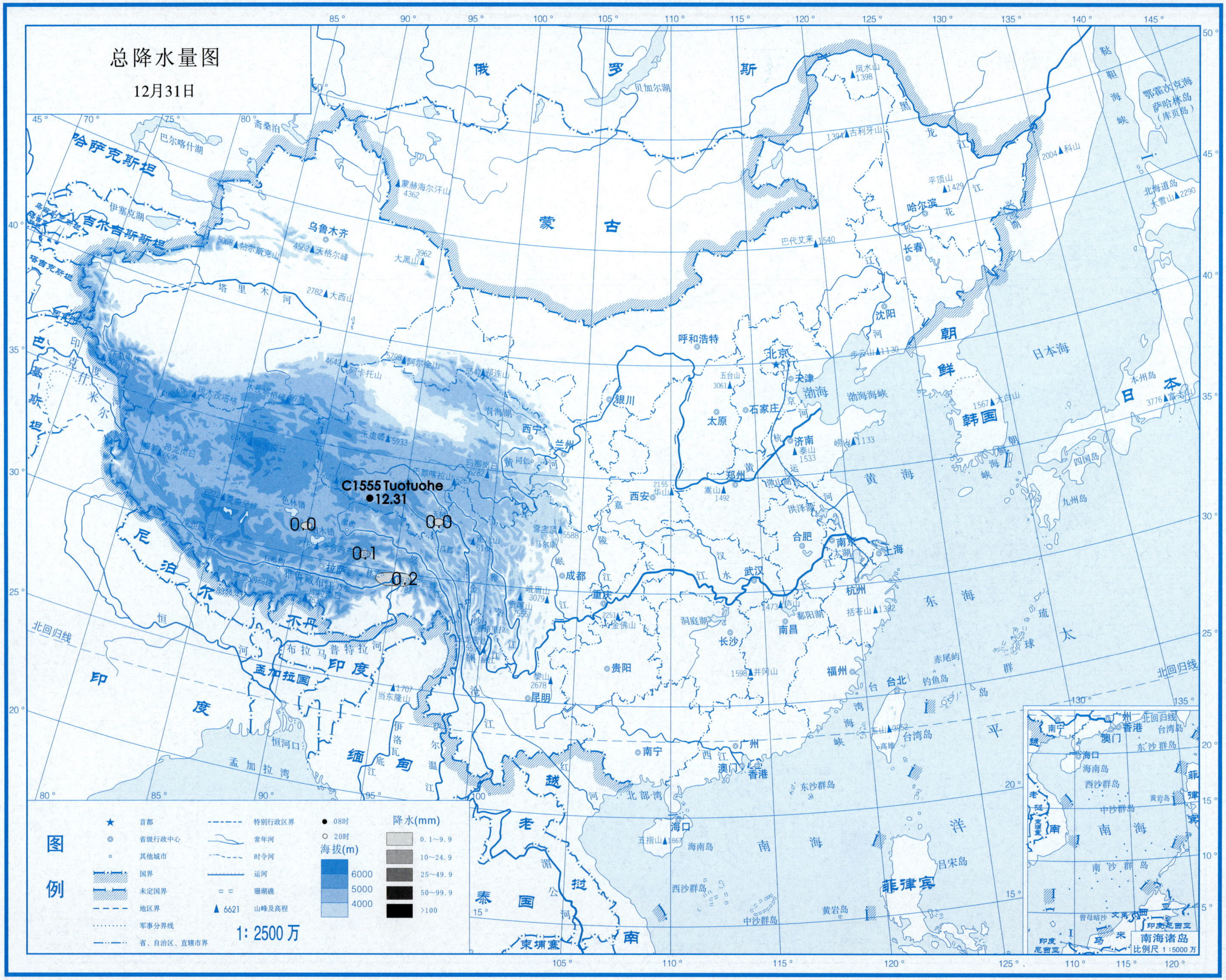

# 总降水日数图

12月31日

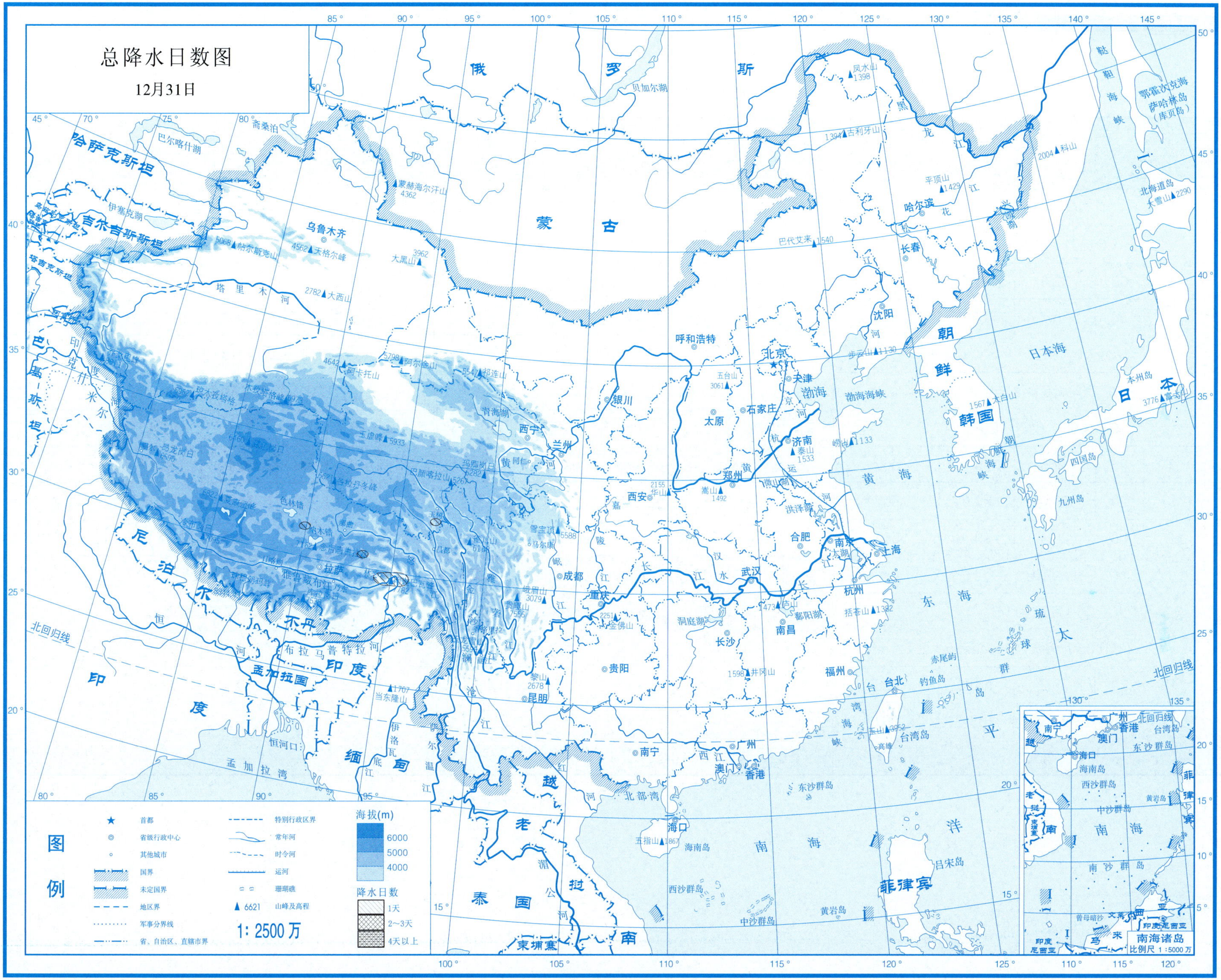




高原低涡

第1部分

## 高原低涡中心位置资料表

| 月 | 日 | 时 | 中心位置 | | 位势高度/位势什米 |
|---|---|---|---|---|---|
| | | | 北纬/(°) | 东经/(°) | |
| ①1月5日 | | | | | |
| (C1501)石渠，Shiqu | | | | | |
| 1 | 5 | 08 | 32.8 | 99.5 | 560 |
| | | 20 | 35.7 | 102.0 | 560 |
| 消失 | | | | | |
| ②1月7~8日 | | | | | |
| (C1502)改则，Gaize | | | | | |
| 1 | 7 | 08 | 32.9 | 86.7 | 563 |
| | | 20 | 30.0 | 87.6 | 565 |
| | 8 | 08 | 28.4 | 89.9 | 564 |
| 消失 | | | | | |
| ③1月10~11日 | | | | | |
| (C1503)稻城，Daocheng | | | | | |
| 1 | 10 | 20 | 29.2 | 100.9 | 568 |
| | 11 | 08 | 27.3 | 103.4 | 567 |
| 消失 | | | | | |
| ④2月11日 | | | | | |
| (C1504)南木林，Nanmulin | | | | | |
| 2 | 11 | 08 | 29.7 | 88.5 | 572 |
| 消失 | | | | | |
| ⑤2月13日 | | | | | |
| (C1505)拉萨，Lasa | | | | | |
| 2 | 13 | 08 | 29.5 | 92.0 | 564 |
| 消失 | | | | | |
| ⑥4月5日 | | | | | |
| (C1506)沱沱河，Tuotuohe | | | | | |
| 4 | 5 | 08 | 35.0 | 91.2 | 563 |
| | | 20 | 35.6 | 99.4 | 564 |
| 消失 | | | | | |
| ⑦4月6日 | | | | | |
| (C1507)班玛，Banma | | | | | |
| 4 | 6 | 20 | 33.0 | 100.0 | 570 |
| 消失 | | | | | |
| ⑧4月8~9日 | | | | | |
| (C1508)沱沱河，Tuotuohe | | | | | |
| 4 | 8 | 20 | 33.5 | 92.4 | 570 |
| | 9 | 08 | 32.0 | 98.1 | 572 |
| | | 20 | 31.2 | 103.6 | 572 |
| 消失 | | | | | |
| ⑨4月9日 | | | | | |
| (C1509)安多，Anduo | | | | | |
| 4 | 9 | 08 | 33.2 | 91.4 | 570 |
| | | 20 | 33.0 | 97.8 | 572 |
| 消失 | | | | | |

## 高原低涡中心位置资料表（续-1）

| 月 | 日 | 时 | 中心位置 | | 位势高度/位势什米 |
|---|---|---|---|---|---|
| | | | 北纬/(°) | 东经/(°) | |
| ⑩ 4月21日（C1510）石渠，Shiqu | | | | | |
| 4 | 21 | 20 | 33.0 | 99.0 | 574 |
| 消失 | | | | | |
| ⑪ 4月22~23日（C1511）曲麻莱，Qumalai | | | | | |
| 4 | 22 | 20 | 34.4 | 96.0 | 574 |
| | 23 | 08 | 32.9 | 99.3 | 575 |
| | | 20 | 34.3 | 106.3 | 576 |
| 消失 | | | | | |
| ⑫ 4月26~28日（C1512）囊谦，Nangqian | | | | | |
| 4 | 26 | 20 | 31.9 | 95.0 | 578 |
| | 27 | 08 | 30.0 | 93.0 | 579 |
| | | 20 | 32.4 | 98.6 | 578 |
| | 28 | 08 | 30.3 | 102.0 | 579 |
| 消失 | | | | | |
| ⑬ 4月27~28日（C1513）曲麻莱，Qumalai | | | | | |
| 4 | 27 | 20 | 35.3 | 94.6 | 577 |
| | 28 | 08 | 34.9 | 96.3 | 577 |
| 消失 | | | | | |
| ⑭ 4月29日（C1514）曲麻莱，Qumalai | | | | | |
| 4 | 29 | 20 | 34.4 | 94.9 | 572 |
| 消失 | | | | | |
| ⑮ 5月17~19日（C1515）囊谦，Nangqian | | | | | |
| 5 | 17 | 20 | 32.3 | 96.4 | 580 |
| | 18 | 08 | 32.6 | 96.2 | 580 |
| | | 20 | 32.8 | 99.3 | 580 |
| | 19 | 08 | 32.9 | 100.6 | 580 |
| 消失 | | | | | |
| ⑯ 5月20日（C1516）刚察，Gangcha | | | | | |
| 5 | 20 | 08 | 37.3 | 101.1 | 576 |
| 消失 | | | | | |
| ⑰ 5月20日（C1517）安多，Anduo | | | | | |
| 5 | 20 | 20 | 33.2 | 91.3 | 579 |
| 消失 | | | | | |

## 高原低涡中心位置资料表（续-2）

| 月 | 日 | 时 | 中心位置 北纬/(°) | 中心位置 东经/(°) | 位势高度/位势什米 |
|---|---|---|---|---|---|
| ⑱5月23~24日（C1518）改则，Gaize | | | | | |
| 5 | 23 | 08 | 32.6 | 86.2 | 576 |
| | | 20 | 33.0 | 94.6 | 576 |
| | 24 | 08 | 35.0 | 100.5 | 576 |
| | | 20 | 35.3 | 100.3 | 576 |
| 消失 | | | | | |
| ⑲6月2日（C1519）托勒，Tuole | | | | | |
| 6 | 2 | 20 | 38.4 | 99.0 | 576 |
| 消失 | | | | | |
| ⑳6月8日（C1520）贡觉，Gongjue | | | | | |
| 6 | 8 | 08 | 31.2 | 98.2 | 582 |
| | | 20 | 31.0 | 106.0 | 581 |
| 消失 | | | | | |
| ㉑6月9日（C1521）狮泉河，Shiquanhe | | | | | |
| 6 | 9 | 08 | 33.0 | 81.3 | 578 |
| 消失 | | | | | |
| ㉒6月9日（C1522）嘉黎，Jiali | | | | | |
| 6 | 9 | 20 | 30.6 | 93.0 | 582 |
| 消失 | | | | | |
| ㉓6月10~11日（C1523）改则，Gaize | | | | | |
| 6 | 10 | 08 | 32.7 | 83.5 | 580 |
| | | 20 | 32.9 | 85.6 | 579 |
| | 11 | 08 | 35.5 | 91.8 | 579 |
| | | 20 | 35.0 | 95.9 | 580 |
| 消失 | | | | | |
| ㉔6月12~13日（C1524）改则，Gaize | | | | | |
| 6 | 12 | 08 | 31.1 | 85.2 | 576 |
| | | 20 | 34.5 | 91.1 | 577 |
| | 13 | 08 | 35.3 | 96.4 | 577 |
| | | 20 | 35.9 | 101.4 | 575 |
| 消失 | | | | | |
| ㉕6月15~16日（C1525）曲麻莱，Qumalai | | | | | |
| 6 | 15 | 20 | 34.9 | 95.9 | 575 |
| | 16 | 08 | 37.1 | 100.2 | 575 |
| | | 20 | 35.7 | 108.8 | 578 |
| 消失 | | | | | |

## 高原低涡中心位置资料表（续-3）

| 月 | 日 | 时 | 中心位置 北纬/(°) | 中心位置 东经/(°) | 位势高度/位势什米 |
|---|---|---|---|---|---|
| ㉖6月17日 | | | | | |
| （C1526）兴海，Xinghai | | | | | |
| 6 | 17 | 20 | 35.6 | 99.6 | 580 |
| 消失 | | | | | |
| ㉗6月18~19日 | | | | | |
| （C1527）改则，Gaize | | | | | |
| 6 | 18 | 20 | 33.5 | 86.9 | 580 |
| | 19 | 08 | 35.0 | 96.1 | 580 |
| | | 20 | 38.0 | 101.1 | 579 |
| 消失 | | | | | |
| ㉘6月22日 | | | | | |
| （C1528）玛多，Maduo | | | | | |
| 6 | 22 | 08 | 35.2 | 96.8 | 576 |
| | | 20 | 35.3 | 95.3 | 576 |
| 消失 | | | | | |
| ㉙6月29日~7月1日 | | | | | |
| （C1529）改则，Gaize | | | | | |
| 6 | 29 | 20 | 33.5 | 84.8 | 584 |
| | 30 | 08 | 33.7 | 83.8 | 584 |
| | | 20 | 33.6 | 84.4 | 584 |
| 7 | 1 | 08 | 34.2 | 81.7 | 583 |
| 消失 | | | | | |
| ㉚6月30日 | | | | | |
| （C1530）新龙，Xinlong | | | | | |
| 6 | 30 | 08 | 33.0 | 101.5 | 586 |
| | | 20 | 30.2 | 102.3 | 585 |
| 消失 | | | | | |
| ㉛7月1日 | | | | | |
| （C1531）石渠，Shiqu | | | | | |
| 7 | 1 | 08 | 33.2 | 98.6 | 584 |
| | | 20 | 35.0 | 102.2 | 582 |
| 消失 | | | | | |
| ㉜7月7日 | | | | | |
| （C1532）托勒，Tuole | | | | | |
| 7 | 7 | 20 | 38.6 | 98.8 | 580 |
| 消失 | | | | | |
| ㉝7月14日 | | | | | |
| （C1533）道孚，Daofu | | | | | |
| 7 | 14 | 08 | 30.6 | 100.8 | 583 |
| | | 20 | 32.4 | 108.0 | 581 |
| 消失 | | | | | |

## 高原低涡中心位置资料表（续-4）

| 月 | 日 | 时 | 中心位置 | | 位势高度/位势什米 |
|---|---|---|---|---|---|
| | | | 北纬/(°) | 东经/(°) | |
| ㉞7月20日（C1534）杂多，Zaduo | | | | | |
| 7 | 20 | 20 | 33.0 | 94.4 | 584 |
| 消失 | | | | | |
| ㉟8月5~8日（C1535）改则，Gaize | | | | | |
| 8 | 5 | 08 | 34.1 | 86.0 | 584 |
| | | 20 | 33.4 | 88.0 | 583 |
| | 6 | 08 | 32.7 | 90.9 | 582 |
| | | 20 | 33.0 | 98.9 | 582 |
| | 7 | 08 | 36.4 | 100.6 | 583 |
| | | 20 | 34.5 | 102.2 | 584 |
| | 8 | 08 | 34.3 | 103.1 | 583 |
| 消失 | | | | | |

| 月 | 日 | 时 | 中心位置 | | 位势高度/位势什米 |
|---|---|---|---|---|---|
| | | | 北纬/(°) | 东经/(°) | |
| ㊱8月9~10日（C1536）九龙，Jiulong | | | | | |
| 8 | 9 | 08 | 29.0 | 101.6 | 584 |
| | | 20 | 29.2 | 101.3 | 584 |
| | 10 | 08 | 29.0 | 100.6 | 585 |
| 消失 | | | | | |
| ㊲8月14日（C1537）安多，Anduo | | | | | |
| 8 | 14 | 20 | 33.0 | 91.7 | 584 |
| 消失 | | | | | |
| ㊳8月16日（C1538）马尔康，Maerkang | | | | | |
| 8 | 16 | 08 | 32.1 | 102.3 | 585 |
| 消失 | | | | | |

| 月 | 日 | 时 | 中心位置 | | 位势高度/位势什米 |
|---|---|---|---|---|---|
| | | | 北纬/(°) | 东经/(°) | |
| ㊴8月17~19日（C1539）安多，Anduo | | | | | |
| 8 | 17 | 08 | 33.2 | 89.8 | 584 |
| | | 20 | 33.2 | 93.2 | 582 |
| | 18 | 08 | 33.2 | 92.3 | 582 |
| | | 20 | 33.2 | 92.2 | 582 |
| | 19 | 08 | 32.8 | 95.4 | 585 |
| | | 20 | 30.9 | 99.0 | 585 |
| 消失 | | | | | |
| ㊵8月18日（C1540）石渠，Shiqu | | | | | |
| 8 | 18 | 08 | 32.9 | 99.2 | 583 |
| 消失 | | | | | |

## 高原低涡中心位置资料表（续-5）

| 月 | 日 | 时 | 中心位置 北纬/(°) | 中心位置 东经/(°) | 位势高度/位势什米 |
|---|---|---|---|---|---|
| ㊶8月22日（C1541）九龙，Jiulong | | | | | |
| 8 | 22 | 08 | 29.4 | 101.4 | 584 |
| 消失 | | | | | |
| ㊷8月23~24日（C1542）果洛，Guoluo | | | | | |
| 8 | 23 | 20 | 34.4 | 94.7 | 580 |
| | 24 | 08 | 33.5 | 98.7 | 581 |
| | | 20 | 32.0 | 102.8 | 582 |
| 消失 | | | | | |
| ㊸8月27~29日（C1543）班戈，Bange | | | | | |
| 8 | 27 | 20 | 32.2 | 89.0 | 585 |
| | 28 | 08 | 34.0 | 91.2 | 583 |
| | | 20 | 34.5 | 94.7 | 584 |
| | 29 | 08 | 33.1 | 96.0 | 584 |
| 消失 | | | | | |

| 月 | 日 | 时 | 中心位置 北纬/(°) | 中心位置 东经/(°) | 位势高度/位势什米 |
|---|---|---|---|---|---|
| ㊹8月28~29日（C1544）白玉，Baiyu | | | | | |
| 8 | 28 | 20 | 31.2 | 98.9 | 584 |
| | 29 | 08 | 29.2 | 100.4 | 584 |
| | | 20 | 28.2 | 100.0 | 584 |
| 消失 | | | | | |
| ㊺8月30~31日（C1545）石渠，Shiqu | | | | | |
| 8 | 30 | 20 | 32.6 | 98.0 | 583 |
| | 31 | 08 | 32.5 | 99.0 | 584 |
| | | 20 | 32.8 | 99.0 | 584 |
| 消失 | | | | | |
| ㊻9月1日（C1546）大柴旦，Dachaidan | | | | | |
| 9 | 1 | 20 | 38.0 | 96.2 | 579 |
| 消失 | | | | | |

| 月 | 日 | 时 | 中心位置 北纬/(°) | 中心位置 东经/(°) | 位势高度/位势什米 |
|---|---|---|---|---|---|
| ㊼9月2日（C1547）五道梁，Wudaoliang | | | | | |
| 9 | 2 | 08 | 35.0 | 91.3 | 580 |
| 消失 | | | | | |
| ㊽10月4日（C1548）改则，Gaize | | | | | |
| 10 | 4 | 08 | 33.4 | 84.5 | 582 |
| | | 20 | 33.0 | 91.6 | 582 |
| 消失 | | | | | |
| ㊾10月16~17日（C1549）沱沱河，Tuotuohe | | | | | |
| 10 | 16 | 08 | 34.3 | 90.3 | 579 |
| | | 20 | 33.1 | 95.6 | 581 |
| | 17 | 08 | 36.0 | 102.0 | 580 |
| 消失 | | | | | |

## 高原低涡中心位置资料表（续-5）

| 月 | 日 | 时 | 中心位置 | | 位势高度/位势什米 |
|---|---|---|---|---|---|
| | | | 北纬/(°) | 东经/(°) | |
| ㊿ 10月23日（C1550）安多，Anduo | | | | | |
| 10 | 23 | 20 | 32.6 | 90.6 | 576 |
| 消失 | | | | | |
| (51) 11月27日（C1551）曲麻莱，Qumalai | | | | | |
| 11 | 27 | 20 | 34.5 | 95.2 | 568 |
| 消失 | | | | | |

| 月 | 日 | 时 | 中心位置 | | 位势高度/位势什米 |
|---|---|---|---|---|---|
| | | | 北纬/(°) | 东经/(°) | |
| (52) 12月3日（C1552）当雄，Dangxiong | | | | | |
| 12 | 3 | 08 | 30.6 | 91.0 | 572 |
| | | 20 | 30.9 | 96.4 | 572 |
| 消失 | | | | | |
| (53) 12月18日（C1553）安多，Anduo | | | | | |
| 12 | 18 | 08 | 33.8 | 91.6 | 556 |
| 消失 | | | | | |

| 月 | 日 | 时 | 中心位置 | | 位势高度/位势什米 |
|---|---|---|---|---|---|
| | | | 北纬/(°) | 东经/(°) | |
| (54) 12月24~25日（C1554）索县，Suoxian | | | | | |
| 12 | 24 | 20 | 32.0 | 94.6 | 564 |
| | 25 | 08 | 31.5 | 94.5 | 564 |
| 消失 | | | | | |
| (55) 12月31日（C1555）沱沱河，Tuotuohe | | | | | |
| 12 | 31 | 08 | 33.1 | 93.1 | 567 |
| 消失 | | | | | |

第二部分

# 高原切变线

# Tibetan Plateau Shear Line

# 2015年
# 高原切变线概况

2015年发生在青藏高原上的切变线共有29次，其中在青藏高原东部生成的切变线共有23次，在青藏高原西部生成的切变线共有6次（表11～表13）。

2015年初生高原切变线出现在1月中旬，最后一个高原切变线生成在10月下旬（表11）。从月际分布看，8月出现次数最多，共为6次；2015年切变线主要集中在5月和8～10月，约占66%（表11）。移出高原的青藏高原切变线较少，全年只有1次，出现在7月（表14）。本年度2、3、11、12月没有高原切变线生成，其它各月生成高原切变线的次数有差异，具体详见表11。

2015年移出高原的青藏高原切变线共1次，生成于青藏高原东部（表14～表16），移出高原的地点在四川（表17）。

本年度高原切变线两侧最大风速的最多频率分别是北侧为6～10m/s，占75%；南侧为6～12m/s，约占73%（表18）。夏半年，高原切变线两侧最大风速的最多频率分别是北侧为6～10m/s，约占76%；南侧以6、12m/s，约占54%（表19）。冬半年，高原切变线两侧最大风速的最多频率分别是北侧为10米/秒，约占43%；南侧为8m/s，约占43%（表20）。

全年除影响青藏高原以外对我国其余地区有影响的高原切变线共有8次。其中7次高原切变线造成的过程降水量在50mm以上，造成降水量在100mm以上的高原切变线有2次，它们是S1514、S1528高原切变线，分别在四川峨眉、云南大理造成过程降水量分别为147.0mm、112.5mm，降水日数分别为1天、1天。

2015年对我国影响较大的高原切变线主要是S1509、S1528，其中S1509高原切变线是对长江上游降水影响最大的高原切变线，有超过10个测站出现了暴雨。5月21日20时在高原东部若尔盖到安多生成的S1509高原切变线，切变线北、南两侧最大风速分别是8m/s、12m/s，此切变线少动后西南移，切变线北、南两侧风速增大，22日20时，切变线北、南两侧最大风速均达最大值，分别是10m/s、16m/s。之后，此切变线转向东北移，切变线北、南两侧最大风速减弱，23日08时分别是4m/s、10m/s，以后此切变线将减弱消失。在此切变线活动过程中，北、南侧风速变化均先增强后减弱。受其影响，四川、甘肃和西藏部分地区降了暴雨，降水日数2～3天，陕西和青海部分地区降小到中雨，降水日数为1~3天。10月8日20时在高原南部玉树到拉孜生成的S1528高原切变线，切变线北、南两侧最大风速分别是8m/s、6m/s，先向东北移，切变线北、南两侧最大风速减弱，再向南移，切变线北、南两侧最大风速增大，9日20时分别是8m/s、16m/s，以后渐向东南移，切变线北侧最大风速先增大后减小，切变线南侧最大风速先减小后增大， 11日08时切变线北、南两侧最大风速分别是8m/s、12m/s。之后，此切变线将减弱消失。受其影响，云南部分地区降了暴雨到大暴雨，降水日数为1～2天，四川、西藏和青海部分地区降了小雨到大雨，降水日数为1～3天。

5月16日20时生成于高原东南部德格到安多的S1507高原切变线，是对青藏高原降水影响最大的高原切变线，高原上有超过10测站出现了暴雨、大暴雨。5月16日20时，此切变线北、南两侧最大风速分别是10m/s、18m/s，稍向西南移，切变线两侧最大风速减弱、17日08时，此切变线北、南两侧最大风速分别为8m/s、14m/s，之后，此切变线将减弱消失。受其影响，西藏、四川部分地区降了暴雨到大暴雨，青海和甘肃部分地区小雨到大雨，降水日数为1天。

## 表11　高原切变线出现次数

| 月<br>年 | 1 | 2 | 3 | 4 | 5 | 6 | 7 | 8 | 9 | 10 | 11 | 12 | 合计 |
|---|---|---|---|---|---|---|---|---|---|---|---|---|---|
| 2015 | 2 | 0 | 0 | 3 | 4 | 3 | 2 | 6 | 5 | 4 | 0 | 0 | 29 |
| 几率/% | 6.90 | 0.00 | 0.00 | 10.34 | 13.79 | 10.34 | 6.90 | 20.69 | 17.24 | 13.79 | 0.00 | 0.00 | 99.99 |

## 表12　高原东部切变线出现次数

| 月<br>年 | 1 | 2 | 3 | 4 | 5 | 6 | 7 | 8 | 9 | 10 | 11 | 12 | 合计 |
|---|---|---|---|---|---|---|---|---|---|---|---|---|---|
| 2015 | 1 | 0 | 0 | 3 | 4 | 2 | 2 | 4 | 3 | 4 | 0 | 0 | 23 |
| 几率/% | 4.35 | 0.00 | 0.00 | 13.04 | 17.39 | 8.70 | 8.70 | 17.39 | 13.04 | 17.39 | 0.00 | 0.00 | 100 |

## 表13　高原西部切变线出现次数

| 月<br>年 | 1 | 2 | 3 | 4 | 5 | 6 | 7 | 8 | 9 | 10 | 11 | 12 | 合计 |
|---|---|---|---|---|---|---|---|---|---|---|---|---|---|
| 2015 | 1 | 0 | 0 | 0 | 0 | 1 | 0 | 2 | 2 | 0 | 0 | 0 | 6 |
| 几率/% | 16.67 | 0.00 | 0.00 | 0.00 | 0.00 | 16.67 | 0.00 | 33.33 | 33.33 | 0.00 | 0.00 | 0.00 | 100 |

## 表14 高原切变线移出高原次数

| 月<br>年 | 1 | 2 | 3 | 4 | 5 | 6 | 7 | 8 | 9 | 10 | 11 | 12 | 合计 |
|---|---|---|---|---|---|---|---|---|---|---|---|---|---|
| 2015 | 0 | 0 | 0 | 0 | 0 | 0 | 1 | 0 | 0 | 0 | 0 | 0 | 1 |
| 移出几率/% | 0.00 | 0.00 | 0.00 | 0.00 | 0.00 | 0.00 | 3.45 | 0.00 | 0.00 | 0.00 | 0.00 | 0.00 | 3.45 |
| 月移出率/% | 0.00 | 0.00 | 0.00 | 0.00 | 0.00 | 0.00 | 100 | 0.00 | 0.00 | 0.00 | 0.00 | 0.00 | 100 |

## 表15 高原东部切变线移出高原次数

| 月<br>年 | 1 | 2 | 3 | 4 | 5 | 6 | 7 | 8 | 9 | 10 | 11 | 12 | 合计 |
|---|---|---|---|---|---|---|---|---|---|---|---|---|---|
| 2015 | 0 | 0 | 0 | 0 | 0 | 0 | 1 | 0 | 0 | 0 | 0 | 0 | 1 |
| 移出几率/% | 0.00 | 0.00 | 0.00 | 0.00 | 0.00 | 0.00 | 4.35 | 0.00 | 0.00 | 0.00 | 0.00 | 0.00 | 4.35 |
| 月移出率/% | 0.00 | 0.00 | 0.00 | 0.00 | 0.00 | 0.00 | 100 | 0.00 | 0.00 | 0.00 | 0.00 | 0.00 | 100 |

## 表16 高原西部切变线移出高原次数

| 月<br>年 | 1 | 2 | 3 | 4 | 5 | 6 | 7 | 8 | 9 | 10 | 11 | 12 | 合计 |
|---|---|---|---|---|---|---|---|---|---|---|---|---|---|
| 2015 | 0 | 0 | 0 | 0 | 0 | 0 | 0 | 0 | 0 | 0 | 0 | 0 | 0 |
| 移出几率/% | 0.00 | 0.00 | 0.00 | 0.00 | 0.00 | 0.00 | 0.00 | 0.00 | 0.00 | 0.00 | 0.00 | 0.00 | 0.00 |
| 月移出率/% | 0.00 | 0.00 | 0.00 | 0.00 | 0.00 | 0.00 | 0.00 | 0.00 | 0.00 | 0.00 | 0.00 | 0.00 | 0.00 |

**表17　高原切变线移出高原的地区分布**

| 地区/年 | 湖南 | 甘肃 | 宁夏 | 四川 | 重庆 | 贵州 | 云南 | 广西 | 合计 |
|---|---|---|---|---|---|---|---|---|---|
| 2015 | | | | 1 | | | | | 1 |
| 出高原率/% | | | | 100 | | | | | 100 |

**表18　高原切变线两侧最大风速频率分布**

| 最大风速/(m/s) | 4 | 6 | 8 | 10 | 12 | 14 | 16 | 18 | 20 | 22 | 24 | 合计 |
|---|---|---|---|---|---|---|---|---|---|---|---|---|
| 北侧/% | 11.36 | 22.73 | 25.00 | 27.27 | 6.82 | 6.82 | 0.00 | 0.00 | 0.00 | 0.00 | 0.00 | 100 |
| 南侧/% | 2.27 | 20.45 | 15.91 | 11.36 | 25.00 | 6.82 | 6.82 | 6.82 | 2.27 | 0.00 | 2.27 | 99.99 |

## 表19　夏半年高原切变线两侧最大风速频率分布

| 最大风速/ (m/s) | 4 | 6 | 8 | 10 | 12 | 14 | 16 | 18 | 20 | 22 | 24 | 合计 |
|---|---|---|---|---|---|---|---|---|---|---|---|---|
| 北侧/% | 10.81 | 24.32 | 27.03 | 24.32 | 5.41 | 8.11 | 0.00 | 0.00 | 0.00 | 0.00 | 0.00 | 100 |
| 南侧/% | 2.70 | 24.32 | 10.81 | 10.81 | 29.73 | 5.41 | 8.11 | 8.11 | 0.00 | 0.00 | 0.00 | 100 |

## 表20　冬半年高原切变线两侧最大风速频率分布

| 最大风速/ (m/s) | 4 | 6 | 8 | 10 | 12 | 14 | 16 | 18 | 20 | 22 | 24 | 合计 |
|---|---|---|---|---|---|---|---|---|---|---|---|---|
| 北侧/% | 14.29 | 14.29 | 14.29 | 42.85 | 14.28 | 0.00 | 0.00 | 0.00 | 0.00 | 0.00 | 0.00 | 100 |
| 南侧/% | 0.00 | 0.00 | 42.85 | 14.28 | 0.00 | 14.29 | 0.00 | 0.00 | 14.29 | 0.00 | 14.29 | 100 |

## 高原切变线纪要表

| 序号 | 编号 | 中英文名称 | 起止日期(月.日) | 最大风速/(m/s) | | 发现时起-终点经纬度 | 移出高原的地区 | 移出高原的时间 | 移出高原的风速/(m/s) | | 路径趋向 | 影响切变线移出高原的天气系统 |
|---|---|---|---|---|---|---|---|---|---|---|---|---|
| | | | | 北侧 | 南侧 | | | | 北侧 | 南侧 | | |
| 1 | S1501 | 波密-拉孜,Bomi-Lazi | 1.16 | 8 | 20 | 94.7°E,31.3°N-84.6°E,30.4°N | | | | | 原地生消 | |
| 2 | S1502 | 新龙-拉萨,Xinlong-Lasa | 1.17 | 4 | 8 | 99.8°E,30.8°N-90.6°E,29.0°N | | | | | 原地生消 | |
| 3 | S1503 | 贡觉-当雄,Gongjue-Dangxiong | 4.7 | 10 | 10 | 97.7°E,32.2°N-91.2°E,30.4°N | | | | | 原地生消 | |
| 4 | S1504 | 合作-林芝,Hezuo-Linzhi | 4.23～4.24 | 10 | 24 | 103.3°E,34.6°N-95.4°E,29.0°N | | | | | 西南移转西北移 | |
| 5 | S1505 | 白玉-拉萨,Baiyu-Lasa | 4.30 | 12 | 8 | 98.5°E,30.8°N-91.2°E,29.5°N | | | | | 原地生消 | |
| 6 | S1506 | 巴塘-拉萨,Batang-Lasa | 5.11 | 4 | 6 | 98.9°E,30.8°N-91.1°E,30.2°N | | | | | 原地生消 | |
| 7 | S1507 | 德格-安多,Dege-Anduo | 5.16～5.17 | 10 | 18 | 103.2°E,32.2°N-91.6°E,32.0°N | | | | | 西南移 | |
| 8 | S1508 | 玛多-安多,Maduo-Anduo | 5.19 | 10 | 12 | 99.2°E,36.0°N-91.8°E,33.5°N | | | | | 原地生消 | |
| 9 | S1509 | 若尔盖-安多,Ruoergai-Anduo | 5.21～5.23 | 10 | 16 | 103.9°E,33.8°N-91.4°E,32.4°N | | | | | 西南移转东北移 | |
| 10 | S1510 | 囊谦-拉孜,Nangqian-Lazi | 6.7 | 12 | 18 | 97.5°E,32.2°N-87.1°E,30.5°N | | | | | 原地生消 | |
| 11 | S1511 | 当雄-拉孜,Dangiong-Lazi | 6.8 | 4 | 10 | 90.0°E,30.7°N-84.5°E,30.3°N | | | | | 原地生消 | |
| 12 | S1512 | 石渠-安多,Shiqu-Anduo | 6.14 | 14 | 14 | 97.9°E,32.2°N-91.2°E,32.9°N | | | | | 原地少动 | |

## 高原切变线纪要表（续-1）

| 序号 | 编号 | 中英文名称 | 起止日期（月.日） | 最大风速/(m/s) | | 发现时起-终点经纬度 | 移出高原的地区 | 移出高原的时间 | 移出高原的风速/(m/s) | | 路径趋向 | 影响切变线移出高原的天气系统 |
|---|---|---|---|---|---|---|---|---|---|---|---|---|
| | | | | 北侧 | 南侧 | | | | 北侧 | 南侧 | | |
| 13 | S1513 | 武威-冷湖, Wuwei-Lenghu | 7.3 | 8 | 12 | 103.1°E,38.0°N-94.0°E,38.5°N | | | | | 东南移 | |
| 14 | S1514 | 松潘-昌都, Songpan-Changdu | 7.13 | 14 | 10 | 103.8°E,32.3°N-97.5°E,30.5°N | 峨嵋 | 7.13[20] | 4 | 10 | 东南移出高原 | 青藏高压 |
| 15 | S1515 | 略阳-察隅, Lueyang-Chayu | 8.10 | 10 | 8 | 106.0°E,33.3°N-97.6°E,29.1°N | | | | | 原地生消 | |
| 16 | S1516 | 五道梁-日喀则, Wudaoliang-Rikaze | 8.12 | 8 | 6 | 90.7°E,35.1°N-89.9°E,29.0°N | | | | | 原地生消 | |
| 17 | S1517 | 日德-那曲, Ride-Naqu | 8.13 | 10 | 8 | 100.8°E,35.3°N-92.1°E,31.8°N | | | | | 原地生消 | |
| 18 | S1518 | 南坪-申扎, Nanping-Shenzha | 8.16 | 8 | 12 | 103.8°E,33.2°N-88.4°E,30.2°N | | | | | 原地生消 | |
| 19 | S1519 | 甘孜-浪卡子, Ganzi-Langkazi | 8.21 | 8 | 8 | 100.4°E,31.4°N-91.2°E,28.1°N | | | | | 西移 | |
| 20 | S1520 | 曲麻莱-拉孜, Qumalai-Lazi | 8.26 | 10 | 12 | 94.8°E,33.8°N-86.8°E,29.7°N | | | | | 原地生消 | |
| 21 | S1521 | 阿坝-嘉黎, Aba-Jiali | 9.1 | 6 | 12 | 101.3°E,33.2°N-92.8°E,30.9°N | | | | | 原地生消 | |
| 22 | S1522 | 色达-安多, Seda-Anduo | 9.3 | 10 | 12 | 100.0°E,32.9°N-92.1°E,32.0°N | | | | | 原地生消 | |
| 23 | S1523 | 波密-拉孜, Bomi-Lazi | 9.11 | 6 | 6 | 95.3°E,30.8°N-86.8°E,30.1°N | | | | | 原地生消 | |
| 24 | S1524 | 新龙-那曲, Xinlong-Naqu | 9.12 | 6 | 8 | 100.0°E,31.5°N-91.7°E,31.7°N | | | | | 原地生消 | |

## 高原切变线纪要表（续-2）

| 序号 | 编号 | 中英文名称 | 起止日期（月.日） | 最大风速/(m/s) | | 发现时起–终点经纬度 | 移出高原的地区 | 移出高原的时间 | 移出高原的风速/(m/s) | | 路径趋向 | 影响切变线移出高原的天气系统 |
|---|---|---|---|---|---|---|---|---|---|---|---|---|
| | | | | 北侧 | 南侧 | | | | 北侧 | 南侧 | | |
| 25 | S1525 | 索县–拉孜，Suoxian–Lazi | 9.21 | 14 | 10 | 93.8°E,31.8°N–87.1°E,30.5°N | | | | | 原地生消 | |
| 26 | S1526 | 玉树–南木林，Yushu–Nanmulin | 10.3 | 8 | 12 | 97.3°E,32.0°N–87.7°E,30.2°N | | | | | 原地生消 | |
| 27 | S1527 | 治多–申扎，Zhiduo–Shenzha | 10.7 | 10 | 6 | 95.7°E,33.2°N–88.8°E,30.4°N | | | | | 原地生消 | |
| 28 | S1528 | 玉树–拉孜，Yushu–Lazi | 10.8～10.11 | 8 | 18 | 98.0°E,32.2°N–86.4°E,29.2°N | | | | | 东北移后多次折向渐西南移 | |
| 29 | S1529 | 昌都–拉孜，Changdu–Lazi | 10.29 | 12 | 4 | 97.8°E,30.8°N–87.3°E,30.0°N | | | | | 原地生消 | |

## 高原切变线对我国影响简表

| 序号 | 编号 | 简述活动的情况 | 高原切变线对我国的影响 | | | |
|---|---|---|---|---|---|---|
| | | | 项目 | 时间（月.日） | 概况 | 极值 |
| 1 | S1501 | 高原南部原地生消 | 降水 | 1.16 | 西藏东部和青海南部个别地区降水量为0.1～1mm，降水日数为1天 | 西藏嘉黎 0.3mm（1天） |
| 2 | S1502 | 高原东南部原地生消 | 降水 | 1.17 | 西藏东北部和四川西北部地区降水量为0.1～1mm，降水日数为1天 | 西藏波密 0.8mm（1天） |
| 3 | S1503 | 高原东南部原地生消 | 降水 | 4.7 | 西藏东部，青海南部和四川西北部地区降水量为0.1～7mm，降水日数为1天 | 青海杂多 6.9mm（1天） |
| 4 | S1504 | 高原东南部西南移转西北移 | 降水 | 4.23～4.24 | 西藏东、东北、南部，青海南、东南部，甘肃西南部，四川大部，重庆西部和云南西北部地区降水量为0.1～28mm，降水日数为1～2天 | 西藏波密 27.7mm（2天） |
| 5 | S1505 | 高原南部原地生消 | 降水 | 4.30 | 西藏南、东半部，青海南部和四川西北部地区降水量为0.1～9mm，降水日数为1天 | 西藏丁青 8.2mm（1天） |
| 6 | S1506 | 高原东南部原地生消 | 降水 | 5.11 | 西藏中、南部地区降水量为0.1～14mm，降水日数为1天 | 西藏隆子 13.3mm（1天） |
| 7 | S1507 | 高原东南部西南移 | 降水 | 5.16～5.17 | 西藏东半部，青海东北、东、东南、南、西南部，甘肃西南部和四川西、中、北部地区降水量为0.1～65mm，降水日数为1～2天 | 西藏波密 60.6mm（2天） |
| 8 | S1508 | 高原东部原地生消 | 降水 | 5.19 | 西藏西部，青海南、中部和东部个别地区降水量为0.1～6mm，降水日数为1天 | 青海沱沱河 5.6mm（1天） |
| 9 | S1509 | 高原东部西南移转东北移 | 降水 | 5.21～5.23 | 西藏东半部，青海南、东、东南、西南部，甘肃南部，陕西西南部和四川中、北、东北、西北部地区降水量为0.1～85mm，降水日数为1～3天。其中四川有成片降水量大于25mm的区域，降水日数为1～2天 | 四川蒲江 81.0mm（2天） |

## 高原切变线对我国影响简表（续-1）

| 序号 | 编号 | 简述活动的情况 | 高原切变线对我国的影响 | | | |
|---|---|---|---|---|---|---|
| | | | 项目 | 时间(月.日) | 概况 | 极值 |
| 10 | S1510 | 高原南部原地生消 | 降水 | 6.7 | 西藏东北、南部和青海南部地区降水量为0.1～9mm，降水日数为1天 | 青海囊谦<br>8.5mm（1天） |
| 11 | S1511 | 高原南部原地生消 | 降水 | 6.8 | 西藏南部地区降水量为0.1～4mm，降水日数为1天 | 西藏墨竹工卡<br>3.7mm（1天） |
| 12 | S1512 | 高原南部原地少动 | 降水 | 6.14 | 西藏中、东北、南部，青海南部和四川西北部个别地区降水量为0.1～25mm，降水日数为1天 | 西藏米林<br>25.0mm（1天） |
| 13 | S1513 | 高原东北部东南移 | 降水 | 7.3 | 青海东北、东、东南部，甘肃、四川大部，宁夏南部，陕西西、南部，重庆西部、云南东北部和贵州北部地区降水量为0.1～55mm，降水日数为1天 | 甘肃肃北<br>51.3mm（1天） |
| 14 | S1514 | 高原东南部东南移出高原 | 降水 | 7.13 | 西藏东部，青海、甘肃南部，云南西北部和四川北、西北、西、中部地区降水量为0.1～150mm，降水日数为1天。其中四川有成片降水量大于25mm的区域，降水日数为1天 | 四川峨眉<br>147.0mm（1天） |
| 15 | S1515 | 高原东南部原地生消 | 降水 | 8.10 | 青海东南部，甘肃、宁夏南部，陕西西、南部，重庆北半部、西南部，云南北部和四川大部地区降水量为0.1～55mm，降水日数为1天。其中云南有成片降水量大于25mm的区域，降水日数为1天 | 云南宾川<br>50.5mm（1天） |
| 16 | S1516 | 高原南部原地生消 | 降水 | 8.12 | 西藏南部地区降水量为0.1～20mm，降水日数为1天 | 西藏当雄<br>19.8mm（1天） |
| 17 | S1517 | 高原东南部原地生消 | 降水 | 8.13 | 西藏中、北部，青海东北、东、东南、西南、中部，甘肃中、西南部和四川西北部地区降水量为0.1～15mm，降水日数为1天 | 西藏班戈<br>青海门源<br>13.3mm（1天） |

## 高原切变线对我国影响简表（续-2）

| 序号 | 编号 | 简述活动的情况 | 高原切变线对我国的影响 | | | |
|---|---|---|---|---|---|---|
| | | | 项目 | 时间(月.日) | 概况 | 极值 |
| 18 | S1518 | 高原东南部原地生消 | 降水 | 8.16 | 西藏东北、北、中、南部，青海东南、南部，甘肃南部，陕西西南部，重庆西部和四川北半部地区降水量为0.1～90mm，降水日数为1天。其中四川有成片降水量大于25mm的区域，降水日数为1天 | 四川高坪 89.1mm（1天） |
| 19 | S1519 | 高原东南部西移 | 降水 | 8.21 | 西藏东、南部和四川西部地区降水量为0.1～27mm，降水日数为1天 | 西藏错那 26.2mm（1天） |
| 20 | S1520 | 高原南部原地生消 | 降水 | 8.26 | 西藏南、中、东北部，青海南部和四川西北部个别地区降水量为0.1～10mm，降水日数为1天 | 西藏帕里 9.8mm（1天） |
| 21 | S1521 | 高原东南部原地生消 | 降水 | 9.1 | 西藏东北、南、中部，青海南部和四川西北部地区降水量为0.1～15mm，降水日数为1天 | 西藏芒康 14.6mm（1天） |
| 22 | S1522 | 高原东南部原地生消 | 降水 | 9.3 | 西藏东、东北、南、中部，青海东南、东部，甘肃西南部个别地区和四川西北部地区降水量为0.1～25mm，降水日数为1天 | 青海甘德 24.6mm（1天） |
| 23 | S1523 | 高原南部原地生消 | 降水 | 9.11 | 西藏南、东北、中部和青海南部地区降水量0.1～4mm，降水日数为1天 | 青海杂多 4.0mm（1天） |
| 24 | S1524 | 高原东南部原地生消 | 降水 | 9.12 | 西藏东、南、东北、中部，青海东南、南部，甘肃西南部个别地区和四川西北部地区降水量为0.1～43mm，降水日数为1天 | 四川甘孜 42.9mm（1天） |
| 25 | S1525 | 高原南部原地生消 | 降水 | 9.21 | 西藏南、东北、中部和青海南部地区降水量为0.1～11mm，降水日数为1天 | 青海曲麻莱 10.3mm（1天） |
| 26 | S1526 | 高原南部原地生消 | 降水 | 10.3 | 西藏东北部及中、南部个别地区，青海东南部和四川西北部地区降水量为0.1～14mm，降水日数为1天 | 西藏申扎 13.2mm（1天） |

## 高原切变线对我国影响简表（续-3）

| 序号 | 编号 | 简述活动的情况 | 高原切变线对我国的影响 | | | |
|---|---|---|---|---|---|---|
| | | | 项目 | 时间(月.日) | 概况 | 极值 |
| 27 | S1527 | 高原南部原地生消 | 降水 | 10.7 | 青海东南部和四川西北部地区降水量为0.1～5mm，降水日数为1天 | 四川壤塘 4.5mm（1天） |
| 28 | S1528 | 高原南部东北移后多次折向渐西南移 | 降水 | 10.8～10.11 | 西藏东、东北、中、南部，青海南部，四川西、西北、西南部和云南西北部地区降水量为0.1～115mm，降水日数为1～3天。其中云南有成片降水量大于50mm的区域，降水日数为1~2天 | 云南大理 112.5mm（1天） |
| 29 | S1529 | 高原南部原地生消 | 降水 | 10.29 | 西藏东部和南部个别地区降水量为0.1～1mm，降水日数为1天 | 西藏江孜 0.4mm（1天） |

## 2015年高原切变线编号、名称、日期对照表

| 未移出高原的高原切变线 | | 移出高原的高原切变线 |
|---|---|---|
| ① 1501 波密–拉孜 | ⑨ S1509 若尔盖–安多 | ⑭ S1514 松潘–昌都 |
| Bomi–Lazi | Ruoergai–Anduo | Songpan–Changdu |
| 1.16 | 5.21~5.23 | 7.13 |
| ② S1502 新龙–拉萨 | ⑩ S1510 囊谦–拉孜 | |
| Xinlong–Lasa | Nangqian–Lazi | |
| 1.17 | 6.7 | |
| ③ S1503 贡觉–当雄 | ⑪ S1511 当雄–拉孜 | |
| Gongjue–Dangxiong | Dangxiong–Lazi | |
| 4.7 | 6.8 | |
| ④ S1504 合作–林芝 | ⑫ S1512 石渠–安多 | |
| Hezuo–Linzhi | Shiqu–Anduo | |
| 4.23~4.24 | 6.14 | |
| ⑤ S1505 白玉–拉萨 | ⑬ S1513 武威–冷湖 | |
| Baiyu–Lasa | Wuwei–Lenghu | |
| 4.30 | 7.3 | |
| ⑥ S1506 巴塘–拉萨 | ⑮ S1515 略阳–察隅 | |
| Batang–Lasa | Lueyang–Chayu | |
| 5.11 | 8.10 | |
| ⑦ S1507 德格–安多 | ⑯ S1516 五道梁–日喀则 | |
| Dege–Anduo | Wudaoliang–Rikaze | |
| 5.16~5.17 | 8.12 | |
| ⑧ S1508 玛多–安多 | ⑰ S1517 日德–那曲 | |
| Maduo–Anduo | Ride–Naqu | |
| 5.19 | 8.13 | |

## 2015年高原切变线编号、名称、日期对照表（续-1）

| 未移出高原的高原切变线 | |
|---|---|
| ⑱ S1518 南坪–申扎 | ㉔ S1524 新龙–那曲 |
| Nanping–Shenzha | Xinlong–Naqu |
| 8.16 | 9.12 |
| ⑲ S1519 甘孜–卡浪子 | ㉕ S1525 索县–拉孜 |
| Ganzi–Kalangzi | Suoxian–Lazi |
| 8.21 | 9.21 |
| ⑳ S1520 曲麻莱–拉孜 | ㉖ S1526 玉树–南木林 |
| Qumalai–Lazi | Yushu–Nanmulin |
| 8.26 | 10.3 |
| ㉑ S1521 阿坝–嘉黎 | ㉗ S1527 治多–申扎 |
| Aba–Jiali | Zhiduo–Shenzha |
| 9.1 | 10.7 |
| ㉒ S1522 色达–安多 | ㉘ S1528 玉树–拉孜 |
| Seda–Anduo | Yushu–Lazi |
| 9.3 | 10.8 ~ 10.11 |
| ㉓ S1514 波密–拉孜 | ㉙ S1529 昌都–拉孜 |
| Bomi–Lazi | Changdu–Lazi |
| 9.11 | 10.29 |

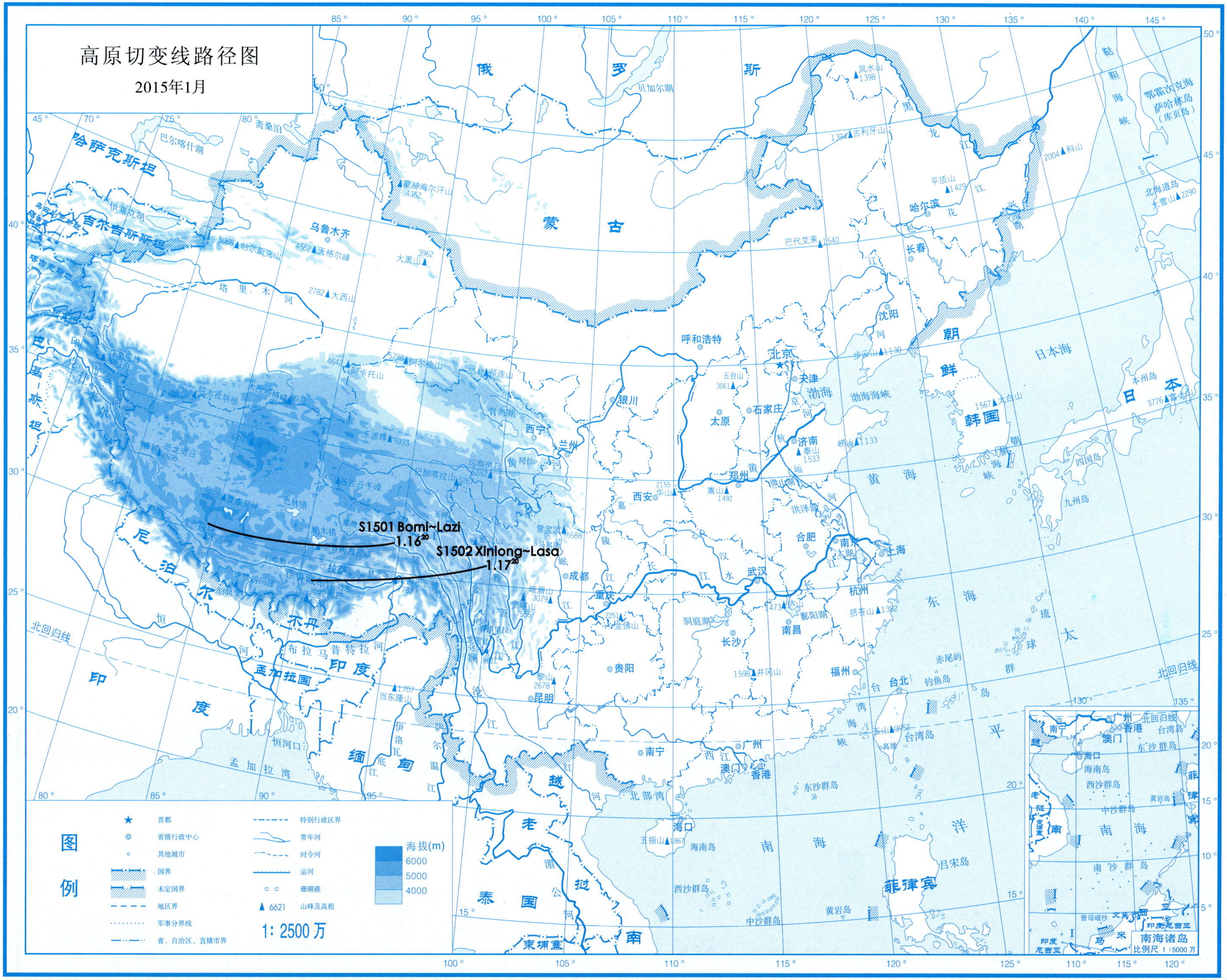
高原切变线路径图
2015年1月
S1501 Bomi~Lazi
1.16[20]
S1502 Xinlong~Lasa
1.17[20]
图例
首都
省级行政中心
其他城市
国界
未定国界
地区界
军事分界线
省、自治区、直辖市界
特别行政区界
常年河
时令河
运河
珊瑚礁
6621 山峰及高程
海拔(m)
6000
5000
4000
1: 2500 万
南海诸岛
比例尺 1：5000 万

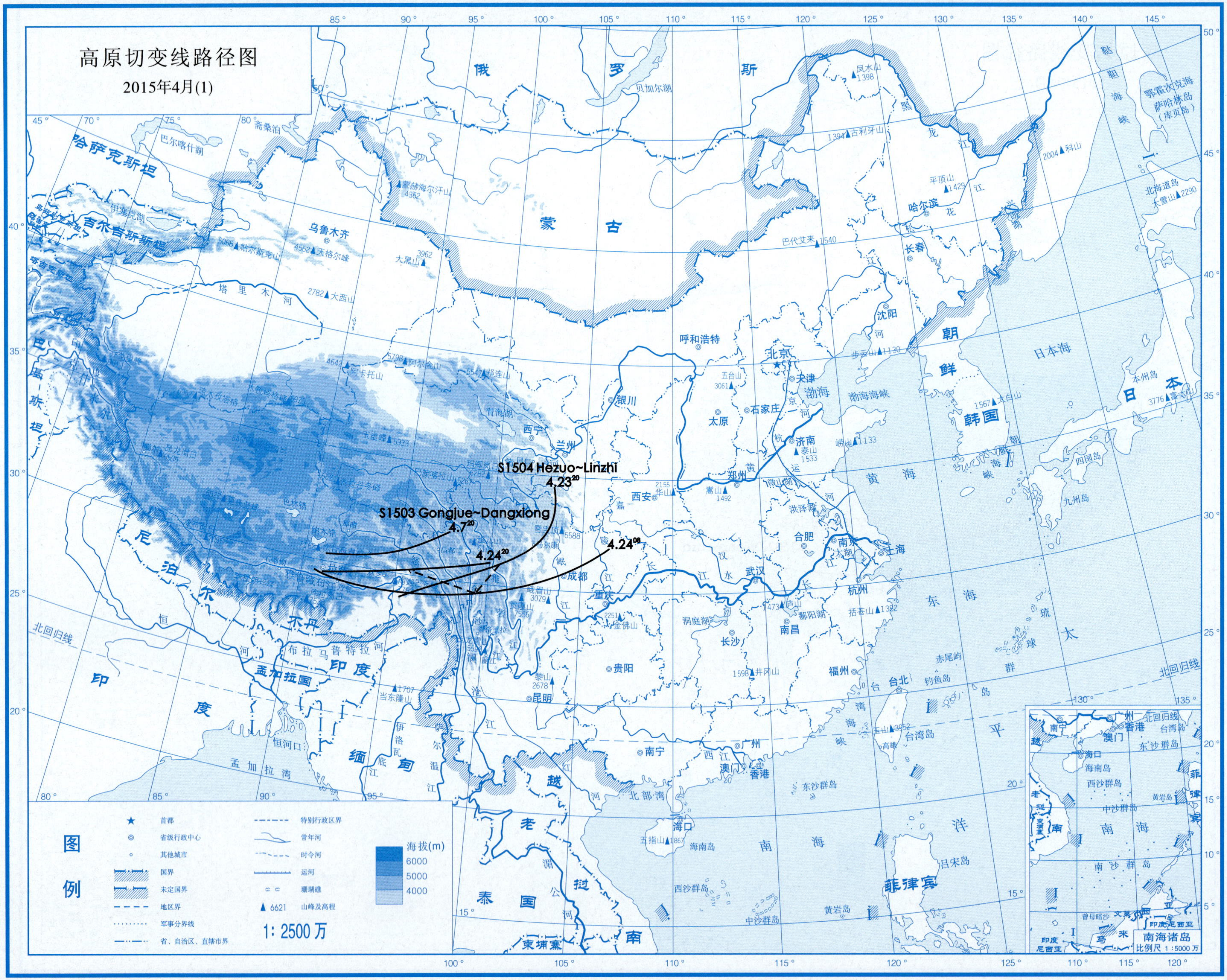


高原切变线路径图
2015年4月(1)

# 高原切变线路径图

2015年4月(2)

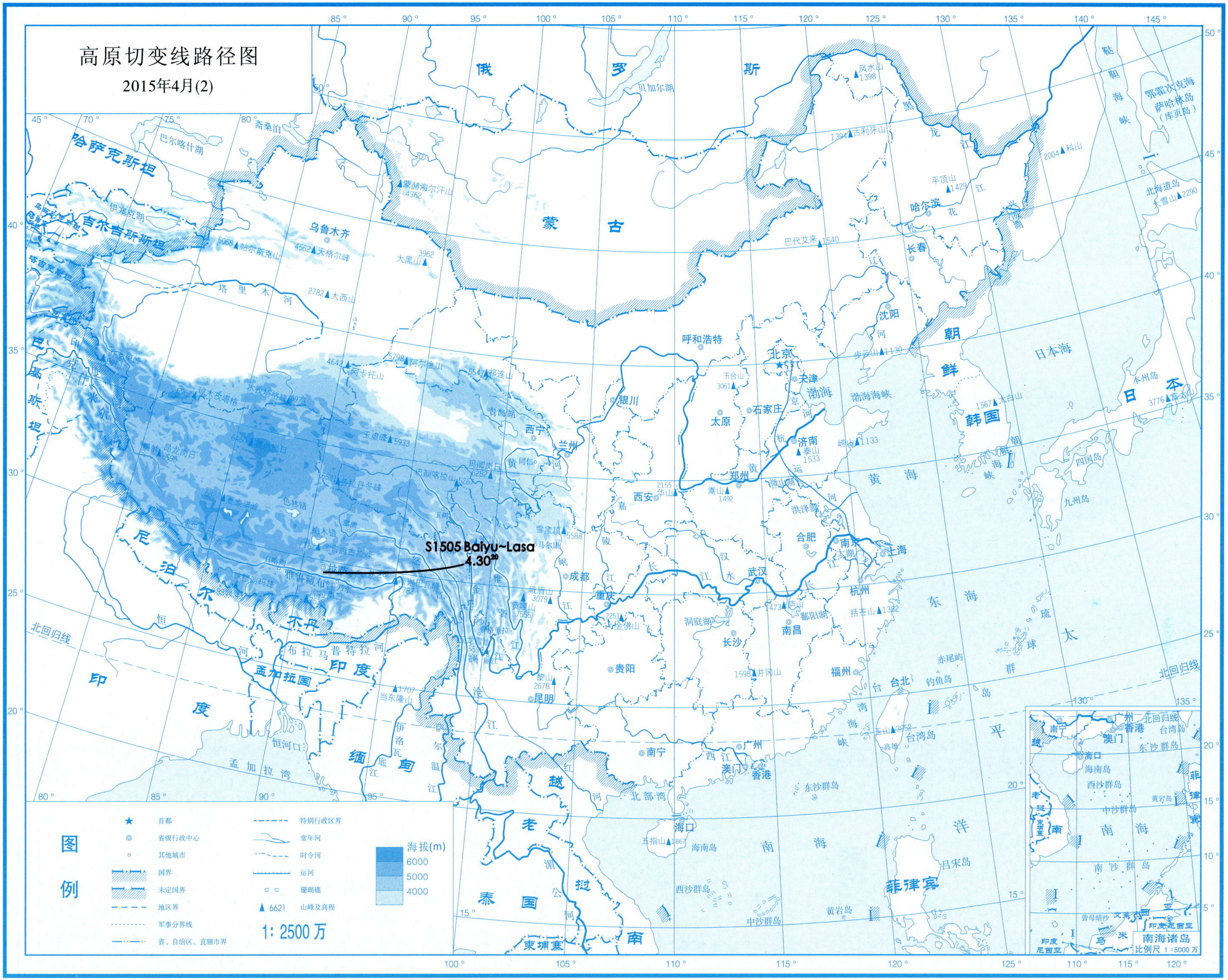

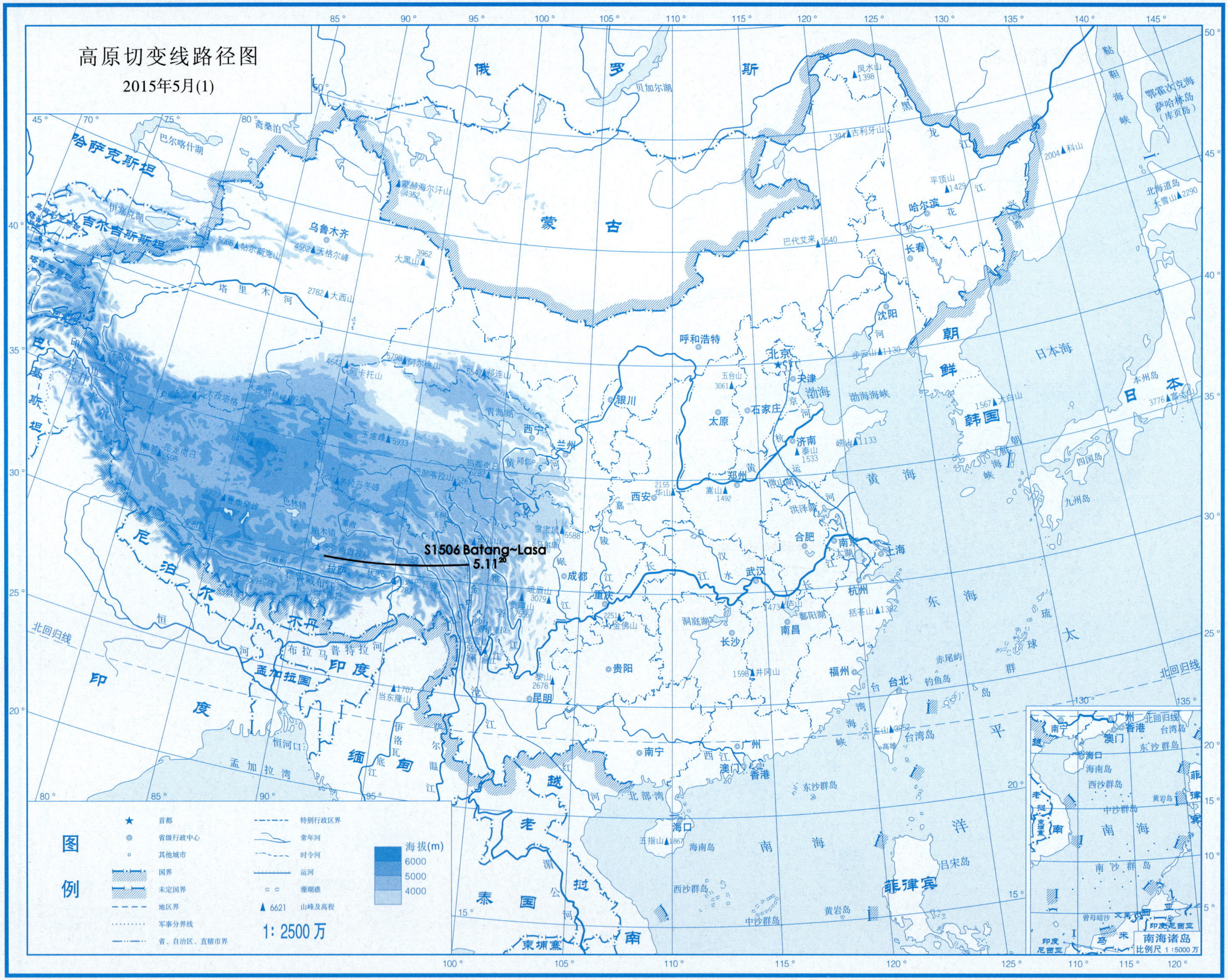
高原切变线路径图
2015年5月(1)
S1506 Batang~Lasa
5.11[20]
图例
首都
省级行政中心
其他城市
国界
未定国界
地区界
军事分界线
省、自治区、直辖市界
特别行政区界
常年河
时令河
运河
珊瑚礁
6621 山峰及高程
海拔(m)
6000
5000
4000
1: 2500万
南海诸岛
比例尺 1:5000万

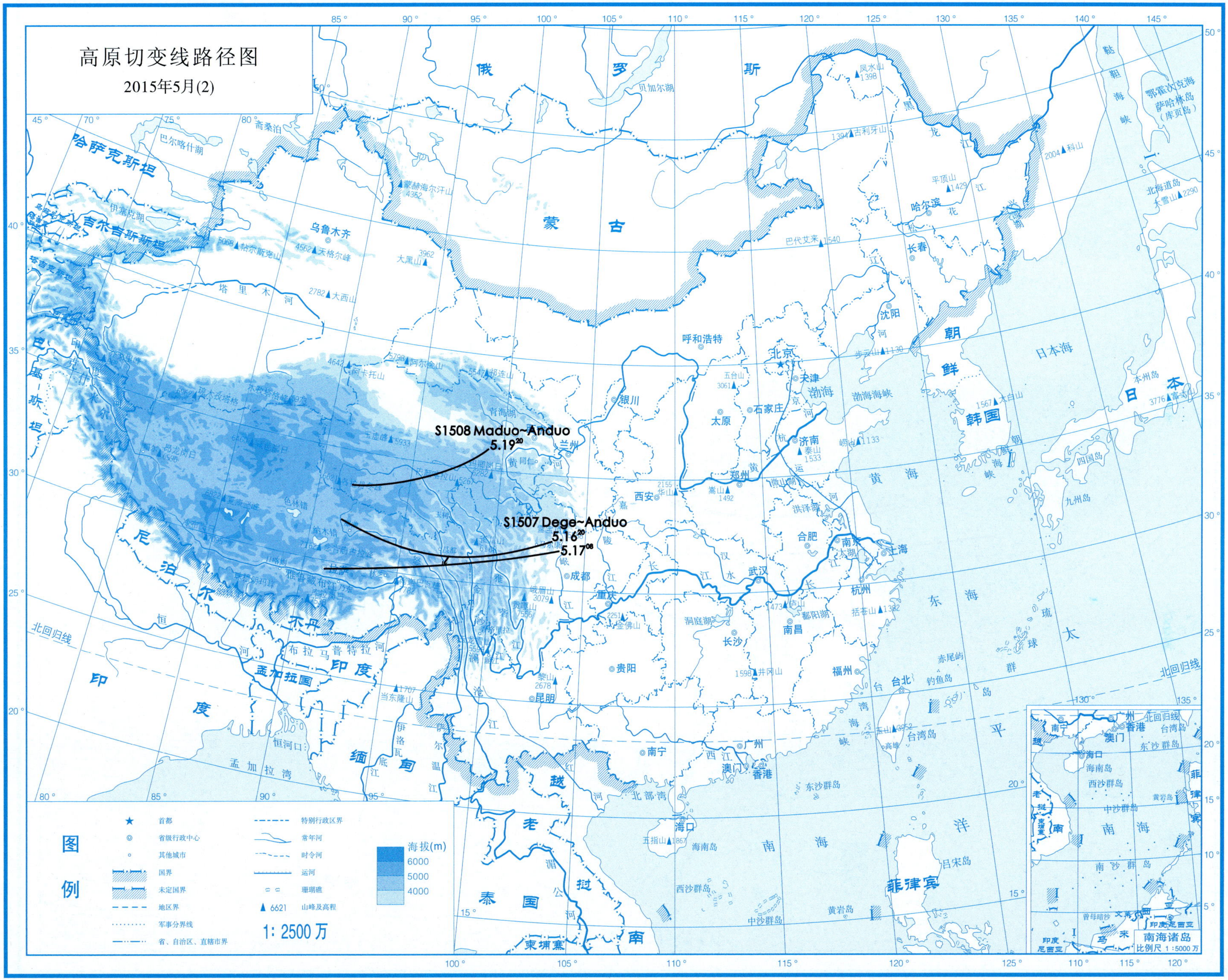
高原切变线路径图
2015年5月(2)
S1508 Maduo~Anduo
5.19[20]
S1507 Dege~Anduo
5.16[20]
5.17[08]
图例
首都
省级行政中心
其他城市
国界
未定国界
地区界
军事分界线
省、自治区、直辖市界
特别行政区界
常年河
时令河
运河
珊瑚礁
山峰及高程
海拔(m)
6000
5000
4000
1：2500万
南海诸岛
比例尺 1：5000万

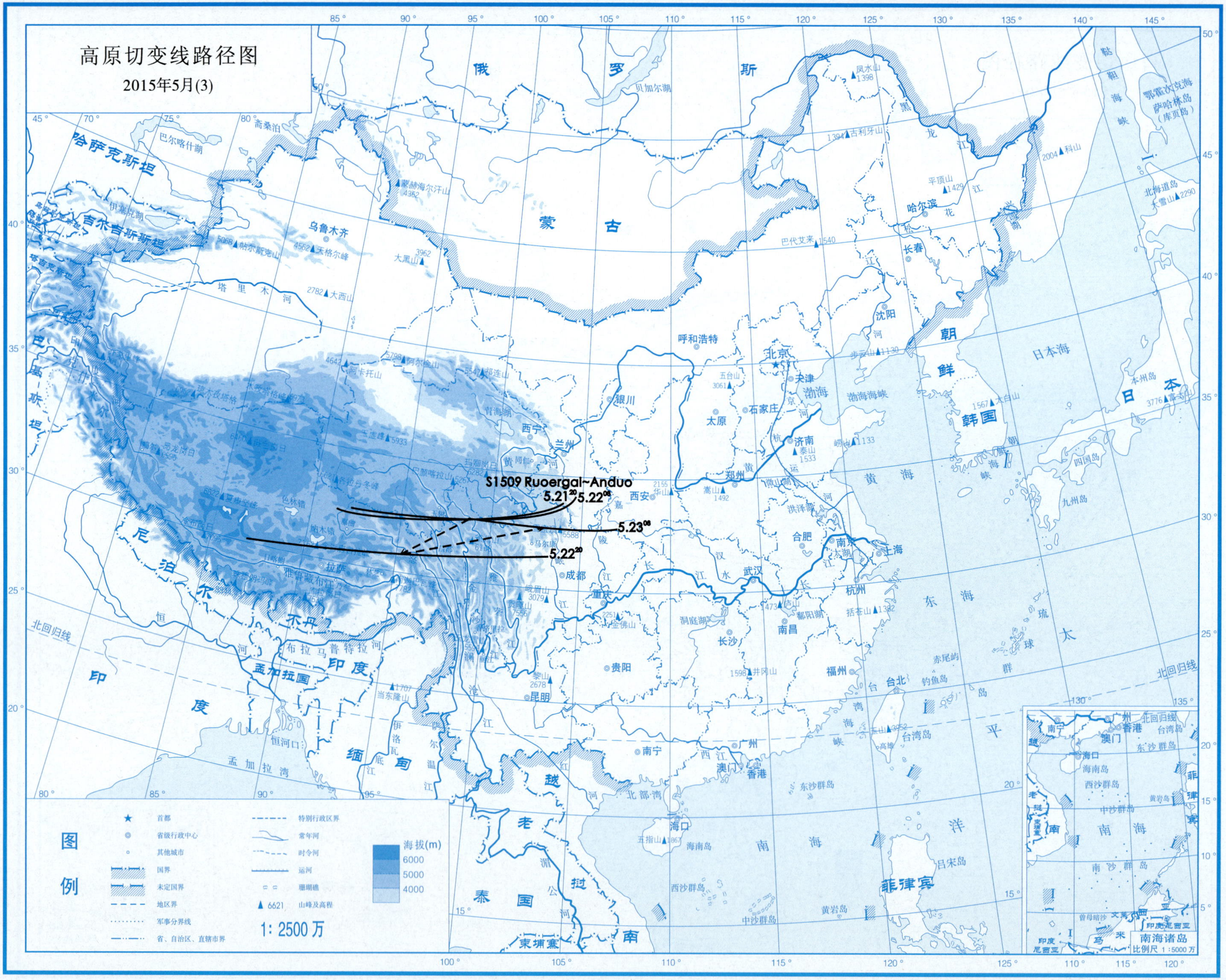
高原切变线路径图
2015年5月(3)
S1509 Ruoergai~Anduo
5.21 20
5.22 08
5.23 08
5.22 20
图例
首都
省级行政中心
其他城市
国界
未定国界
地区界
军事分界线
省、自治区、直辖市界
特别行政区界
常年河
时令河
运河
珊瑚礁
6621 山峰及高程
海拔(m)
6000
5000
4000
1:2500万
南海诸岛
比例尺 1:5000万

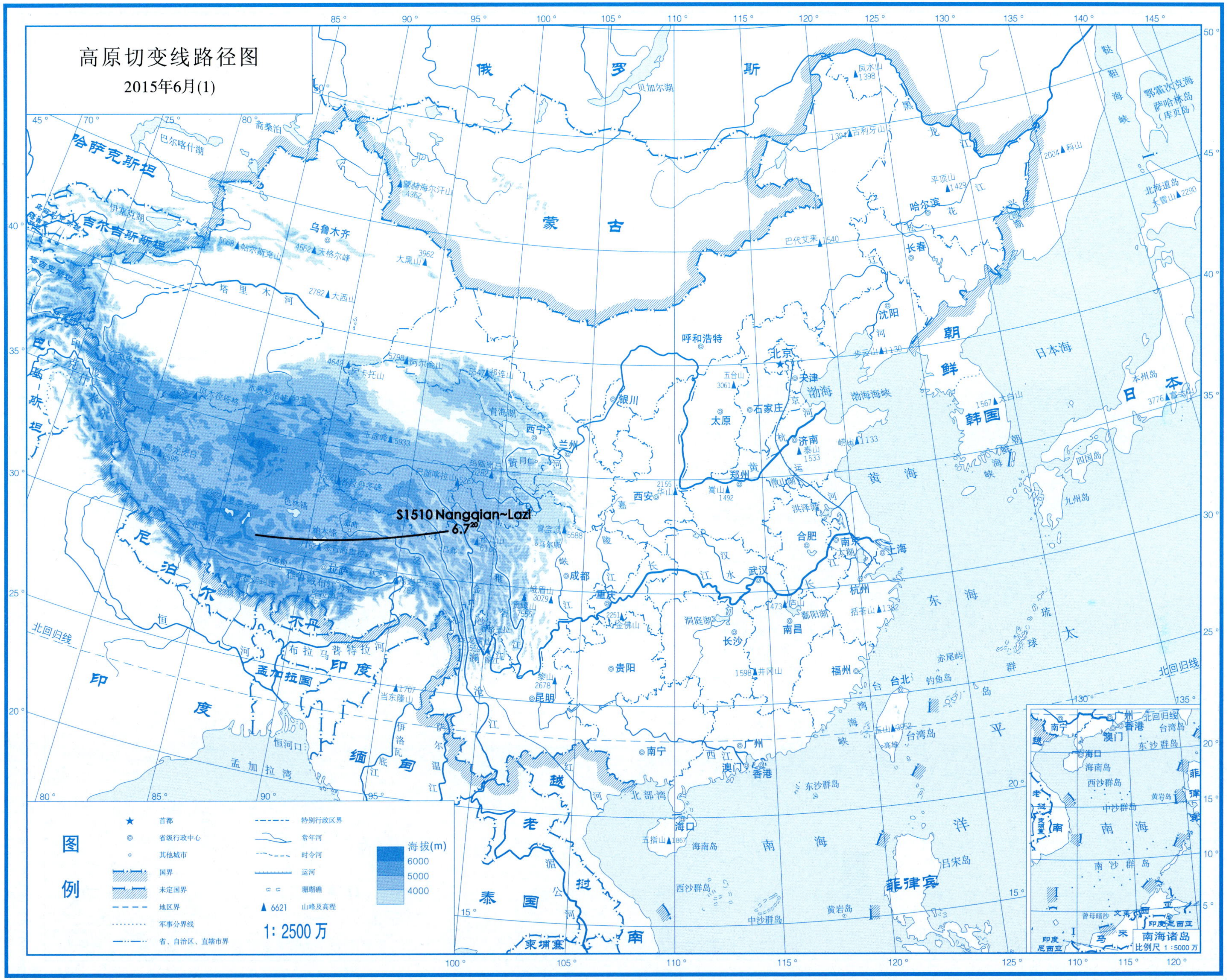
高原切变线路径图
2015年6月(1)
S1510 Nangqian~Lazi
6.7[20]
图例
首都
省级行政中心
其他城市
国界
未定国界
地区界
军事分界线
省、自治区、直辖市界
特别行政区界
常年河
时令河
运河
珊瑚礁
6621 山峰及高程
海拔(m)
6000
5000
4000
1:2500万
南海诸岛
比例尺 1:5000万

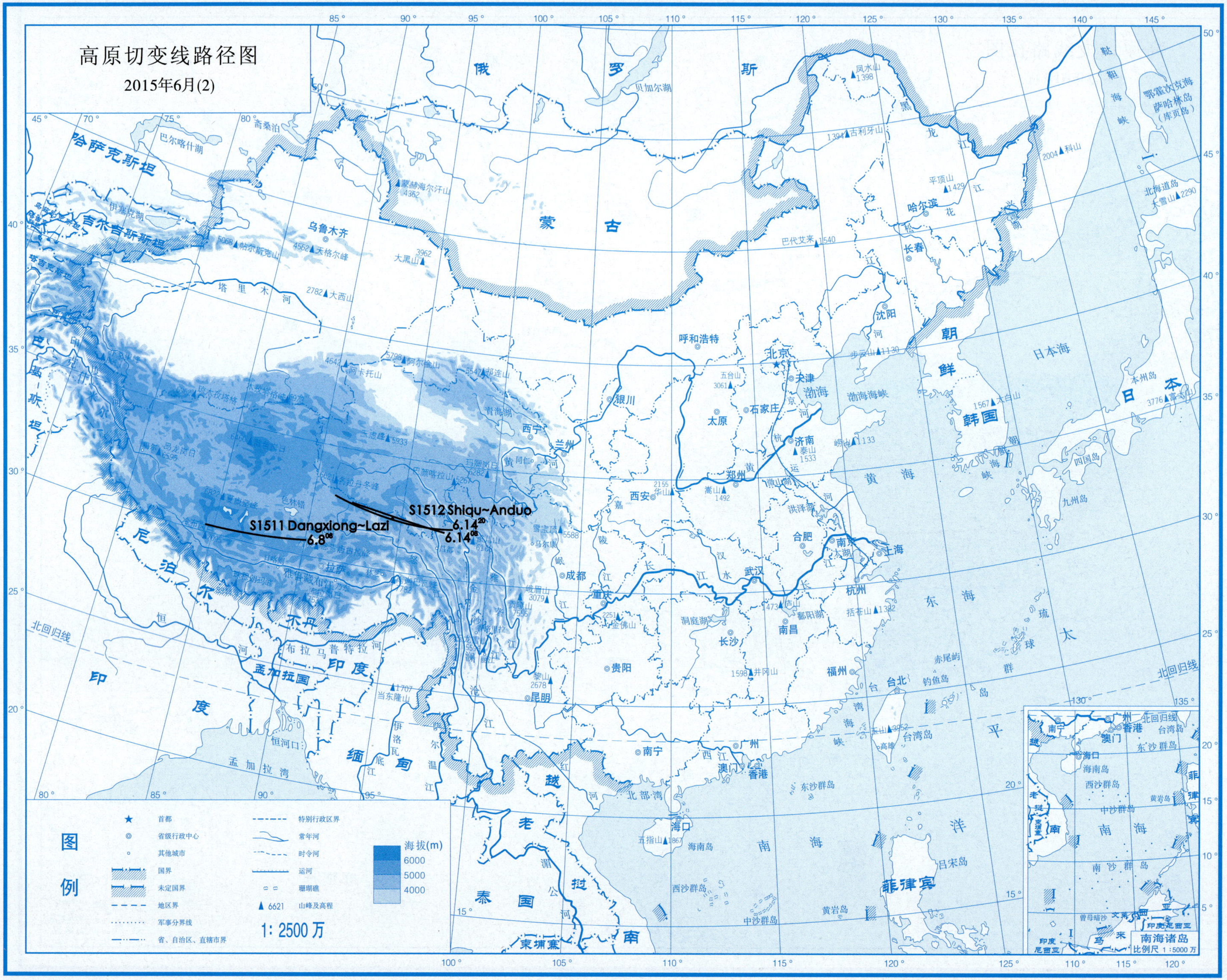
高原切变线路径图
2015年6月(2)
S1511 Dangxiong~Lazi
6.8[08]
S1512 Shiqu~Anduo
6.14[20]
6.14[08]
图例
首都
省级行政中心
其他城市
国界
未定国界
地区界
军事分界线
省、自治区、直辖市界
特别行政区界
常年河
时令河
运河
珊瑚礁
6621 山峰及高程
海拔(m)
6000
5000
4000
1: 2500 万
南海诸岛
比例尺 1:5000 万

# 高原切变线路径图

2015年7月

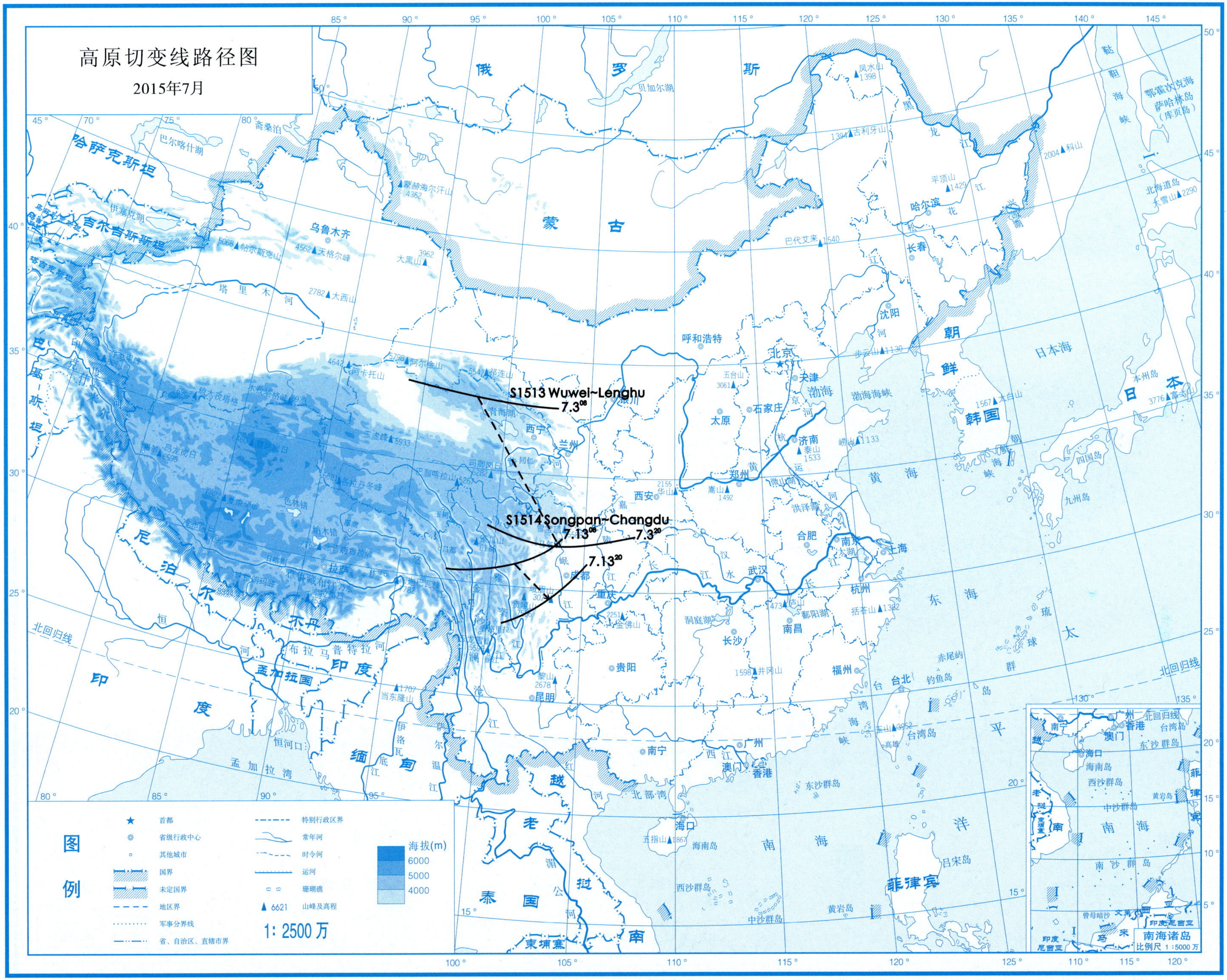

# 高原切变线路径图

2015年8月(1)

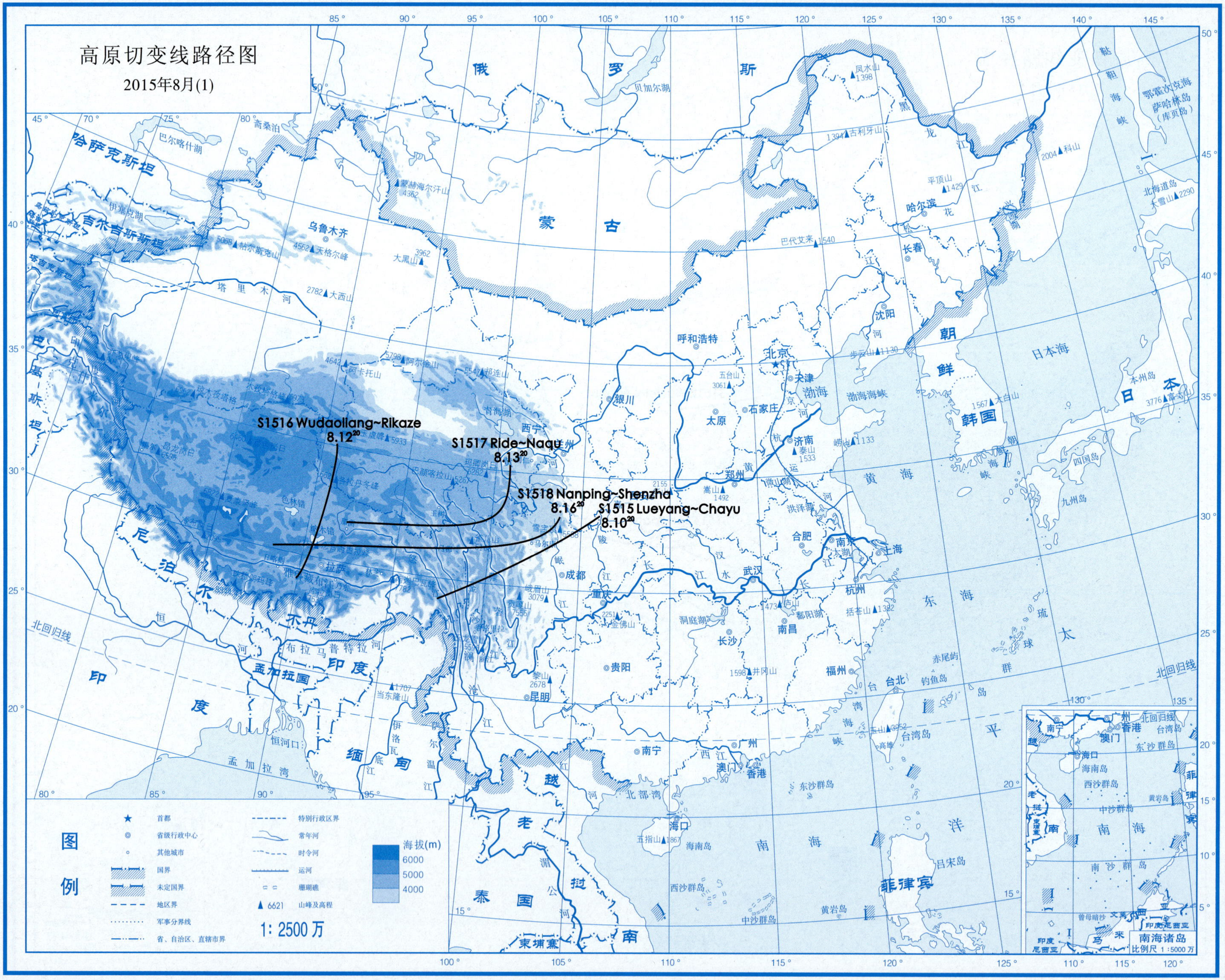

# 高原切变线路径图

2015年8月(2)

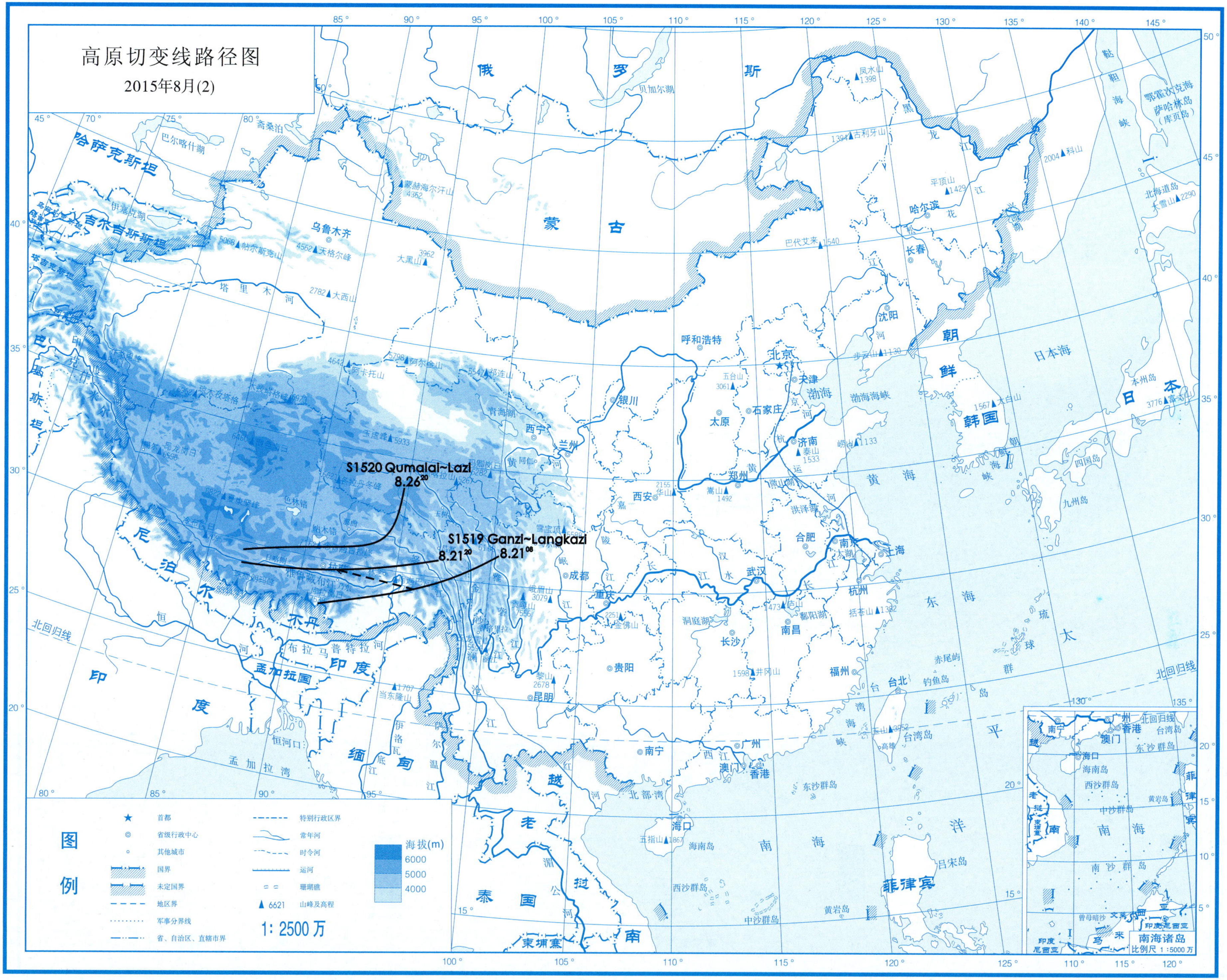

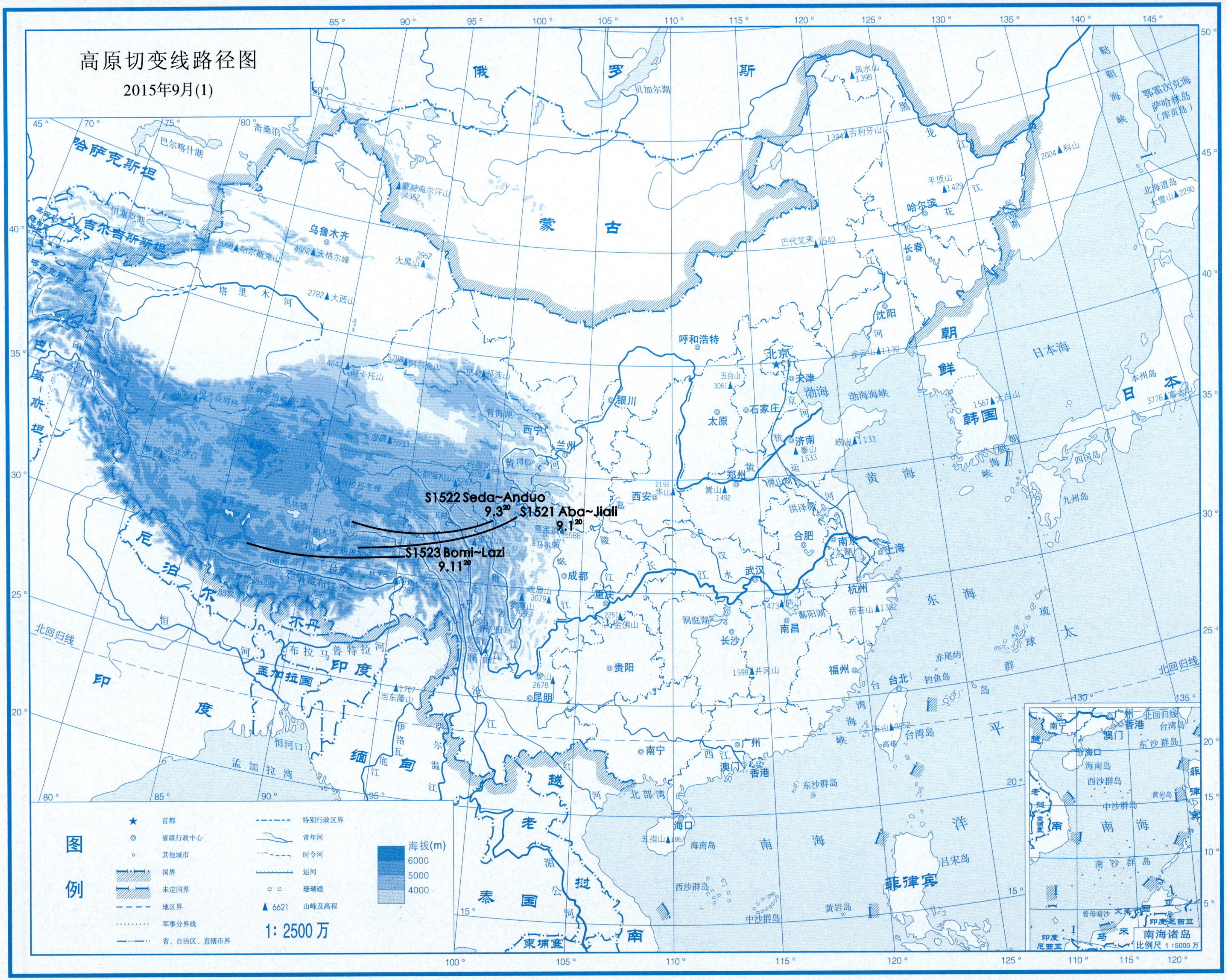
高原切变线路径图
2015年9月(1)
S1522 Seda~Anduo
9.3[20]
S1521 Aba~Jiali
9.1[20]
S1523 Bomi~Lazi
9.11[20]
图例
首都
省级行政中心
其他城市
国界
未定国界
地区界
军事分界线
省、自治区、直辖市界
特别行政区界
常年河
时令河
运河
珊瑚礁
6621 山峰及高程
海拔(m)
6000
5000
4000
1: 2500 万
南海诸岛
比例尺 1:5000 万

# 高原切变线路径图

2015年9月(2)

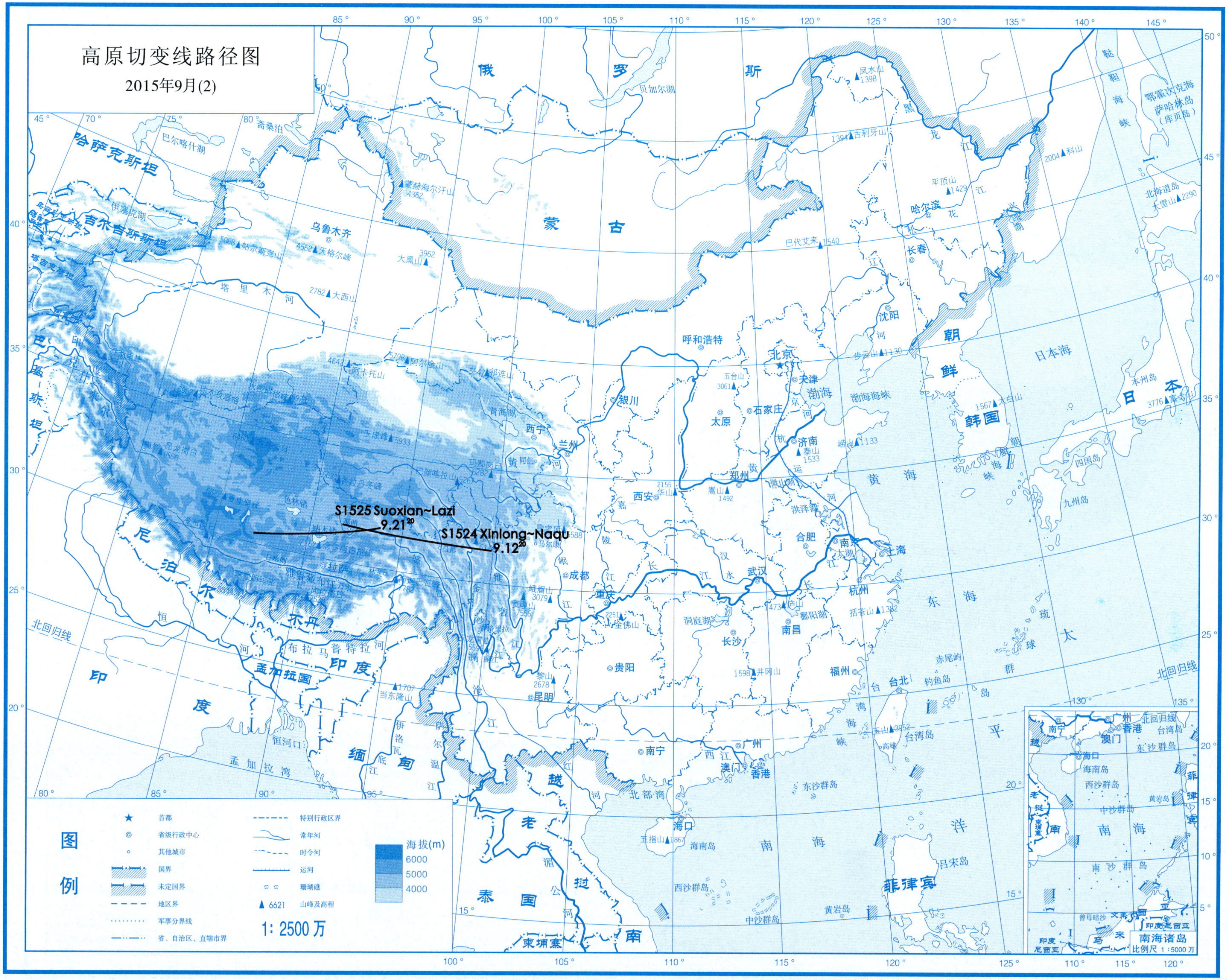

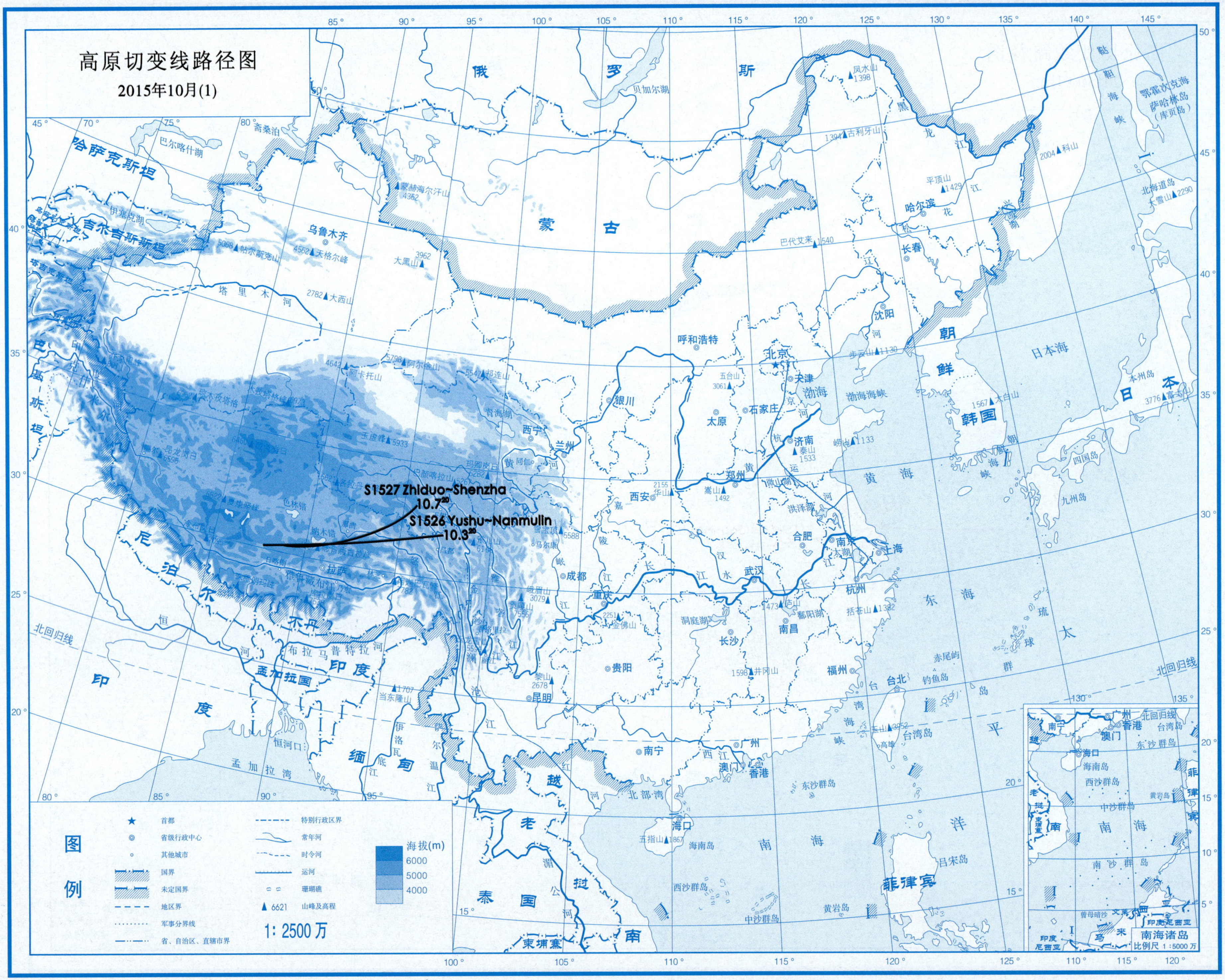
高原切变线路径图
2015年10月(1)
S1527 Zhiduo~Shenzha
10.7[20]
S1526 Yushu~Nanmulin
10.3[20]
俄　罗　斯
蒙　古
哈萨克斯坦
吉尔吉斯斯坦
尼　泊　尔
不丹
孟加拉国
印　度
缅　甸
老
越
泰　国
柬埔寨
朝　鲜
韩国
日　本
菲律宾
日本海
黄　海
东　海
南　海
太　平　洋
北回归线
图例
首都
省级行政中心
其他城市
国界
未定国界
地区界
军事分界线
省、自治区、直辖市界
特别行政区界
常年河
时令河
运河
珊瑚礁
6621 山峰及高程
海拔(m)
6000
5000
4000
1：2500万
南海诸岛
比例尺 1：5000万

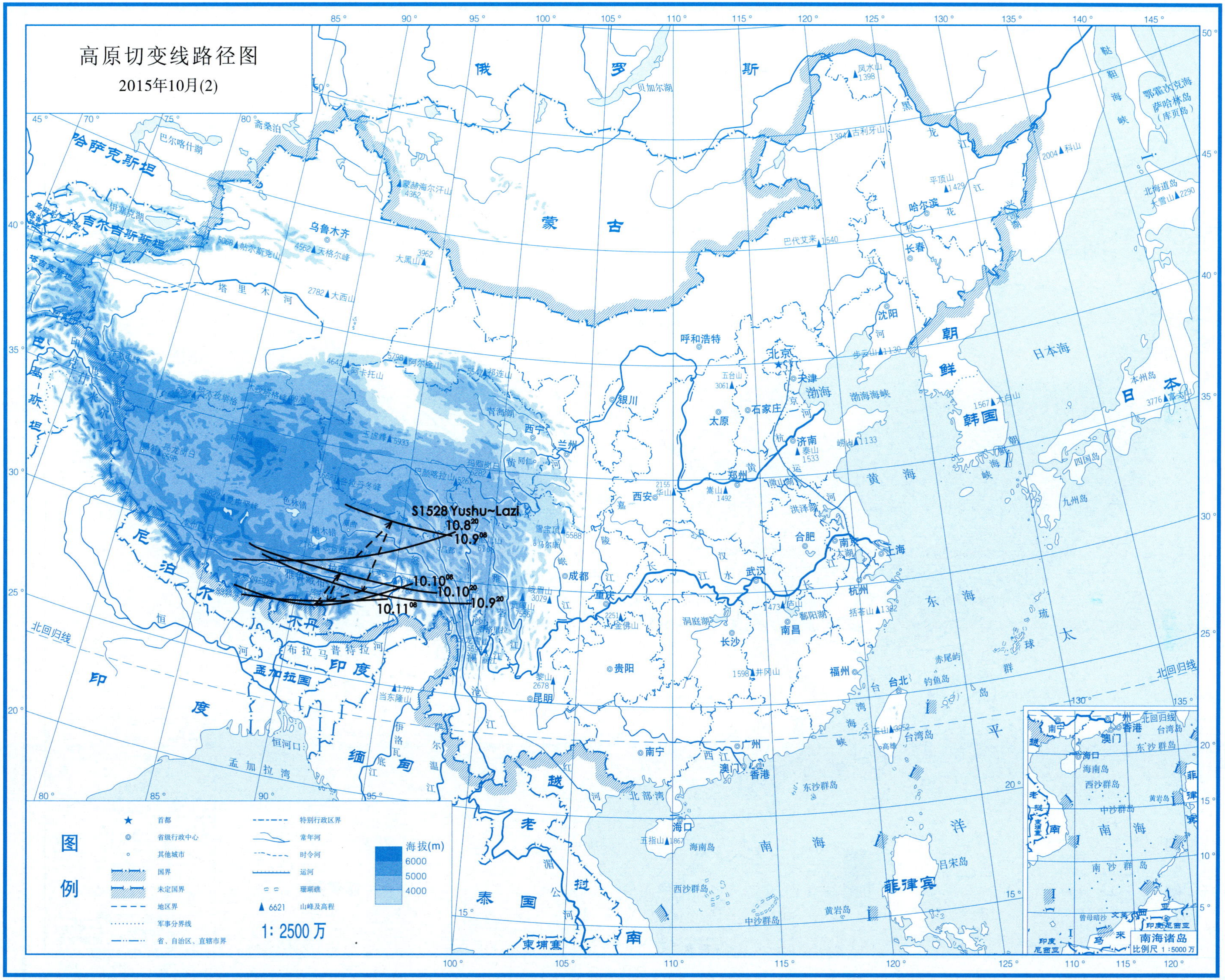
高原切变线路径图
2015年10月(2)
S1528 Yushu~Lazi
10.8[20]
10.9[08]
10.10[08]
10.10[20]
10.9[20]
10.11[08]
图例
首都
省级行政中心
其他城市
国界
未定国界
地区界
军事分界线
省、自治区、直辖市界
特别行政区界
常年河
时令河
运河
珊瑚礁
6621 山峰及高程
海拔(m)
6000
5000
4000
1: 2500万
南海诸岛
比例尺 1 : 5000 万

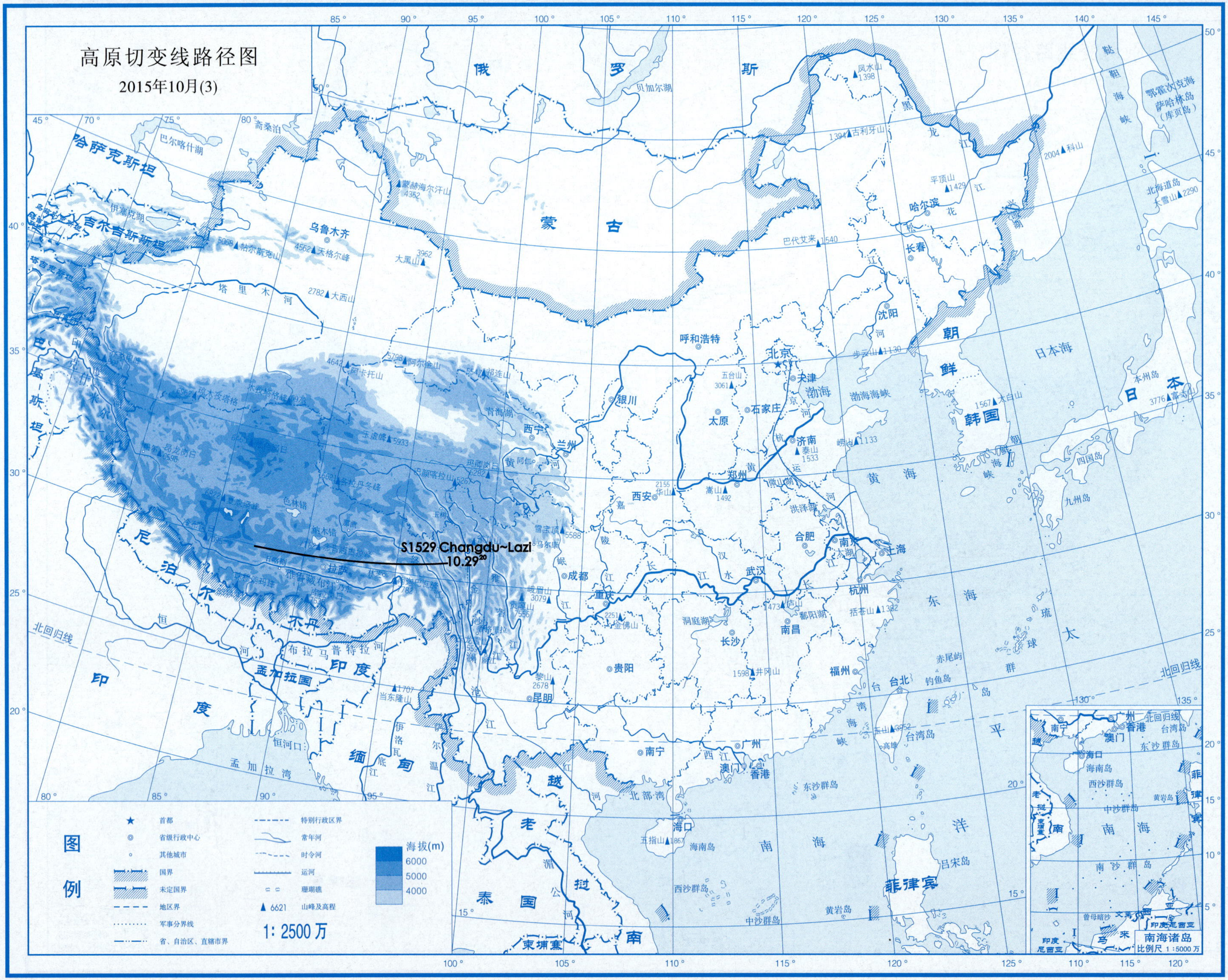
高原切变线路径图
2015年10月(3)
S1529 Changdu~Lazi
10.29[20]
图例
首都
省级行政中心
其他城市
国界
未定国界
地区界
军事分界线
省、自治区、直辖市界
特别行政区界
常年河
时令河
运河
珊瑚礁
6621 山峰及高程
海拔(m)
6000
5000
4000
1: 2500万
南海诸岛
比例尺 1:5000万

# 青 藏 高 原 切 变 线 降 水 资 料

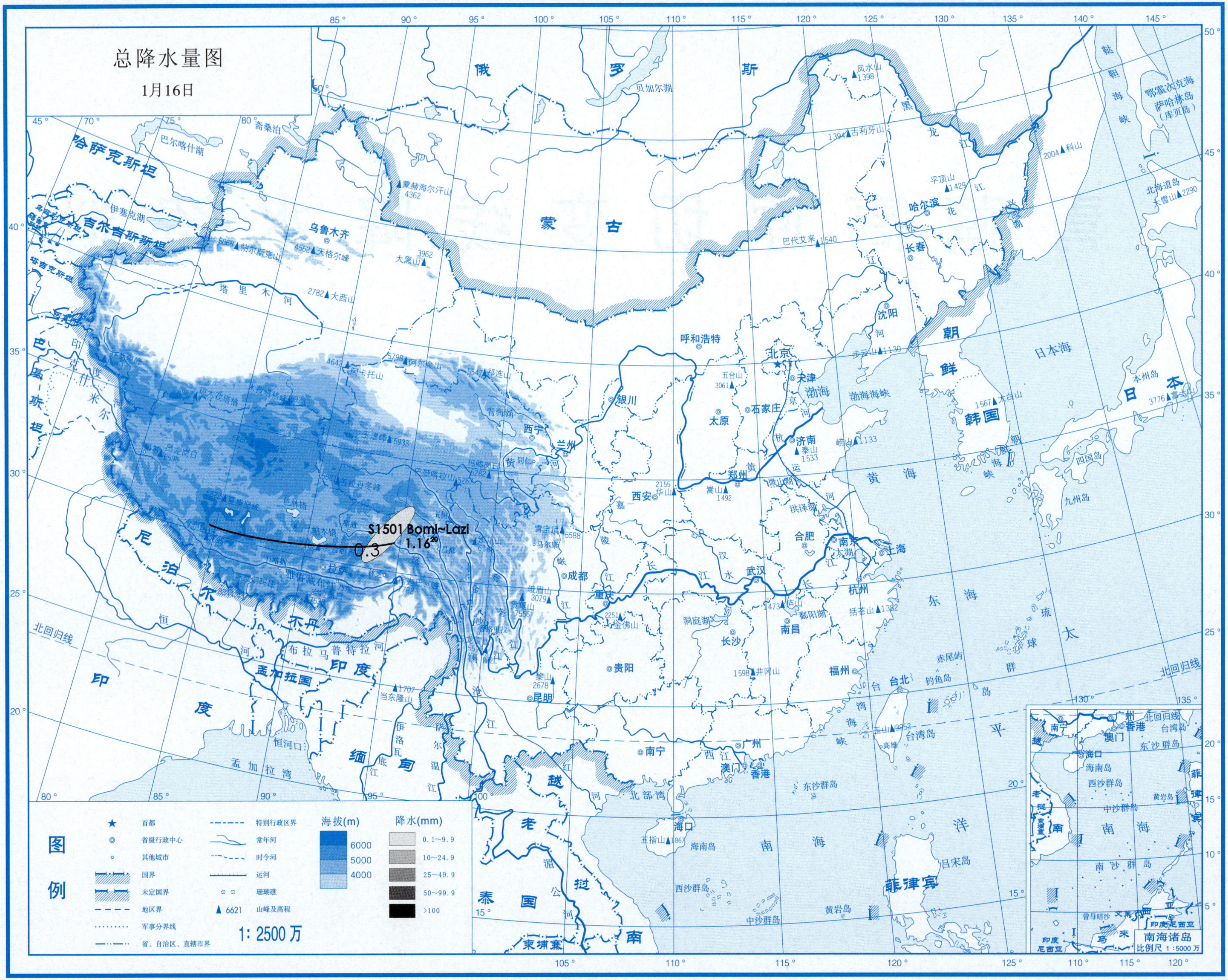
总降水量图
1月16日
S1501 Bomi~Lazi
0.3
1.16[20]
图例
首都
省级行政中心
其他城市
国界
未定国界
地区界
军事分界线
省、自治区、直辖市界
特别行政区界
常年河
时令河
运河
珊瑚礁
6621 山峰及高程
海拔(m)
6000
5000
4000
降水(mm)
0.1~9.9
10~24.9
25~49.9
50~99.9
>100
1: 2500万
南海诸岛
比例尺 1:5000万

# 总降水日数图

1月16日

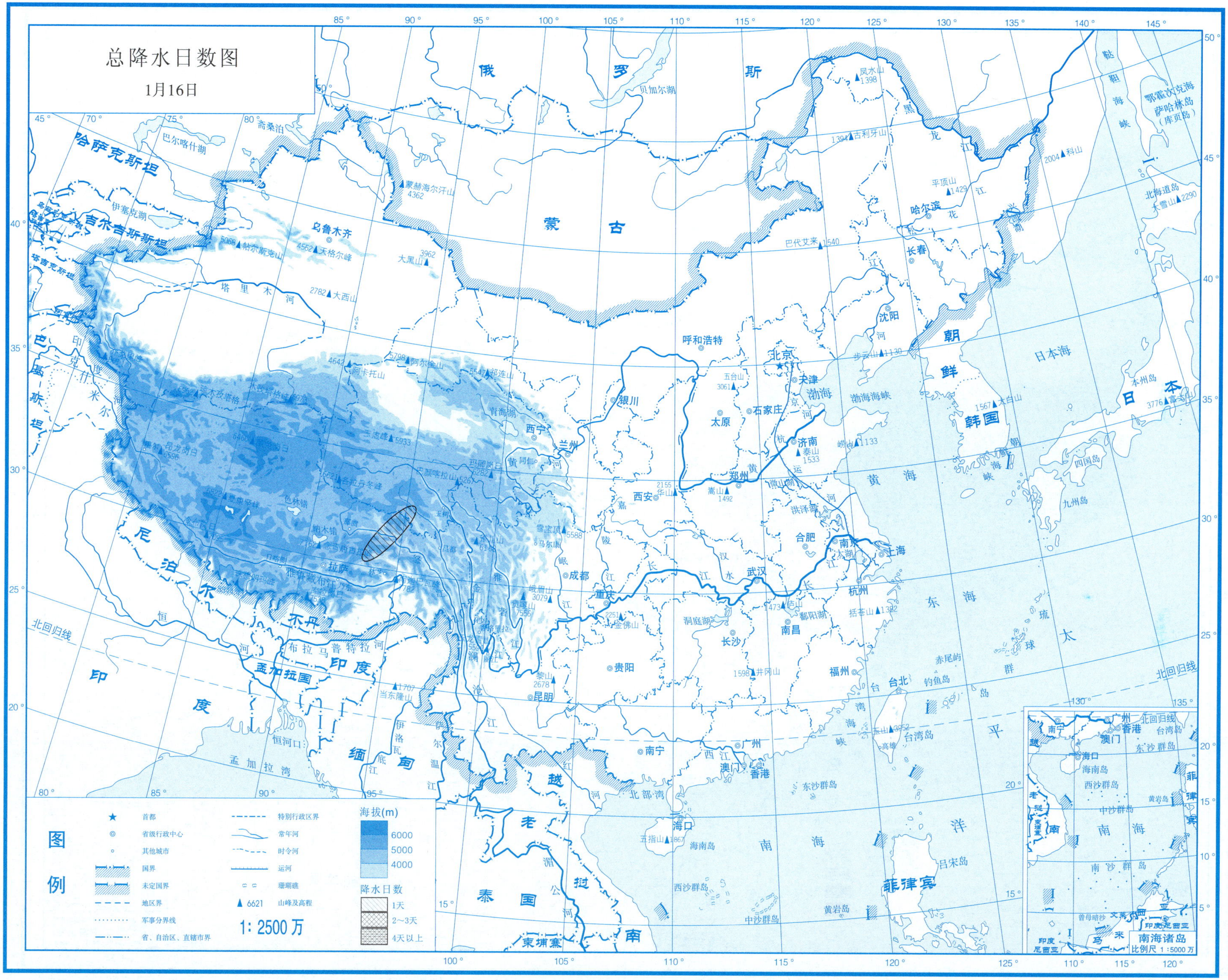

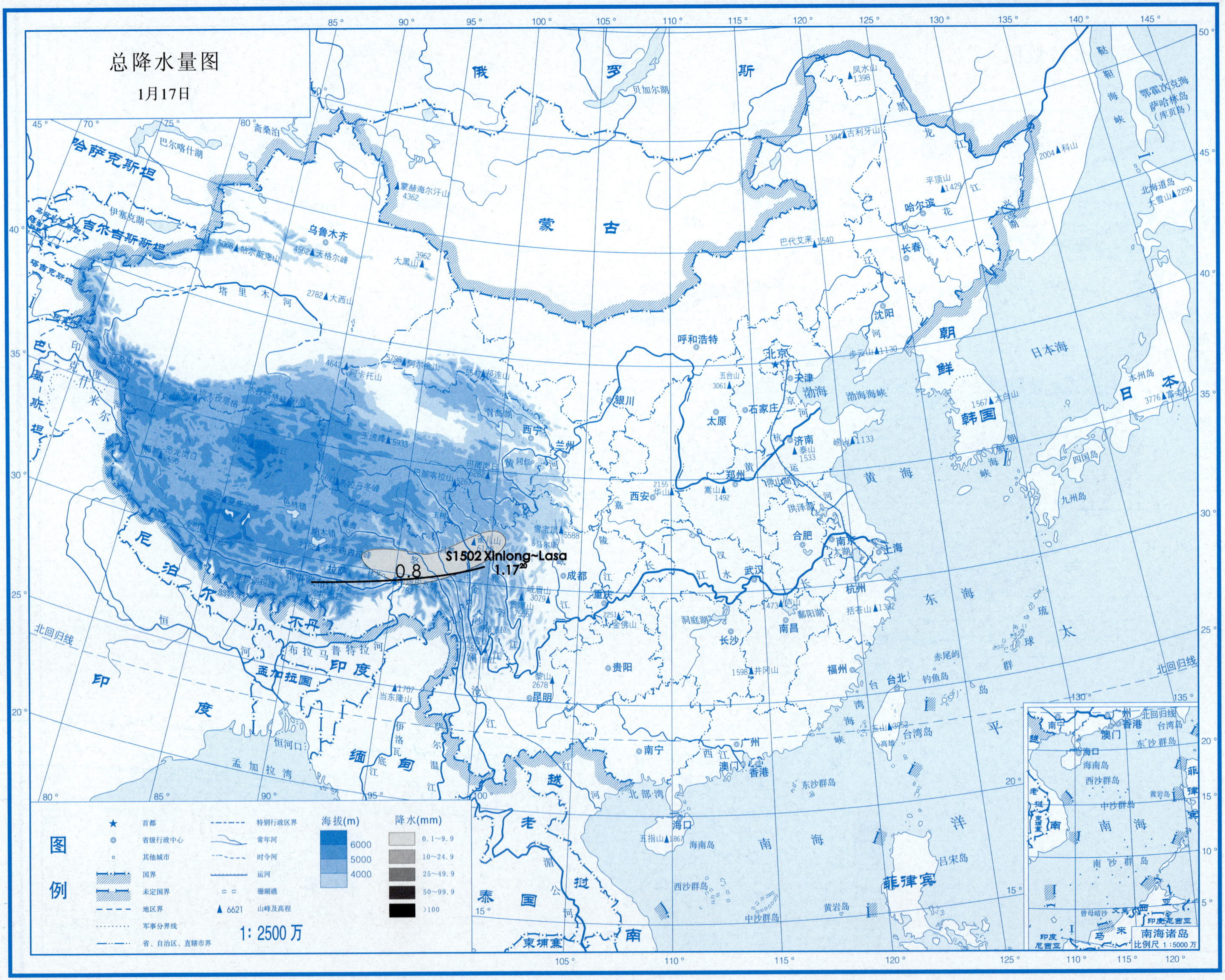
总降水量图
1月17日
S1502 Xinlong~Lasa
1.17²⁰
0.8
图例
首都
省级行政中心
其他城市
国界
未定国界
地区界
军事分界线
省、自治区、直辖市界
特别行政区界
常年河
时令河
运河
珊瑚礁
6621 山峰及高程
海拔(m)
6000
5000
4000
降水(mm)
0.1~9.9
10~24.9
25~49.9
50~99.9
>100
1∶2500万
南海诸岛
比例尺 1∶5000万

# 总降水日数图

1月17日

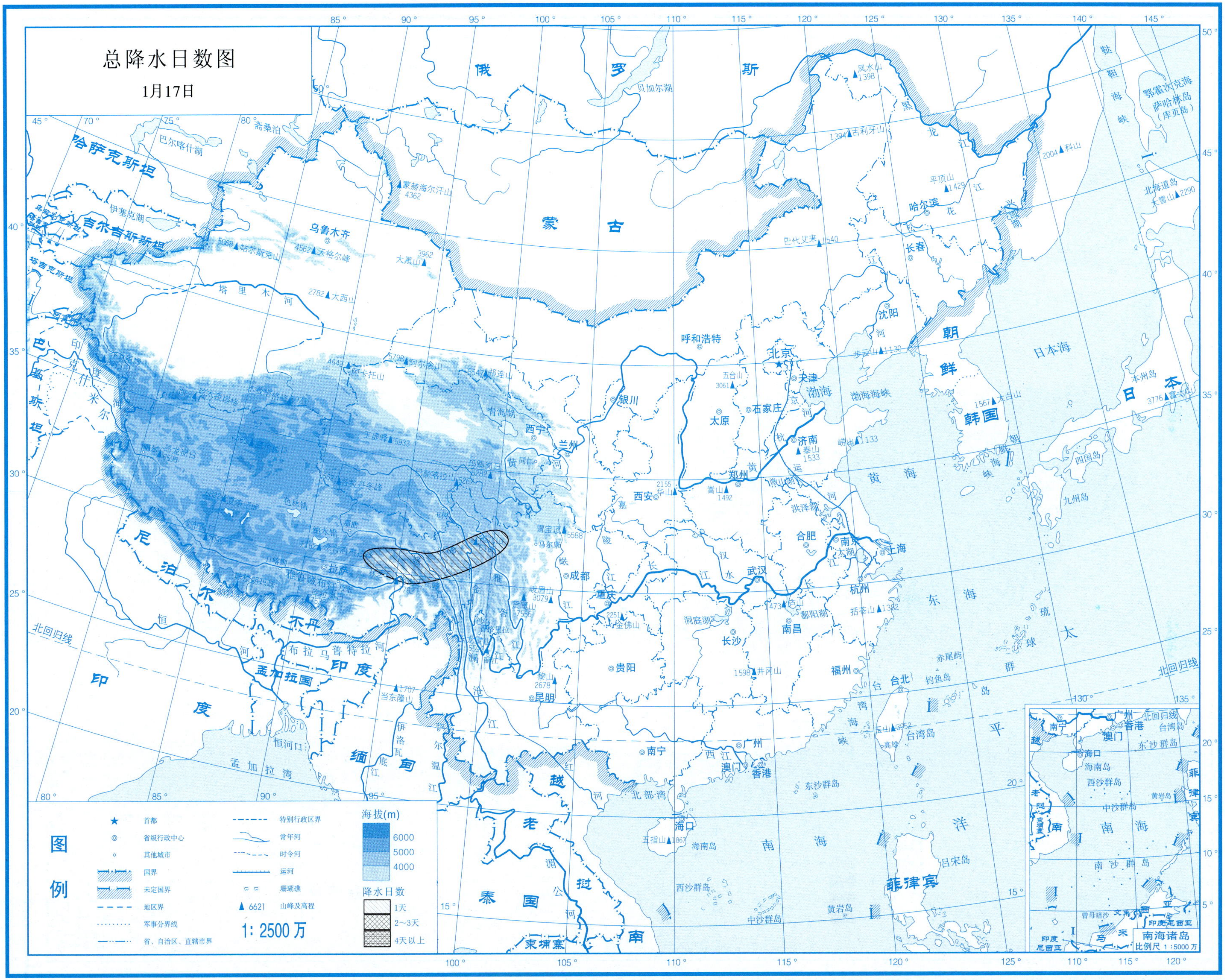


Page...198

高原切变线

第2部分

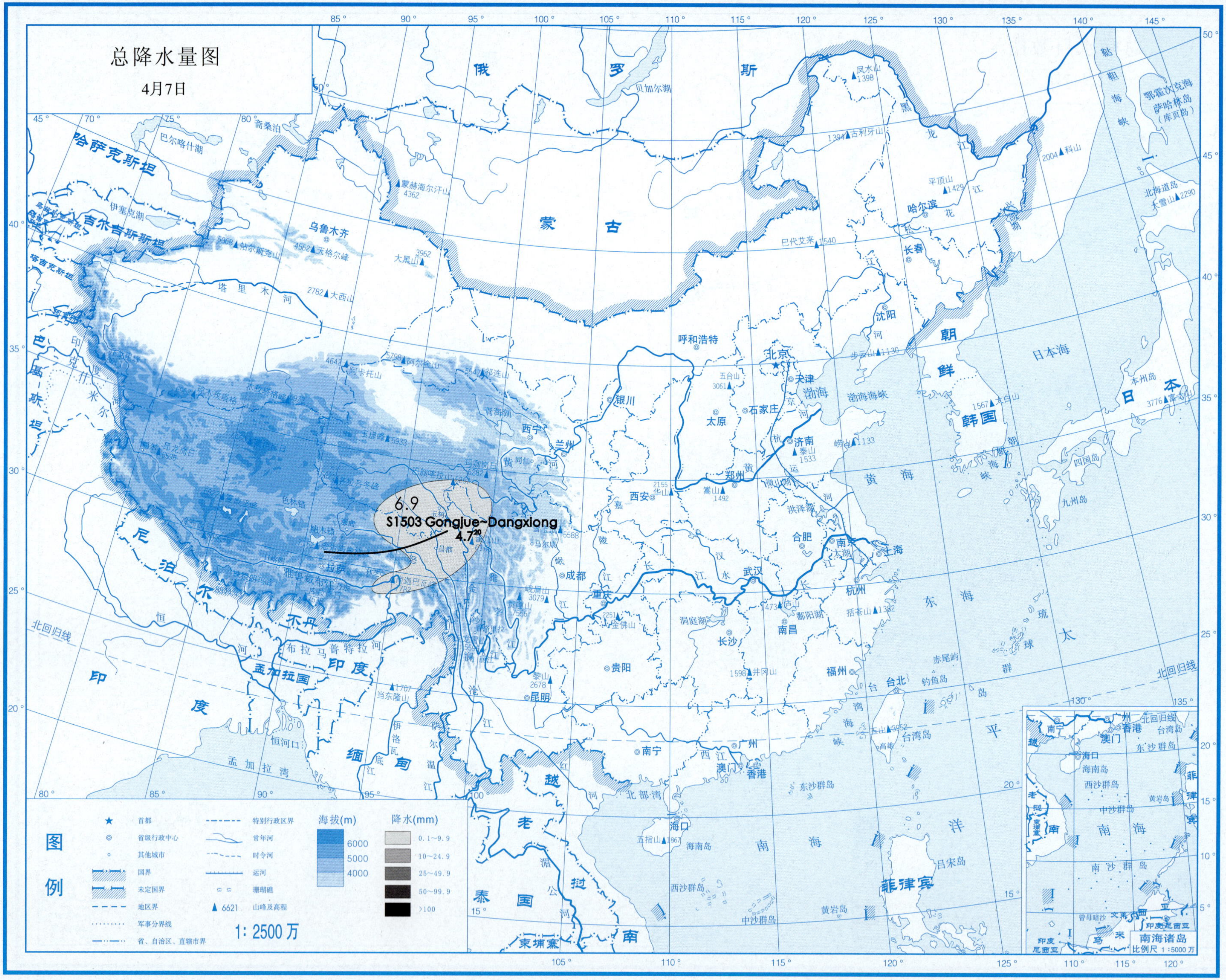
总降水量图
4月7日
6.9
S1503 Gongjue~Dangxiong
4.7
图例
首都
省级行政中心
其他城市
国界
未定国界
地区界
军事分界线
省、自治区、直辖市界
特别行政区界
常年河
时令河
运河
珊瑚礁
6621 山峰及高程
1: 2500 万
海拔(m)
6000
5000
4000
降水(mm)
0.1~9.9
10~24.9
25~49.9
50~99.9
>100
南海诸岛
比例尺 1:5000 万

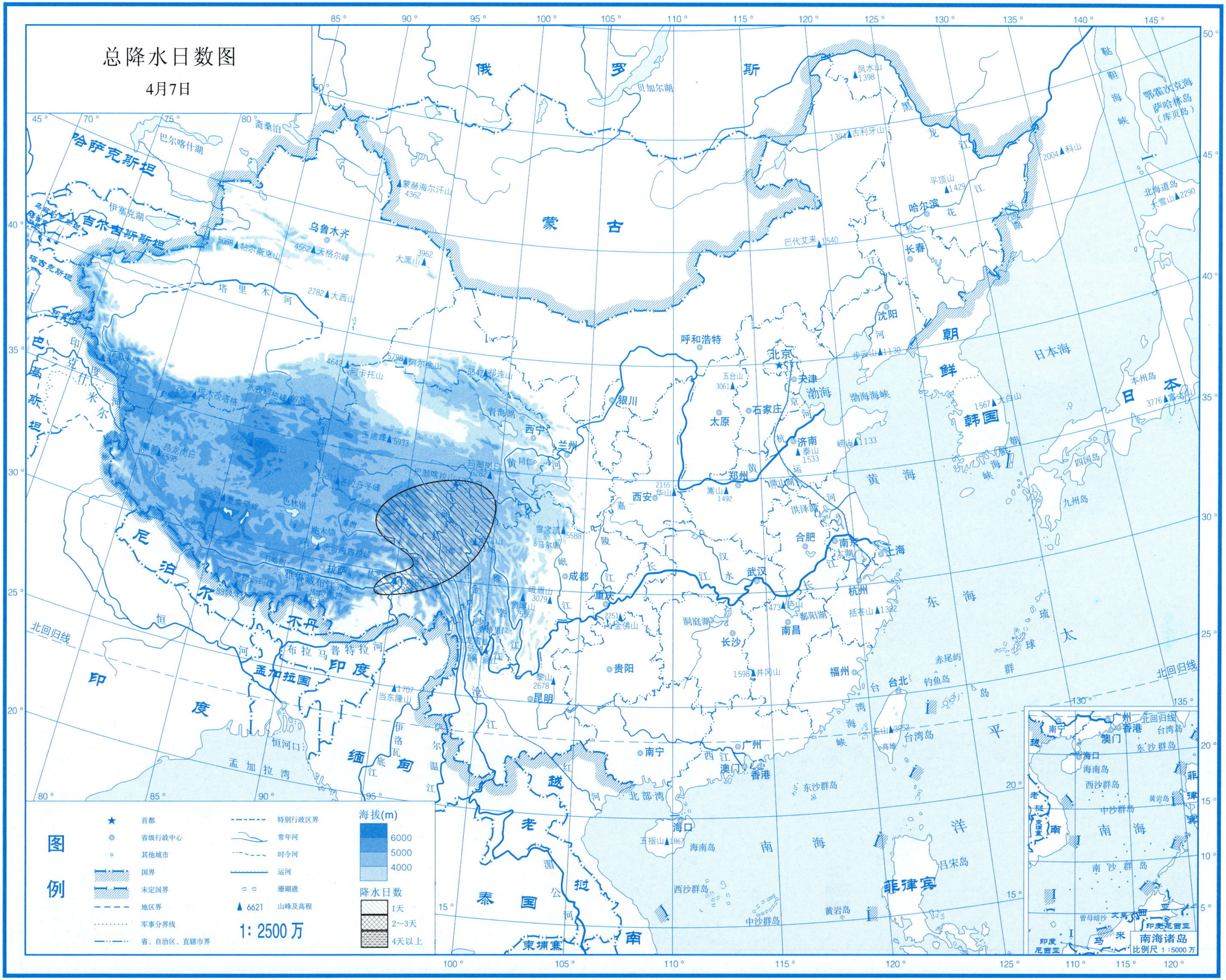
总降水日数图
4月7日
图例
首都
省级行政中心
其他城市
国界
未定国界
地区界
军事分界线
省、自治区、直辖市界
特别行政区界
常年河
时令河
运河
珊瑚礁
6621 山峰及高程
1：2500万
海拔(m)
6000
5000
4000
降水日数
1天
2~3天
4天以上
南海诸岛
比例尺 1：5000万

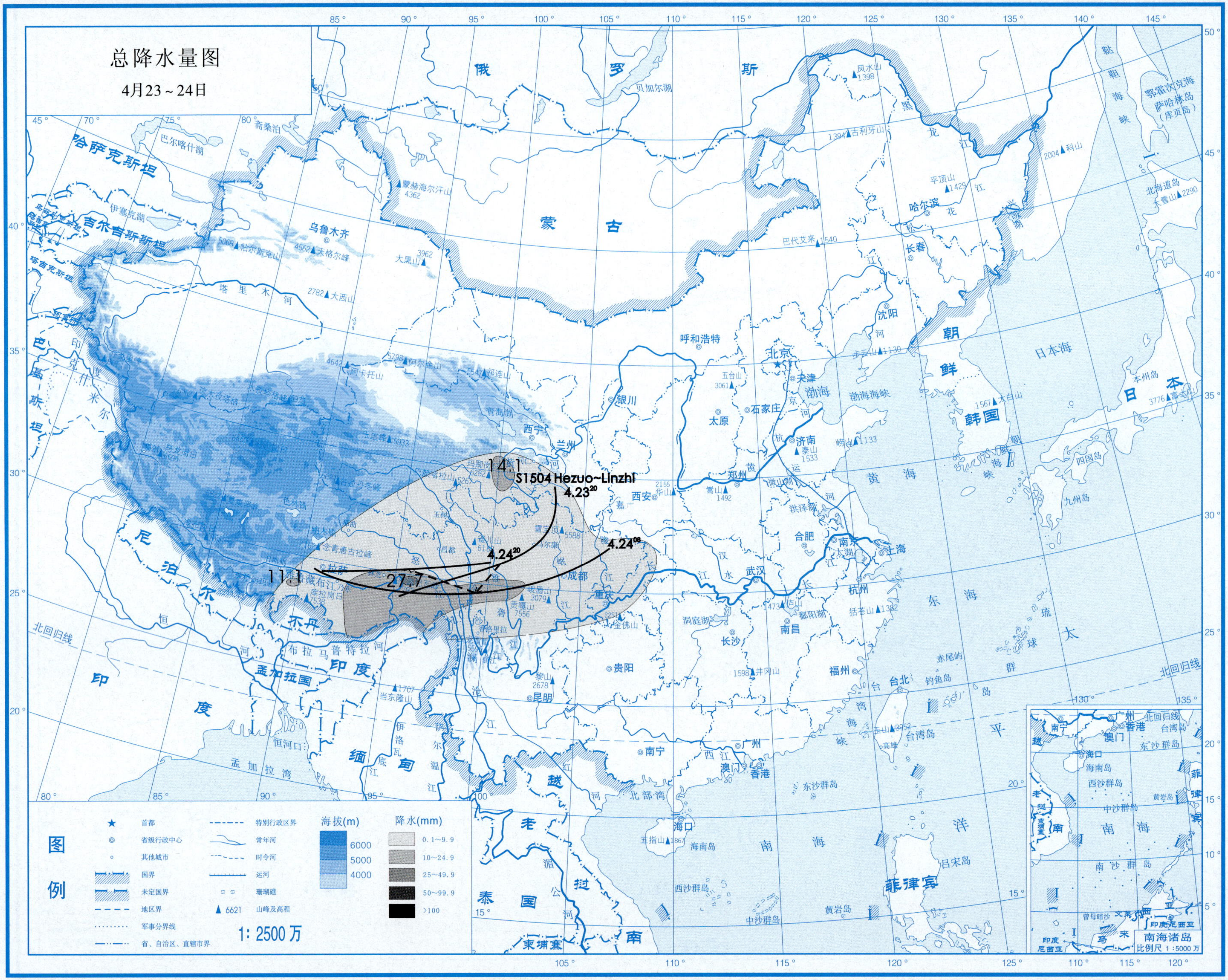
总降水量图
4月23～24日
S1504 Hezuo~Linzhi
4.23[20]
4.24[20]
4.24[08]
14.1
11.1
27.7
图例
首都
省级行政中心
其他城市
国界
未定国界
地区界
军事分界线
省、自治区、直辖市界
特别行政区界
常年河
时令河
运河
珊瑚礁
山峰及高程
海拔(m)
6000
5000
4000
降水(mm)
0.1～9.9
10～24.9
25～49.9
50～99.9
>100
1: 2500 万
南海诸岛
比例尺 1:5000 万

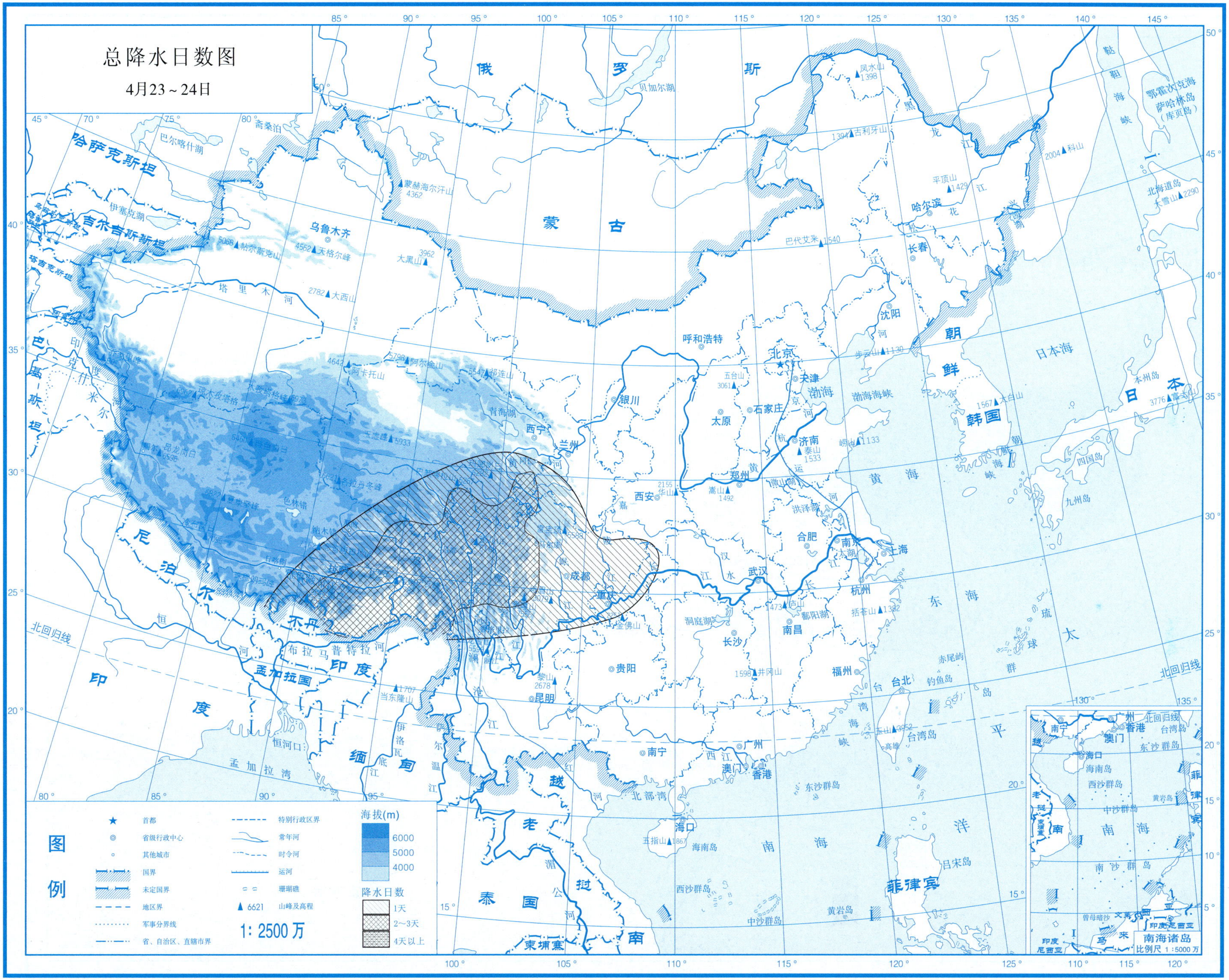
总降水日数图
4月23～24日
俄 罗 斯
蒙 古
哈萨克斯坦
吉尔吉斯斯坦
塔吉克斯坦
巴基斯坦
印度
尼泊尔
不丹
孟加拉国
缅甸
老挝
泰国
柬埔寨
越南
菲律宾
朝鲜
韩国
日本
日本海
渤海
黄海
东海
南海
太平洋
孟加拉湾
北部湾
台湾海峡
北京
天津
石家庄
太原
呼和浩特
沈阳
长春
哈尔滨
济南
郑州
西安
银川
兰州
西宁
乌鲁木齐
成都
重庆
贵阳
昆明
南宁
广州
海口
长沙
武汉
南昌
合肥
南京
上海
杭州
福州
台北
香港
澳门
北回归线
图例
首都
省级行政中心
其他城市
国界
未定国界
地区界
军事分界线
省、自治区、直辖市界
特别行政区界
常年河
时令河
运河
珊瑚礁
6621 山峰及高程
1: 2500万
海拔(m)
6000
5000
4000
降水日数
1天
2~3天
4天以上
南海诸岛
比例尺 1:5000万

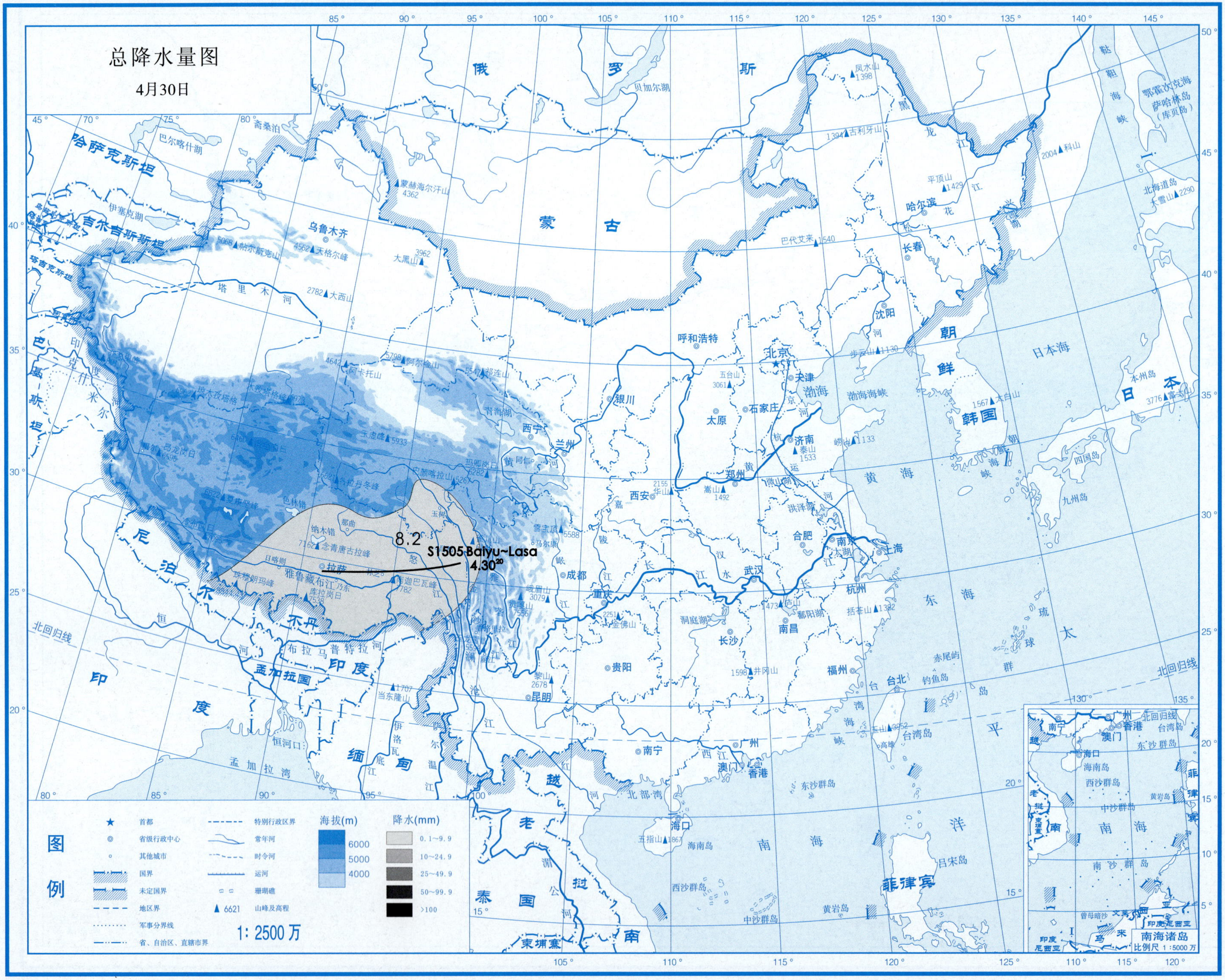
总降水量图
4月30日
8.2
S1505 Baiyu~Lasa
4.30^20
图例
首都
省级行政中心
其他城市
国界
未定国界
地区界
军事分界线
省、自治区、直辖市界
特别行政区界
常年河
时令河
运河
珊瑚礁
6621 山峰及高程
海拔(m)
6000
5000
4000
降水(mm)
0.1~9.9
10~24.9
25~49.9
50~99.9
>100
1:2500万
南海诸岛
比例尺 1:5000万

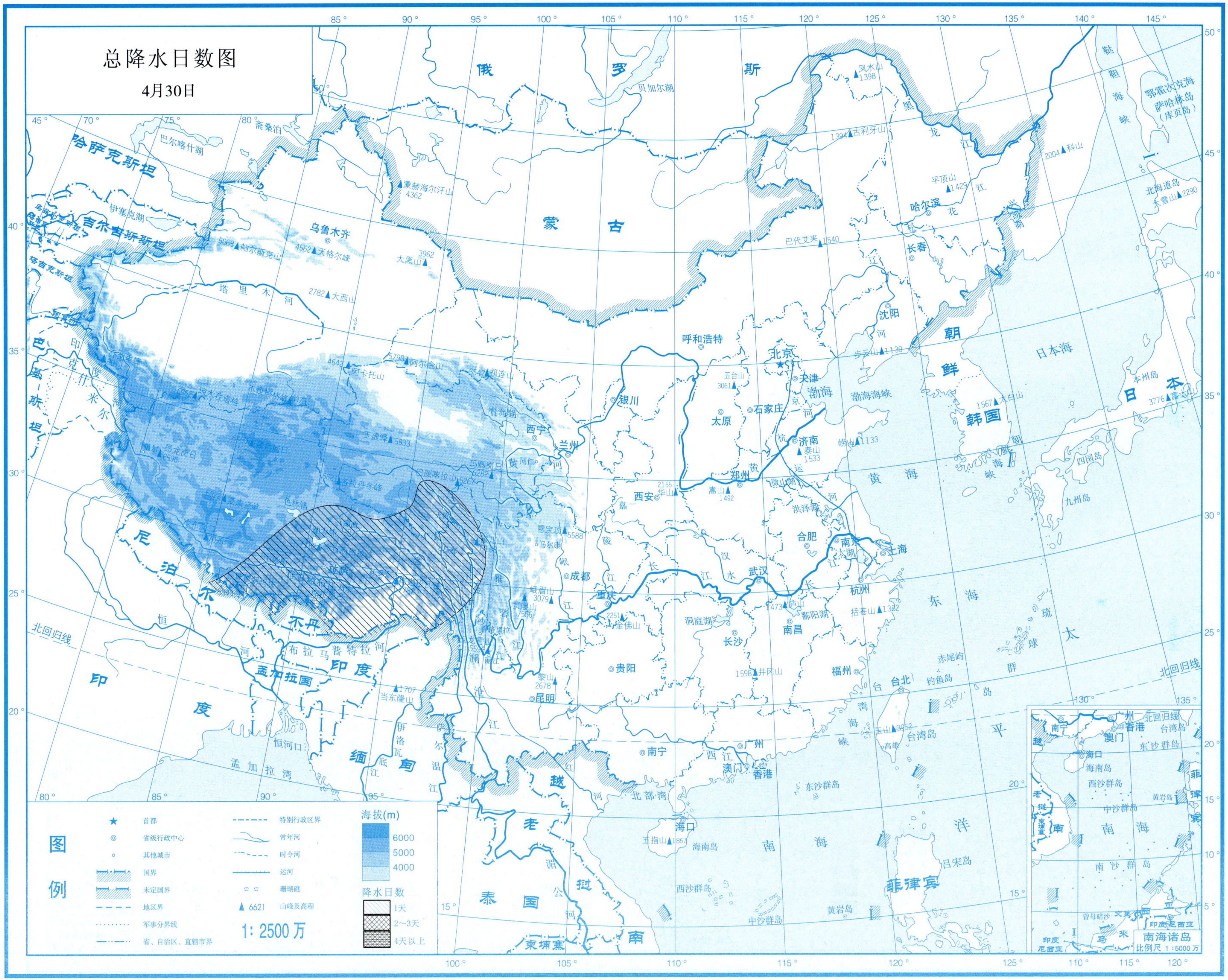
总降水日数图
4月30日
图例
首都
省级行政中心
其他城市
国界
未定国界
地区界
军事分界线
省、自治区、直辖市界
特别行政区界
常年河
时令河
运河
珊瑚礁
6621 山峰及高程
1: 2500 万
海拔(m)
6000
5000
4000
降水日数
1天
2~3天
4天以上
南海诸岛
比例尺 1 : 5000 万

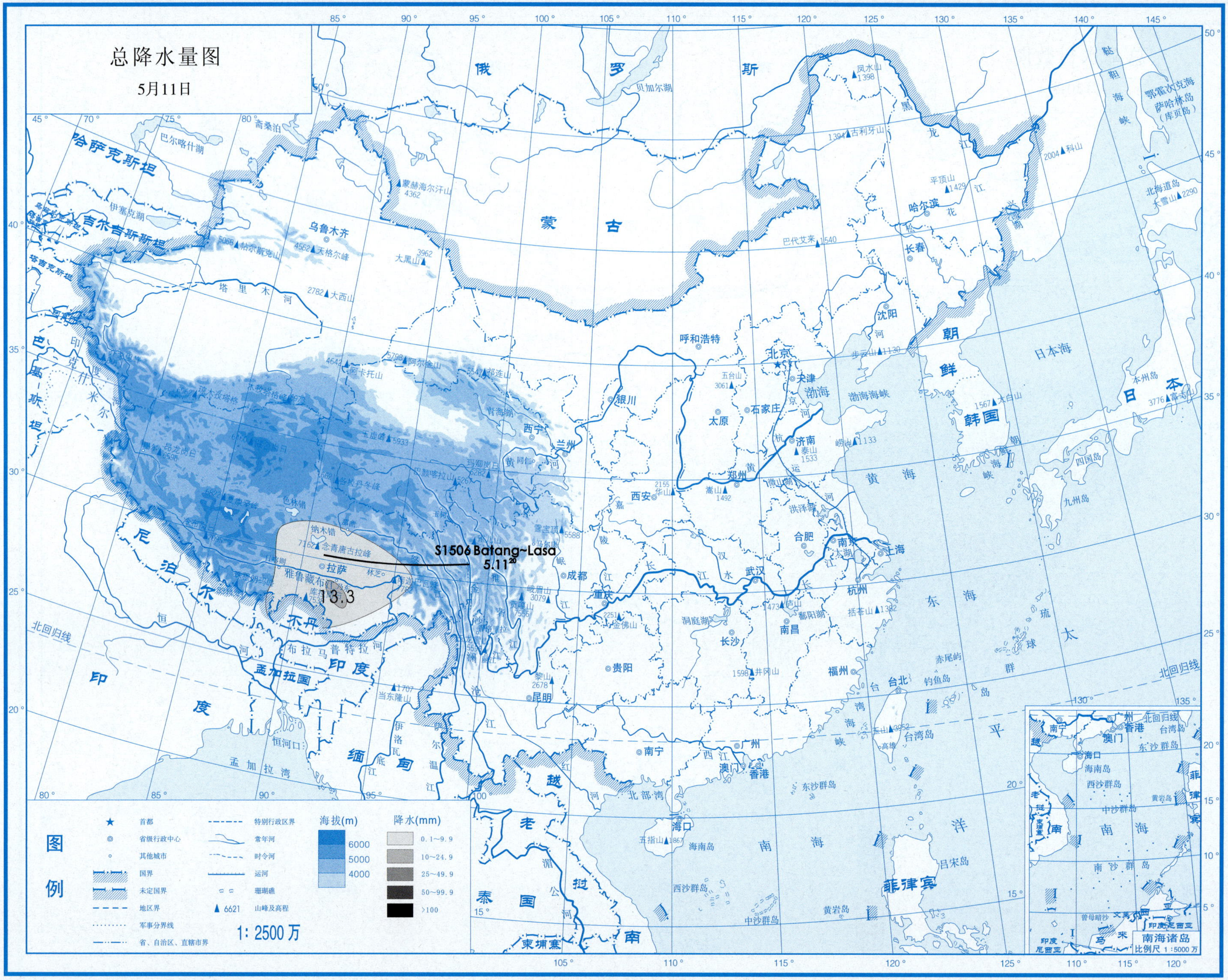
总降水量图
5月11日
S1506 Batang~Lasa
5.11
13.3
图例
首都
省级行政中心
其他城市
国界
未定国界
地区界
军事分界线
省、自治区、直辖市界
特别行政区界
常年河
时令河
运河
珊瑚礁
山峰及高程
海拔(m)
6000
5000
4000
降水(mm)
0.1~9.9
10~24.9
25~49.9
50~99.9
>100
1: 2500 万
南海诸岛
比例尺 1:5000 万

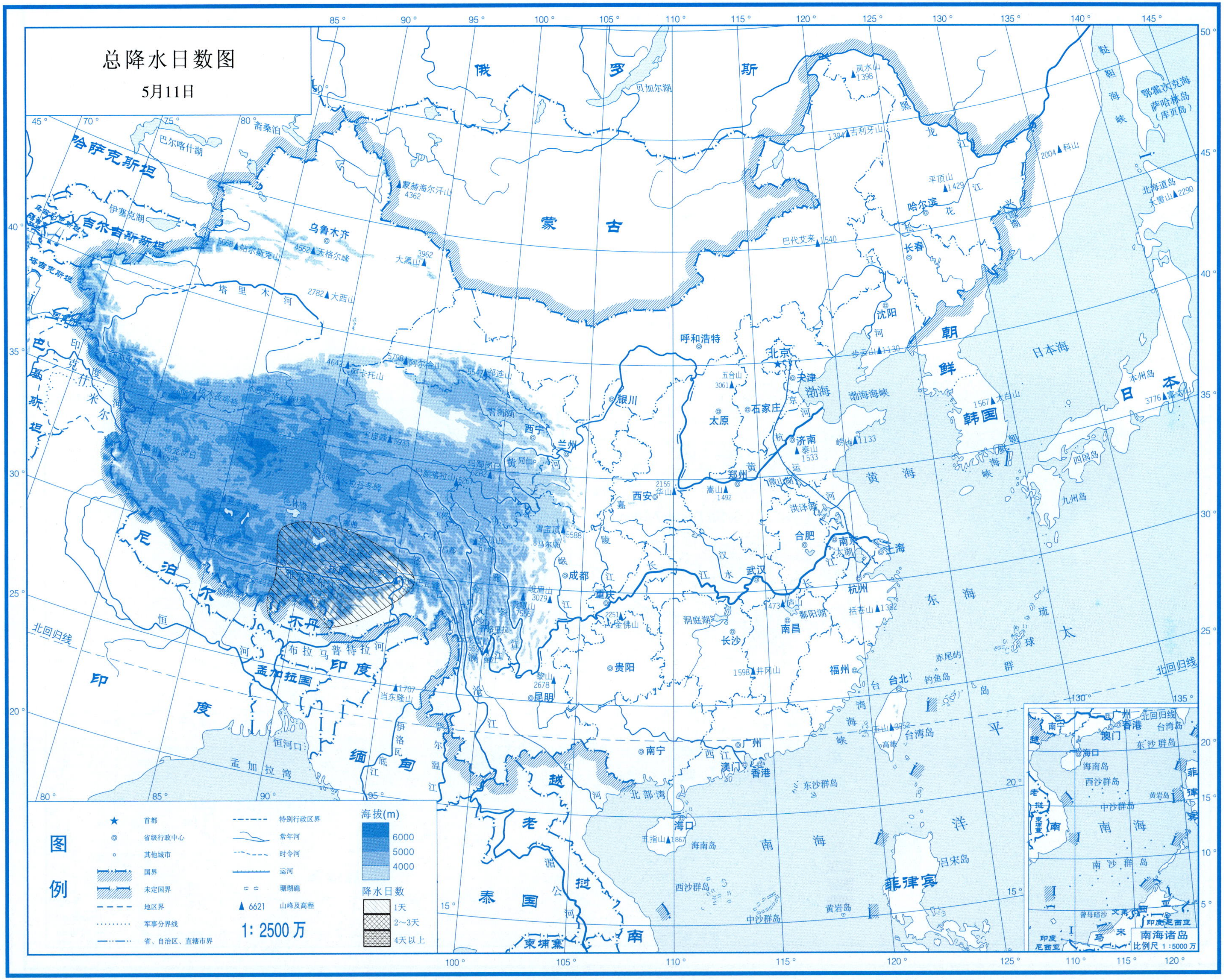
总降水日数图
5月11日
俄
罗
斯
蒙
古
哈萨克斯坦
吉尔吉斯斯坦
塔吉克斯坦
巴基斯坦
尼泊尔
不丹
印度
孟加拉国
缅甸
老挝
泰国
越南
柬埔寨
朝鲜
韩国
日本
菲律宾
日本海
黄海
渤海
东海
南海
太平洋
北部湾
孟加拉湾
北回归线
北京
天津
石家庄
太原
呼和浩特
沈阳
长春
哈尔滨
济南
郑州
西安
兰州
西宁
银川
乌鲁木齐
成都
重庆
贵阳
昆明
南宁
广州
香港
澳门
海口
长沙
武汉
南昌
合肥
南京
上海
杭州
福州
台北
塔里木河
长江
黄河
台湾岛
海南岛
东沙群岛
西沙群岛
中沙群岛
南沙群岛
黄岩岛
南海诸岛
比例尺 1:5000万
图例
首都
省级行政中心
其他城市
国界
未定国界
地区界
军事分界线
省、自治区、直辖市界
特别行政区界
常年河
时令河
运河
珊瑚礁
山峰及高程
1: 2500万
海拔(m)
6000
5000
4000
降水日数
1天
2~3天
4天以上

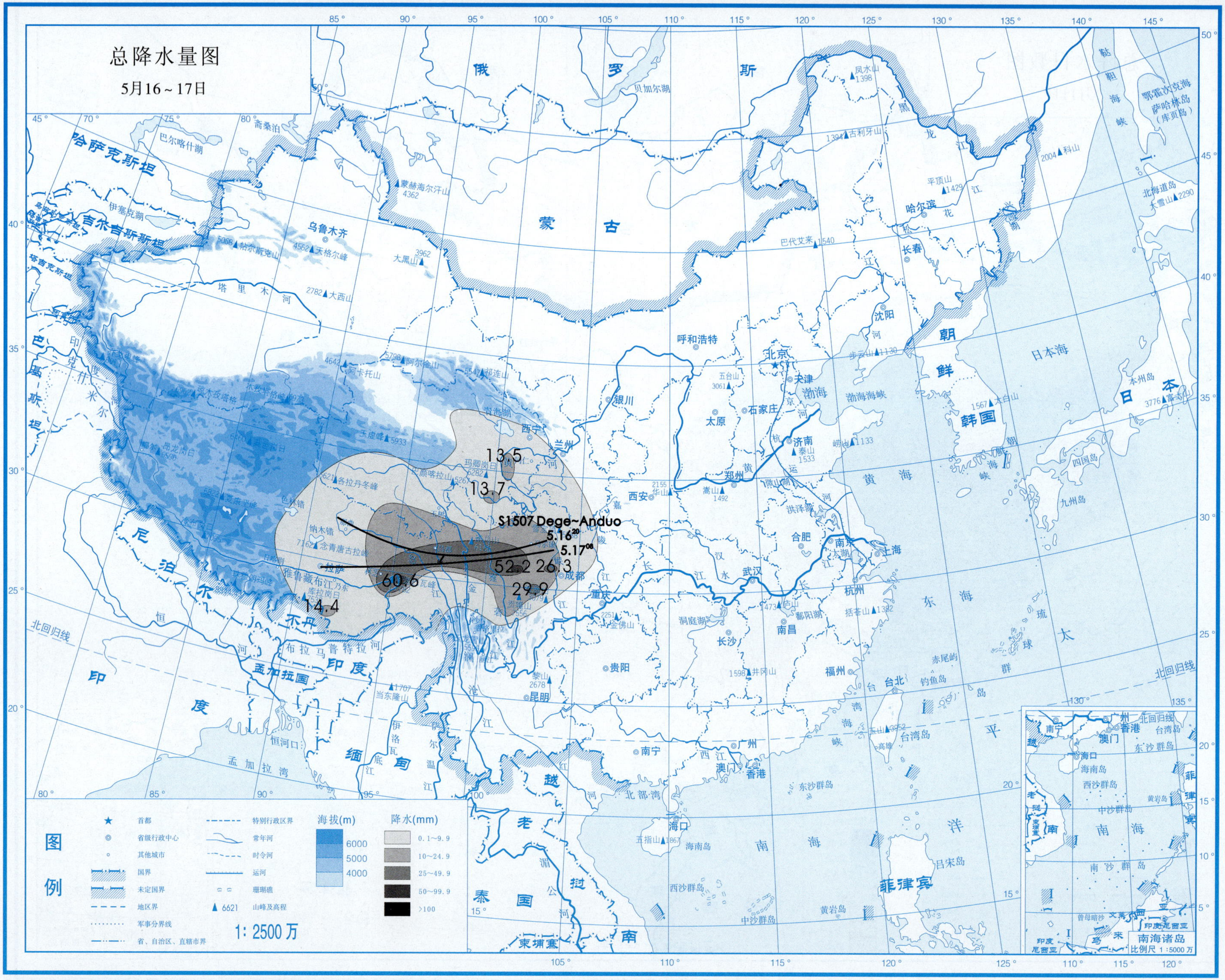
总降水量图
5月16～17日
S1507 Dege~Anduo
5.16[20]
5.17[08]
13.5
13.7
52.2
26.3
60.6
29.9
14.4
图例
首都
省级行政中心
其他城市
国界
未定国界
地区界
军事分界线
省、自治区、直辖市界
特别行政区界
常年河
时令河
运河
珊瑚礁
6621 山峰及高程
海拔(m)
6000
5000
4000
降水(mm)
0.1～9.9
10～24.9
25～49.9
50～99.9
>100
1: 2500万
南海诸岛
比例尺 1:5000万

# 总降水日数图

5月16～17日

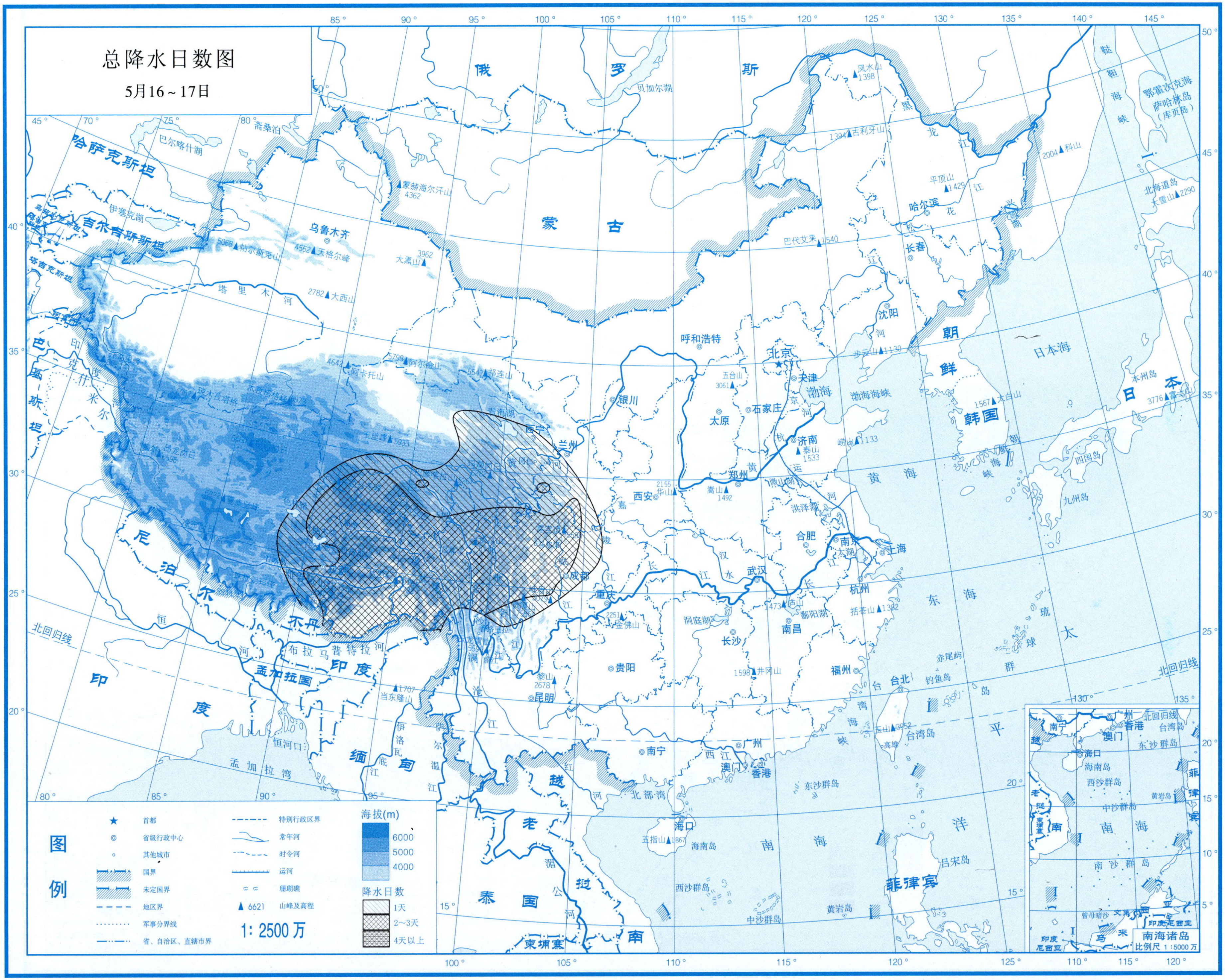

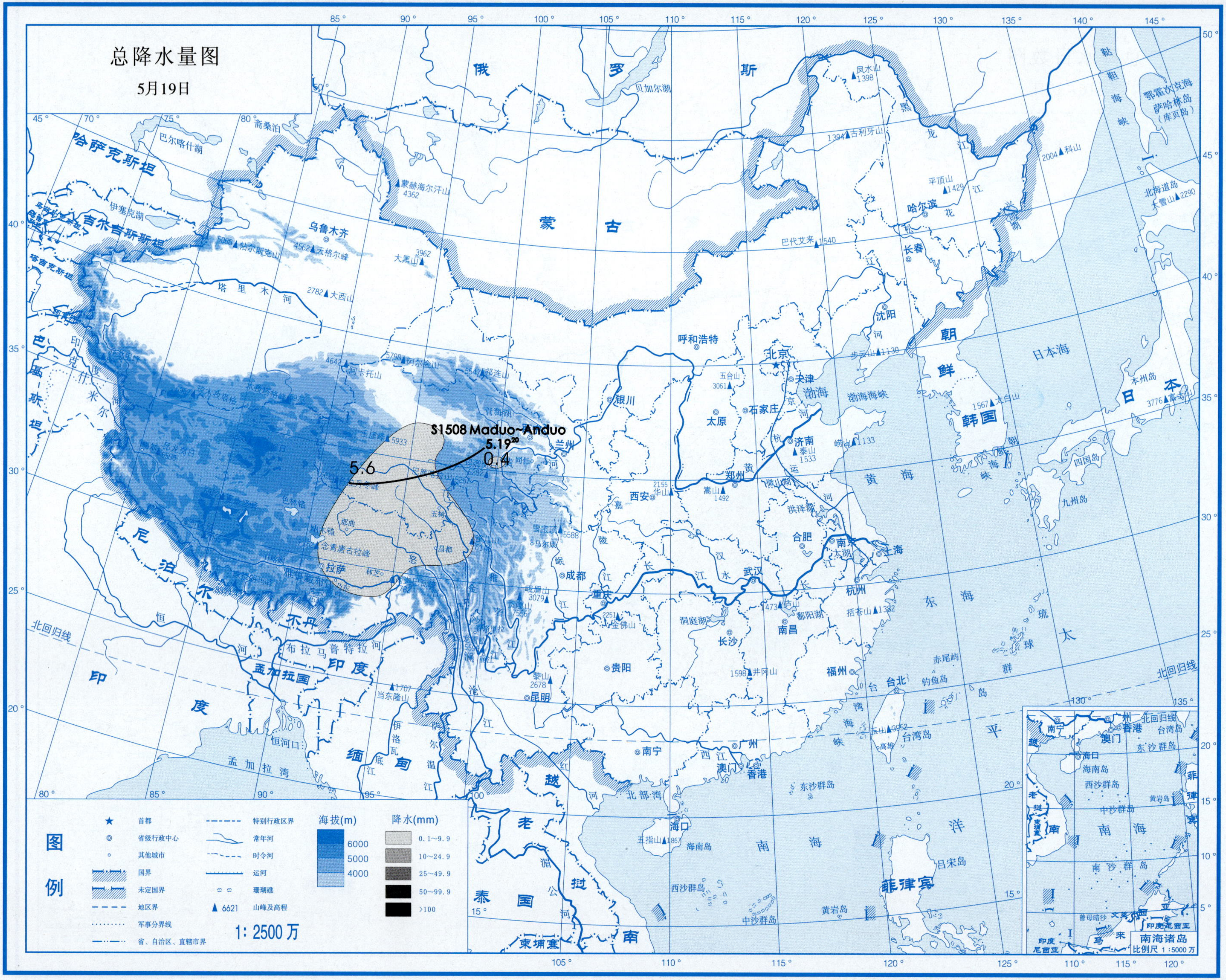
总降水量图
5月19日
S1508 Maduo-Anduo
5.19
5.6
0.4
图例
首都
省级行政中心
其他城市
国界
未定国界
地区界
军事分界线
省、自治区、直辖市界
特别行政区界
常年河
时令河
运河
珊瑚礁
6621 山峰及高程
海拔(m)
6000
5000
4000
降水(mm)
0.1~9.9
10~24.9
25~49.9
50~99.9
>100
1: 2500 万
俄 罗 斯
蒙 古
哈萨克斯坦
吉尔吉斯斯坦
塔吉克斯坦
巴基斯坦
印度
尼泊尔
不丹
孟加拉国
缅甸
老挝
泰国
越南
柬埔寨
菲律宾
朝鲜
韩国
日本
日本海
黄海
东海
南海
太平洋
南海诸岛
比例尺 1:5000 万

# 总降水日数图

5月19日

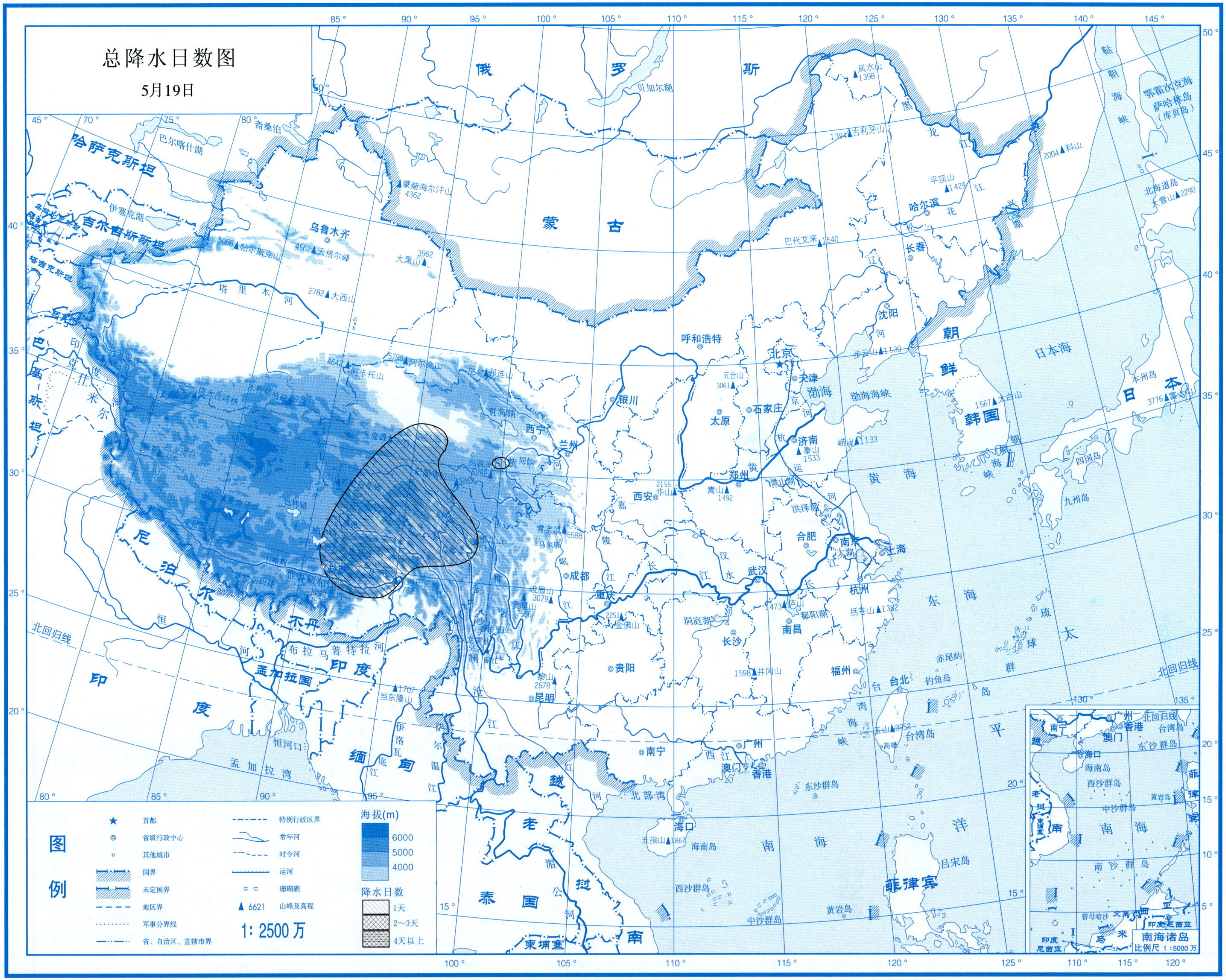

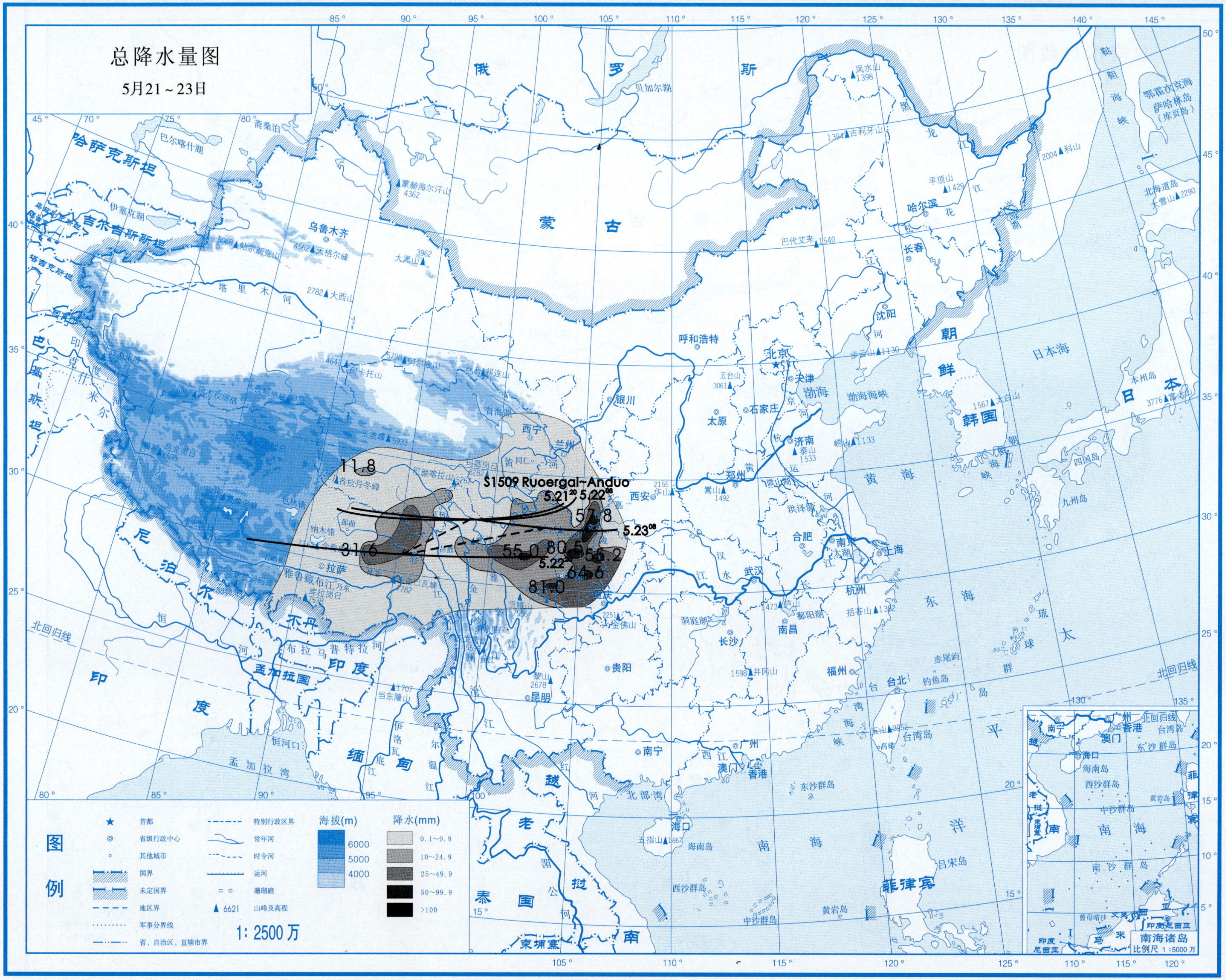
总降水量图
5月21～23日
S1509 Ruoergai-Anduo
11.8
31.6
57.8
55.0
80.5
55.2
64.6
81.0
5.21[20]
5.22[08]
5.23[08]
5.22[20]
图例
首都
省级行政中心
其他城市
国界
未定国界
地区界
军事分界线
省、自治区、直辖市界
特别行政区界
常年河
时令河
运河
珊瑚礁
6621 山峰及高程
1: 2500万
海拔(m)
6000
5000
4000
降水(mm)
0.1~9.9
10~24.9
25~49.9
50~99.9
>100
南海诸岛
比例尺 1:5000万

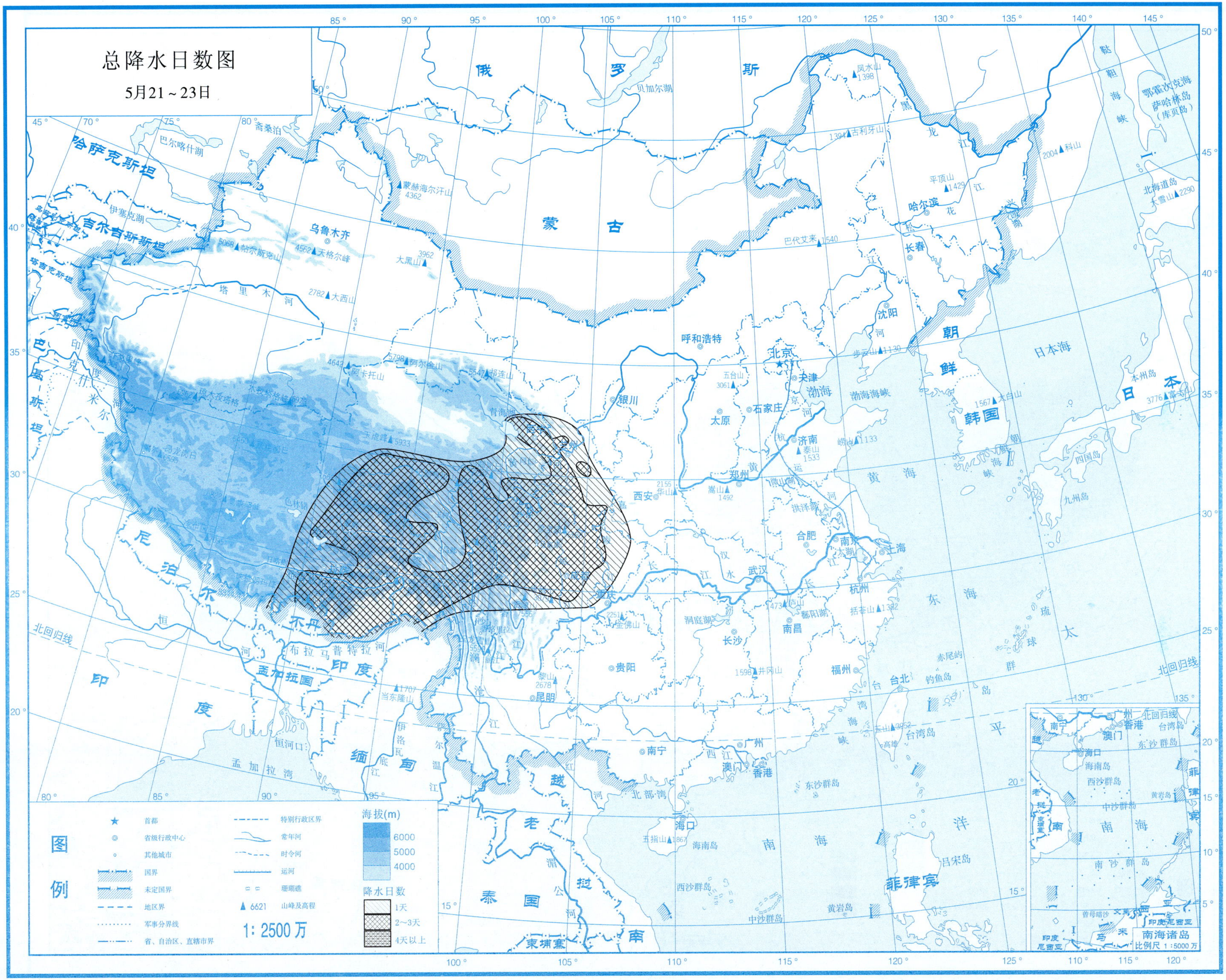
总降水日数图
5月21～23日
图例
首都
省级行政中心
其他城市
国界
未定国界
地区界
军事分界线
省、自治区、直辖市界
特别行政区界
常年河
时令河
运河
珊瑚礁
山峰及高程
1∶2500万
海拔(m)
6000
5000
4000
降水日数
1天
2～3天
4天以上
俄　罗　斯
蒙　古
哈萨克斯坦
吉尔吉斯斯坦
塔吉克斯坦
尼　泊　尔
不丹
印　度
孟加拉国
缅　甸
老
泰　国
柬埔寨
越
挝
南
朝　鲜
韩国
日　本
菲律宾
乌鲁木齐
呼和浩特
北京
天津
石家庄
太原
济南
银川
西安
郑州
合肥
南京
上海
武汉
重庆
杭州
南昌
长沙
贵阳
昆明
福州
台北
南宁
广州
海口
澳门
香港
沈阳
长春
哈尔滨
渤海
黄海
东海
日本海
南海
太平洋
北回归线
南海诸岛
比例尺 1∶5000万

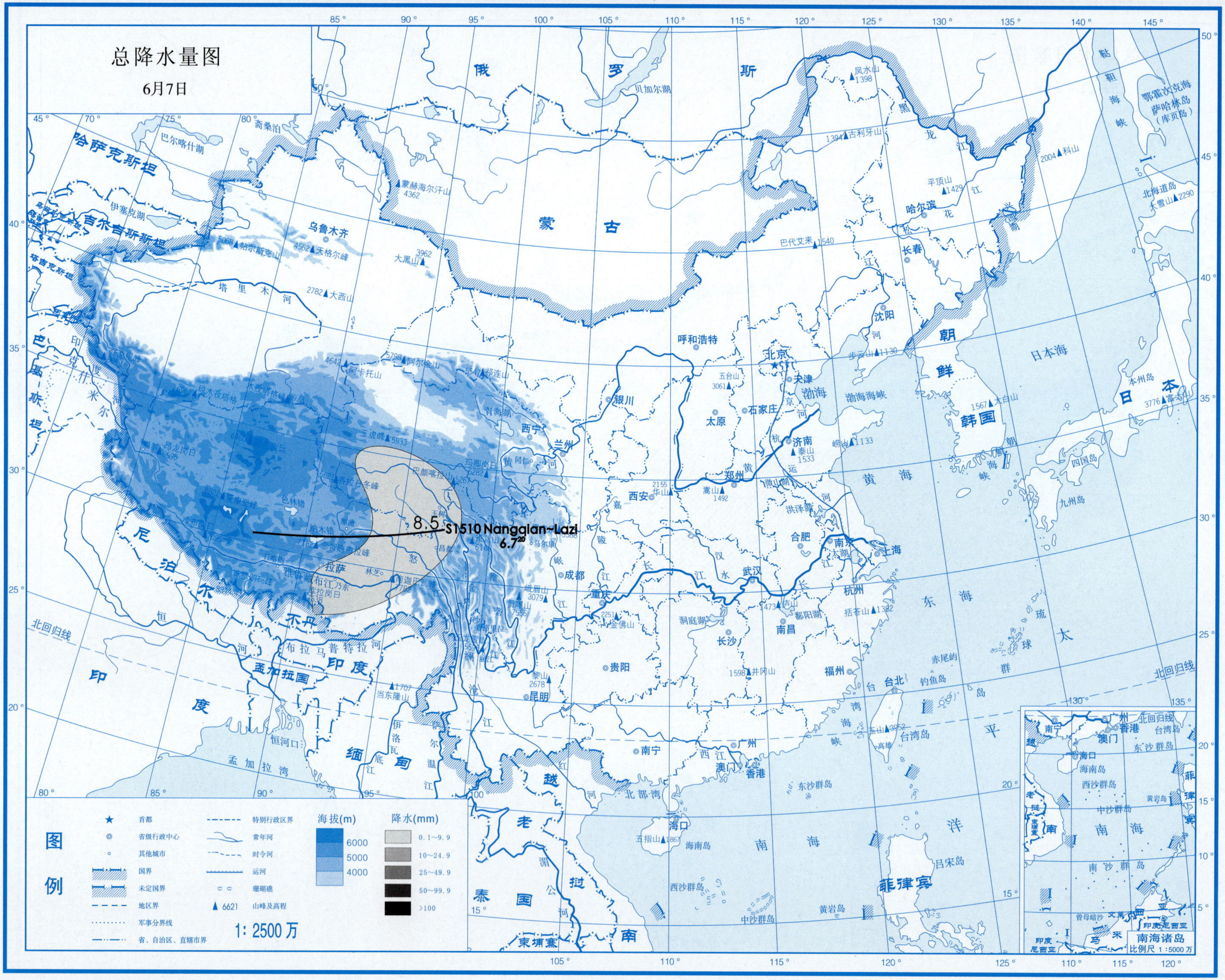
总降水量图
6月7日
8.5
S1510 Nangqian~Lazi
6.7
图例
首都
省级行政中心
其他城市
国界
未定国界
地区界
军事分界线
省、自治区、直辖市界
特别行政区界
常年河
时令河
运河
珊瑚礁
山峰及高程
海拔(m)
6000
5000
4000
降水(mm)
0.1～9.9
10～24.9
25～49.9
50～99.9
>100
1: 2500 万
南海诸岛

# 总降水日数图

6月7日

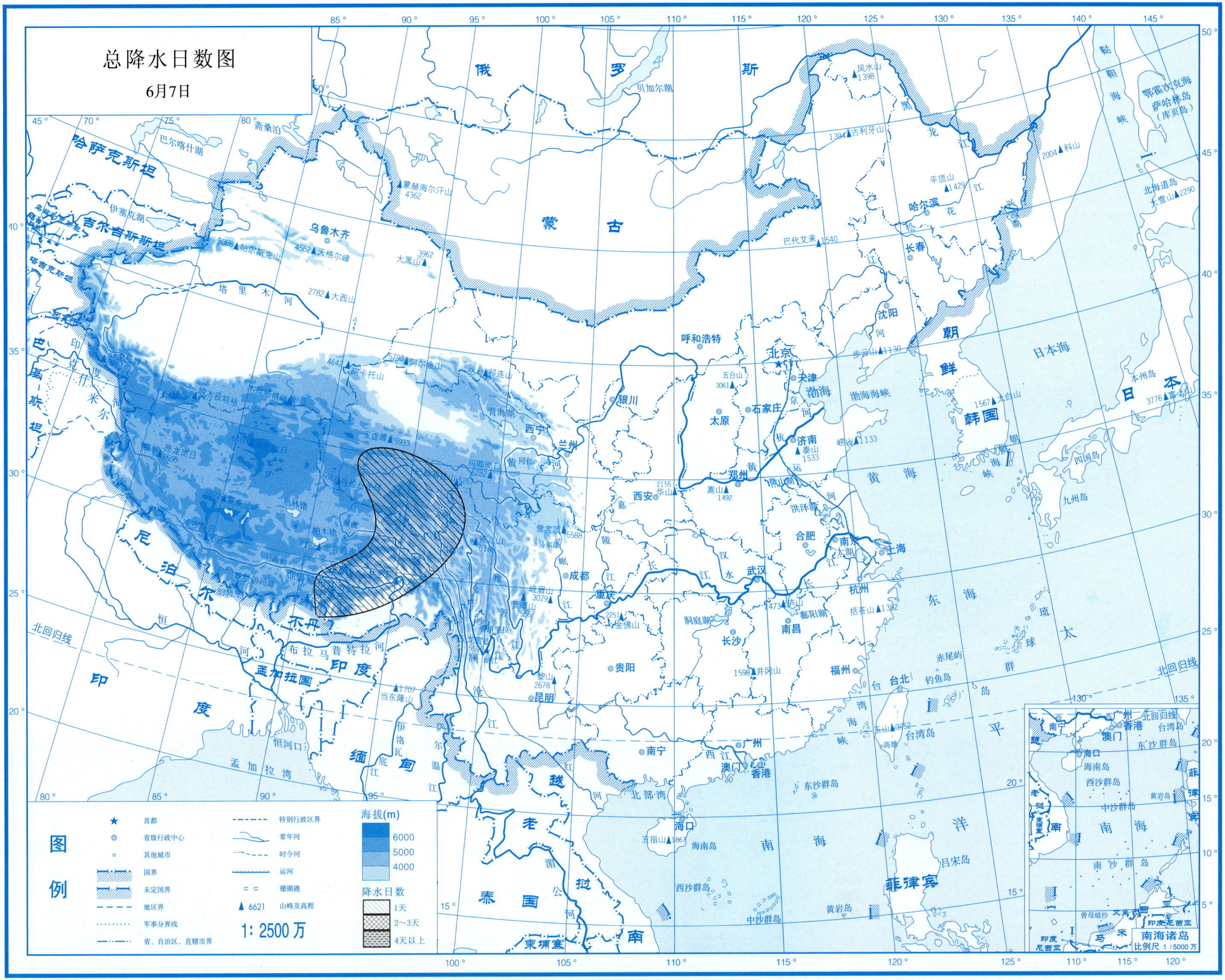

总降水日数图
6月7日
俄 罗 斯
蒙 古
哈萨克斯坦
吉尔吉斯斯坦
尼 泊 尔
不丹
孟加拉国
印 度
缅 甸
老
越
泰 国
柬埔寨
朝 鲜
韩国
日 本
菲律宾
乌鲁木齐
呼和浩特
北京
天津
石家庄
太原
银川
西宁
兰州
济南
郑州
西安
合肥
南京
上海
武汉
成都
重庆
杭州
南昌
长沙
贵阳
昆明
福州
台北
南宁
广州
香港
澳门
海口
沈阳
长春
哈尔滨
渤海
黄 海
东 海
南 海
日本海
太 平 洋
北回归线
图例
首都
省级行政中心
其他城市
国界
未定国界
地区界
军事分界线
省、自治区、直辖市界
特别行政区界
常年河
时令河
运河
珊瑚礁
6621 山峰及高程
海拔(m)
6000
5000
4000
降水日数
1天
2~3天
4天以上
1: 2500万
南海诸岛
比例尺 1:5000万

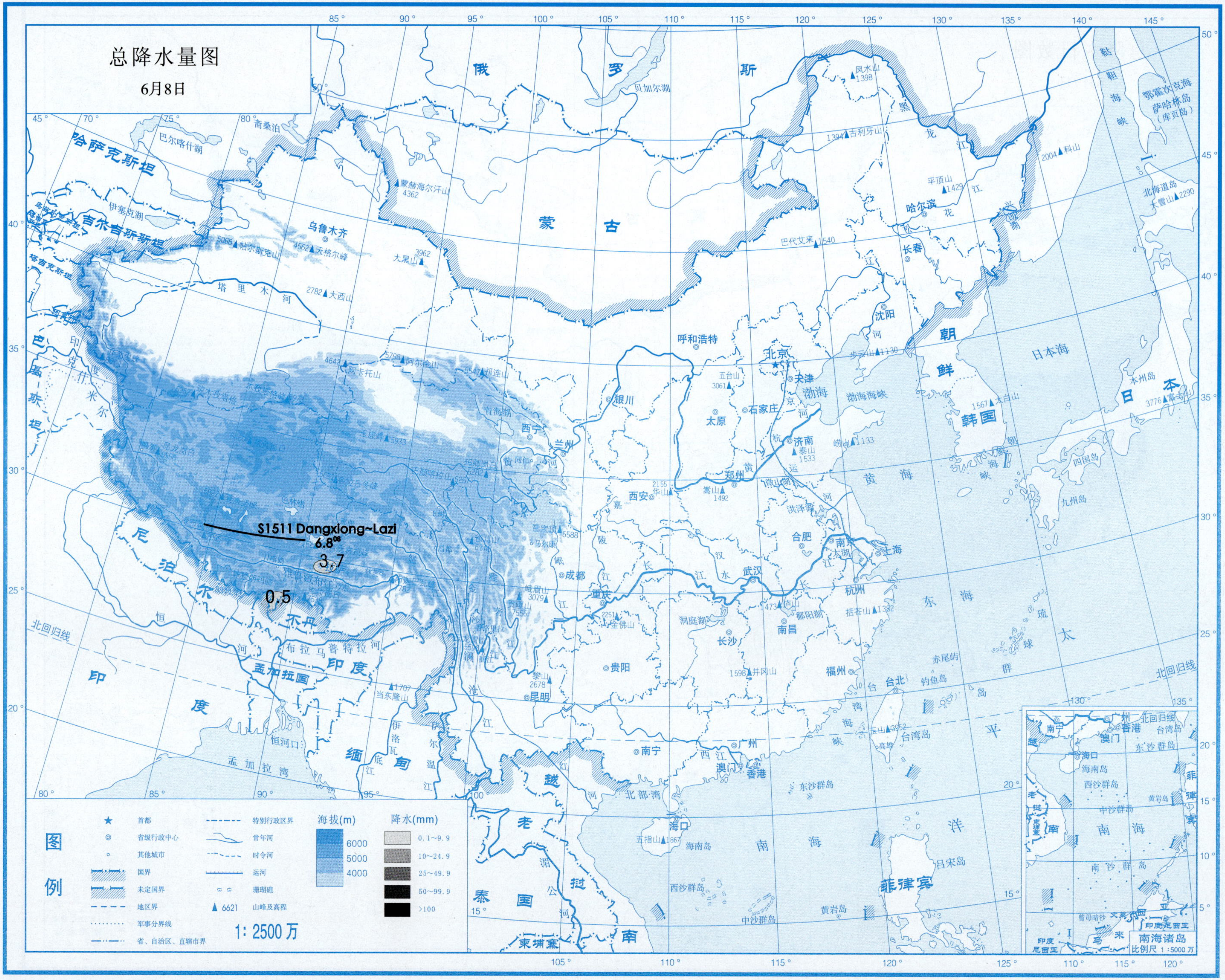
总降水量图
6月8日
S1511 Dangxiong~Lazi
6.8[08]
3.7
0.5
图例
首都
省级行政中心
其他城市
国界
未定国界
地区界
军事分界线
省、自治区、直辖市界
特别行政区界
常年河
时令河
运河
珊瑚礁
6621 山峰及高程
海拔(m)
6000
5000
4000
降水(mm)
0.1~9.9
10~24.9
25~49.9
50~99.9
>100
1: 2500 万
南海诸岛
比例尺 1:5000 万

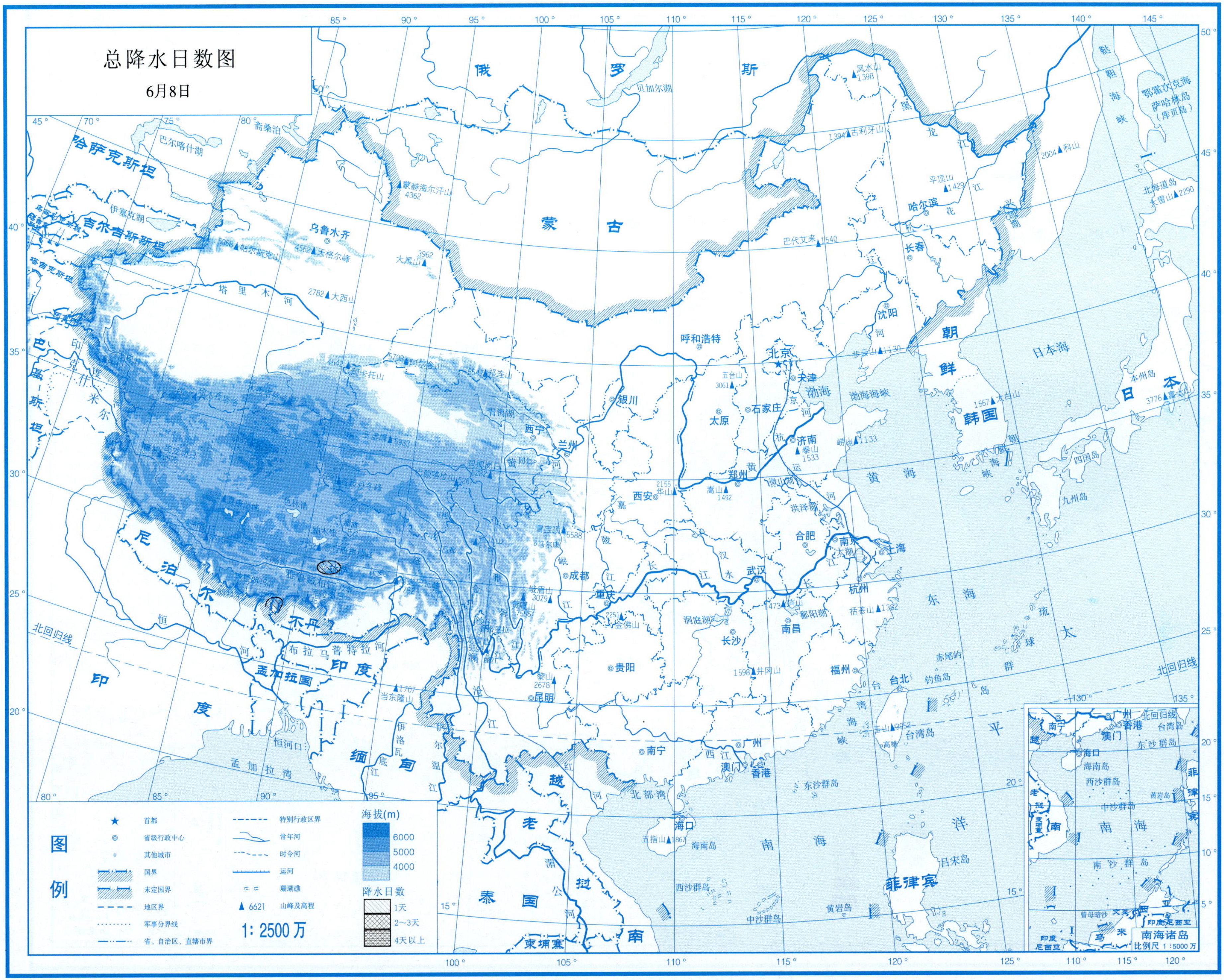
总降水日数图
6月8日
俄罗斯
哈萨克斯坦
吉尔吉斯斯坦
塔吉克斯坦
巴基斯坦
蒙古
尼泊尔
不丹
孟加拉国
印度
缅甸
老挝
泰国
柬埔寨
越南
朝鲜
韩国
日本
菲律宾
贝加尔湖
斋桑泊
巴尔喀什湖
伊塞克湖
乌鲁木齐
塔里木河
博格达峰
托木尔峰
天格尔峰
大黑山
大西山
蒙赫海尔汗山
阿尔金山
祁连山
阿卡托山
昆仑山
各拉丹冬
青海湖
西宁
兰州
黄河
银川
呼和浩特
北京
天津
石家庄
太原
济南
郑州
西安
成都
重庆
贵阳
昆明
南宁
广州
澳门
香港
海口
长沙
武汉
南昌
合肥
南京
上海
杭州
福州
台北
沈阳
长春
哈尔滨
渤海
黄海
东海
南海
日本海
太平洋
琉球群岛
东沙群岛
西沙群岛
中沙群岛
黄岩岛
吕宋岛
海南岛
台湾岛
钓鱼岛
赤尾屿
北部湾
孟加拉湾
恒河口
北回归线
鄂霍次克海
萨哈林岛（库页岛）
北海道岛
本州岛
四国岛
九州岛
鞑靼海峡
长白山
泰山
嵩山
华山
峨眉山
贡嘎山
井冈山
括苍山
玉山
五指山
南海诸岛
比例尺 1:5000万
图例
首都
省级行政中心
其他城市
国界
未定国界
地区界
军事分界线
省、自治区、直辖市界
特别行政区界
常年河
时令河
运河
珊瑚礁
6621 山峰及高程
1:2500万
海拔(m)
6000
5000
4000
降水日数
1天
2~3天
4天以上

# 总降水量图

6月14日

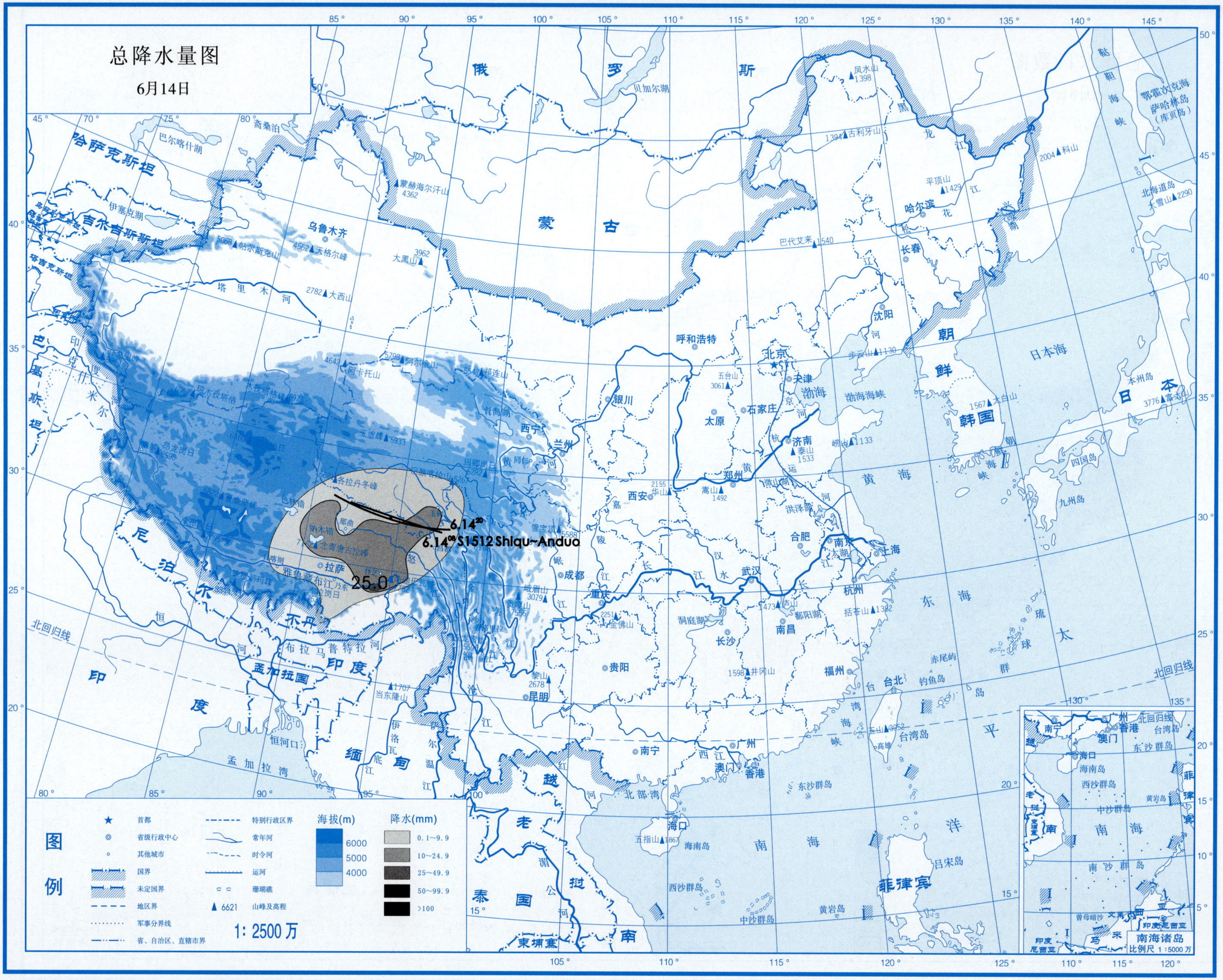
6.14[20]
6.14[08] S1512 Shiqu~Anduo
25.0
图例
首都
省级行政中心
其他城市
国界
未定国界
地区界
军事分界线
省、自治区、直辖市界
特别行政区界
常年河
时令河
运河
珊瑚礁
6621 山峰及高程
海拔(m)
6000
5000
4000
降水(mm)
0.1~9.9
10~24.9
25~49.9
50~99.9
>100
1: 2500 万
南海诸岛
比例尺 1:5000 万
俄 罗 斯
蒙 古
哈萨克斯坦
吉尔吉斯斯坦
塔吉克斯坦
尼 泊 尔
不丹
孟加拉国
印 度
缅 甸
老 挝
泰 国
越 南
柬埔寨
菲律宾
朝 鲜
韩国
日 本
乌鲁木齐
呼和浩特
北京
天津
石家庄
太原
银川
西宁
兰州
济南
郑州
西安
合肥
南京
上海
武汉
杭州
成都
重庆
长沙
南昌
福州
台北
贵阳
昆明
南宁
广州
香港
澳门
海口
拉萨
哈尔滨
长春
沈阳
渤海
黄 海
东 海
南 海
日本海
太 平 洋
台湾岛
海南岛
北回归线

## 总降水日数图

6月14日

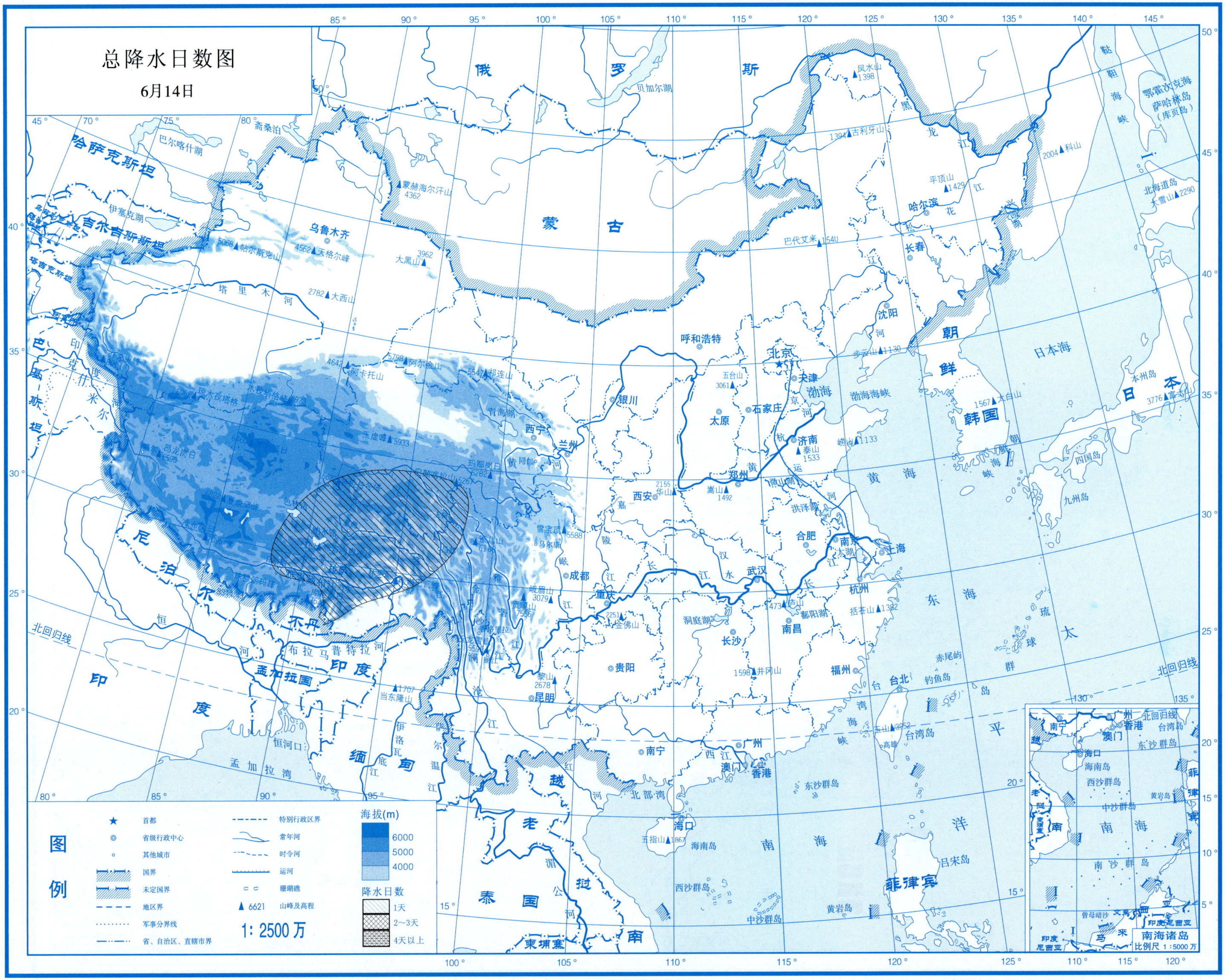


Page...218

高原切变线 第2部分

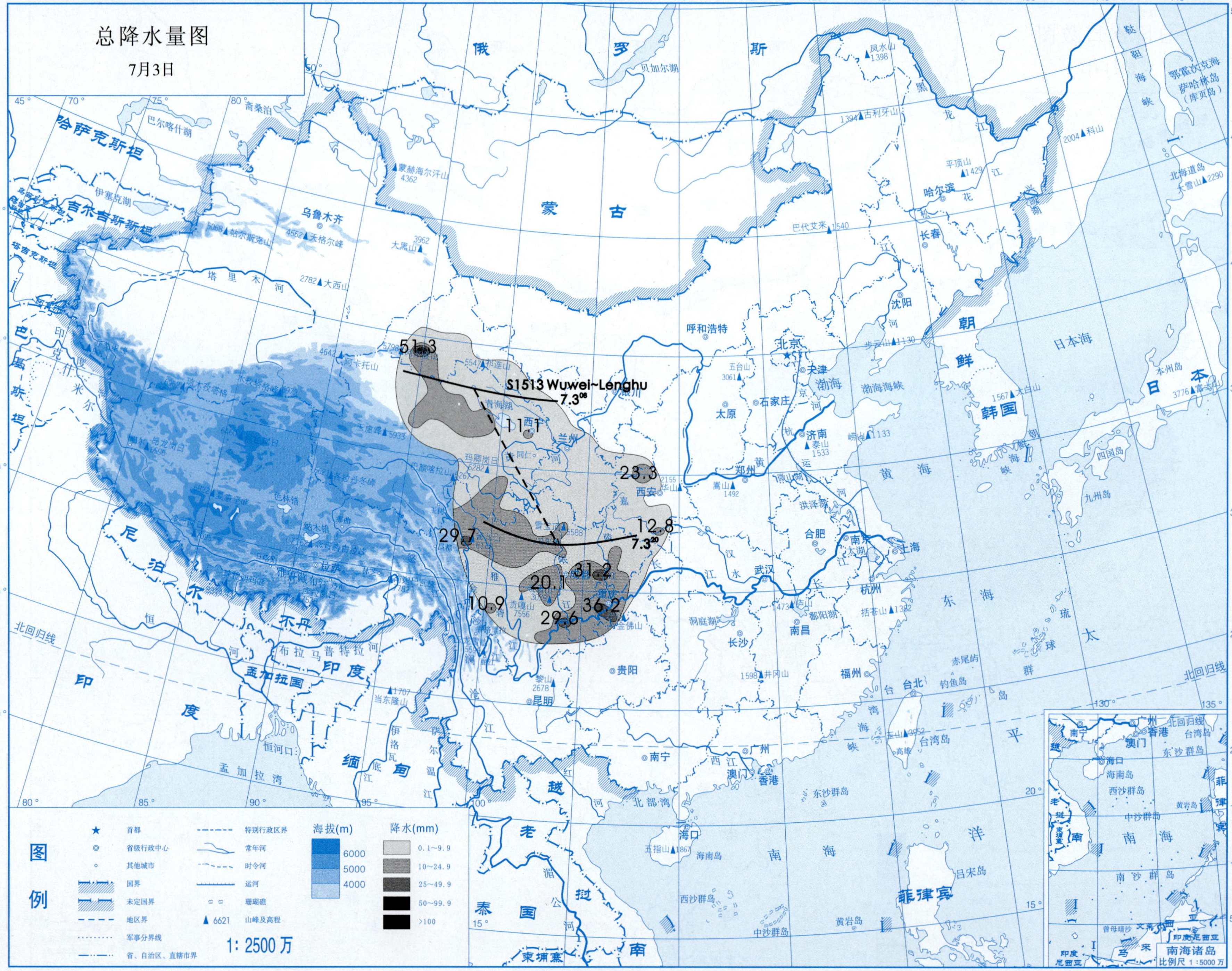
总降水量图
7月3日
51.3
S1513 Wuwei~Lenghu
7.3⁰⁶
11.1
23.3
12.8
7.3²⁰
29.7
31.2
20.1
10.9
36.2
29.6
俄
罗
斯
蒙
古
哈萨克斯坦
吉尔吉斯斯坦
塔吉克斯坦
巴基斯坦
尼泊尔
不丹
印度
孟加拉国
缅甸
老挝
泰国
越南
柬埔寨
菲律宾
朝鲜
韩国
日本
北京
天津
石家庄
太原
呼和浩特
沈阳
长春
哈尔滨
济南
郑州
西安
兰州
西宁
合肥
南京
上海
杭州
武汉
长沙
南昌
福州
台北
广州
香港
澳门
南宁
海口
贵阳
昆明
拉萨
乌鲁木齐
青海湖
日本海
黄海
东海
南海
太平洋
北回归线
图例
首都
省级行政中心
其他城市
国界
未定国界
地区界
军事分界线
省、自治区、直辖市界
特别行政区界
常年河
时令河
运河
珊瑚礁
6621 山峰及高程
海拔(m)
6000
5000
4000
降水(mm)
0.1~9.9
10~24.9
25~49.9
50~99.9
>100
1: 2500万
南海诸岛
比例尺 1:5000万

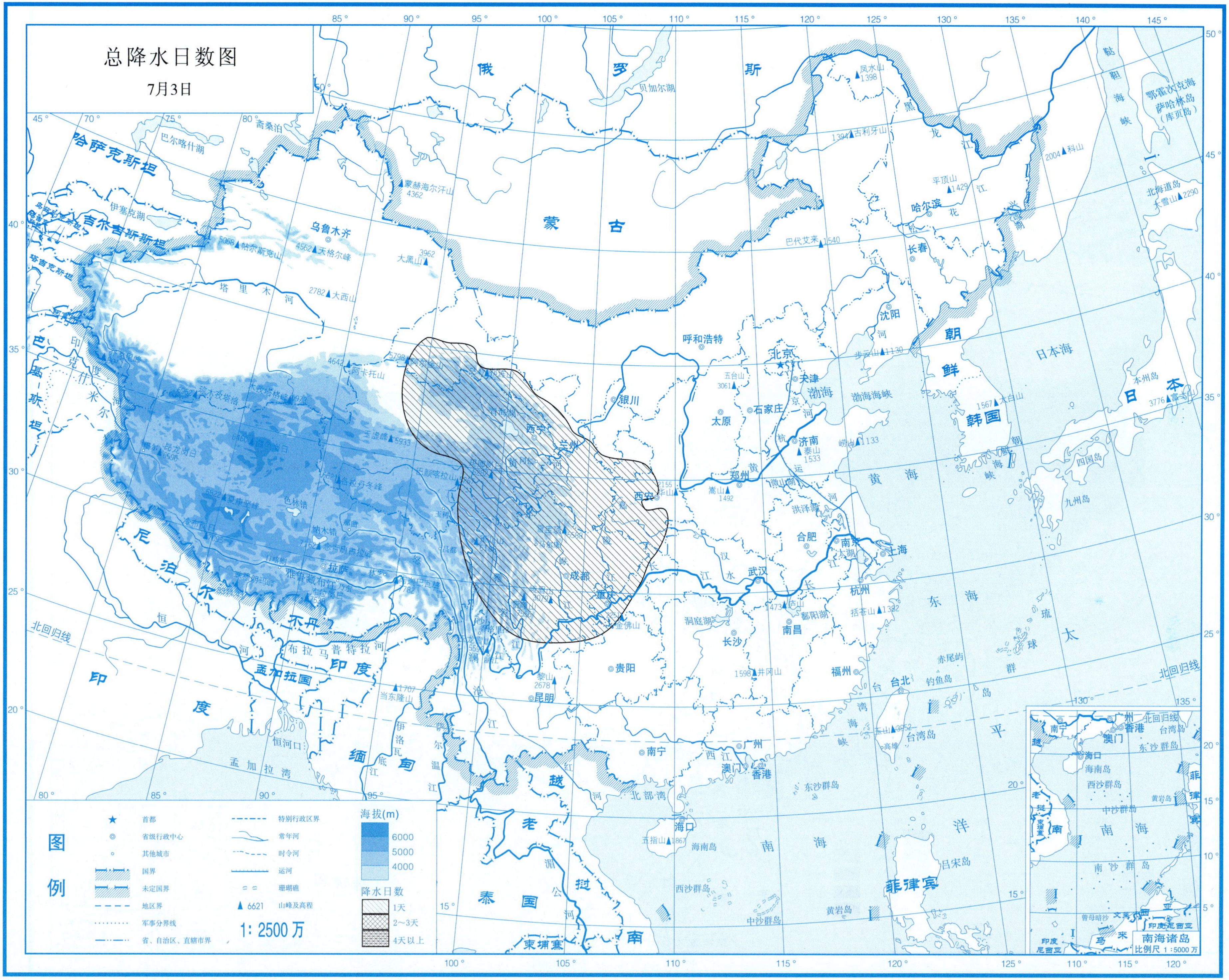
总降水日数图
7月3日
图例
首都
省级行政中心
其他城市
国界
未定国界
地区界
军事分界线
省、自治区、直辖市界
特别行政区界
常年河
时令河
运河
珊瑚礁
6621 山峰及高程
1: 2500万
海拔(m)
6000
5000
4000
降水日数
1天
2～3天
4天以上
南海诸岛
比例尺 1 : 5000 万

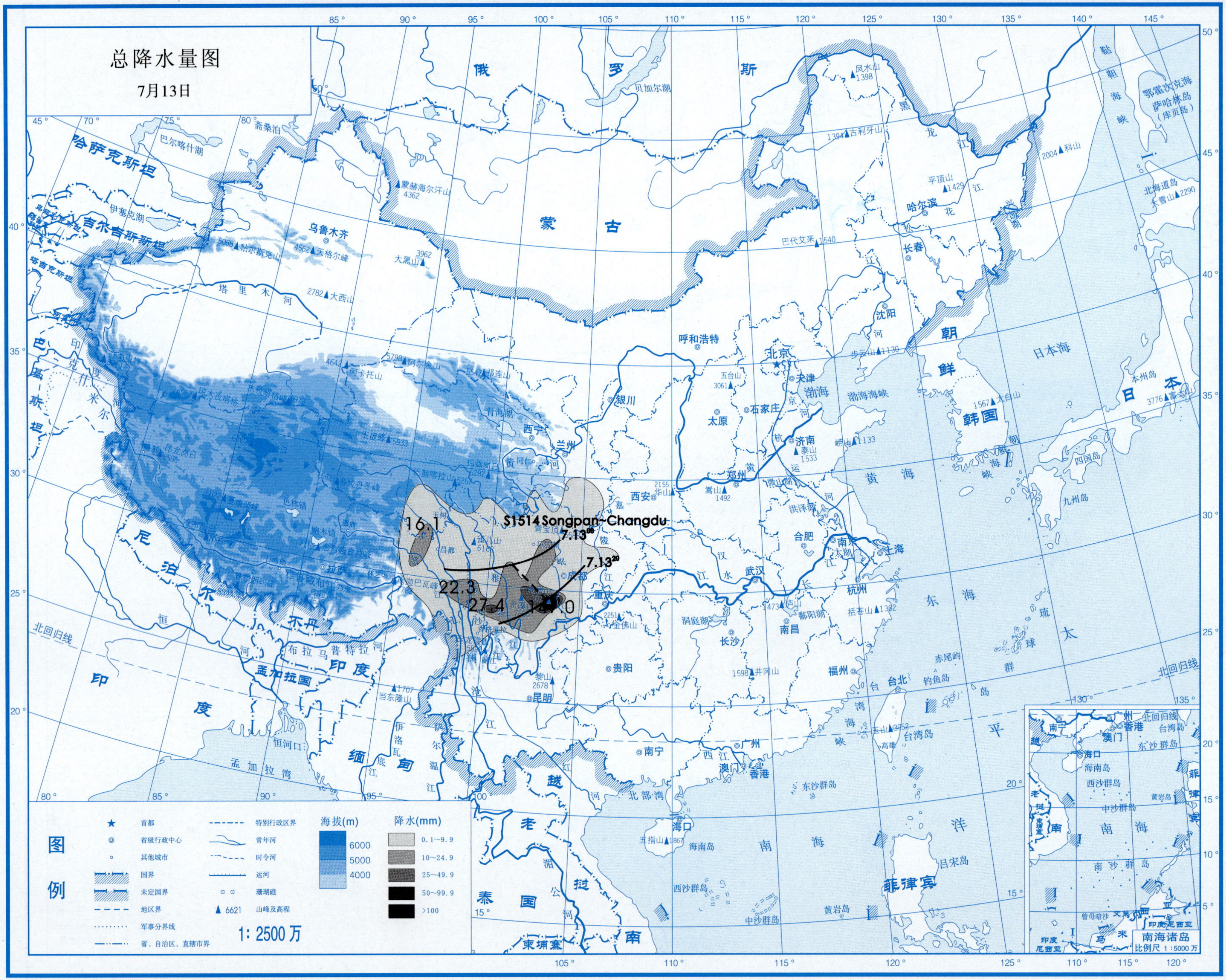
总降水量图
7月13日
S1514 Songpan-Changdu
16.1
22.3
27.4
图例
首都
省级行政中心
其他城市
国界
未定国界
地区界
军事分界线
省、自治区、直辖市界
特别行政区界
常年河
时令河
运河
珊瑚礁
山峰及高程
海拔(m)
6000
5000
4000
降水(mm)
0.1~9.9
10~24.9
25~49.9
50~99.9
>100
1: 2500万
南海诸岛
比例尺 1 : 5000万

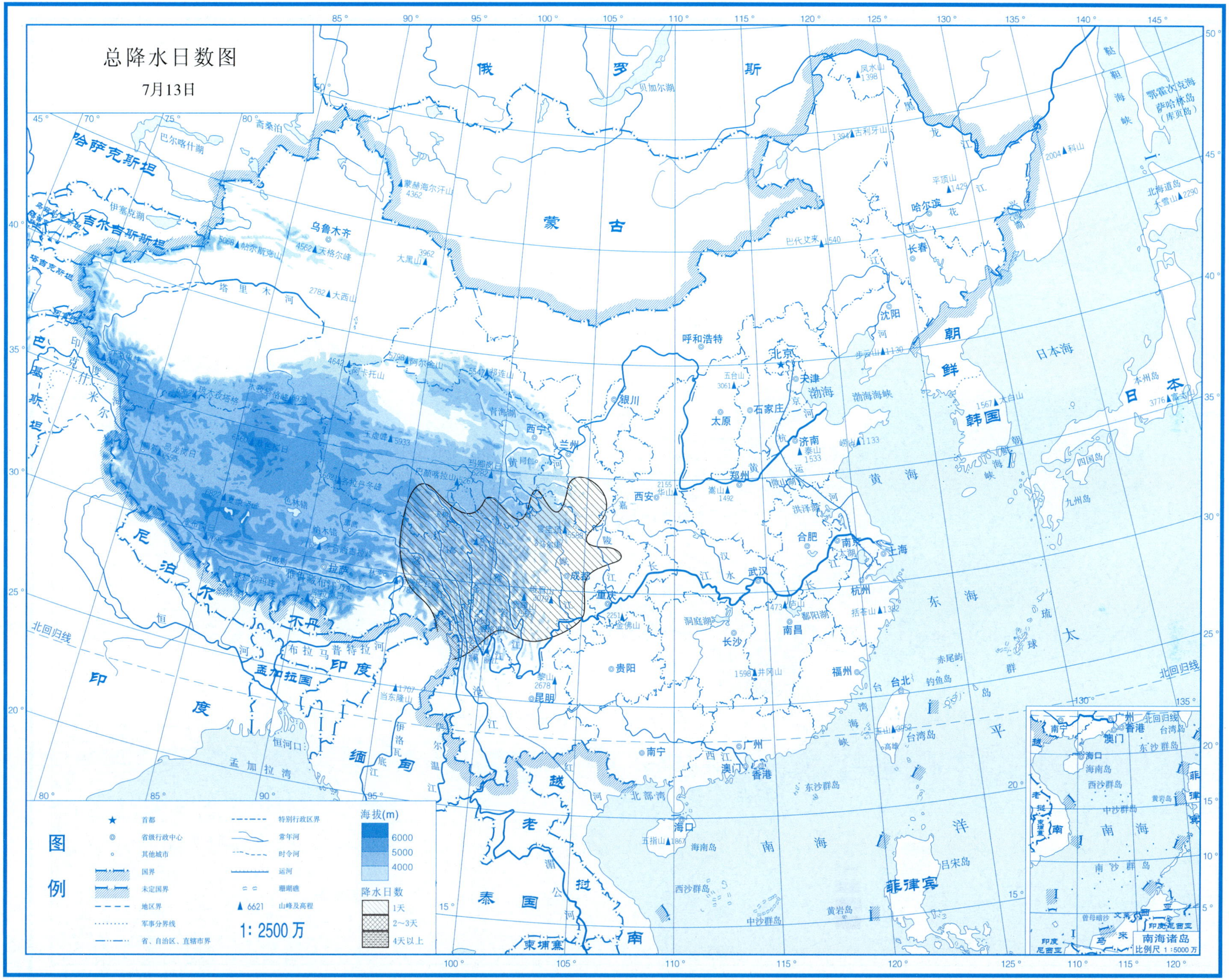
总降水日数图
7月13日
图例
首都
省级行政中心
其他城市
国界
未定国界
地区界
军事分界线
省、自治区、直辖市界
特别行政区界
常年河
时令河
运河
珊瑚礁
6621 山峰及高程
海拔(m)
6000
5000
4000
降水日数
1天
2~3天
4天以上
1: 2500万
俄 罗 斯
蒙 古
哈萨克斯坦
吉尔吉斯斯坦
塔吉克斯坦
巴基斯坦
印度
尼泊尔
不丹
孟加拉国
缅甸
老挝
越南
泰国
柬埔寨
菲律宾
朝鲜
韩国
日本
乌鲁木齐
拉萨
西宁
兰州
银川
呼和浩特
北京
天津
石家庄
太原
济南
郑州
西安
成都
重庆
武汉
合肥
南京
上海
杭州
南昌
长沙
贵阳
昆明
南宁
广州
澳门
香港
福州
台北
海口
哈尔滨
长春
沈阳
黄海
东海
南海
日本海
渤海
南海诸岛
比例尺 1:5000万

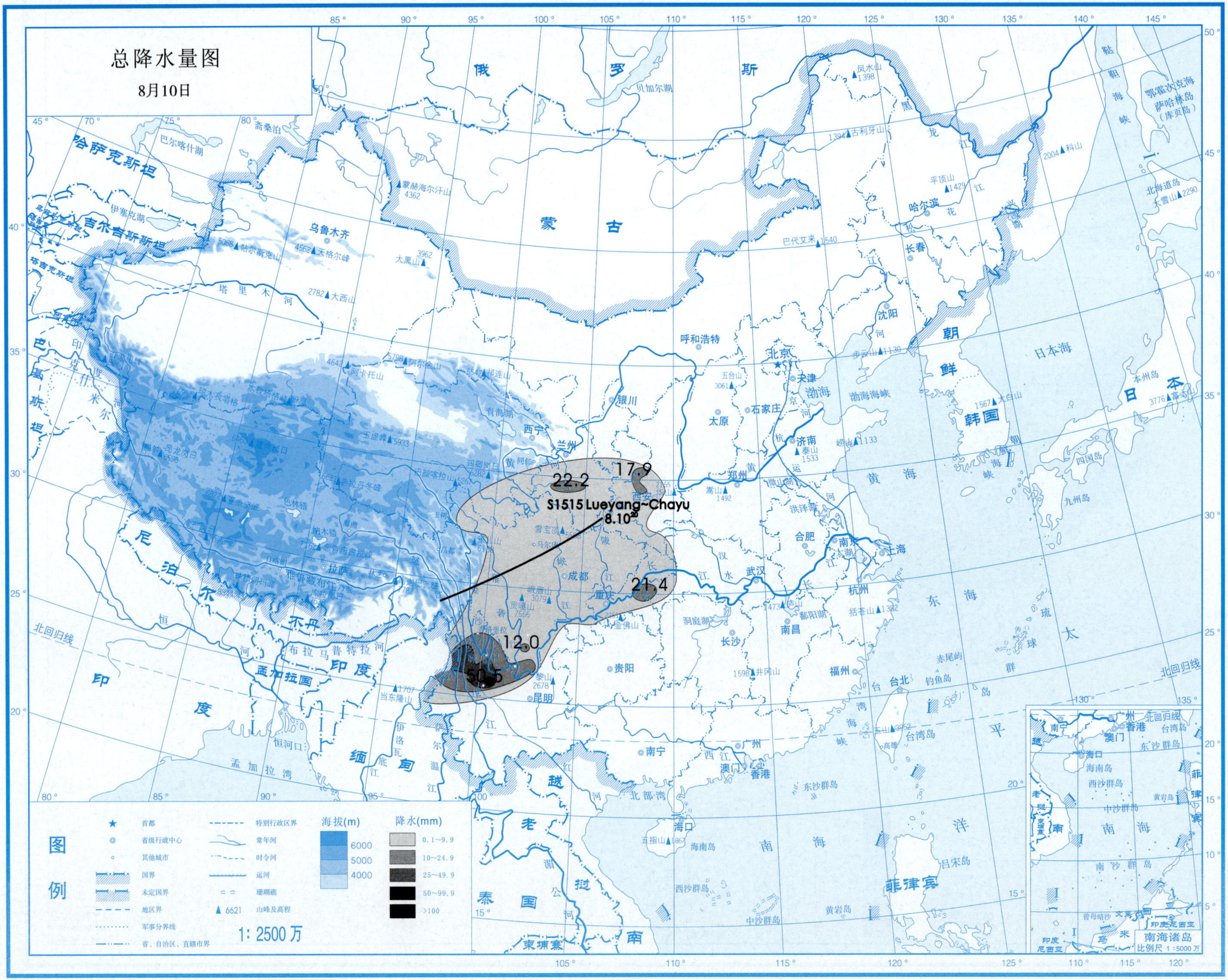
总降水量图
8月10日
S1515 Lueyang~Chayu
8.10[20]
22.2
17.9
21.4
12.0
50.5
图例
首都
省级行政中心
其他城市
国界
未定国界
地区界
军事分界线
省、自治区、直辖市界
特别行政区界
常年河
时令河
运河
珊瑚礁
6621 山峰及高程
1: 2500万
海拔(m)
6000
5000
4000
降水(mm)
0.1~9.9
10~24.9
25~49.9
50~99.9
≥100
南海诸岛
比例尺 1:5000万
俄罗斯
蒙古
哈萨克斯坦
吉尔吉斯斯坦
塔吉克斯坦
巴基斯坦
印度
尼泊尔
不丹
孟加拉国
缅甸
老挝
泰国
越南
柬埔寨
朝鲜
韩国
日本
菲律宾
北京
天津
石家庄
太原
呼和浩特
沈阳
长春
哈尔滨
济南
郑州
西安
兰州
西宁
银川
成都
重庆
贵阳
昆明
拉萨
乌鲁木齐
武汉
长沙
南昌
合肥
南京
上海
杭州
福州
台北
广州
南宁
海口
香港
澳门
北回归线

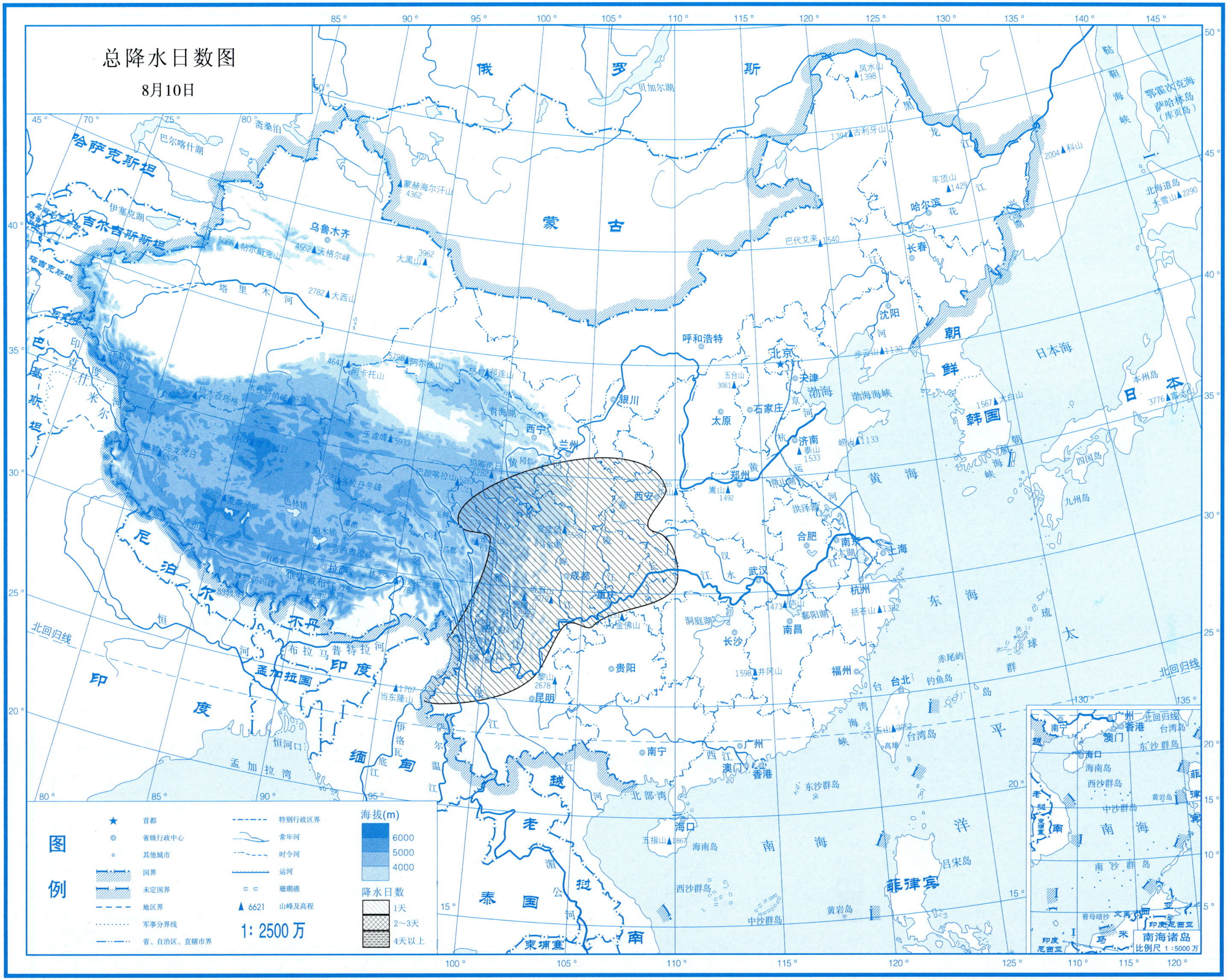
总降水日数图
8月10日
图例
首都
省级行政中心
其他城市
国界
未定国界
地区界
军事分界线
省、自治区、直辖市界
特别行政区界
常年河
时令河
运河
珊瑚礁
6621 山峰及高程
海拔(m)
6000
5000
4000
降水日数
1天
2~3天
4天以上
1: 2500万
俄 罗 斯
蒙 古
哈萨克斯坦
吉尔吉斯斯坦
塔吉克斯坦
巴基斯坦
尼 泊 尔
不丹
印 度
孟加拉国
缅 甸
老 挝
泰 国
越 南
柬埔寨
朝 鲜
韩国
日 本
菲律宾
乌鲁木齐
呼和浩特
北京
天津
石家庄
太原
银川
西宁
兰州
济南
郑州
西安
合肥
南京
上海
武汉
杭州
成都
重庆
长沙
南昌
福州
贵阳
昆明
南宁
广州
澳门
香港
海口
台北
沈阳
长春
哈尔滨
渤海
黄 海
东 海
南 海
日本海
北回归线
南海诸岛
比例尺 1:5000 万

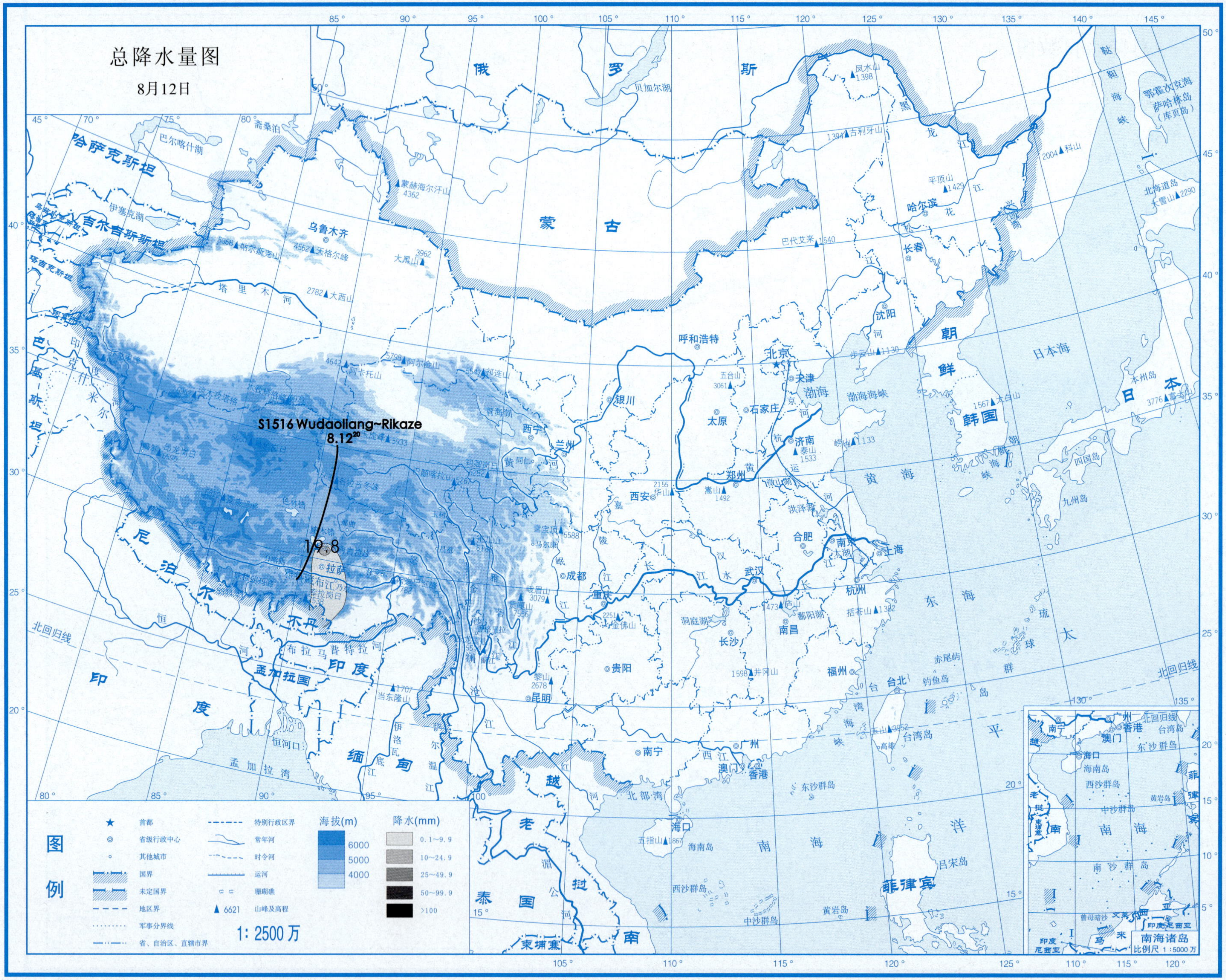
总降水量图
8月12日
S1516 Wudaoliang~Rikaze
8.12[20]
19.8
拉萨
图例
首都
省级行政中心
其他城市
国界
未定国界
地区界
军事分界线
省、自治区、直辖市界
特别行政区界
常年河
时令河
运河
珊瑚礁
6621 山峰及高程
海拔(m)
6000
5000
4000
降水(mm)
0.1~9.9
10~24.9
25~49.9
50~99.9
>100
1:2500万
南海诸岛
比例尺 1:5000万

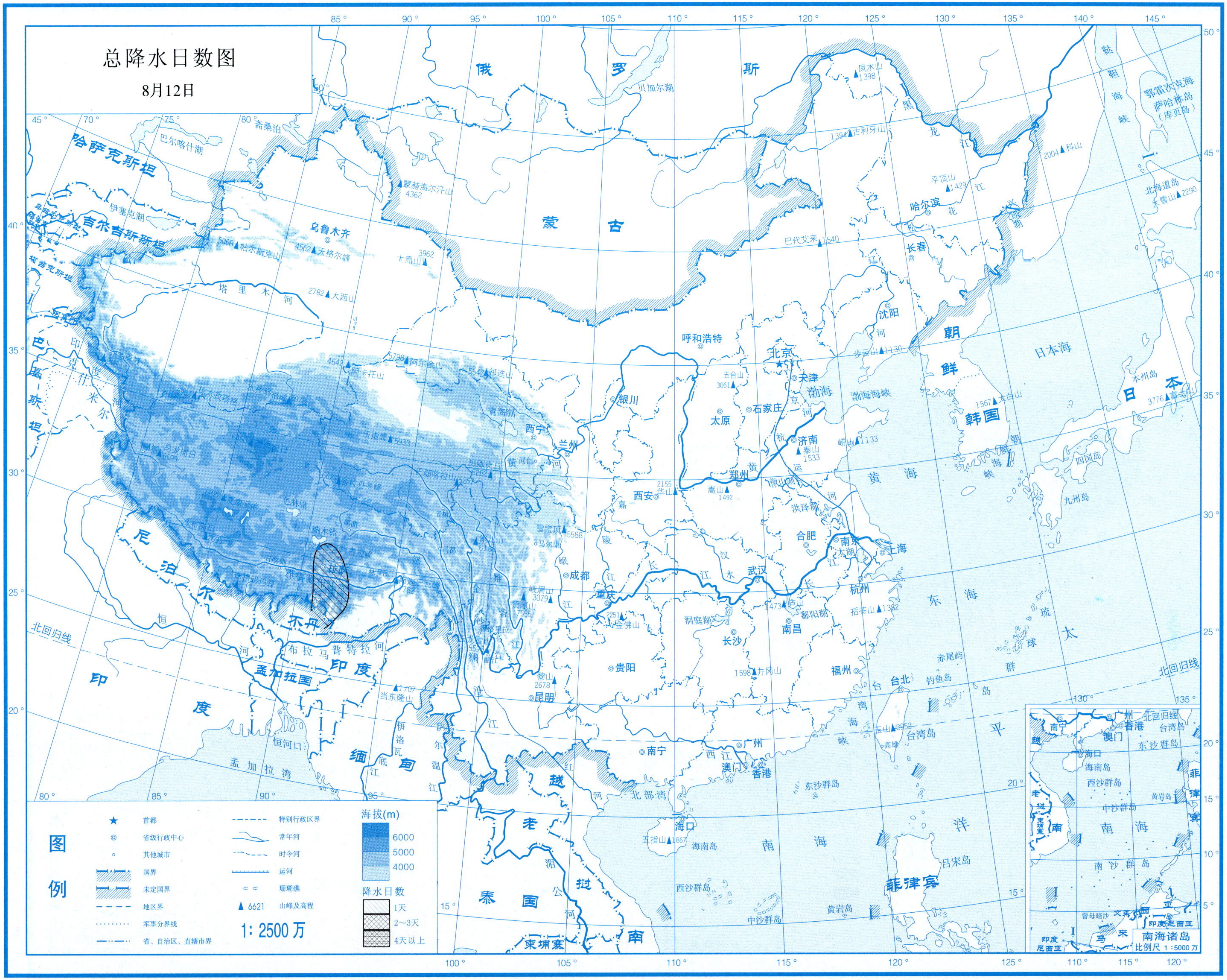


总降水日数图

8月12日

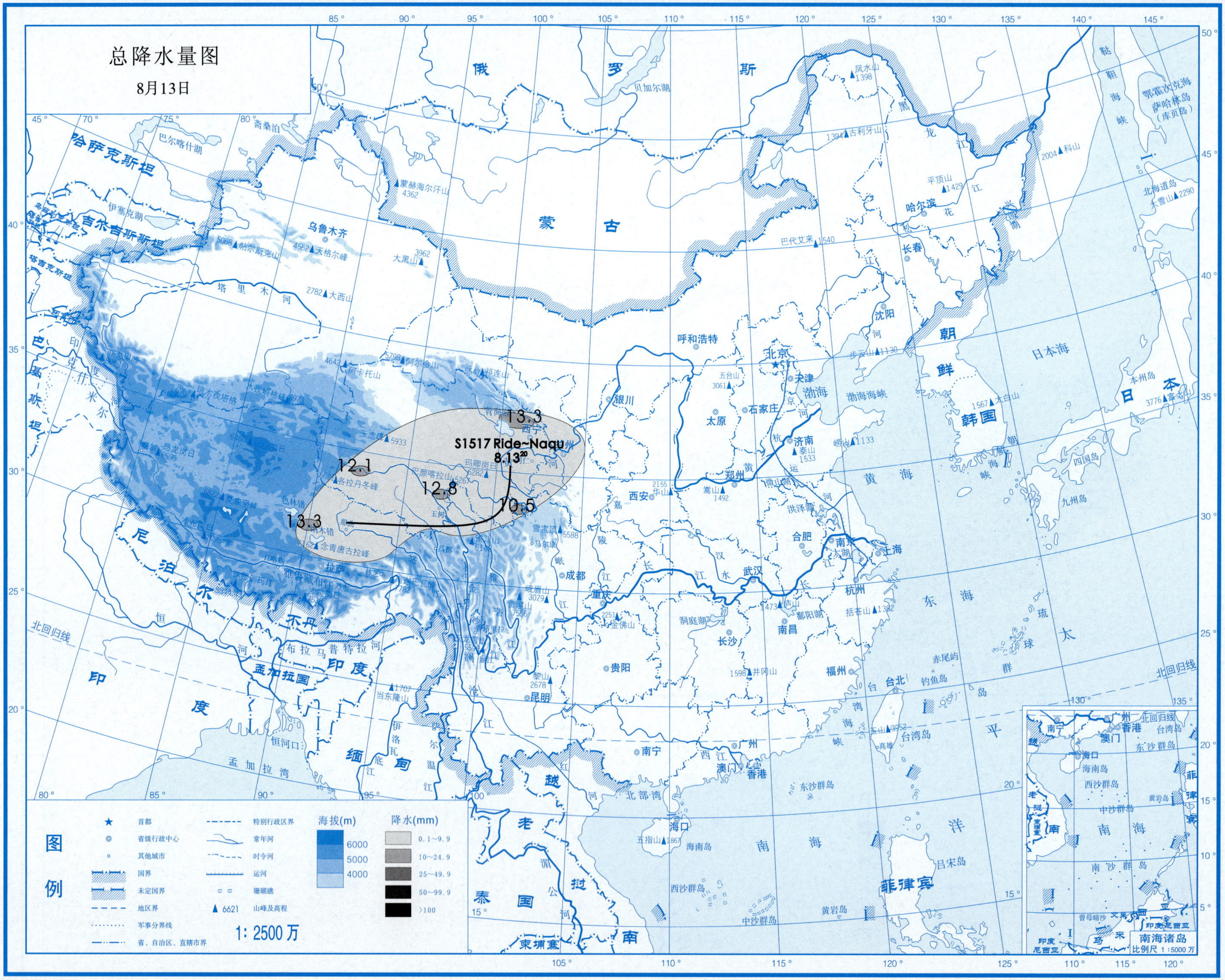
总降水量图
8月13日
S1517 Ride~Naqu
8.13
13.3
12.1
12.8
10.5
13.3
图例
首都
省级行政中心
其他城市
国界
未定国界
地区界
军事分界线
省、自治区、直辖市界
特别行政区界
常年河
时令河
运河
珊瑚礁
6621 山峰及高程
海拔(m)
6000
5000
4000
降水(mm)
0.1~9.9
10~24.9
25~49.9
50~99.9
>100
1: 2500 万
南海诸岛
比例尺 1:5000 万

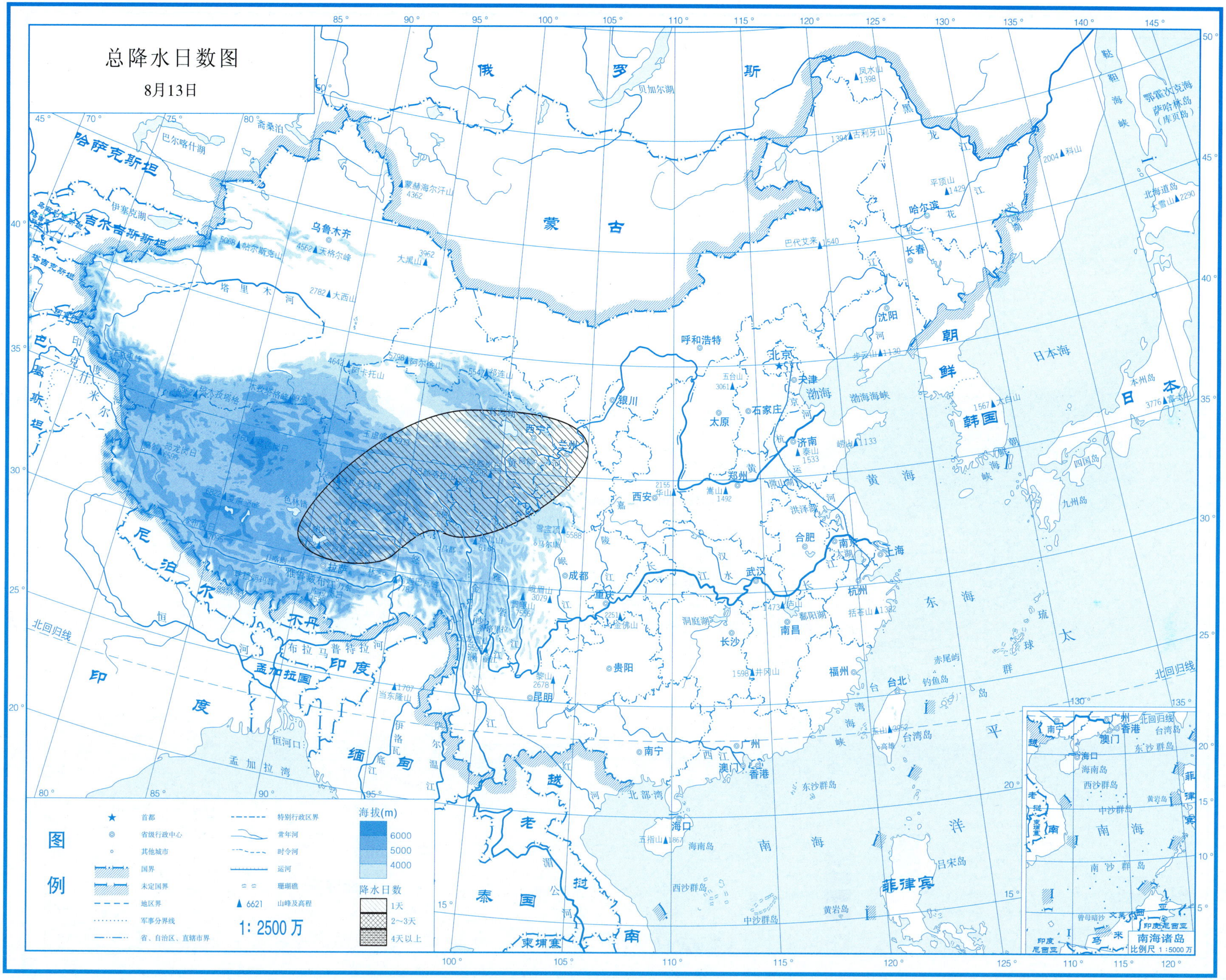

总降水日数图
8月13日
图例
首都
省级行政中心
其他城市
国界
未定国界
地区界
军事分界线
省、自治区、直辖市界
特别行政区界
常年河
时令河
运河
珊瑚礁
6621 山峰及高程
1:2500万
海拔(m)
6000
5000
4000
降水日数
1天
2~3天
4天以上
南海诸岛
比例尺 1:5000万
俄　罗　斯
蒙　古
哈萨克斯坦
吉尔吉斯斯坦
塔吉克斯坦
巴基斯坦
印度
尼泊尔
不丹
孟加拉国
缅甸
老挝
越南
泰国
柬埔寨
菲律宾
朝鲜
韩国
日本
北京
天津
石家庄
太原
呼和浩特
沈阳
长春
哈尔滨
济南
郑州
西安
银川
西宁
兰州
乌鲁木齐
拉萨
成都
重庆
贵阳
昆明
南宁
广州
香港
澳门
海口
长沙
武汉
南昌
合肥
南京
上海
杭州
福州
台北
渤海
黄海
东海
南海
日本海
太平洋
北回归线

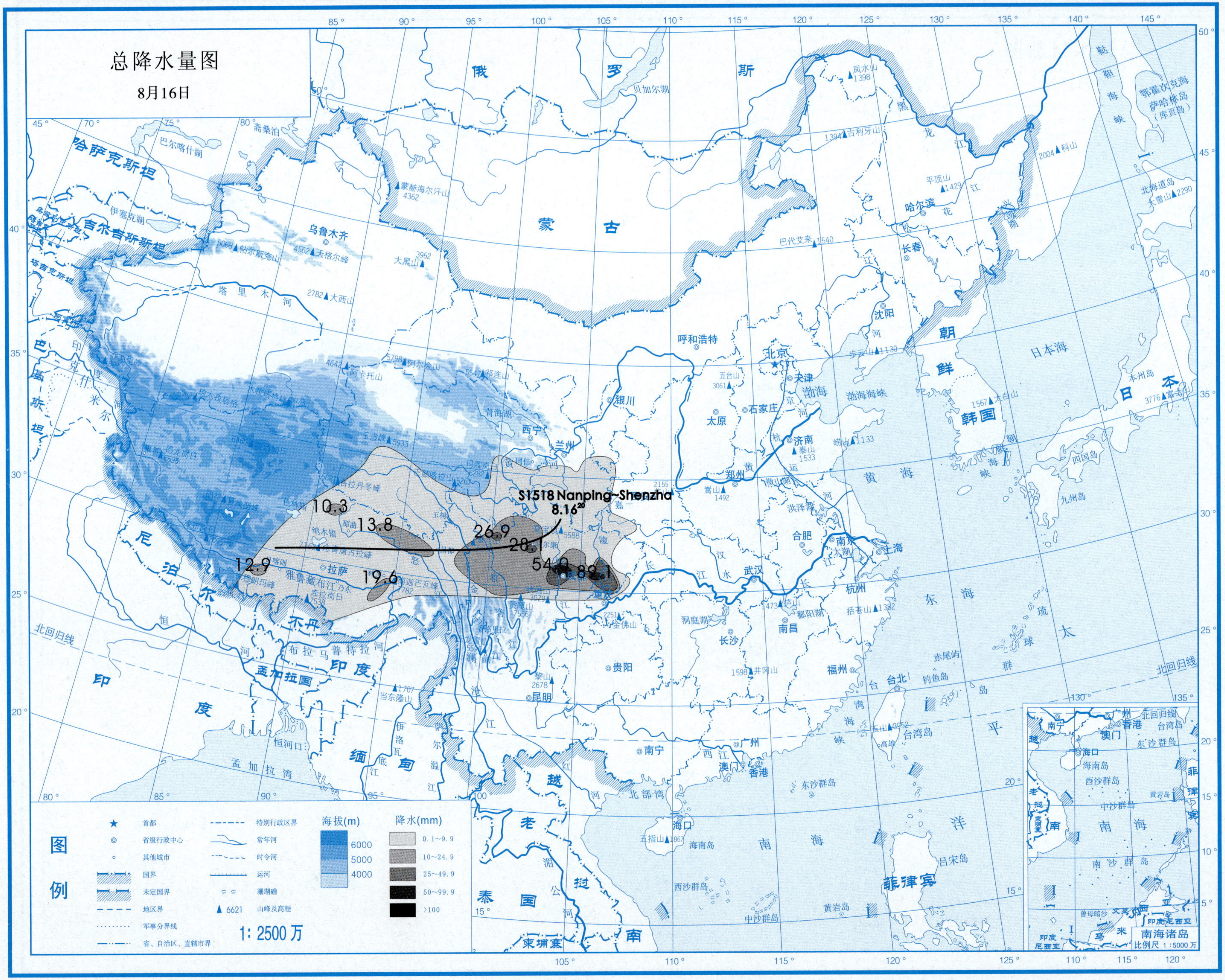
总降水量图
8月16日
S1518 Nanping~Shenzha
8.16[20]
10.3
13.8
12.9
19.6
26.9
28.1
54.0
82.1
图例
首都
省级行政中心
其他城市
国界
未定国界
地区界
军事分界线
省、自治区、直辖市界
特别行政区界
常年河
时令河
运河
珊瑚礁
6621 山峰及高程
1: 2500万
海拔(m)
6000
5000
4000
降水(mm)
0.1~9.9
10~24.9
25~49.9
50~99.9
>100
南海诸岛
比例尺 1:5000万

# 总降水日数图

8月16日

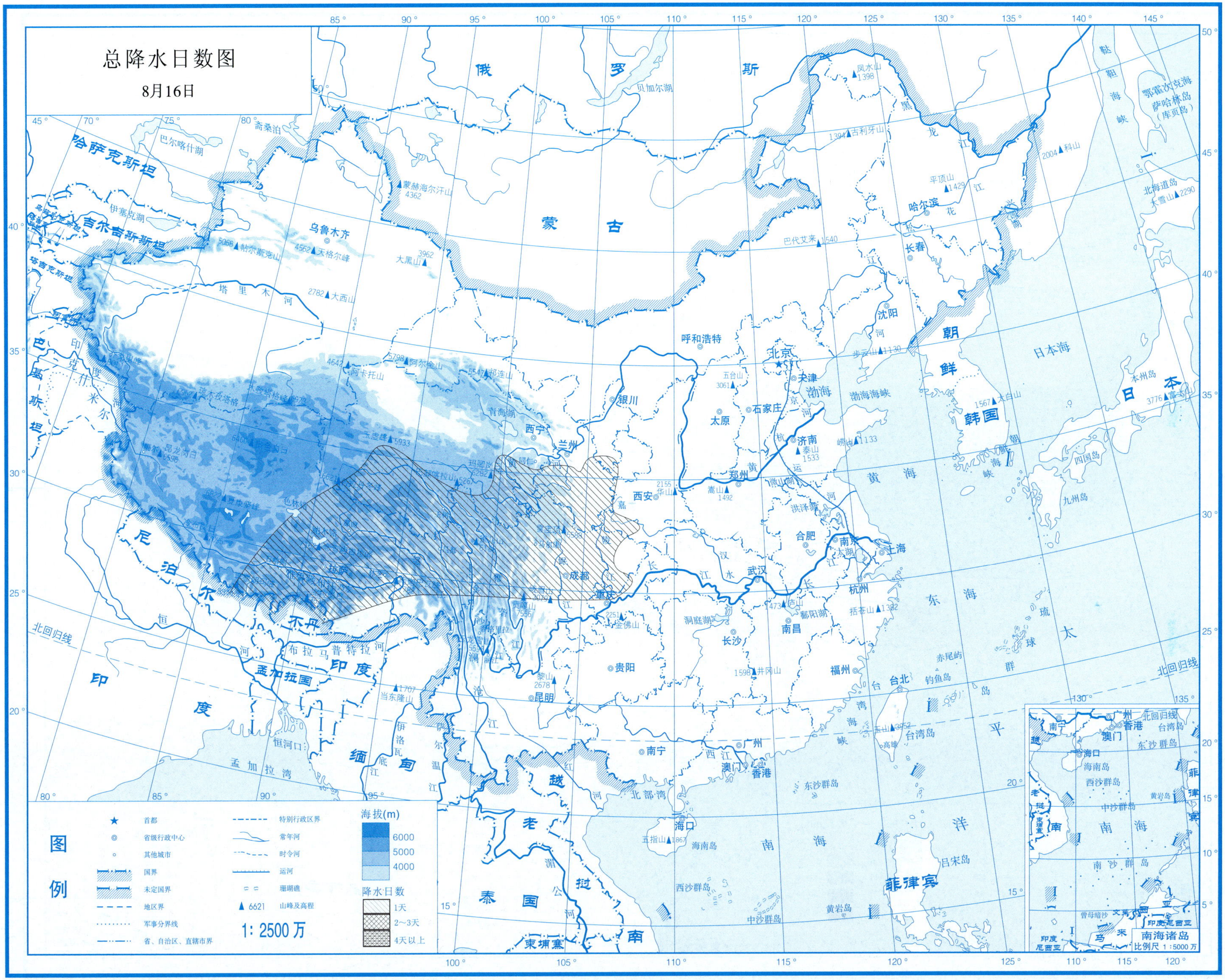

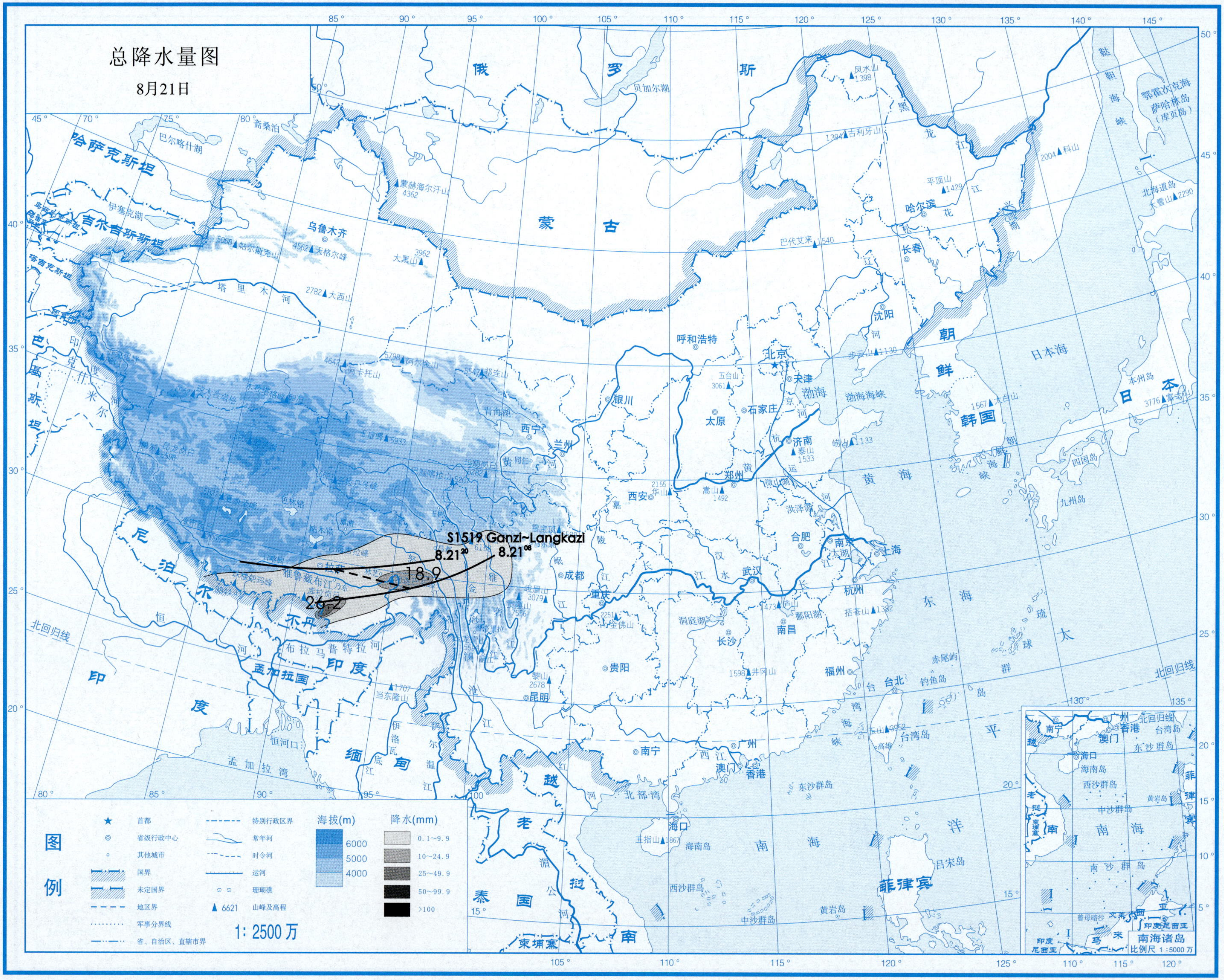
总降水量图
8月21日
S1519 Ganzi~Langkazi
8.21[20]
8.21[08]
18.9
26.2
图例
首都
省级行政中心
其他城市
国界
未定国界
地区界
军事分界线
省、自治区、直辖市界
特别行政区界
常年河
时令河
运河
珊瑚礁
6621 山峰及高程
海拔(m)
6000
5000
4000
降水(mm)
0.1~9.9
10~24.9
25~49.9
50~99.9
>100
1: 2500万
俄罗斯
蒙古
哈萨克斯坦
吉尔吉斯斯坦
塔吉克斯坦
巴基斯坦
尼泊尔
不丹
印度
孟加拉国
缅甸
老挝
泰国
越南
柬埔寨
菲律宾
朝鲜
韩国
日本
南海诸岛
比例尺 1:5000万

# 总降水日数图

8月21日

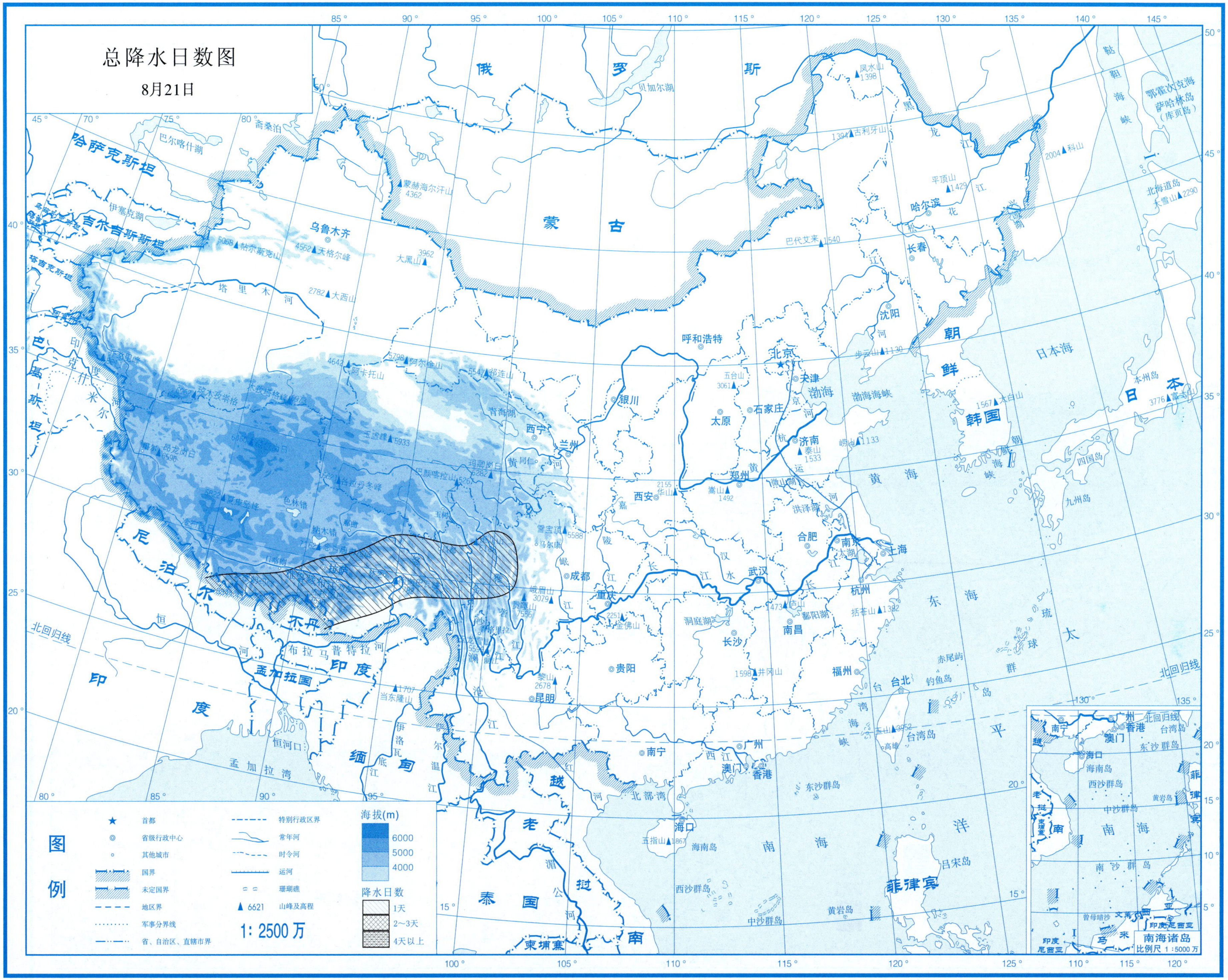

# 总降水量图

8月26日

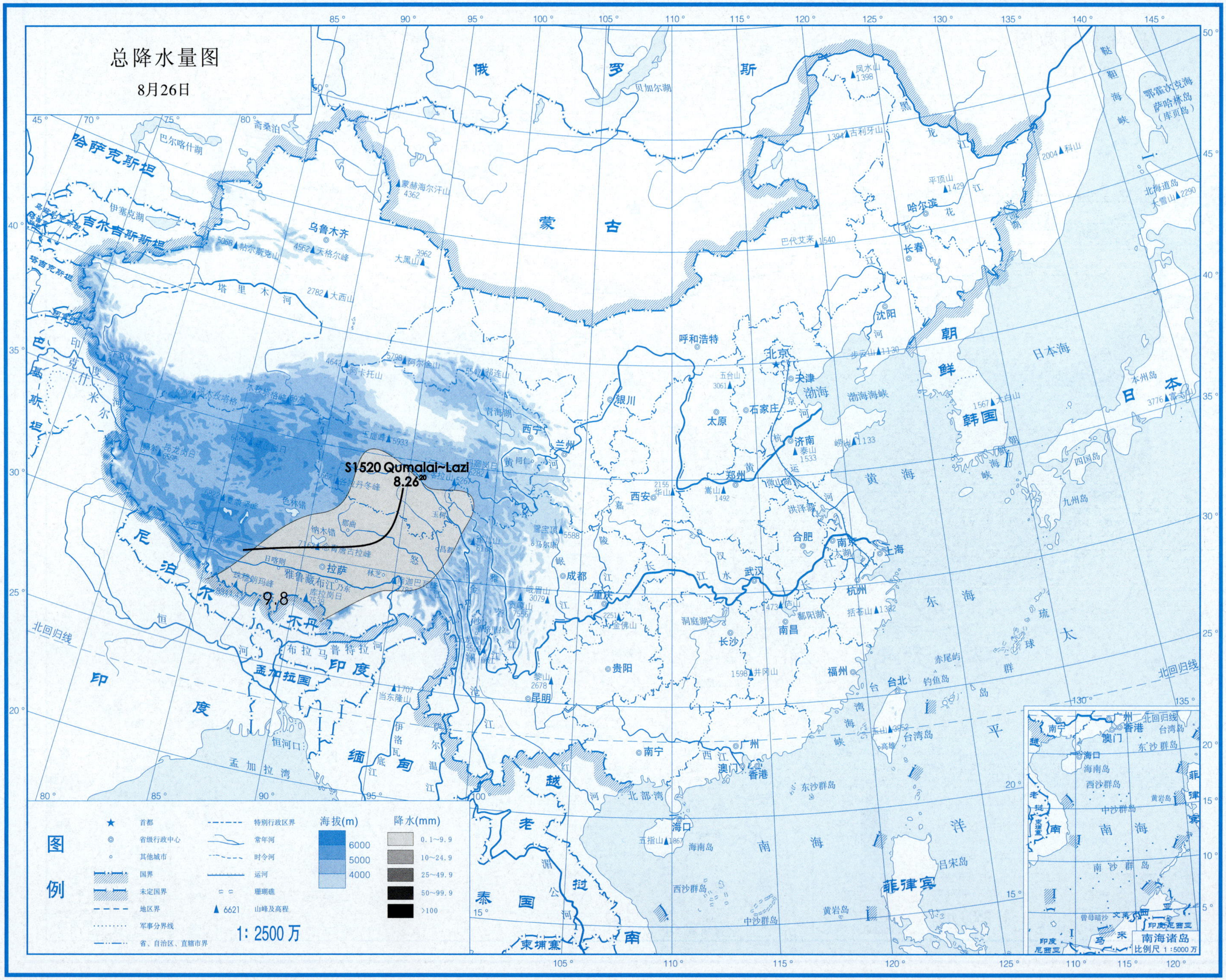

S1520 Qumalai~Lazi
8.26[20]
9.8
图例
首都
省级行政中心
其他城市
国界
未定国界
地区界
军事分界线
省、自治区、直辖市界
特别行政区界
常年河
时令河
运河
珊瑚礁
6621 山峰及高程
海拔(m)
6000
5000
4000
降水(mm)
0.1～9.9
10～24.9
25～49.9
50～99.9
>100
1:2500万
俄 罗 斯
蒙 古
哈萨克斯坦
吉尔吉斯斯坦
塔吉克斯坦
巴基斯坦
印度
尼泊尔
不丹
孟加拉国
缅甸
老挝
泰国
越南
柬埔寨
朝鲜
韩国
日本
菲律宾
乌鲁木齐
拉萨
西宁
兰州
银川
呼和浩特
北京
天津
石家庄
太原
济南
郑州
西安
成都
重庆
贵阳
昆明
南宁
广州
长沙
武汉
南昌
合肥
南京
上海
杭州
福州
台北
香港
澳门
海口
沈阳
长春
哈尔滨
渤海
黄海
东海
南海
日本海
太平洋
北回归线
南海诸岛
比例尺 1:5000万

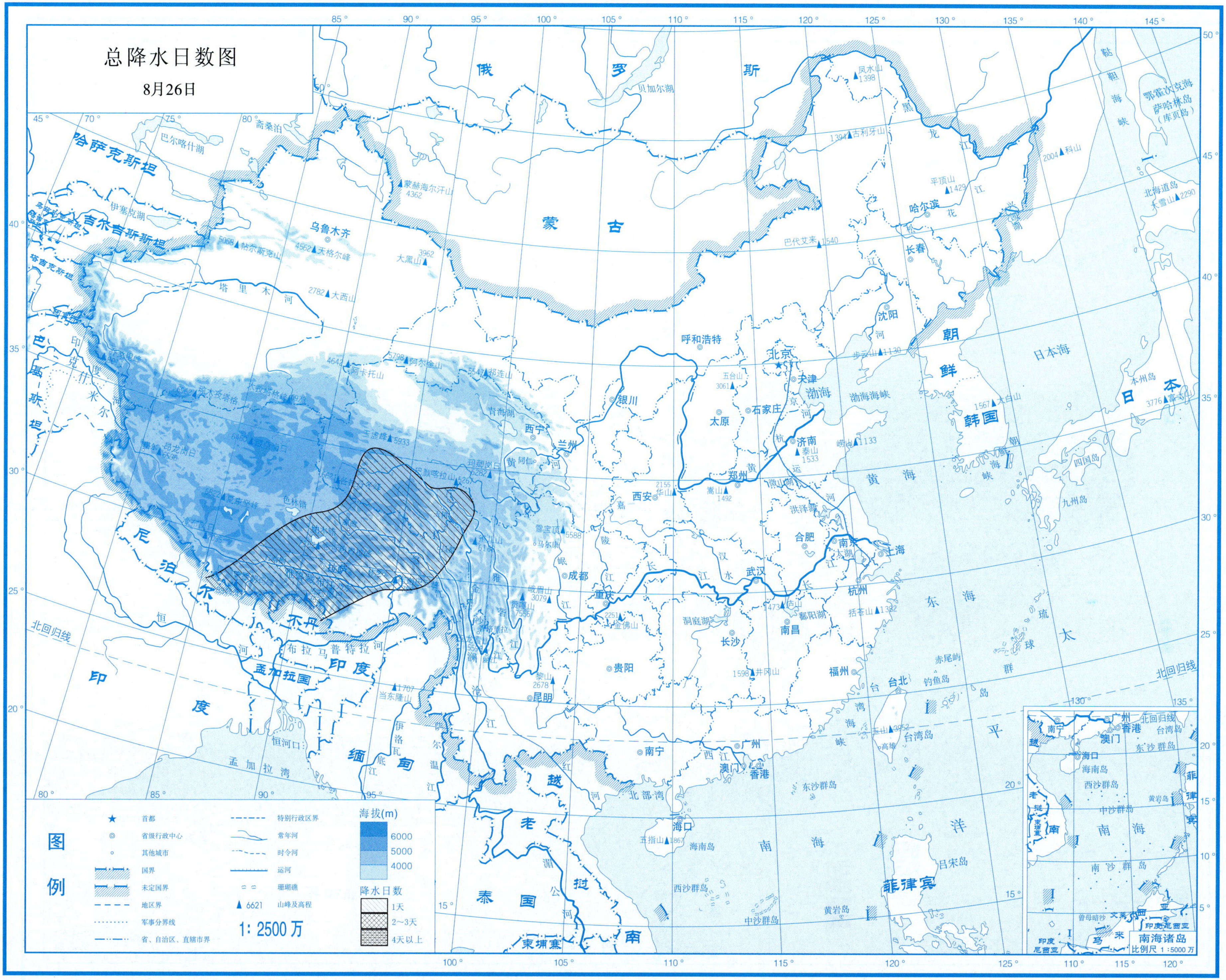

总降水日数图
8月26日
图例
首都
省级行政中心
其他城市
国界
未定国界
地区界
军事分界线
省、自治区、直辖市界
特别行政区界
常年河
时令河
运河
珊瑚礁
6621 山峰及高程
1：2500万
海拔(m)
6000
5000
4000
降水日数
1天
2~3天
4天以上
俄
罗
斯
蒙
古
哈萨克斯坦
吉尔吉斯斯坦
塔吉克斯坦
巴基斯坦
尼泊尔
不丹
印度
孟加拉国
缅甸
老
泰国
越
柬埔寨
朝鲜
韩国
日本
菲律宾
贝加尔湖
巴尔喀什湖
斋桑泊
伊塞克湖
乌鲁木齐
塔里木河
呼和浩特
北京
天津
石家庄
太原
银川
西宁
兰州
济南
郑州
西安
合肥
南京
上海
杭州
武汉
成都
重庆
长沙
南昌
福州
台北
贵阳
昆明
南宁
广州
澳门
香港
海口
哈尔滨
长春
沈阳
渤海
黄海
东海
日本海
南海
太平洋
北回归线
南海诸岛
比例尺 1：5000万

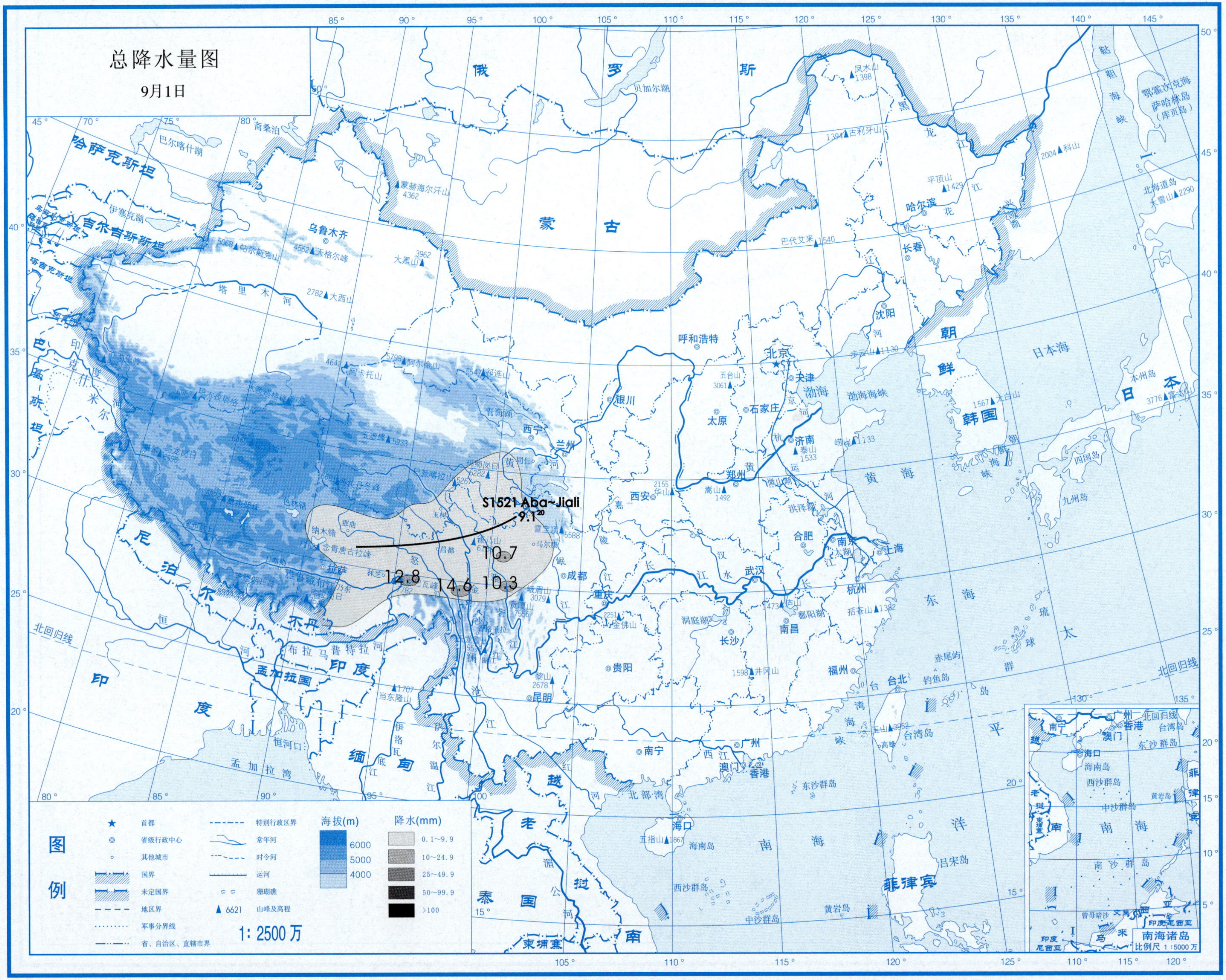
总降水量图
9月1日
S1521 Aba~Jiali
9.1^20
10.7
12.8
14.6
10.3
图例
首都
省级行政中心
其他城市
国界
未定国界
地区界
军事分界线
省、自治区、直辖市界
特别行政区界
常年河
时令河
运河
珊瑚礁
6621 山峰及高程
海拔(m)
6000
5000
4000
降水(mm)
0.1~9.9
10~24.9
25~49.9
50~99.9
>100
1: 2500 万
南海诸岛
比例尺 1:5000 万
俄罗斯
蒙古
哈萨克斯坦
吉尔吉斯斯坦
塔吉克斯坦
巴基斯坦
尼泊尔
不丹
印度
孟加拉国
缅甸
老挝
泰国
越南
柬埔寨
朝鲜
韩国
日本
菲律宾
北京
上海
天津
重庆
乌鲁木齐
拉萨
西宁
兰州
成都
昆明
贵阳
南宁
广州
武汉
长沙
南昌
福州
杭州
南京
合肥
郑州
济南
石家庄
太原
呼和浩特
银川
西安
沈阳
长春
哈尔滨
台北
香港
澳门
海口
黄海
东海
南海
日本海
渤海
太平洋
北回归线

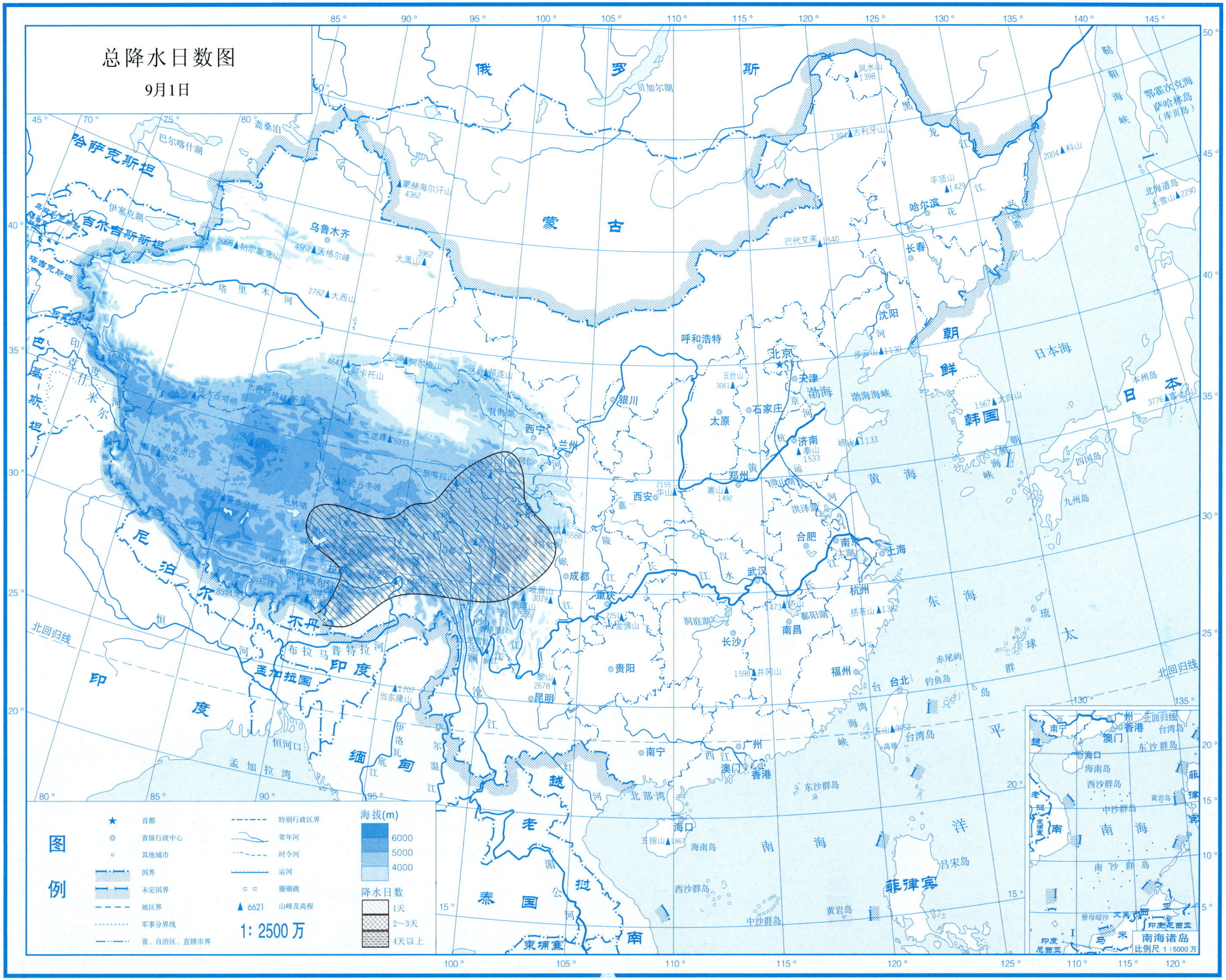
总降水日数图
9月1日
图例
首都
省级行政中心
其他城市
国界
未定国界
地区界
军事分界线
省、自治区、直辖市界
特别行政区界
常年河
时令河
运河
珊瑚礁
6621 山峰及高程
1: 2500 万
海拔(m)
6000
5000
4000
降水日数
1天
2~3天
4天以上
俄罗斯
蒙古
哈萨克斯坦
吉尔吉斯斯坦
塔吉克斯坦
巴基斯坦
尼泊尔
不丹
印度
孟加拉国
缅甸
老挝
泰国
越南
柬埔寨
朝鲜
韩国
日本
菲律宾
贝加尔湖
巴尔喀什湖
斋桑泊
伊塞克湖
乌鲁木齐
塔里木河
呼和浩特
北京
天津
银川
太原
石家庄
济南
西宁
兰州
郑州
西安
合肥
南京
上海
武汉
成都
重庆
杭州
长沙
南昌
福州
贵阳
昆明
南宁
广州
香港
澳门
海口
台北
哈尔滨
长春
沈阳
渤海
黄海
东海
南海
日本海
太平洋
北回归线
南海诸岛
比例尺 1：5000 万

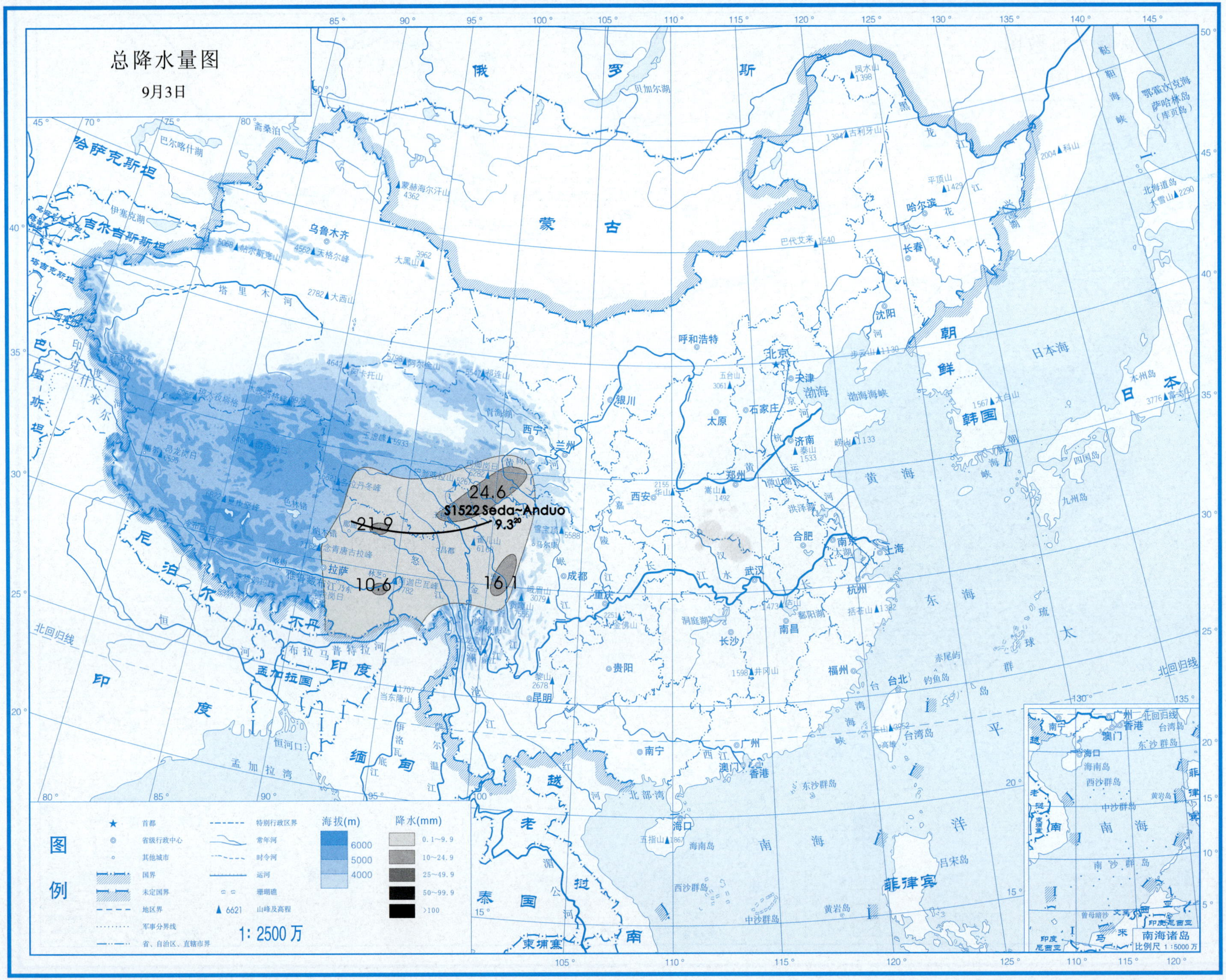
总降水量图
9月3日
24.6
21.9
10.6
16.1
S1522 Seda~Anduo
9.3[20]
图例
首都
省级行政中心
其他城市
国界
未定国界
地区界
军事分界线
省、自治区、直辖市界
特别行政区界
常年河
时令河
运河
珊瑚礁
6621 山峰及高程
海拔(m)
6000
5000
4000
降水(mm)
0.1~9.9
10~24.9
25~49.9
50~99.9
>100
1: 2500万
俄 罗 斯
蒙 古
哈萨克斯坦
吉尔吉斯斯坦
塔吉克斯坦
巴基斯坦
印 度
尼泊尔
不丹
孟加拉国
缅 甸
越 南
老 挝
泰 国
柬埔寨
朝 鲜
韩国
日 本
菲律宾
乌鲁木齐
拉萨
西宁
兰州
成都
重庆
昆明
贵阳
西安
银川
呼和浩特
北京
天津
石家庄
太原
济南
郑州
武汉
长沙
南昌
合肥
南京
上海
杭州
福州
台北
广州
南宁
海口
香港
澳门
沈阳
长春
哈尔滨
渤海
黄 海
东 海
南 海
日本海
太 平 洋
南海诸岛
比例尺 1:5000 万

# 总降水日数图

9月3日

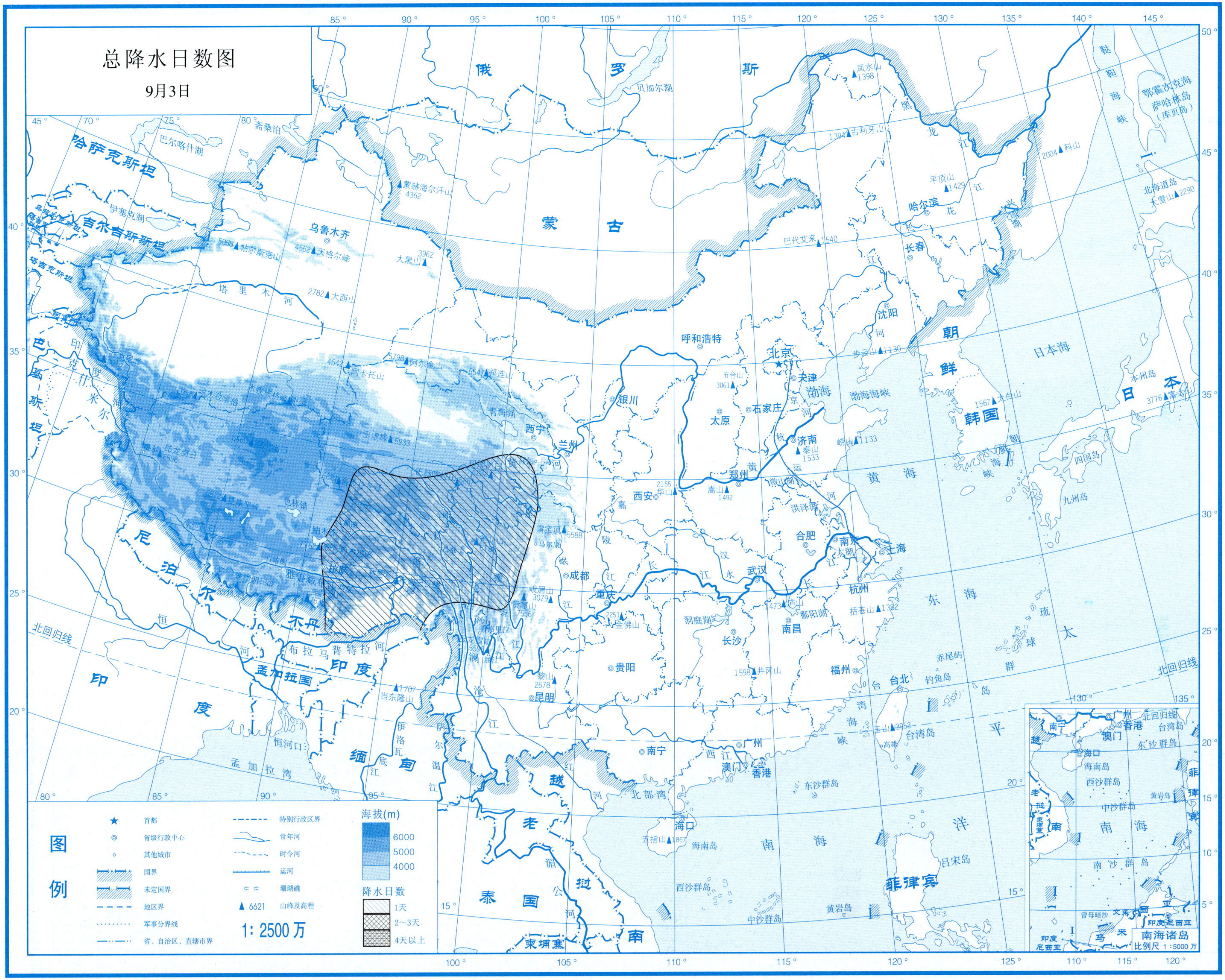
图例
首都
省级行政中心
其他城市
国界
未定国界
地区界
军事分界线
省、自治区、直辖市界
特别行政区界
常年河
时令河
运河
珊瑚礁
6621 山峰及高程
1：2500万
海拔(m)
6000
5000
4000
降水日数
1天
2~3天
4天以上
南海诸岛
比例尺 1：5000万
俄 罗 斯
蒙 古
哈萨克斯坦
吉尔吉斯斯坦
塔吉克斯坦
巴基斯坦
尼泊尔
不丹
印度
孟加拉国
缅甸
老挝
泰国
柬埔寨
越南
菲律宾
朝鲜
韩国
日本
北京
天津
呼和浩特
石家庄
太原
济南
郑州
西安
银川
兰州
西宁
乌鲁木齐
成都
重庆
贵阳
昆明
南宁
广州
香港
澳门
海口
长沙
武汉
南昌
合肥
南京
上海
杭州
福州
台北
沈阳
长春
哈尔滨
渤海
黄海
东海
南海
日本海
太平洋
北回归线

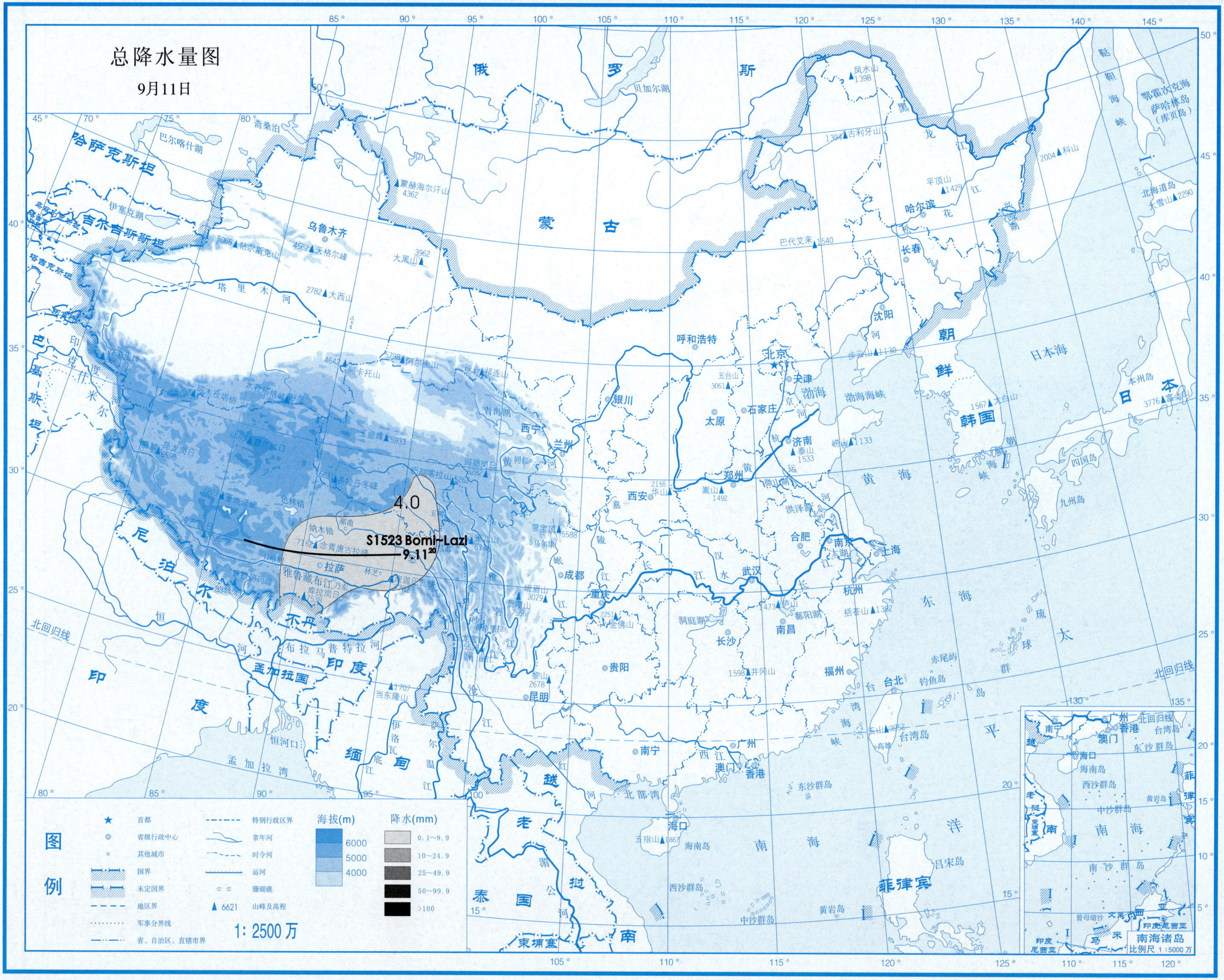
总降水量图
9月11日
4.0
S1523 Bomi-Lazi
9.11 20
图例
首都
省级行政中心
其他城市
国界
未定国界
地区界
军事分界线
省、自治区、直辖市界
特别行政区界
常年河
时令河
运河
珊瑚礁
6621 山峰及高程
海拔(m)
6000
5000
4000
降水(mm)
0.1~9.9
10~24.9
25~49.9
50~99.9
>100
1: 2500 万
南海诸岛
比例尺 1:5000 万

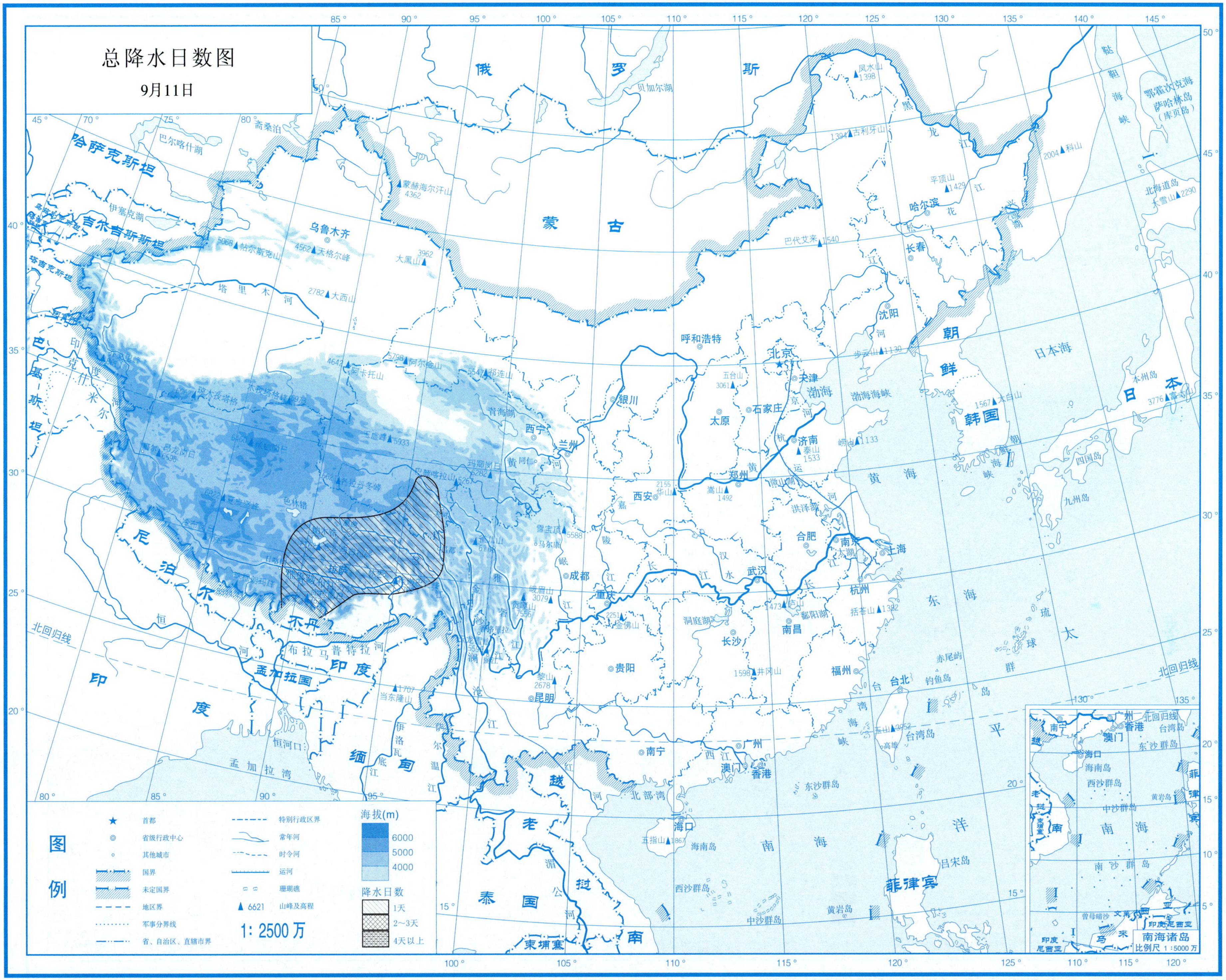
总降水日数图
9月11日
图例
首都
省级行政中心
其他城市
国界
未定国界
地区界
军事分界线
省、自治区、直辖市界
特别行政区界
常年河
时令河
运河
珊瑚礁
6621 山峰及高程
海拔(m)
6000
5000
4000
降水日数
1天
2~3天
4天以上
1: 2500万
南海诸岛
比例尺 1 :5000 万

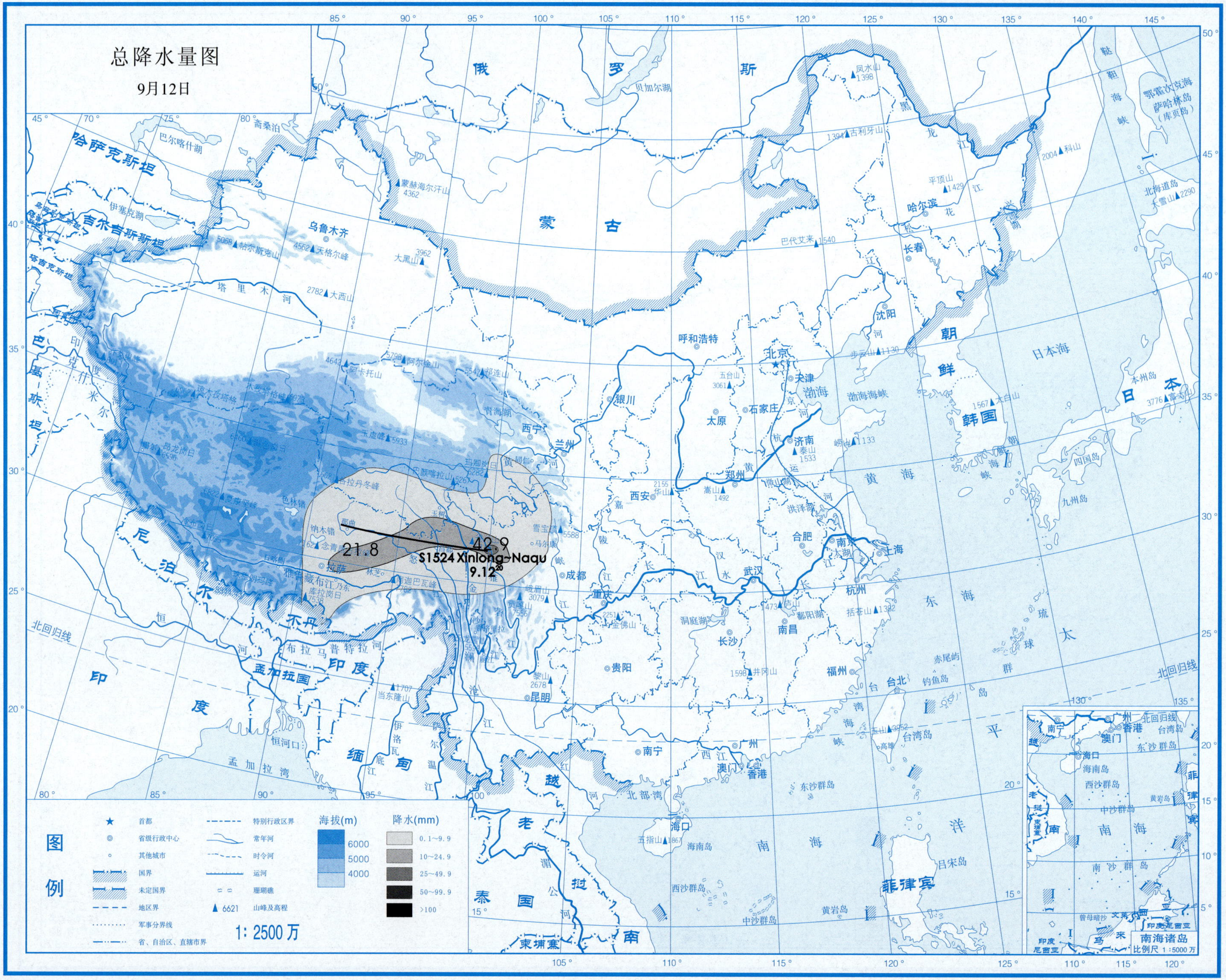
总降水量图
9月12日
21.8
42.9
S1524 Xinlong~Naqu
9.12[20]
图例
首都
省级行政中心
其他城市
国界
未定国界
地区界
军事分界线
省、自治区、直辖市界
特别行政区界
常年河
时令河
运河
珊瑚礁
6621 山峰及高程
1: 2500 万
海拔(m)
6000
5000
4000
降水(mm)
0.1~9.9
10~24.9
25~49.9
50~99.9
>100
南海诸岛
比例尺 1:5000 万

# 总降水日数图

9月12日

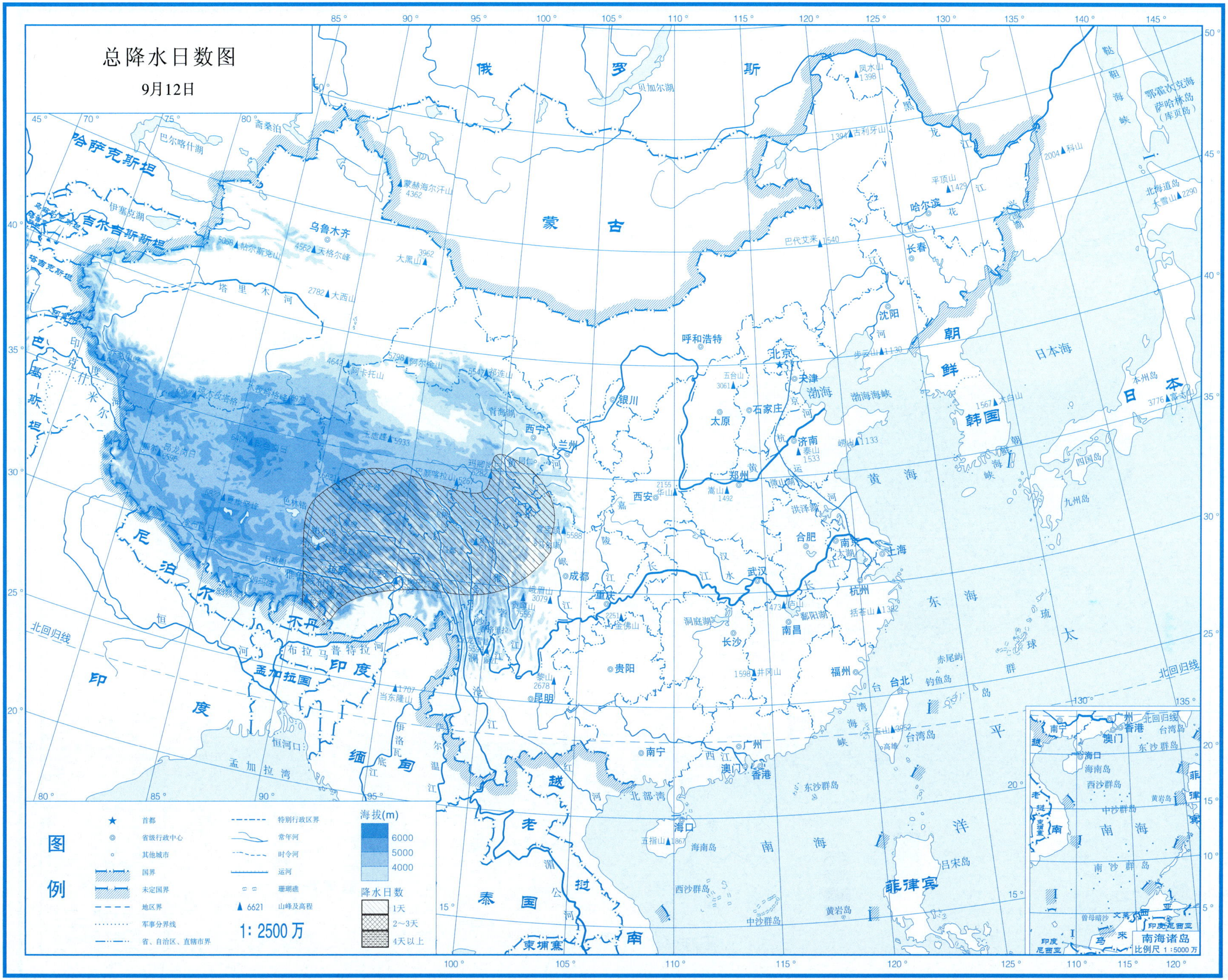

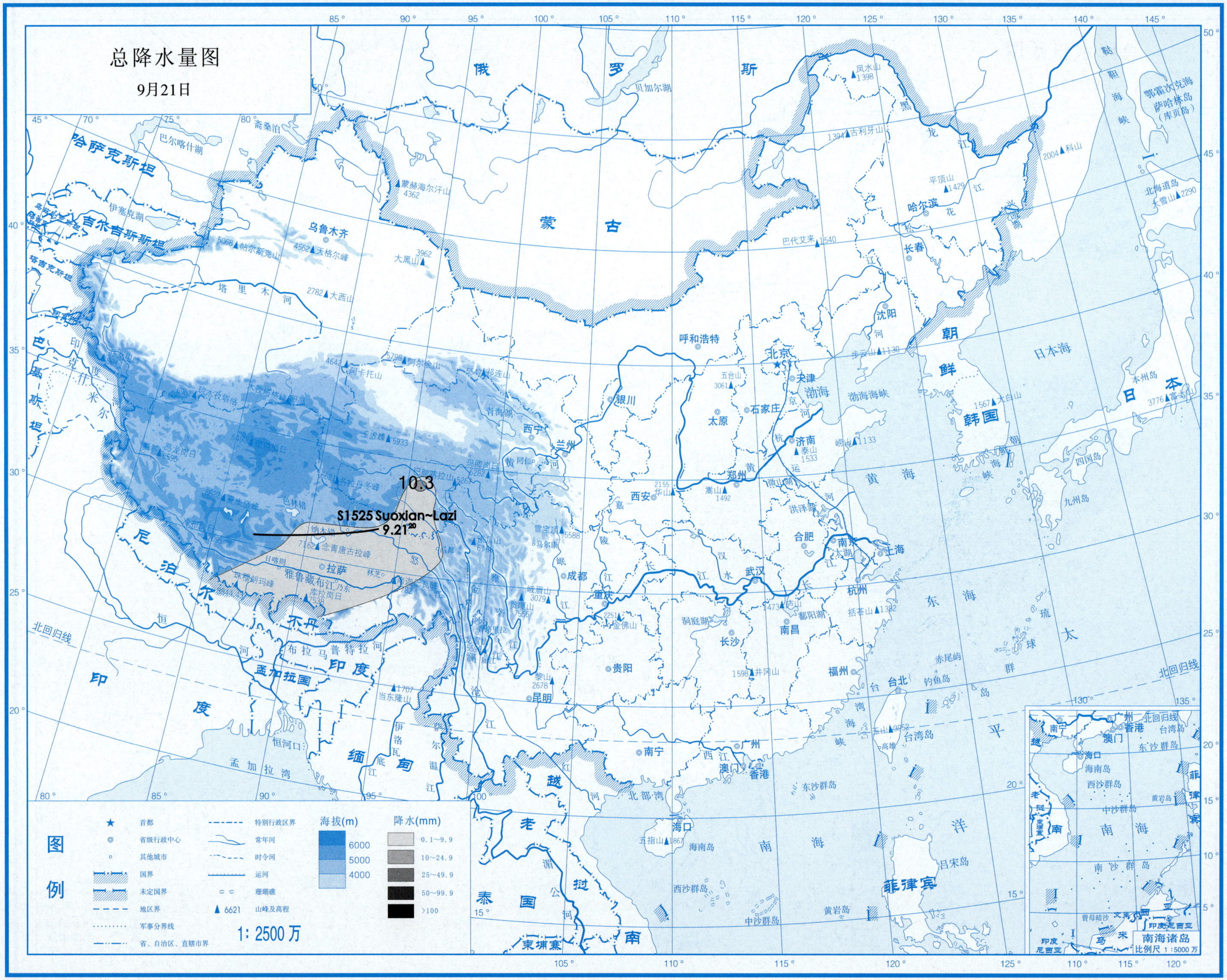
总降水量图
9月21日
10.3
S1525 Suoxian~Lazi
9.21
图例
首都
省级行政中心
其他城市
国界
未定国界
地区界
军事分界线
省、自治区、直辖市界
特别行政区界
常年河
时令河
运河
珊瑚礁
山峰及高程
海拔(m)
6000
5000
4000
降水(mm)
0.1~9.9
10~24.9
25~49.9
50~99.9
>100
1: 2500 万
南海诸岛
比例尺 1:5000 万

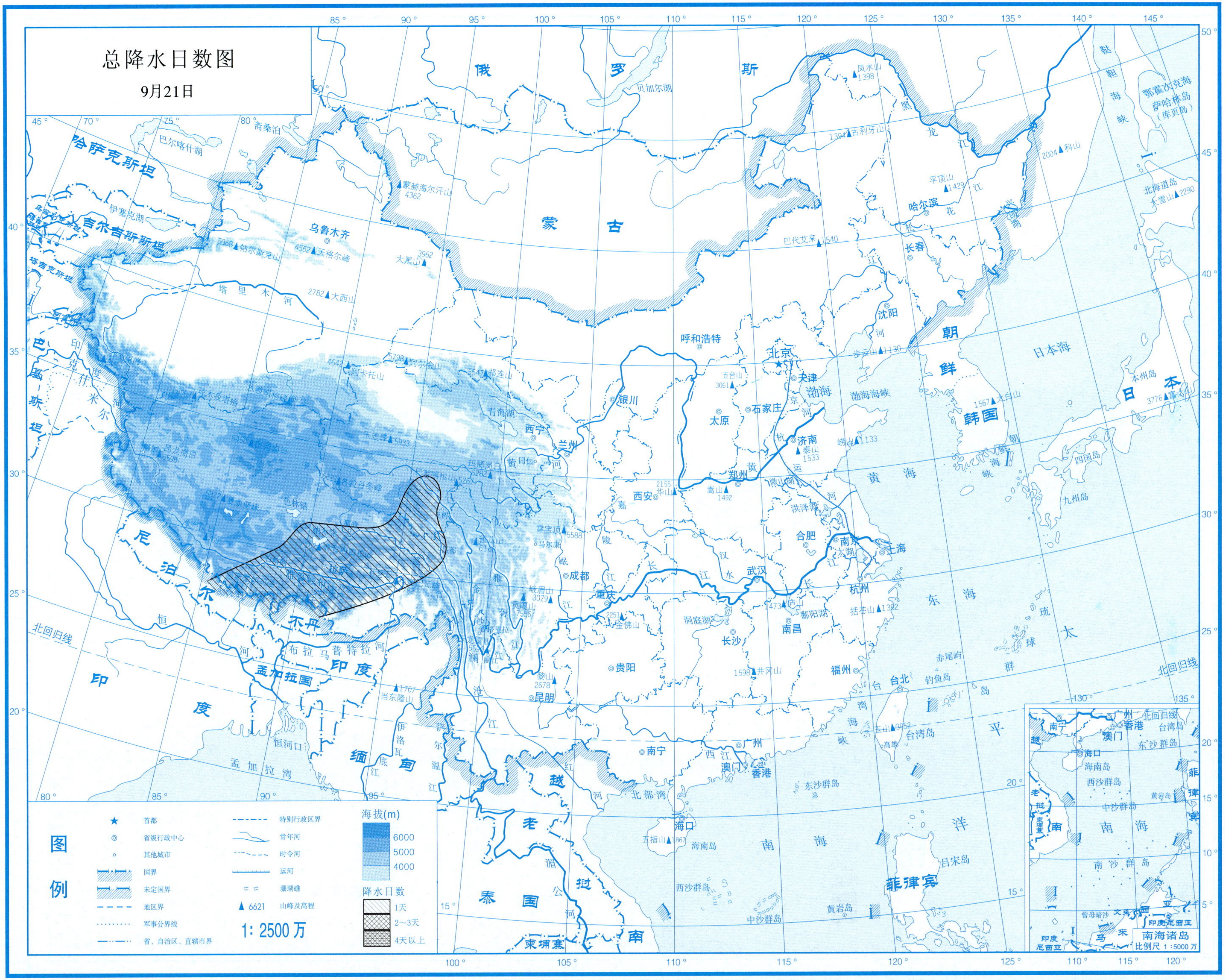

总降水日数图
9月21日
图例
首都
省级行政中心
其他城市
国界
未定国界
地区界
军事分界线
省、自治区、直辖市界
特别行政区界
常年河
时令河
运河
珊瑚礁
6621 山峰及高程
1: 2500 万
海拔(m)
6000
5000
4000
降水日数
1天
2~3天
4天以上
俄罗斯
蒙古
哈萨克斯坦
吉尔吉斯斯坦
塔吉克斯坦
巴基斯坦
印度
尼泊尔
不丹
孟加拉国
缅甸
老挝
泰国
越南
柬埔寨
朝鲜
韩国
日本
菲律宾
乌鲁木齐
呼和浩特
北京
天津
石家庄
太原
济南
银川
兰州
西宁
西安
郑州
合肥
南京
上海
武汉
杭州
成都
重庆
长沙
南昌
贵阳
昆明
福州
台北
南宁
广州
澳门
香港
海口
哈尔滨
长春
沈阳
日本海
黄海
东海
南海
渤海
北回归线
南海诸岛
比例尺 1：5000 万

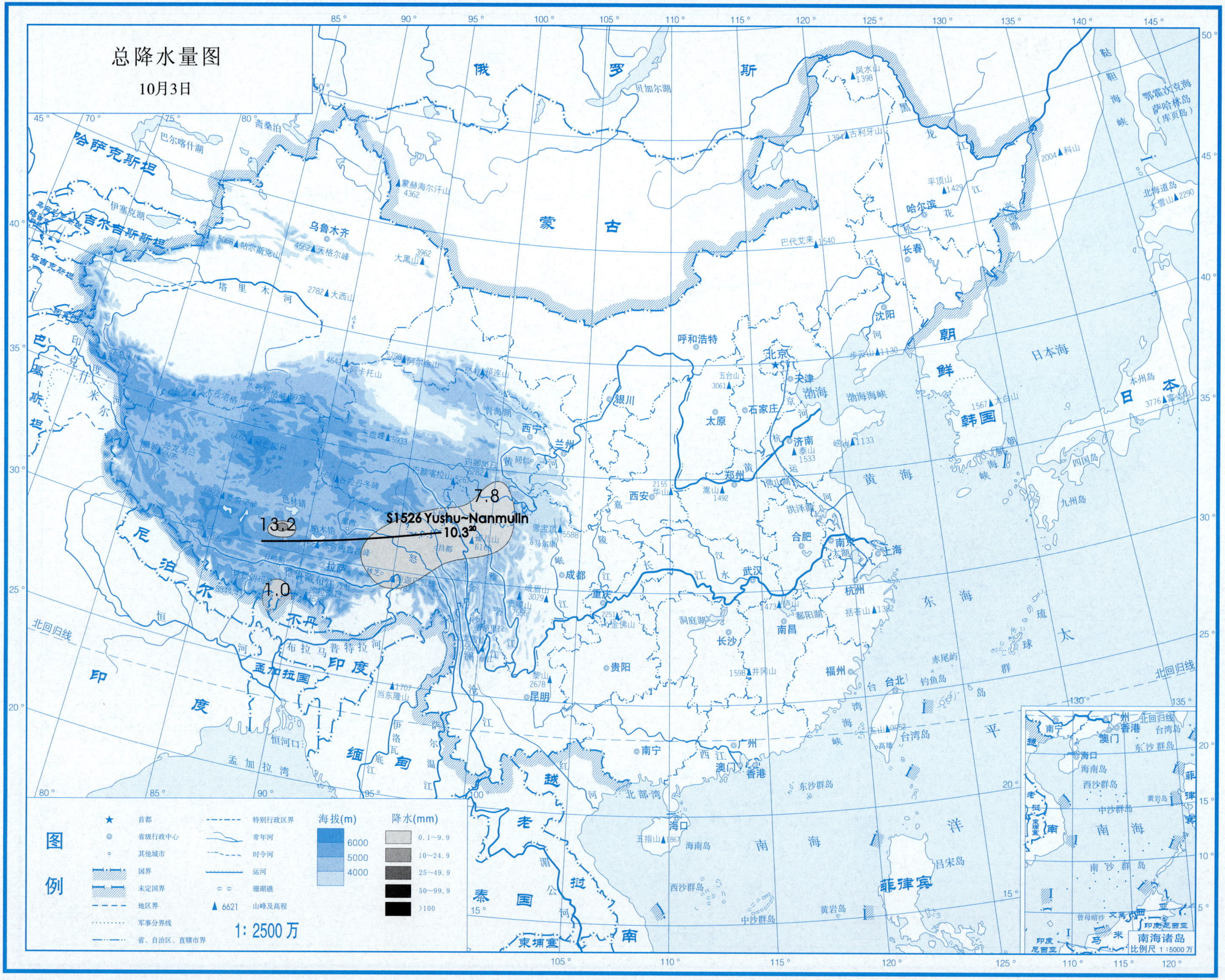
总降水量图
10月3日
S1526 Yushu~Nanmulin
13.2
7.8
10.3
4.0
图例
海拔(m)
6000
5000
4000
降水(mm)
0.1~9.9
10~24.9
25~49.9
50~99.9
>100
1: 2500 万
南海诸岛

# 总降水日数图

10月3日

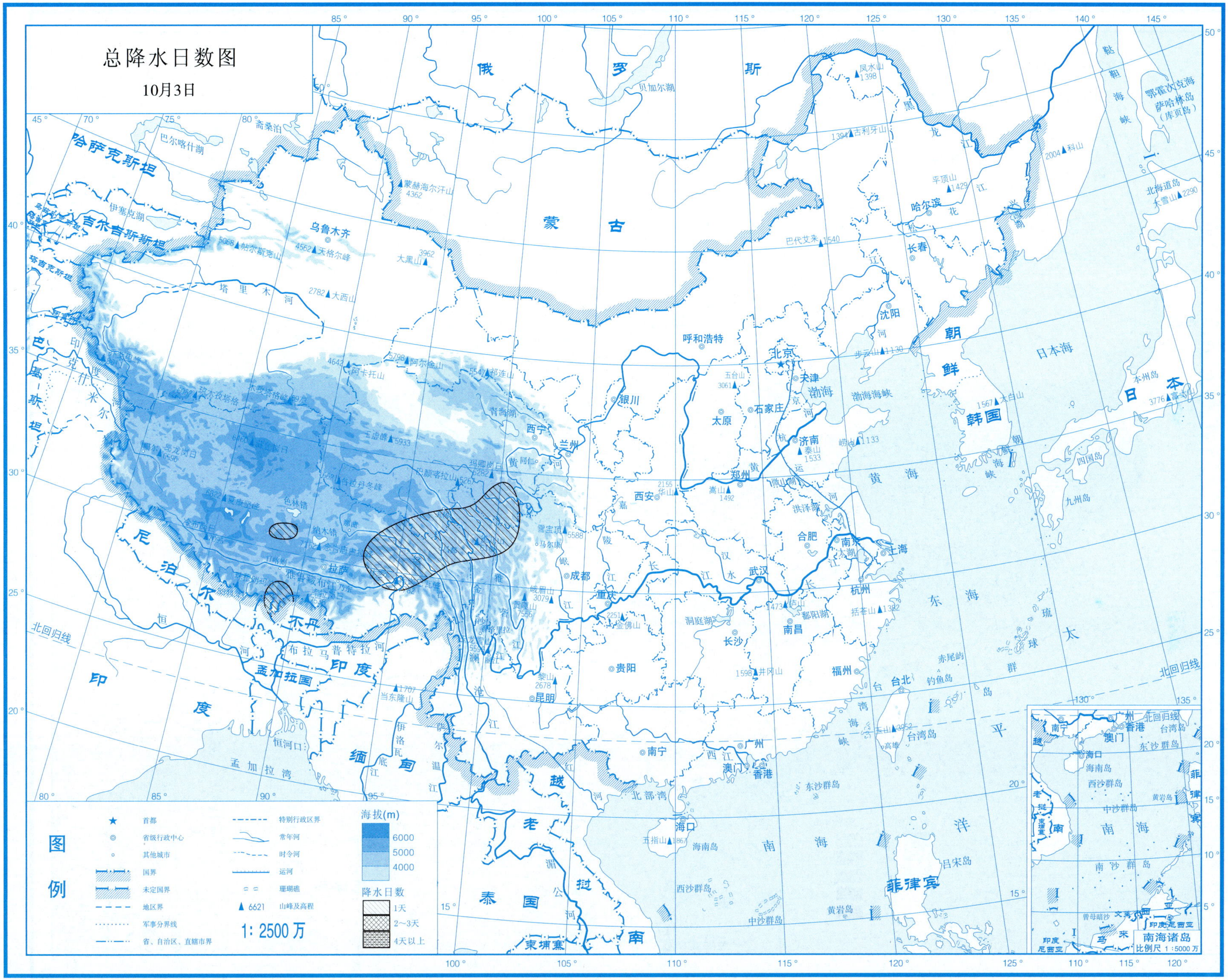


Page...241

高原切变线　第2部分

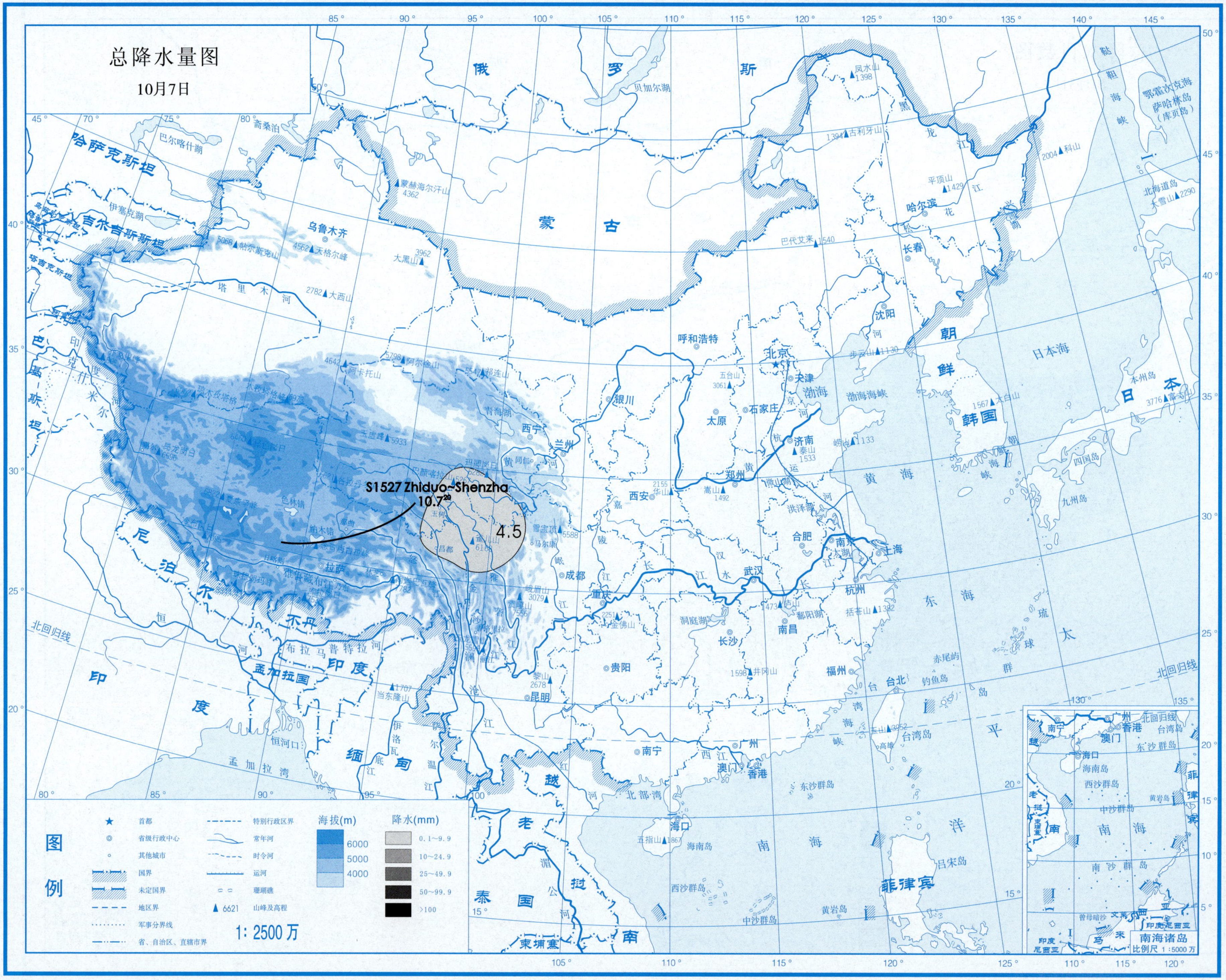
总降水量图
10月7日
S1527 Zhiduo-Shenzha
10.7 20
4.5
图例
首都
省级行政中心
其他城市
国界
未定国界
地区界
军事分界线
省、自治区、直辖市界
特别行政区界
常年河
时令河
运河
珊瑚礁
6621 山峰及高程
海拔(m)
6000
5000
4000
降水(mm)
0.1~9.9
10~24.9
25~49.9
50~99.9
>100
1: 2500 万
南海诸岛
比例尺 1:5000 万

# 总降水日数图

10月7日

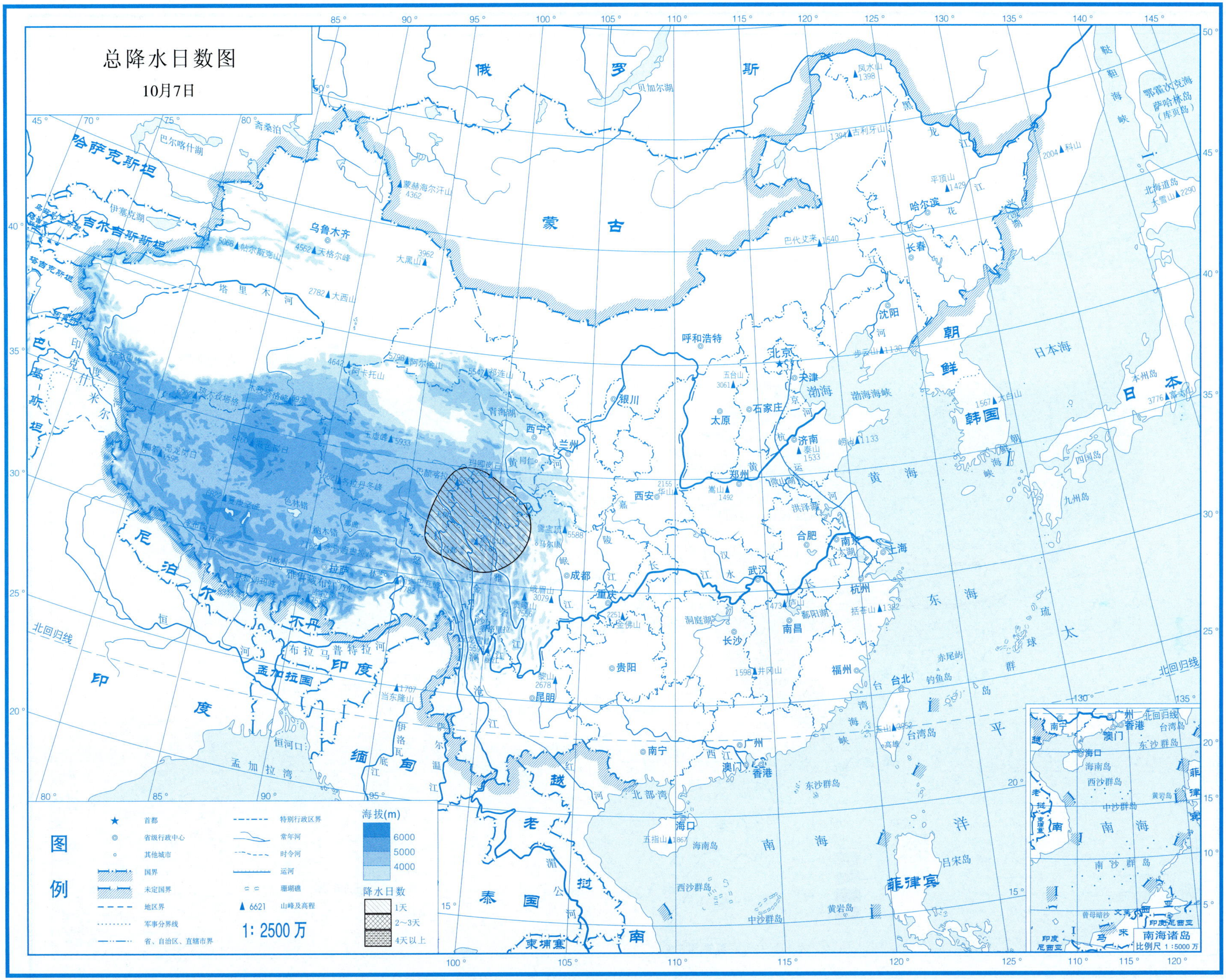

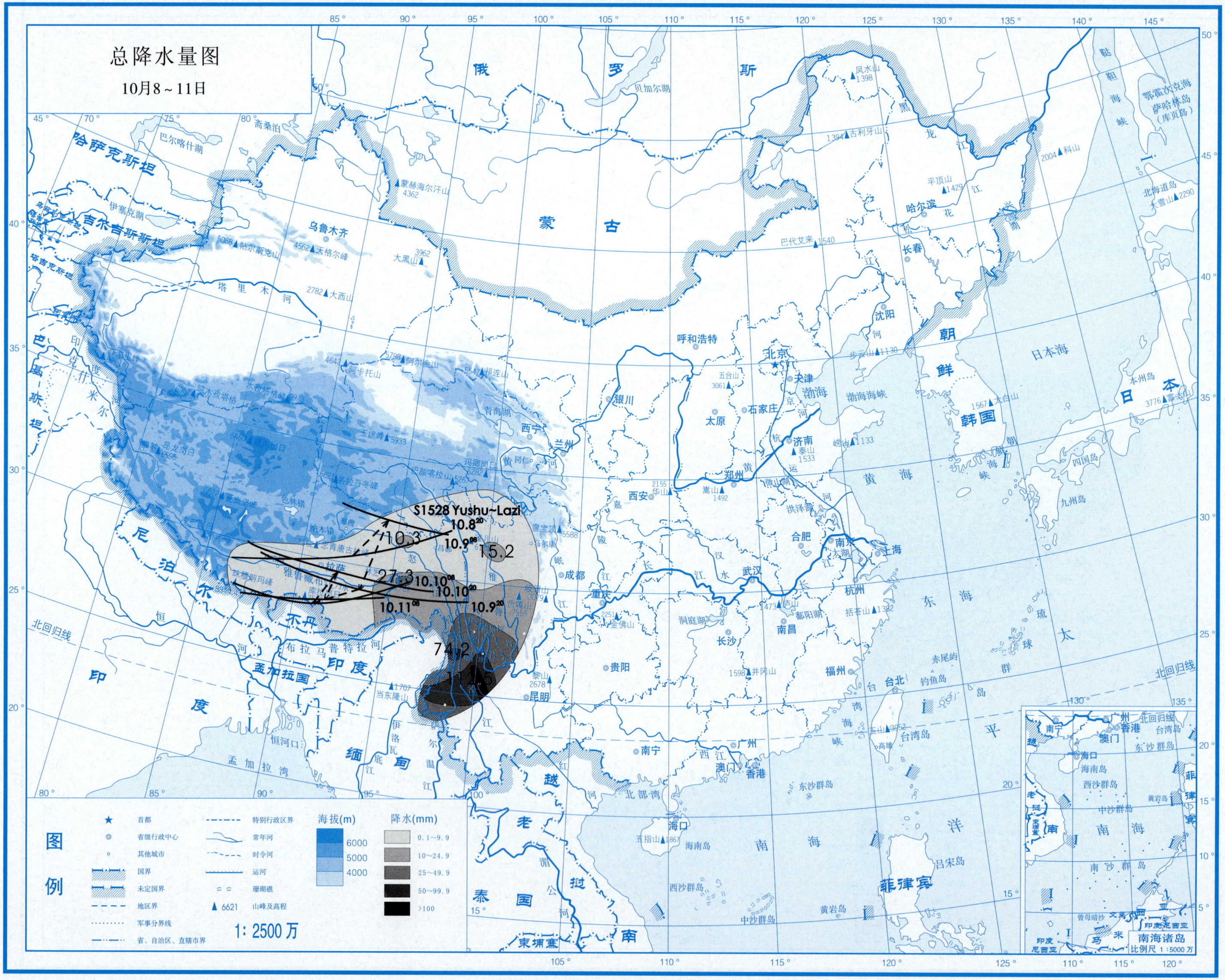
总降水量图
10月8～11日
S1528 Yushu~Lazi
10.8 20
10.9 08
10.10 08
10.10 20
10.9 20
10.11 08
10.3
15.2
27.3
74.2
112.6
图例
首都
省级行政中心
其他城市
国界
未定国界
地区界
军事分界线
省、自治区、直辖市界
特别行政区界
常年河
时令河
运河
珊瑚礁
6621 山峰及高程
海拔(m)
6000
5000
4000
降水(mm)
0.1～9.9
10～24.9
25～49.9
50～99.9
>100
1: 2500万
南海诸岛
比例尺 1:5000万

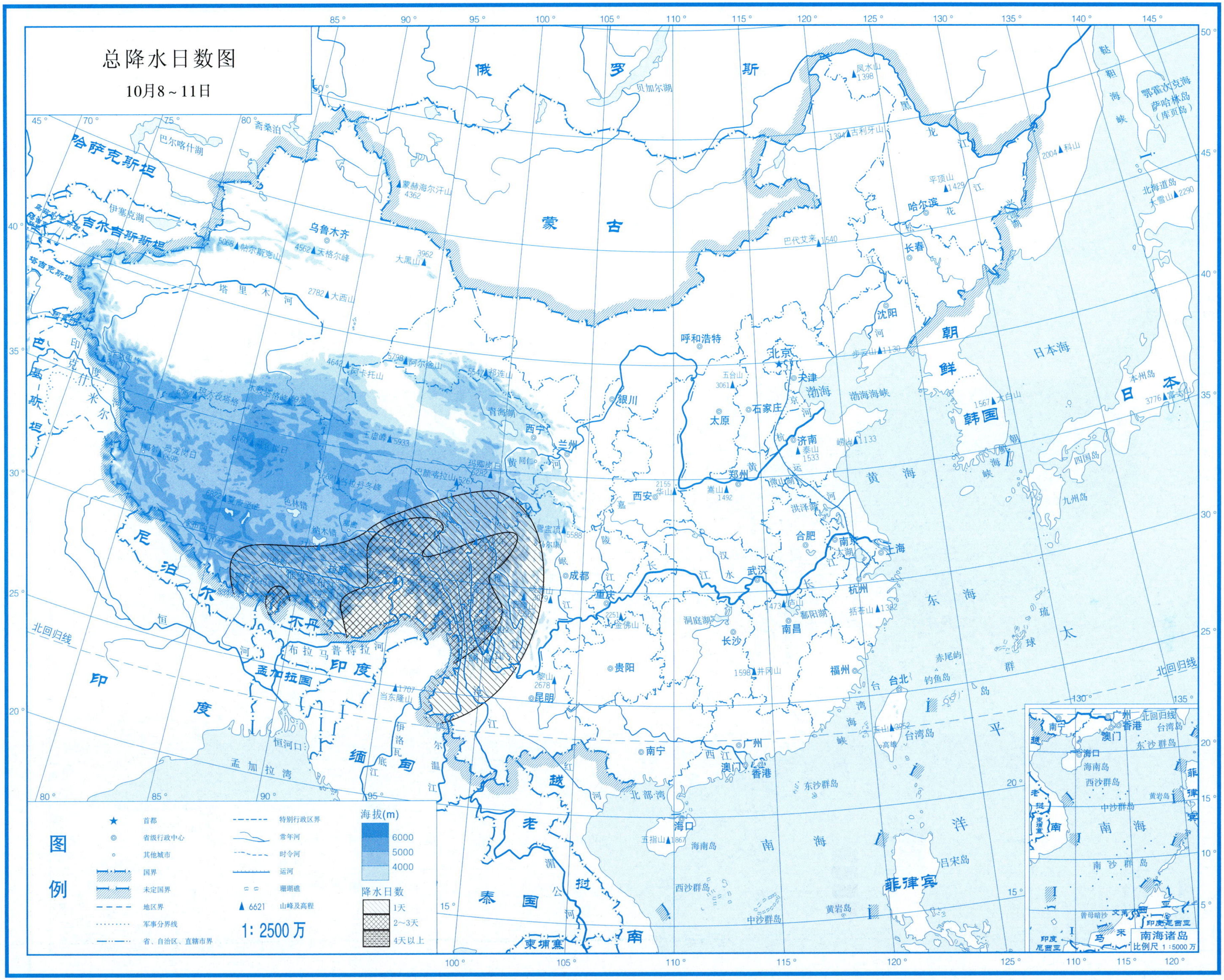
总降水日数图
10月8～11日
图例
首都
省级行政中心
其他城市
国界
未定国界
地区界
军事分界线
省、自治区、直辖市界
特别行政区界
常年河
时令河
运河
珊瑚礁
6621 山峰及高程
1: 2500万
海拔(m)
6000
5000
4000
降水日数
1天
2～3天
4天以上
南海诸岛
比例尺 1:5000万

# 总降水量图

10月29日

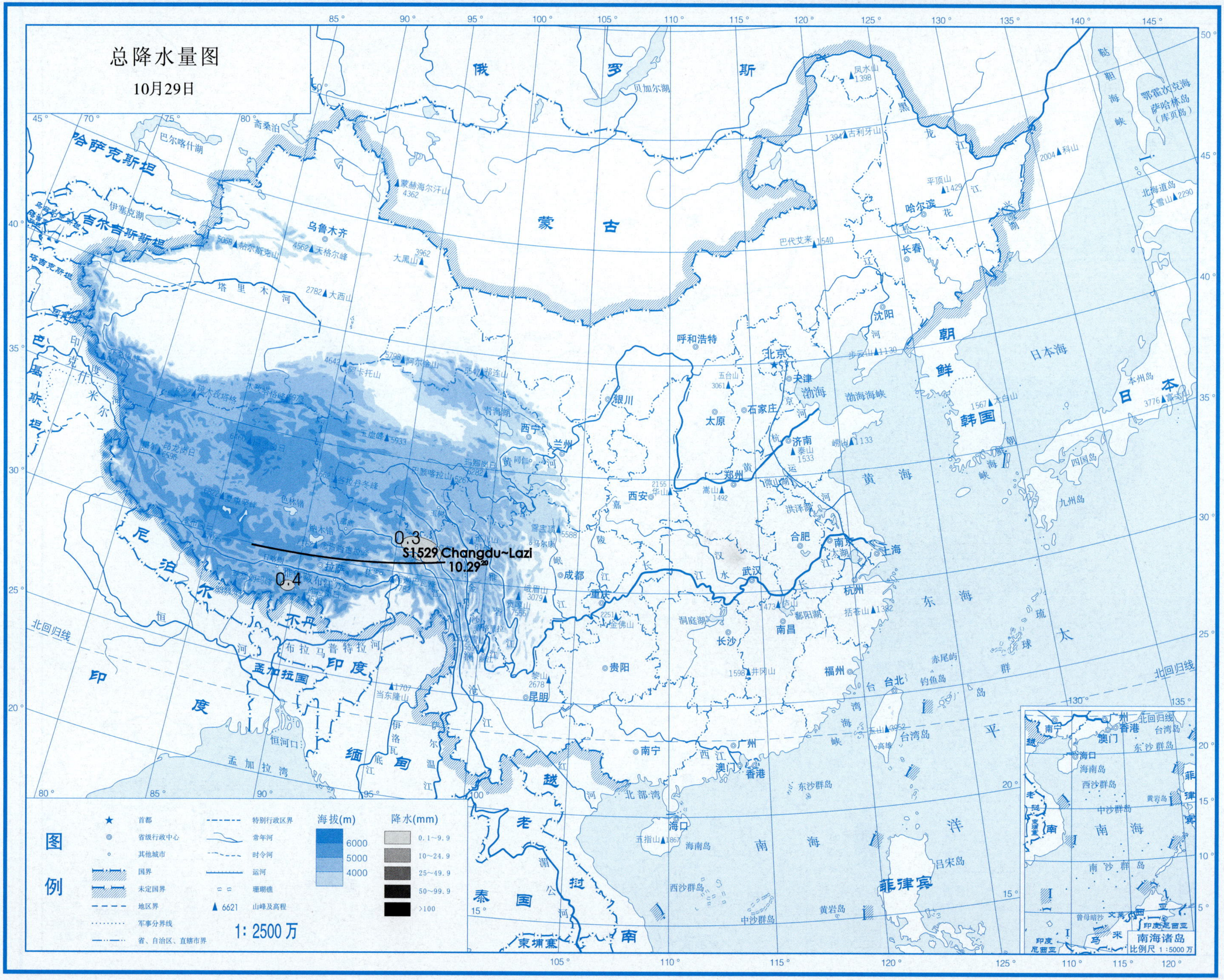

# 总降水日数图

10月29日

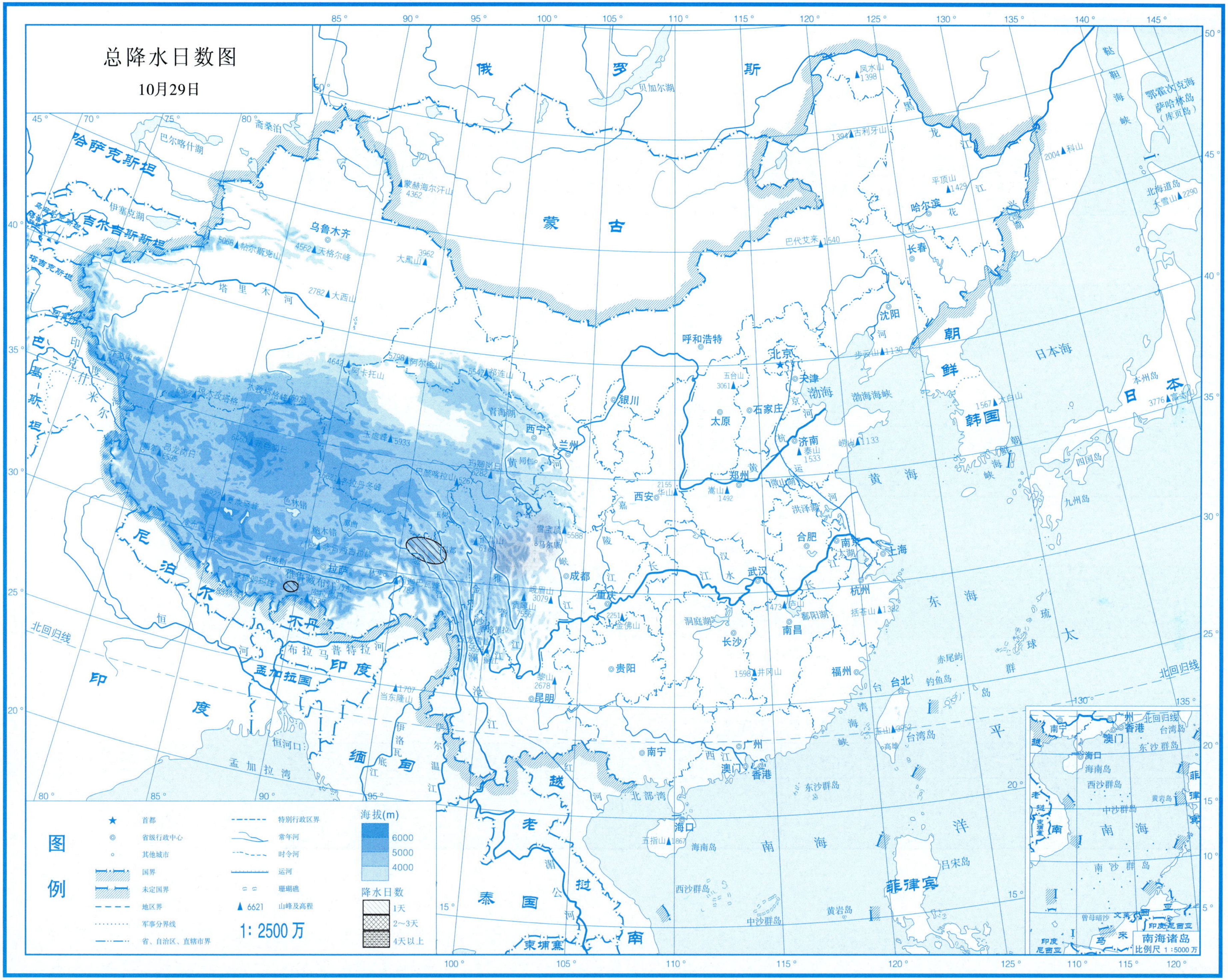


Page...247

高原切变线 第2部分

## 高原切变线位置资料表

| 月 | 日 | 时 | 起点位置 | | 中点位置 | | 拐点位置 | | 终点位置 | | 切变线两侧最大风速 | |
|---|---|---|---|---|---|---|---|---|---|---|---|---|
| | | | 东经/(° ) | 北纬/(° ) | 东经/(° ) | 北纬/(° ) | 东经/(° ) | 北纬/(° ) | 东经/(° ) | 北纬/(° ) | 北侧 / (m/s) | 南侧 / (m/s) |
| ① 1月16日 | | | | | | | | | | | | |
| （S1501）波密–拉孜，Bomi–Lazi | | | | | | | | | | | | |
| 1 | 16 | 20 | 94.7 | 31.3 | 89.4 | 30.5 | | | 84.6 | 30.4 | 8 | 20 |
| 消失 | | | | | | | | | | | | |
| ② 1月17日 | | | | | | | | | | | | |
| （S1502）新龙–拉萨，Xinlong–Lasa | | | | | | | | | | | | |
| 1 | 17 | 20 | 99.8 | 30.8 | 95.2 | 29.8 | | | 90.6 | 29.0 | 4 | 8 |
| 消失 | | | | | | | | | | | | |
| ③ 4月7日 | | | | | | | | | | | | |
| （S1503）贡觉–当雄，Gongjue–Dangxiong | | | | | | | | | | | | |
| 4 | 7 | 20 | 97.7 | 32.2 | 94.7 | 31.0 | | | 91.2 | 30.4 | 10 | 10 |
| 消失 | | | | | | | | | | | | |
| ④ 4月23~24日 | | | | | | | | | | | | |
| （S1504）合作–林芝，Hezuo–Linzhi | | | | | | | | | | | | |
| 4 | 23 | 20 | 103.3 | 34.6 | 100.7 | 31.1 | 102.9 | 32.3 | 95.4 | 29.0 | 10 | 8 |
| | 24 | 08 | 106.6 | 32.0 | 99.4 | 29.6 | | | 90.7 | 29.6 | 10 | 24 |
| | | 20 | 100.0 | 31.0 | 95.7 | 30.3 | | | 91.1 | 29.5 | 6 | 14 |
| 消失 | | | | | | | | | | | | |

## 高原切变线位置资料表(续-1)

| 月 | 日 | 时 | 起点位置 | | 中点位置 | | 拐点位置 | | 终点位置 | | 切变线两侧最大风速 | |
|---|---|---|---|---|---|---|---|---|---|---|---|---|
| | | | 东经/(°) | 北纬/(°) | 东经/(°) | 北纬/(°) | 东经/(°) | 北纬/(°) | 东经/(°) | 北纬/(°) | 北侧 /(m/s) | 南侧 /(m/s) |
| ⑤4月30日 （S1505）白玉–拉萨，Baiyu–Lasa | | | | | | | | | | | | |
| 4 | 30 | 20 | 98.5 | 30.8 | 95.0 | 30.1 | | | 91.2 | 29.5 | 12 | 8 |
| 消失 | | | | | | | | | | | | |
| ⑥5月11日 （S1506）巴塘–拉萨，Batang–Lasa | | | | | | | | | | | | |
| 5 | 11 | 20 | 98.9 | 30.8 | 95.2 | 30.4 | | | 91.1 | 30.2 | 4 | 6 |
| 消失 | | | | | | | | | | | | |
| ⑦5月16~17日 （S1507）德格–安多，Dege–Anduo | | | | | | | | | | | | |
| 5 | 16 | 20 | 103.2 | 32.2 | 97.6 | 31.1 | | | 91.6 | 32.0 | 10 | 18 |
| | 17 | 08 | 103.6 | 31.8 | 97.4 | 30.7 | | | 91.1 | 29.7 | 8 | 14 |
| 消失 | | | | | | | | | | | | |
| ⑧5月19日 （S1508）玛多–安多，Maduo–Anduo | | | | | | | | | | | | |
| 5 | 19 | 20 | 99.2 | 36.0 | 95.8 | 34.4 | | | 91.8 | 33.5 | 10 | 12 |
| 消失 | | | | | | | | | | | | |

## 高原切变线位置资料表(续-2)

| 月 | 日 | 时 | 起点位置 |  | 中点位置 |  | 拐点位置 |  | 终点位置 |  | 切变线两侧最大风速 |  |
|---|---|---|---|---|---|---|---|---|---|---|---|---|
|  |  |  | 东经/(° ) | 北纬/(° ) | 东经/(° ) | 北纬/(° ) | 东经/(° ) | 北纬/(° ) | 东经/(° ) | 北纬/(° ) | 北侧 / (m/s) | 南侧 / (m/s) |
| ⑨ 5月21~23日 |  |  |  |  |  |  |  |  |  |  |  |  |
| ( S1509 ) 若尔盖–安多，Ruoergai–Anduo |  |  |  |  |  |  |  |  |  |  |  |  |
| 5 | 21 | 20 | 103.9 | 33.8 | 98.0 | 32.7 |  |  | 91.4 | 32.4 | 8 | 12 |
|  | 22 | 08 | 104.6 | 34.2 | 98.8 | 32.8 |  |  | 92.1 | 32.5 | 10 | 12 |
|  |  | 20 | 103.3 | 31.5 | 95.3 | 30.8 |  |  | 86.8 | 30.2 | 10 | 16 |
|  | 23 | 08 | 107.0 | 32.8 | 102.8 | 32.7 |  |  | 98.7 | 32.8 | 4 | 10 |
| 消失 |  |  |  |  |  |  |  |  |  |  |  |  |
| ⑩ 6月7日 |  |  |  |  |  |  |  |  |  |  |  |  |
| ( S1510 ) 囊谦–拉孜，Nangqian–Lazi |  |  |  |  |  |  |  |  |  |  |  |  |
| 6 | 7 | 20 | 97.5 | 32.2 | 92.4 | 31.5 |  |  | 87.1 | 30.5 | 12 | 18 |
| 消失 |  |  |  |  |  |  |  |  |  |  |  |  |
| ⑪ 6月8日 |  |  |  |  |  |  |  |  |  |  |  |  |
| ( S1511 ) 当雄–拉孜，Dangxiong–Lazi |  |  |  |  |  |  |  |  |  |  |  |  |
| 6 | 8 | 08 | 90.0 | 30.7 | 87.6 | 30.5 |  |  | 84.5 | 30.3 | 4 | 10 |
| 消失 |  |  |  |  |  |  |  |  |  |  |  |  |
| ⑫ 6月14日 |  |  |  |  |  |  |  |  |  |  |  |  |
| ( S1512 ) 石渠–安多，Shiqu–Anduo |  |  |  |  |  |  |  |  |  |  |  |  |
| 6 | 14 | 08 | 97.9 | 32.2 | 94.5 | 32.3 |  |  | 91.2 | 32.9 | 6 | 14 |
|  |  | 20 | 97.4 | 32.0 | 94.4 | 32.5 |  |  | 92.2 | 32.7 | 14 | 12 |
| 消失 |  |  |  |  |  |  |  |  |  |  |  |  |

## 高原切变线位置资料表(续-3)

| 月 | 日 | 时 | 起点位置 | | 中点位置 | | 拐点位置 | | 终点位置 | | 切变线两侧最大风速 | |
|---|---|---|---|---|---|---|---|---|---|---|---|---|
| | | | 东经/(°) | 北纬/(°) | 东经/(°) | 北纬/(°) | 东经/(°) | 北纬/(°) | 东经/(°) | 北纬/(°) | 北侧 / (m/s) | 南侧 / (m/s) |
| ⑬ 7月3日 | | | | | | | | | | | | |
| (S1513) 武威–冷湖，Wuwei–Lenghu | | | | | | | | | | | | |
| 7 | 3 | 08 | 100.3 | 38.0 | 98.2 | 38.2 | | | 94.0 | 38.5 | 8 | 6 |
| | | 20 | 107. | 32.5 | 103.6 | 32.0 | | | 99.5 | 32.6 | 6 | 12 |
| 消失 | | | | | | | | | | | | |
| ⑭ 7月13日 | | | | | | | | | | | | |
| (S1514) 松潘–昌都，Songpan–Changdu | | | | | | | | | | | | |
| 7 | 13 | 08 | 103.8 | 32.3 | 101.2 | 31.0 | | | 97.5 | 30.5 | 14 | 6 |
| | | 20 | 105.2 | 31.2 | 103.2 | 29.6 | | | 100.8 | 28.4 | 4 | 10 |
| 消失 | | | | | | | | | | | | |
| ⑮ 8月10日 | | | | | | | | | | | | |
| (S1515) 略阳–察隅，Lueyang–Chayu | | | | | | | | | | | | |
| 8 | 10 | 20 | 106.0 | 33.3 | 102.2 | 31.3 | | | 97.6 | 29.1 | 10 | 8 |
| 消失 | | | | | | | | | | | | |
| ⑯ 8月12日 | | | | | | | | | | | | |
| (S1516) 五道梁–日喀则，Wudaoliang–Rikaze | | | | | | | | | | | | |
| 8 | 12 | 20 | 90.7 | 35.1 | 90.6 | 31.5 | | | 89.9 | 29.0 | 8 | 6 |
| 消失 | | | | | | | | | | | | |

## 高原切变线位置资料表(续-4)

| 月 | 日 | 时 | 起点位置 | | 中点位置 | | 拐点位置 | | 终点位置 | | 切变线两侧最大风速 | |
|---|---|---|---|---|---|---|---|---|---|---|---|---|
| | | | 东经/(°) | 北纬/(°) | 东经/(°) | 北纬/(°) | 东经/(°) | 北纬/(°) | 东经/(°) | 北纬/(°) | 北侧 / (m/s) | 南侧 / (m/s) |
| ⑰ 8月13日 | | | | | | | | | | | | |
| （S1517）日德–那曲，Ride–Naqu | | | | | | | | | | | | |
| 8 | 13 | 20 | 100.8 | 35.3 | 97.9 | 32.4 | 100.3 | 33.2 | 92.1 | 31.8 | 10 | 8 |
| 消失 | | | | | | | | | | | | |
| ⑱ 8月16日 | | | | | | | | | | | | |
| （S1518）南坪–申扎，Nanping–Shenzha | | | | | | | | | | | | |
| 8 | 16 | 20 | 103.8 | 33.2 | 97.2 | 31.3 | 102.4 | 32.2 | 88.4 | 30.2 | 8 | 12 |
| 消失 | | | | | | | | | | | | |
| ⑲ 8月21日 | | | | | | | | | | | | |
| （S1519）甘孜–浪卡子，Ganzi–Langkazi | | | | | | | | | | | | |
| 8 | 21 | 08 | 100.4 | 31.4 | 96.1 | 29.4 | | | 91.2 | 28.1 | 8 | 8 |
| | | 20 | 97.2 | 30.8 | 91.9 | 29.7 | | | 86.9 | 29.1 | 6 | 6 |
| 消失 | | | | | | | | | | | | |
| ⑳ 8月26日 | | | | | | | | | | | | |
| （S1520）曲麻莱–拉孜，Qumalai–Lazi | | | | | | | | | | | | |
| 8 | 26 | 20 | 94.8 | 33.8 | 92.4 | 30.8 | 94.0 | 31.4 | 86.8 | 29.7 | 10 | 12 |
| 消失 | | | | | | | | | | | | |

## 高原切变线位置资料表(续-5)

| 月 | 日 | 时 | 起点位置 | | 中点位置 | | 拐点位置 | | 终点位置 | | 切变线两侧最大风速 | |
|---|---|---|---|---|---|---|---|---|---|---|---|---|
| | | | 东经/(°) | 北纬/(°) | 东经/(°) | 北纬/(°) | 东经/(°) | 北纬/(°) | 东经/(°) | 北纬/(°) | 北侧/(m/s) | 南侧/(m/s) |
| ㉑9月1日 | | | | | | | | | | | | |
| （S1521）阿坝–嘉黎，Aba–Jiali | | | | | | | | | | | | |
| 9 | 1 | 20 | 101.3 | 33.2 | 97.8 | 31.8 | | | 92.8 | 30.9 | 6 | 12 |
| 消失 | | | | | | | | | | | | |
| ㉒9月3日 | | | | | | | | | | | | |
| （S1522）色达–安多，Seda–Anduo | | | | | | | | | | | | |
| 9 | 3 | 20 | 100.0 | 32.9 | 96.4 | 32.0 | | | 92.1 | 32.0 | 10 | 12 |
| 消失 | | | | | | | | | | | | |
| ㉓9月11日 | | | | | | | | | | | | |
| （S1523）波密–拉孜，Bomi–Lazi | | | | | | | | | | | | |
| 9 | 11 | 20 | 95.3 | 30.8 | 91.0 | 30.2 | | | 86.8 | 30.1 | 6 | 6 |
| 消失 | | | | | | | | | | | | |
| ㉔9月12日 | | | | | | | | | | | | |
| （S1524）新龙–那曲，Xinlong–Naqu | | | | | | | | | | | | |
| 9 | 12 | 20 | 100.0 | 31.5 | 95.8 | 31.6 | | | 91.7 | 31.7 | 6 | 8 |
| 消失 | | | | | | | | | | | | |

## 高原切变线位置资料表(续-6)

| 月 | 日 | 时 | 起点位置 | | 中点位置 | | 拐点位置 | | 终点位置 | | 切变线两侧最大风速 | |
|---|---|---|---|---|---|---|---|---|---|---|---|---|
| | | | 东经/(° ) | 北纬/(° ) | 东经/(° ) | 北纬/(° ) | 东经/(° ) | 北纬/(° ) | 东经/(° ) | 北纬/(° ) | 北侧 / (m/s) | 南侧 / (m/s) |
| ㉕ 9月21日 | | | | | | | | | | | | |
| （S1525）索县–拉孜，Suoxian–Lazi | | | | | | | | | | | | |
| 9 | 21 | 20 | 93.8 | 31.8 | 90.3 | 31.1 | | | 87.1 | 30.5 | 14 | 10 |
| 消失 | | | | | | | | | | | | |
| ㉖ 10月3日 | | | | | | | | | | | | |
| （S1526）玉树–南木林，Yushu–Nanmulin | | | | | | | | | | | | |
| 10 | 3 | 20 | 97.3 | 32.0 | 92.5 | 31.2 | | | 87.7 | 30.2 | 8 | 12 |
| 消失 | | | | | | | | | | | | |
| ㉗ 10月7日 | | | | | | | | | | | | |
| （S1527）治多–申扎，Zhiduo–Shenzha | | | | | | | | | | | | |
| 10 | 7 | 20 | 95.7 | 33.2 | 92.7 | 31.4 | | | 88.8 | 30.4 | 10 | 6 |
| 消失 | | | | | | | | | | | | |

## 高原切变线位置资料表(续-7)

| 月 | 日 | 时 | 起点位置 | | 中点位置 | | 拐点位置 | | 终点位置 | | 切变线两侧最大风速 | |
|---|---|---|---|---|---|---|---|---|---|---|---|---|
| | | | 东经/(°) | 北纬/(°) | 东经/(°) | 北纬/(°) | 东经/(°) | 北纬/(°) | 东经/(°) | 北纬/(°) | 北侧 / (m/s) | 南侧 / (m/s) |
| ㉘ 10月8~11日 (S1528) 玉树–拉孜，Yushu–Lazi | | | | | | | | | | | | |
| 10 | 8 | 20 | 98.0 | 32.2 | 92.8 | 30.4 | | | 86.4 | 29.2 | 8 | 6 |
| | 9 | 08 | 97.8 | 32.0 | 94.4 | 32.2 | | | 91.7 | 32.6 | 6 | 6 |
| | | 20 | 99.2 | 29.1 | 93.4 | 29.0 | | | 87.8 | 29.7 | 8 | 16 |
| | 10 | 08 | 96.0 | 29.7 | 91.6 | 28.3 | | | 86.8 | 28.1 | 6 | 16 |
| | | 20 | 97.3 | 29.4 | 92.1 | 29.6 | | | 87.1 | 30.1 | 6 | 18 |
| | 11 | 08 | 94.8 | 28.8 | 91.1 | 28.0 | | | 87.2 | 27.8 | 8 | 12 |
| 消失 | | | | | | | | | | | | |
| ㉙ 10月29日 (S1529) 昌都–拉孜，Changdu–Lazi | | | | | | | | | | | | |
| 10 | 29 | 20 | 97.8 | 30.8 | 93.2 | 30.3 | | | 87.3 | 30.0 | 12 | 4 |
| 消失 | | | | | | | | | | | | |